实例讲解系列

Protel DXP 2004 SP2 原理图与PCB设计（第4版）

◎刘　刚　管殿柱　编著

電子工業出版社
Publishing House of Electronics Industry
北京·BEIJING

内容简介

Protel DXP 2004 是流行的电子电路计算机辅助设计软件之一，在电工、电子、自动控制等领域得到了广泛的应用，深受广大电子设计工作者的喜爱。

本书基于 Protel DXP 2004 SP2，结合大量具体实例，详细阐述了原理图和 PCB 设计技术。书中根据原理图和 PCB 设计流程介绍了原理图和 PCB 设计的基本操作，编辑环境设置，元器件封装生成，PCB 生成和布局、布线，各种报表的生成，电路的仿真和信号完整性分析的方法和技术。各章内容均以实例为中心展开叙述，结合作者在实际设计中积累的大量实践经验，总结了诸多实际应用中的注意事项。为方便读者学习，本书在每章的最后都有相应数量的各类习题，可用于巩固理论知识和上机操作。

本书讲解深入浅出，先易后难，循序渐进，以实例贯穿全书。本书适合从事电路设计工作的技术人员阅读，也可作为高等学校相关专业的教学用书，是一本即学即用型参考书。

图书在版编目（CIP）数据

Protel DXP 2004 SP2 原理图与 PCB 设计/刘刚，管殿柱编著. —4 版. —北京：电子工业出版社，2024. 3
（实例讲解系列）
ISBN 978-7-121-47311-1

Ⅰ. ①P… Ⅱ. ①刘… ②管… Ⅲ. ①印刷电路-计算机辅助设计-应用软件 Ⅳ. ①TN410. 2

中国国家版本馆 CIP 数据核字（2024）第 039582 号

责任编辑：张 剑（zhang@ phei. com. cn）
印 刷：三河市君旺印务有限公司
装 订：三河市君旺印务有限公司
出版发行：电子工业出版社
北京市海淀区万寿路 173 信箱 邮编 100036
开 本：787×1 092 1/16 印张：17. 75 字数：466 千字
版 次：2007 年 6 月第 1 版
2024 年 3 月第 4 版
印 次：2025 年 1 月第 3 次印刷
定 价：79. 00 元

凡所购买电子工业出版社图书有缺损问题，请向购买书店调换。若书店售缺，请与本社发行部联系，联系电话：（010）88254888，88258888。

质量投诉请发邮件至 zlts@ phei. com. cn，盗版侵权举报请发邮件至 dbqq@ phei. com. cn。

本书咨询联系方式：zhang@ phei. com. cn。

前　　言

内容和特点

Protel DXP 是 Altium 公司 2002 年 7 月推出的 Protel 系列软件的第 7 代基于 Windows 操作系统的一款产品。它将原理图绘制、电路仿真、PCB 设计、设计规则检查、FPGA 及逻辑器件设计等完美融合，为用户提供了全面的设计解决方案，是深受电子线路设计人员喜爱的计算机辅助设计软件。

本书立足于实际设计的具体实现，使读者在掌握基础知识的同时，通过实例分析，掌握设计方法，提高实际操作的能力。在讲解过程中，尽量用具体实例进行辅助说明，先易后难，循序渐进，既对知识点进行了全面系统的讲解，又为读者提供了简单且容易上机练习的实例。另外，在每章的最后，都有相应数量的各类习题供读者练习，使读者尽快掌握电路原理图设计的方法和技巧。通过对本书的学习，读者不仅能加深对电路设计的理解，还能够掌握电路设计的基本技术和深层技巧。

本书结合了作者多年实际设计的经验和体会，采用理论讲解与实例演示相结合的讲述方法，简明清晰、重点突出，在叙述上力求深入浅出、通俗易懂，相信会给读者的学习和工作带来一定的帮助。

全书共 13 章，各章的主要内容如下所述。

- 第 1 章　介绍 Protel DXP 2004 SP2 的特点及安装方法。
- 第 2 章　介绍原理图的设计窗口与项目的创建、保存和打开。
- 第 3 章　介绍原理图设计中元器件的编辑、排列及文档模板的创建。
- 第 4 章　介绍层次原理图的设计方法和技巧。
- 第 5 章　介绍原理图的电气规则检查和各种报表的生成。
- 第 6 章　介绍原理图设计中制作元器件和建立元器件库的方法。
- 第 7 章　介绍原理图仿真的方法和技巧。
- 第 8 章　介绍 PCB 设计的基本概念。
- 第 9 章　介绍 PCB 设计的基础知识。
- 第 10 章　介绍 PCB 设计的布局与布线。
- 第 11 章　介绍 PCB 设计中元器件封装制作及元器件库管理的方法。
- 第 12 章　介绍 PCB 设计中各种报表生成和文件输出的方法。
- 第 13 章　介绍一个 PCB 设计的综合实例。

读者对象

本书面向的是电子电路设计领域的学生和工程技术人员，包括：

- 电路设计的初级读者
- 具有一定电路设计基础知识的中级读者
- 从事电子电路设计的专业技术人员
- 学习电路设计的在校学生

为了便于读者阅读、学习，特提供本书所介绍的范例资源，请登录华信教育资源网（http://www.hxedu.com.cn）下载。

本书由刘刚、管殿柱编著。参加本书编写的还有李文秋和管玥。

感谢您选择了本书，希望我们的努力对您的工作和学习有所帮助，也希望您把对本书的意见和建议告诉我们。

编著者

目　　录

第 1 章　Protel DXP 2004 的安装

软件的正确安装是使用的前提。Protel DXP 2004 系统庞大，安装过程也相对复杂。本章主要从系统需求，Protel DXP 2004 的安装过程，SP2 升级包的安装，Protel DXP 2004 的启动和中/英文界面切换等 4 个方面详细叙述 Protel DXP 2004 的安装过程。

1.1　系统需求

为了能充分发挥 Protel DXP 2004 的强大功能，Altium 公司对安装 Protel DXP 2004 的计算机系统提出了具体的要求，推荐的系统配置如下所述。

- ❒ Windows XP 操作系统。
- ❒ Pentium PC，1.2GHz 或更高性能的处理器。
- ❒ 512MB 内存。
- ❒ 620MB 硬盘存储空间。
- ❒ 图形 1280×1024 屏幕分辨率、32 位色、32MB 显存。

如果用户受条件限制，系统的最低需求应达到如下要求。

- ❒ Windows 2000 专业版。
- ❒ Pentium PC，500MHz。
- ❒ 128MB 内存。
- ❒ 图形 1024×768 屏幕分辨率、16 位色、8MB 显存。

1.2　Protel DXP 2004 的安装过程

虽然 Protel DXP 2004 的安装过程比较复杂，中间界面也比较多，但是与其他软件类似，只要在安装向导的指引下正确输入相关信息，就可以成功完成安装。下面以实例的形式介绍具体的安装过程。

【实例 1-1】Protel DXP 2004 的安装。

安装步骤

[1]　将安装光盘放入光驱，系统自动弹出安装向导程序界面，如图 1-1 所示。

> 若不能自动弹出安装向导程序界面，则可以打开 Protel DXP 2004 的安装光盘浏览文件，找到 SETUP 目录，运行该目录下的 setup.msi，即可打开如图 1-1 所示的初始安装界面。

[2]　单击按钮 Next >，进入下一步安装，如图 1-2 所示。

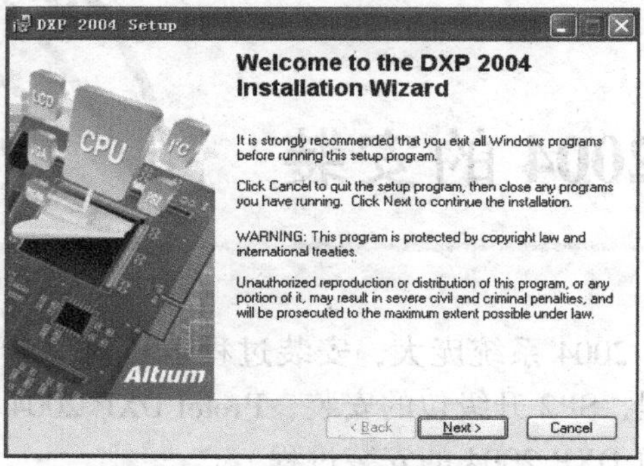

图 1-1　Protel DXP 2004 的初始安装界面

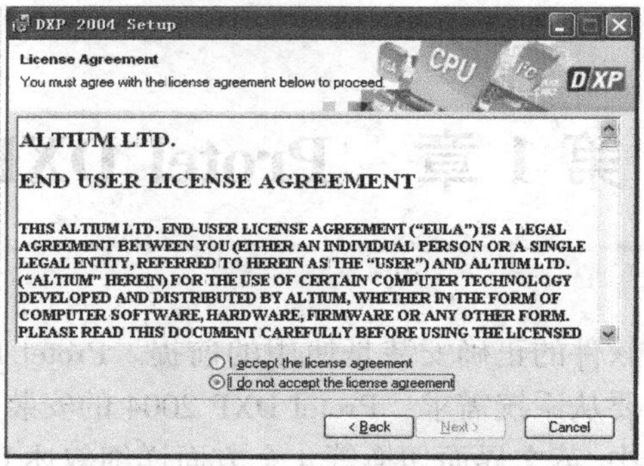

图 1-2　许可说明

[3]　在图 1-2 中出现的选择项中，默认的选项是【I do not accept the license agreement】，此时按钮 Next > 呈灰色。只有选中【I accept the license agreement】选项后，才能单击按钮 Next > 进入下一步安装，如图 1-3 所示。

[4]　在图 1-3 所示的对话框中，在【Full Name】栏中输入用户名，在【Organization】栏中输入公司名称，单击按钮 Next > 进入下一步安装，出现如图 1-4 所示的安装界面。

[5]　在图 1-4 中，单击按钮 Browse 设置安装路径，本练习的安装路径为 C:\Program Files\Altium2004。

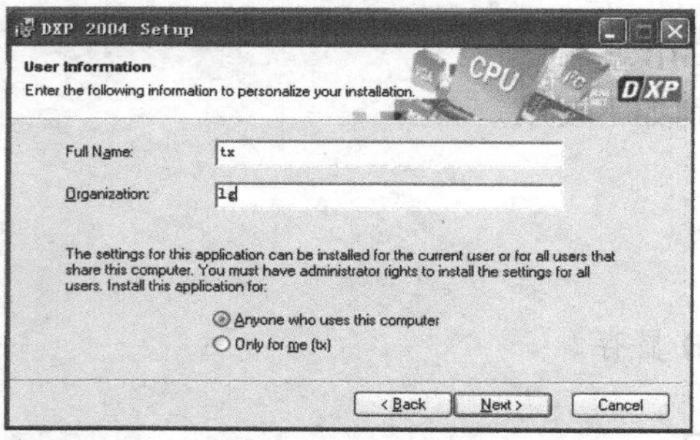

图 1-3　用户信息

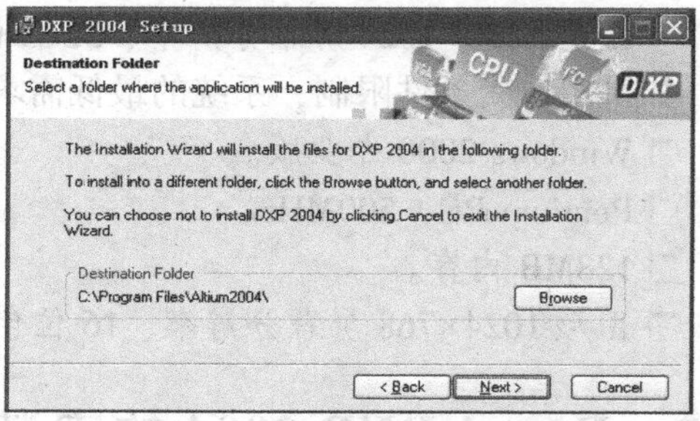

图 1-4　安装路径

[6]　单击按钮 Next > 后，安装向导程序会继续引导安装，直至系统安装完成，如图 1-5 所示。

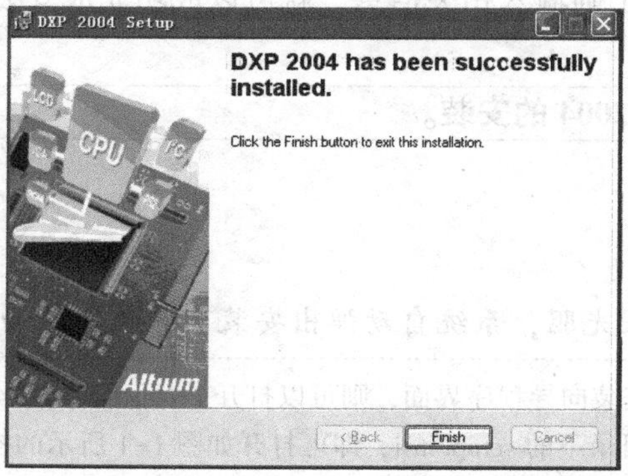

图 1-5　Protel DXP 2004 的安装完成界面

1.3 SP2 升级包的安装

所有的 Protel DXP 正版用户都可以到 Altium 公司官方网站下载 SP2 进行 DXP 软件的升级。下载完成后进行安装，将出现如图 1-6 所示的安装界面。稍后，安装界面自动转变为图 1-7所示的安装界面。

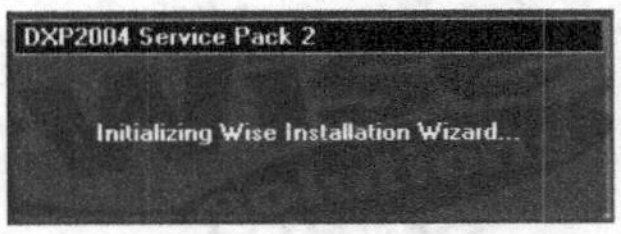

图 1-6　Protel DXP SP2 的安装向导

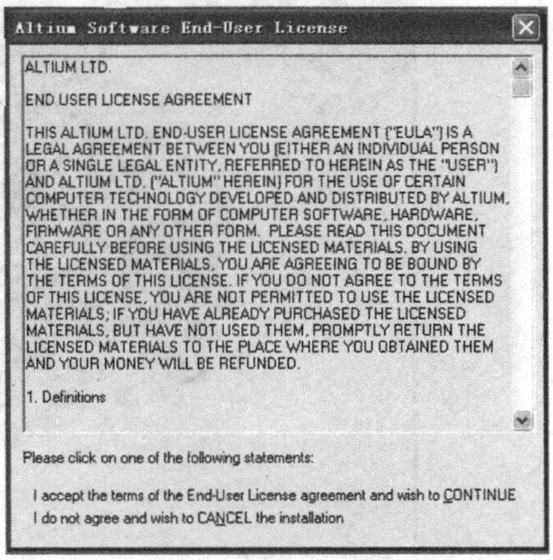

图 1-7　Protel DXP 2004 SP2 的许可协议

单击【I accept the terms of the End-User License agreement and wish to CONTINUE】，出现安装路径选择对话框，如图 1-8 所示。

设置好安装路径后，单击按钮 Next> 就可以继续安装，直至安装完成，如图 1-9 所示。

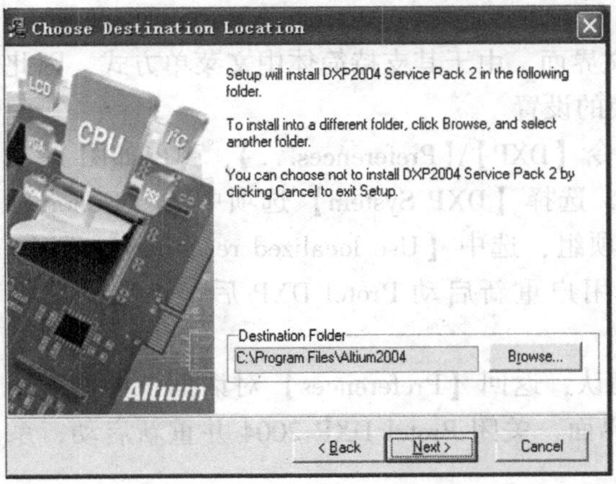

图 1-8　选择安装路径

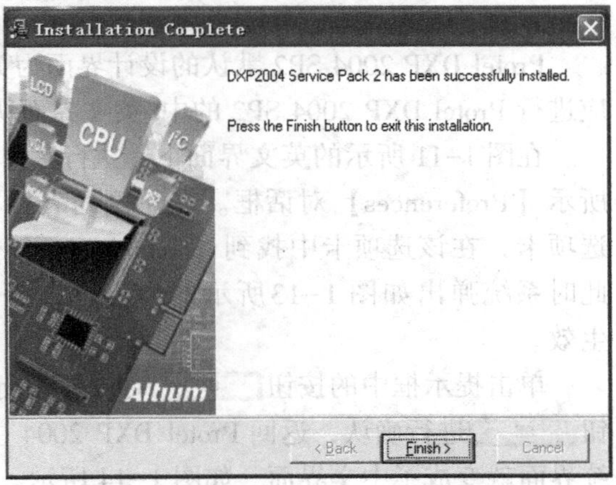

图 1-9　Protel DXP SP2 安装完成

1.4 Protel DXP 2004 的启动和中/英文界面切换

运行 Protel DXP 2004，就可以看到 Protel DXP 2004 的启动界面，如图 1-10 所示。启动

界面自动加载编辑器、编译器、元器件库等模块后进入 Protel DXP 2004 主界面，如图 1-11 所示。

图 1-10　Protel DXP 2004 的启动界面

Protel DXP 2004 SP2 默认的设计界面为英文界面，由于其支持简体中文菜单方式，因此应进行 Protel DXP 2004 SP2 的中/英文界面切换的设置。

在图 1-11 所示的英文界面下，执行菜单命令【DXP】\【Preferences...】，弹出如图 1-12 所示【Preferences】对话框。在左侧列表栏中，选择【DXP System】选项中的【General】选项卡，在该选项卡中找到【Localization】选项组，选中【Use localized resources】选项，此时系统弹出如图 1-13所示的提示框，提示用户重新启动 Protel DXP 后，该项设置将生效。

单击提示框中的按钮 OK 对设置进行确认，返回【Preferences】对话框，再单击按钮 OK 进行确认，返回 Protel DXP 2004 主界面，关闭 Protel DXP 2004 并重新启动，系统界面就变成了中文界面，如图 1-14 所示。

> 在 Protel DXP 2004 中文设计界面下，执行菜单命令【DXP】\【Preferences...】，在弹出的窗口中，找到【本地化】选项组，将【使用经本地化的资源】复选框的选中状态取消，关闭 Protel DXP 2004 并重新启动后，软件又回到英文界面。

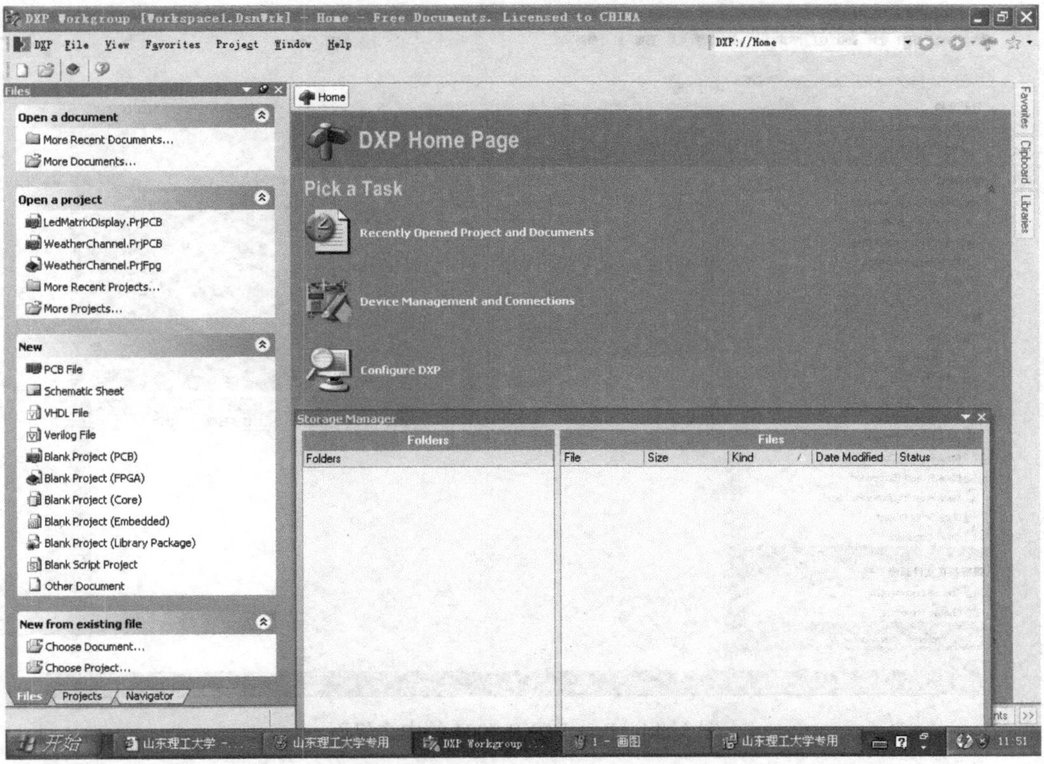

图 1-11　Protel DXP 2004 主界面

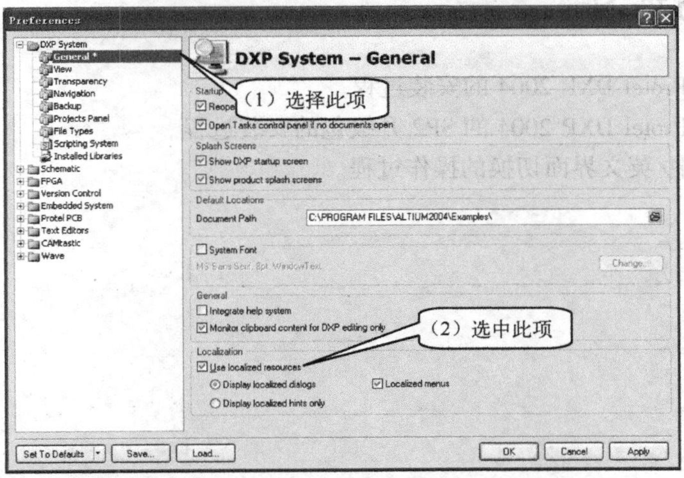

图 1-12　【Preferences】对话框

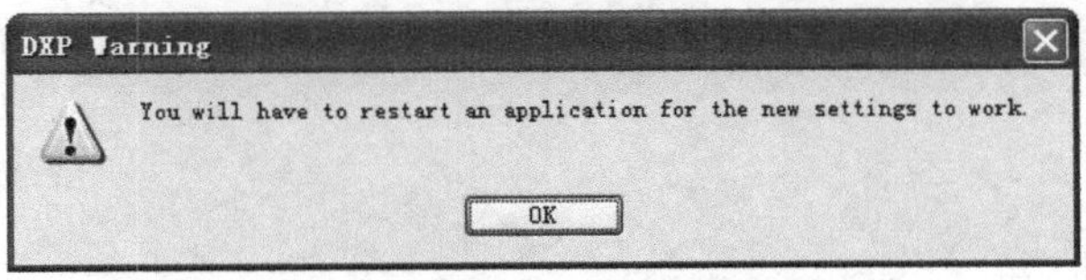

图 1-13　提示框

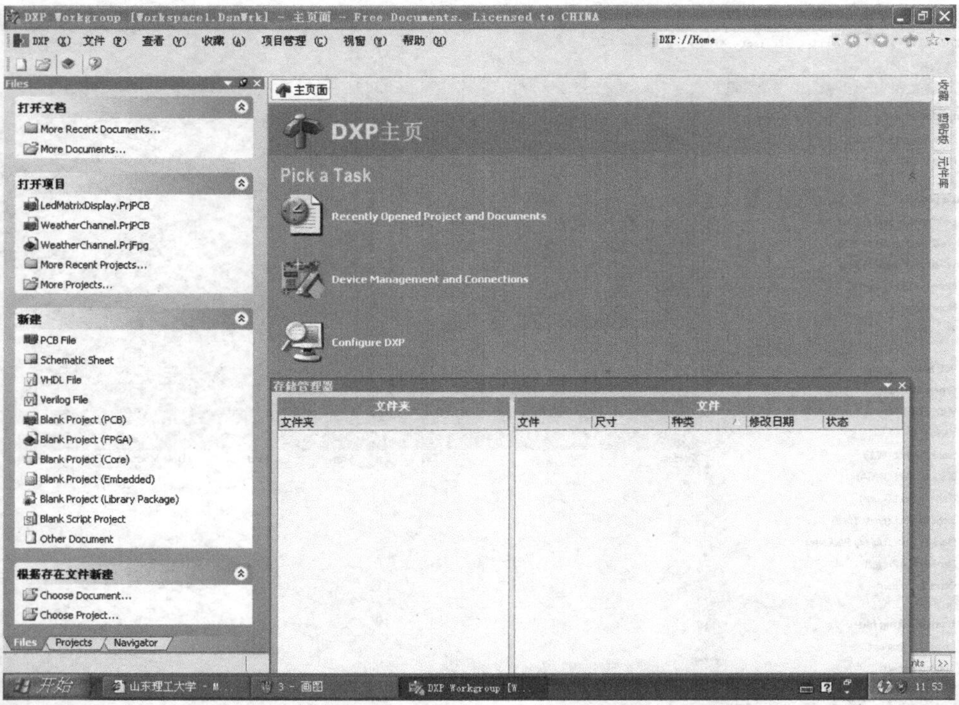

图 1-14　Protel DXP 2004 的中文界面

1.5　思考与练习

1. 上机练习 Protel DXP 2004 的安装过程。
2. 上机练习 Protel DXP 2004 的 SP2 升级包的安装过程。
3. 上机练习中/英文界面切换的操作过程。

第 2 章　原理图设计基础

Protel DXP 2004 具有良好的 Windows 风格界面，软件功能十分强大。作为电路设计的基础，用户首先要设计出高质量的原理图，才能为后期的 PCB 设计及信号仿真奠定基础。为此，本章主要介绍 Protel DXP 2004 主界面的各个组成部分及其使用方法，这些都是 Protel DXP 2004 软件基础知识，用户只有熟练掌握各个菜单及面板的使用方法，了解原理图设计的基础知识和基本操作步骤，才能快速地设计出高质量的电路原理图。

2.1　Protel DXP 2004 主界面

启动 Protel DXP 2004，打开 Protel DXP 2004 主界面，如图 2-1 所示。

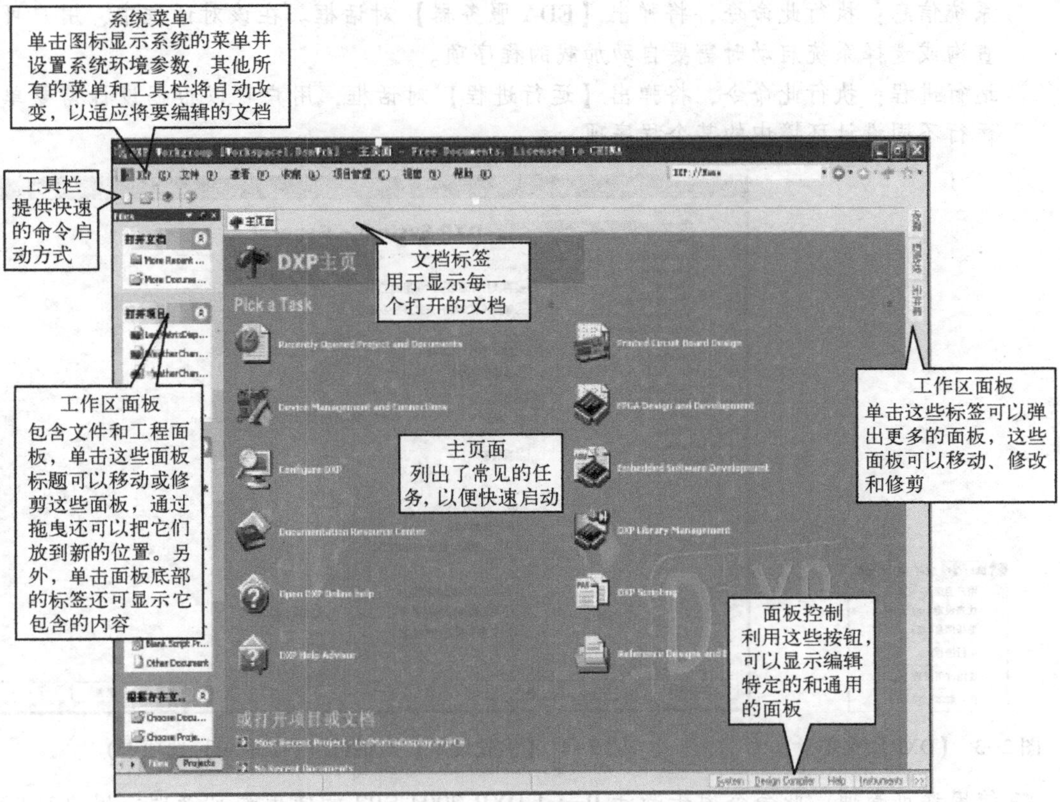

图 2-1　Protel DXP 2004 主界面

1. 系统菜单

在系统菜单中，可以对 Protel DXP 2004 进行系统参数设置和信息查询等操作。为了更好地发挥系统的性能，提高设计效率，用户应根据具体的条件和自己的习惯，对系统参数进行设置。Protel DXP 2004 默认的中文菜单如图 2-2 所示。这些菜单选项和大多数 Windows 应用程序的菜单选项基本相同，提供了 Protel DXP 2004 的基本操作。

图 2-2　默认的中文菜单

2.【DXP】菜单

【DXP】菜单主要用于系统环境参数的设置，如图 2-3 所示。

- ❒ 用户自定义：执行此命令，将弹出【Customizing PickATask Editor】对话框。在该对话框中，对于每一个项目，用户可以对工具条、菜单及快捷键等进行设置。对于一般用户，建议使用系统的默认设置。
- ❒ 优先设定：执行此命令，将弹出【优先设定】对话框，如图 2-4 所示。用户可以对左侧一栏内选项卡中的相应参数进行设置。
- ❒ 系统信息：执行此命令，将弹出【EDA 服务器】对话框。在该对话框中，用户可以查询或选择系统启动时需要自动加载的程序项。
- ❒ 运行进程：执行此命令，将弹出【运行进程】对话框，用户可以根据设计需要单独运行不同设计环境中的某个程序项。

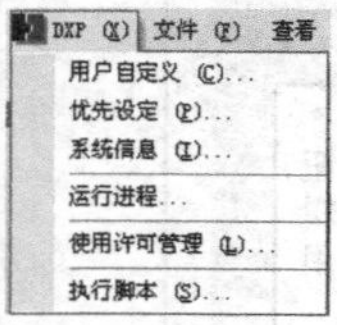

图 2-3　【DXP】菜单

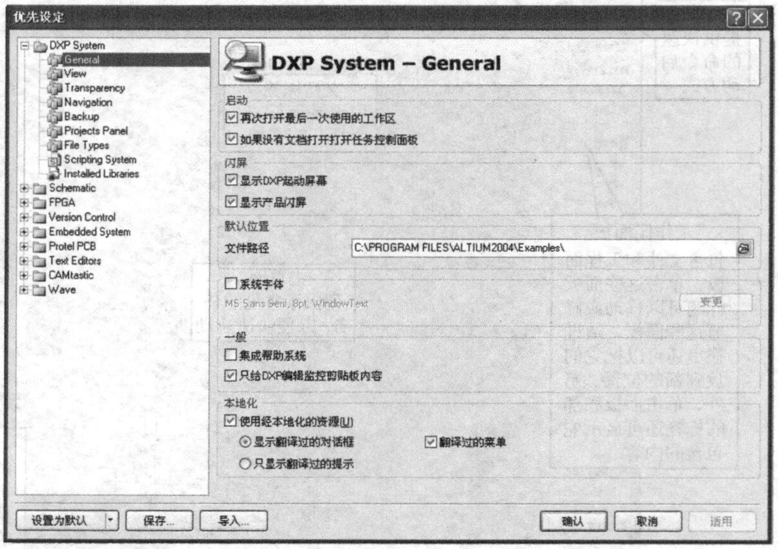

图 2-4　【优先设定】对话框（【General】选项卡）

- ❒ 使用许可管理：此命令用于激活 Protel DXP 2004 SP2 的使用许可管理，用户可以选择不同的方式激活 Protel DXP 2004 SP2。
- ❒ 执行脚本：此命令用于设置系统运行调试选项。

其中，【优先设定】对话框主要用于设置系统参数。该对话框主要包括 9 个选项，即 DXP System、Schematic、FPGA、Version Control、Embedded System、Protel PCB、Text Editors、CAMtastic 和 Wave。本节主要介绍【DXP System】选项，其他选项将在后续章节中进行介绍。【DXP System】选项主要包含如下 9 个选项卡。

1)【General】选项卡　主要用于设置系统的常规参数。

(1)【启动】选项组。

- 再次打开最后一次使用的工作区：Protel DXP 2004 SP2 系统启动后，自动打开上次工作时最后一次使用的工作区。
- 如果没有文档打开打开任务控制面板：Protel DXP 2004 SP2 系统启动后，若没有文档打开，自动打开任务控制面板。

(2)【闪屏】选项组。

- 显示 DXP 起动屏幕：Protel DXP 2004 SP2 系统启动时，显示系统的启动画面。
- 显示产品闪屏：启动 Protel DXP 2004 SP2 系统中集成的各种工具软件时，显示该组件的启动画面。

(3)【默认位置】选项：用于设置打开或保存 Protel DXP 2004 SP2 的各种文档和文件时的默认路径。单击【文件路径】栏右侧的按钮，弹出【浏览文件夹】对话框，通过该对话框设置默认的文档路径，如图 2-5 所示。

(4)【系统字体】选项：用于设置 Protel DXP 2004 SP2 使用的字体、字形和字号。选中【系统字体】复选框，单击按钮 变更... ，弹出如图 2-6 所示的【字体】对话框，根据自己的需要进行设置。

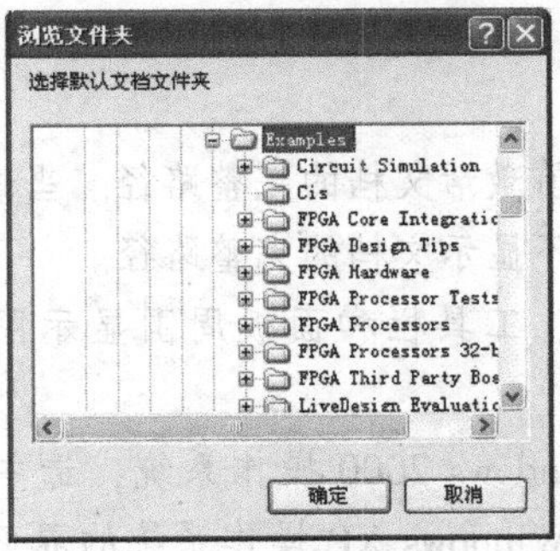

图 2-5 【浏览文件夹】对话框

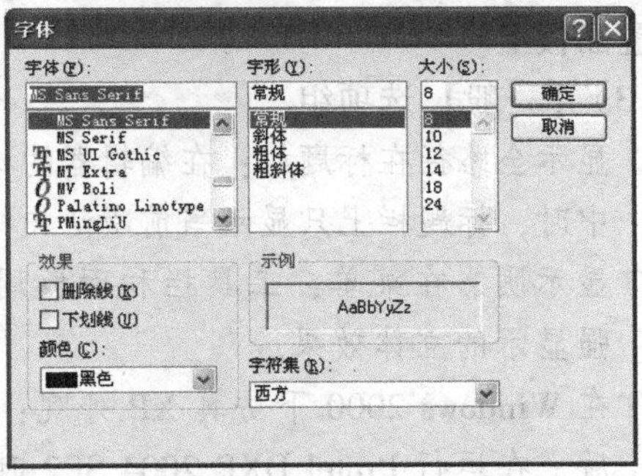

图 2-6 【字体】对话框

(5)【一般】选项组。

- 集成帮助系统：用于设置集成帮助系统。
- 只给 DXP 编辑监控剪贴板内容：用于设置只给 DXP 编辑监控剪贴板内容。

(6)【本地化】选项组：包括 3 个选项，用于进行中/英文环境的切换设置。

2)【View】选项卡　用于设置 Protel DXP 2004 SP2 的显示桌面参数，如图 2-7 所示。

(1)【桌面】选项组。

- 自动保存桌面：当 Protel DXP 2004 SP2 系统关闭时，自动保存自定义的桌面（即工作区），包括各种面板及工具栏位置的可见性，以便下次进入系统时仍然在原来的桌面上进行设计。

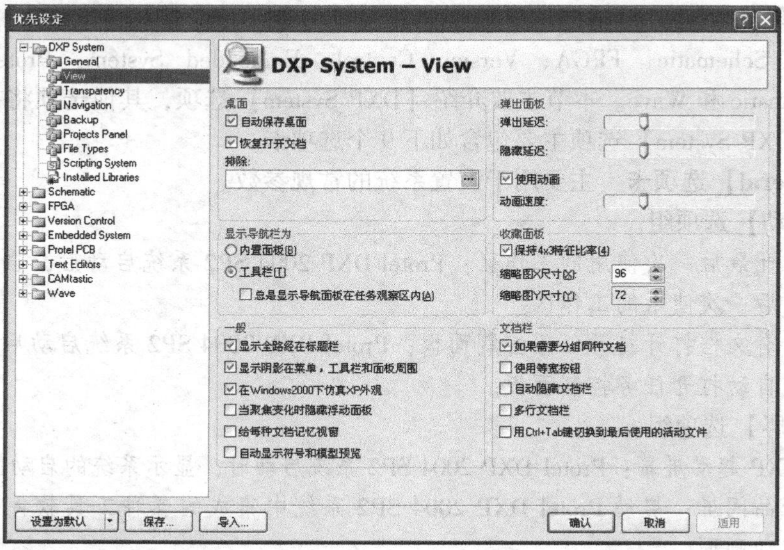

图 2-7 【优先设定】对话框（【View】选项卡）

- 恢复打开文档：当 Protel DXP 2004 SP2 系统关闭时，对被打开的文档设置是否重新恢复。可以单击【排除】栏右侧的按钮…，从弹出的【选择文档种类】对话框中选择不需要重新恢复的文档。

(2)【显示导航栏为】选项组：用于设置导航栏的位置，可以选择位于内置面板或工具栏。若选择位于工具栏，可以通过选中【总是显示导航面板在任务观察区内】选项来转换到内置面板上。

(3)【一般】选项组。

- 显示全路径在标题栏：在编辑器的标题栏显示当前激活文档的完整路径。当该项不被选中时，标题栏上只显示当前激活文档的名称，而不显示文档的完整路径。
- 显示阴影在菜单，工具栏和面板周围：在菜单、工具栏和面板周围显示阴影，以增强显示的立体效果。
- 在 Windows 2000 下仿真 XP 外观：如果采用 Windows 2000 操作系统，选中该复选框后，在运行 Protel DXP 2004 SP2 时，则会仿真 Windows XP 操作系统的界面风格。
- 当聚焦变化时隐藏浮动面板：当聚焦发生变化时，隐藏浮动面板。
- 给每种文档记忆视窗：开启一个记忆窗口，以存放系统中用到的各种文档类型。
- 自动显示符号和模型预览：开启自动显示符号和模型预览功能。

(4)【弹出面板】选项组：用于设置系统的弹出式面板的显示延迟时间和隐藏延迟时间，以及使用动画效果。可以通过拖动相应的滑块来进行设置。

(5)【收藏面板】选项组：用于设置收藏面板的尺寸比率，如果选中【保持 4×3 特征比率】，则收藏面板的屏幕宽高比始终为 4:3，其中 X 轴和 Y 轴的尺寸可以变换，但其比例保持不变。该项设置主要为使用 16:9 显示器的用户使用。

(6)【文档栏】选项组。

- 如果需要分组同种文档：进行同类型文档分组。

❐ 使用等宽按钮：使用等宽的按钮。
❐ 自动隐藏文档栏：自动隐藏文档栏。
❐ 多行文档栏：使用多行文档栏。
❐ 用 Ctrl+Tab 键切换到最后使用的活动文件：使用 Crtl + Tab 键从当前文件切换到最后使用的活动文件。

3）【Transparency】选项卡 主要用于设置浮动工具栏及对话框的透明效果，如图 2-8 所示。

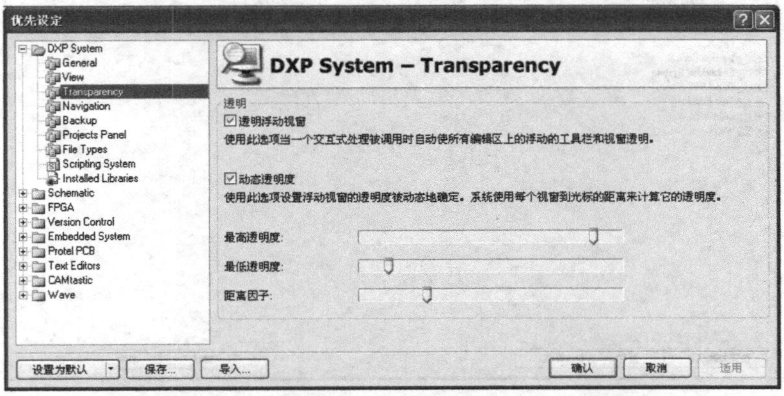

图 2-8 【优先设定】对话框（【Transparency】选项卡）

❐ 透明浮动视窗：当选择该复选框时，会自动使编辑区上的浮动工具栏和视窗透明。
❐ 动态透明度：用于设置浮动工具栏和活动视窗的透明度。可以通过调整【最高透明度】滑块、【最低透明度】滑块和【距离因子】滑块对透明度进行设置。

4）【Navigation】选项卡 该选项卡只有一个【高亮方法】选项组，用于设置所选对象的高亮显示方法，如图 2-9 所示。有 4 种方法可选，即缩放、选择、屏蔽和可连接图，可以根据需要选中相应的复选框。

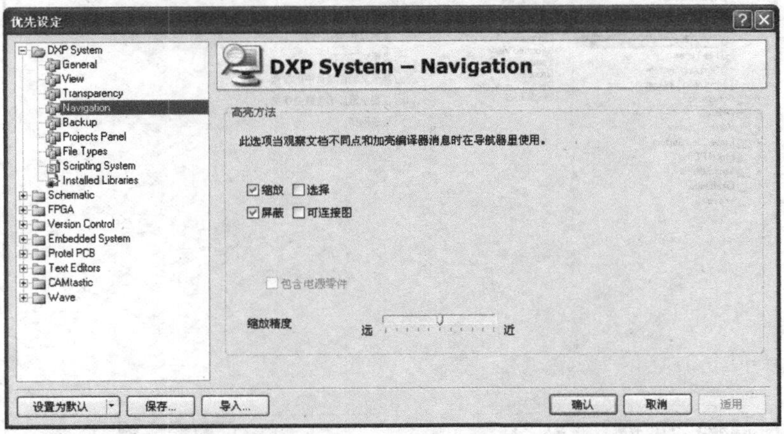

图 2-9 【优先设定】对话框（【Navigation】选项卡）

5）**【Backup】选项卡**　主要用于设置启动自动保存功能，以及保存的备份文件数和保存路径，如图 2-10 所示。建议用户启用自动保存功能，这样可以尽可能防止计算机系统发生意外时丢失所做的工程项目。

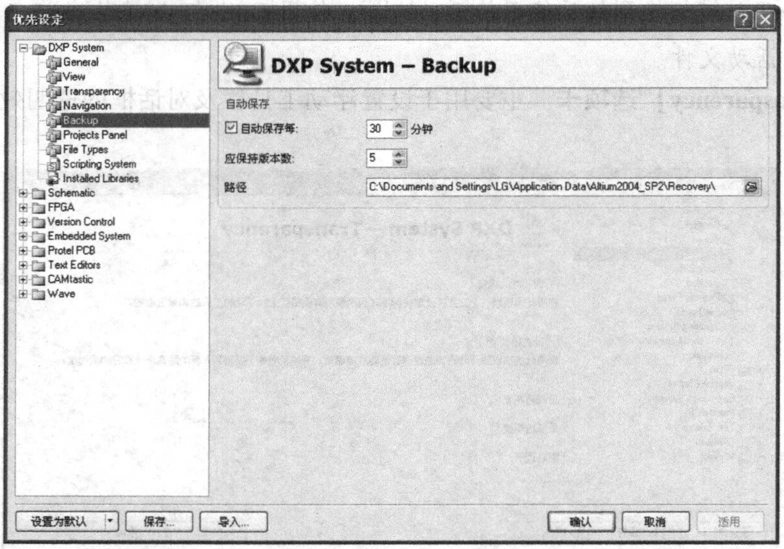

图 2-10　【优先设定】对话框（【Backup】选项卡）

6）**【Projects Panel】选项卡**　主要用于对项目管理面板的各种状态进行设置，如图 2-11所示。设置的内容主要包括 General、File View、Structure View、Sorting、Grouping、Default Expansion 和 Single Click 七个类别。

（1）【General】类别：如图 2-11 所示。

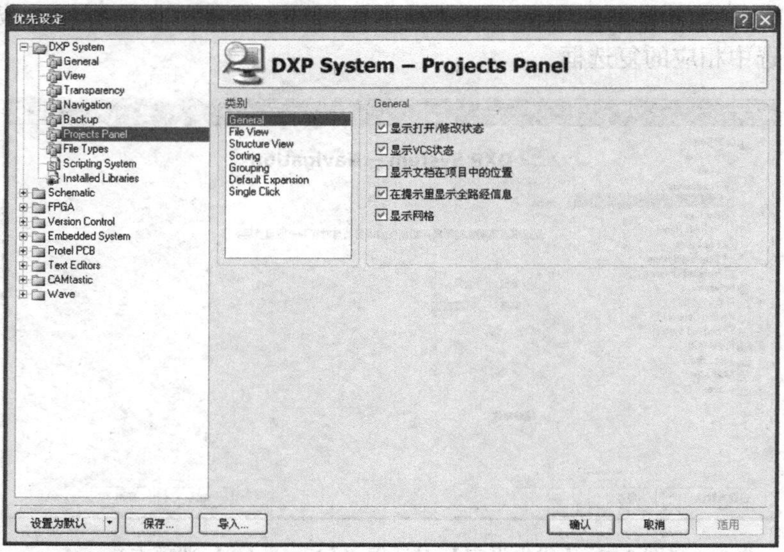

图 2-11　【优先设定】对话框（【Projects Panel】选项卡）

❒ 显示打开/修改状态：在项目管理面板上显示各个设计文档被打开或修改的状态。

❒ 显示 VCS 状态：在项目管理面板上显示各个设计文档的版本管理系统（VCS）状态。

❒ 显示文档在项目中的位置：在项目管理面板上显示文档在项目中的位置。

❒ 在提示里显示全路径信息：当光标指向设计文档时，在提示里显示文档的全路径信息。

❒ 显示网格：在项目管理面板上显示网格。

（2）【File View】类别：如图 2-12 所示。

❒ 显示项目结构：在项目管理面板上对项目的结构进行显示。

❒ 显示文档结构：在项目管理面板上对文档的结构进行显示。

（3）【Structure View】类别：如图 2-13 所示。

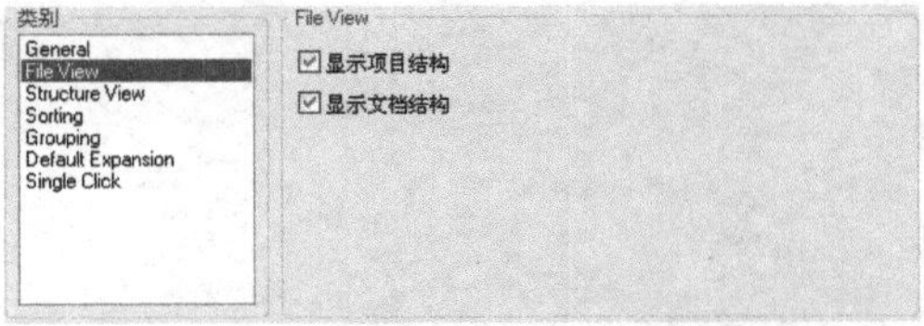

图 2-12　【File View】类别

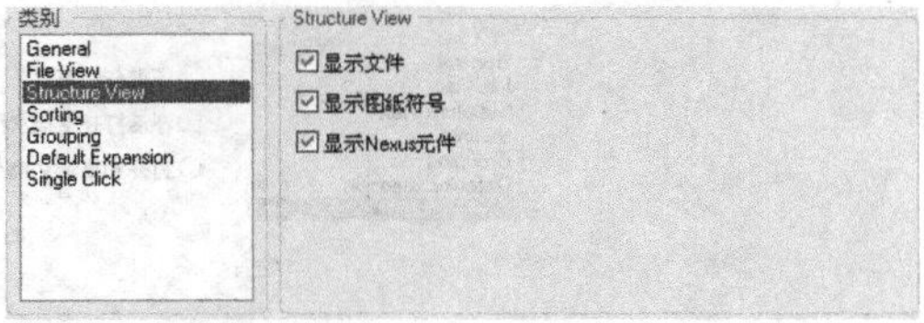

图 2-13　【Structure View】类别

❒ 显示文件：在项目管理面板上显示文件。

❒ 显示图纸符号：在项目管理面板上显示图纸符号。

❒ 显示 Nexus 元件：在项目管理面板上显示 Nexus 元件。

（4）【Sorting】类别：主要用于设置某项目中文档的排列顺序，如图 2-14 所示。

❒ 项目顺序：按照文档添加到项目中的顺序进行排序。

❒ 字母：按字母顺序进行排序。

❒ 打开/修改状态：按打开、编辑、未打开的顺序进行排序。

❒ VCS 状态：按照版本管理系统状态进行排序。

❒ 升序：按照打开的先后顺序在项目管理面板上升序排列。

（5）【Grouping】类别：主要用于对项目的管理进行设置，如图 2-15 所示。

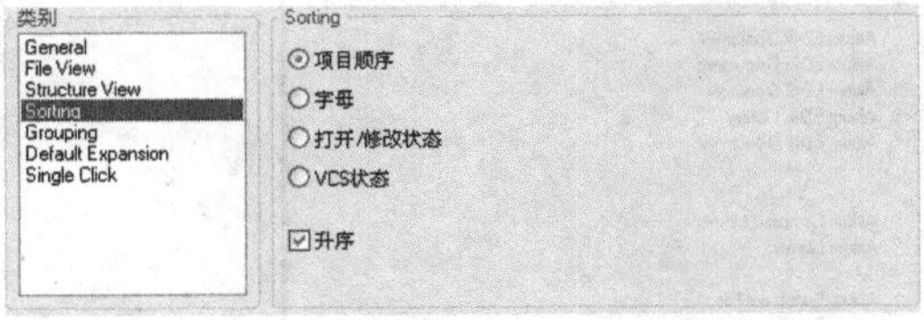

图 2-14　【Sorting】类别

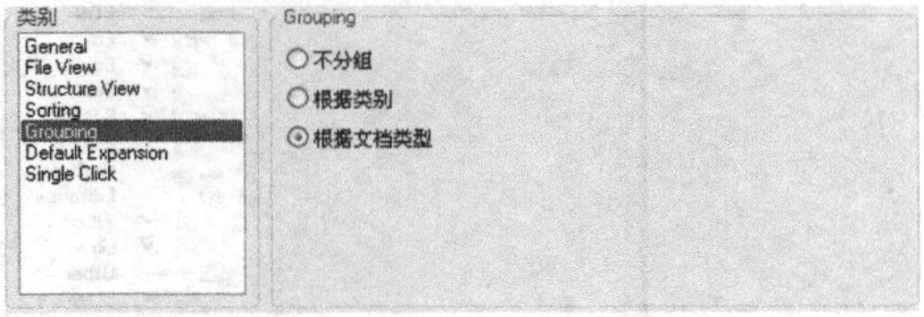

图 2-15　【Grouping】类别

❒ 不分组：项目中的文档不进行分类整理。

❒ 根据类别：项目中的文档按照类别进行分组管理。

❒ 根据文档类型：按照文档的类型进行分组管理。

（6）【Default Expansion】类别：用于设置打开项目文件时，项目选项卡中对项目文档结构的显示方法，如图 2-16（a）所示。例如，当分别选择【全收缩】和【全扩展】时，打开的项目文档在项目选项卡的显示分别如图 2-16（b）和（c）所示。

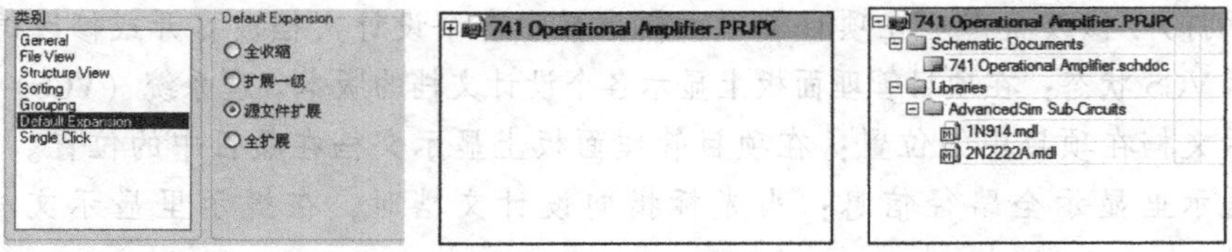

（a）【Default Expansion】类别　（b）【全收缩】项目显示　（c）【全扩展】项目显示

图 2-16 【Default Expansion】类别和项目打开时的显示示例

（7）【Single Click】类别：如图 2-17 所示，用于设置在项目管理面板上单击鼠标左键的功能，用户可以根据需要从【不做任何事】、【激活打开文档/对象】和【打开和显示文档/对象】3 种不同的功能中选择一种。

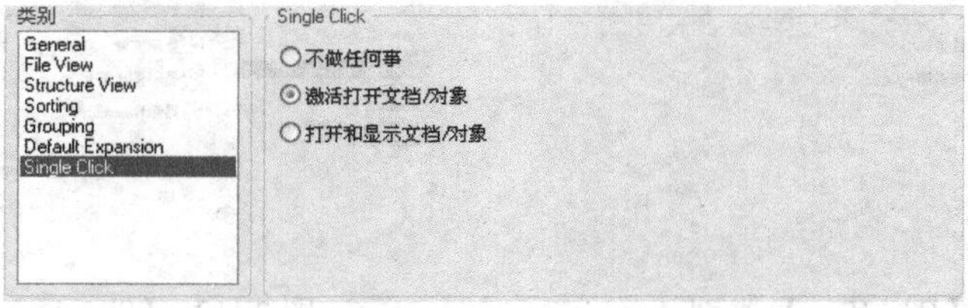

图 2-17 【Single Click】类别

7）【File Types】选项卡 如图 2-18 所示，从该选项卡中可以看到 Protel DXP 2004 SP2 支持众多不同类型的文件。用户可以根据自己的需要设置系统支持的文件类型。

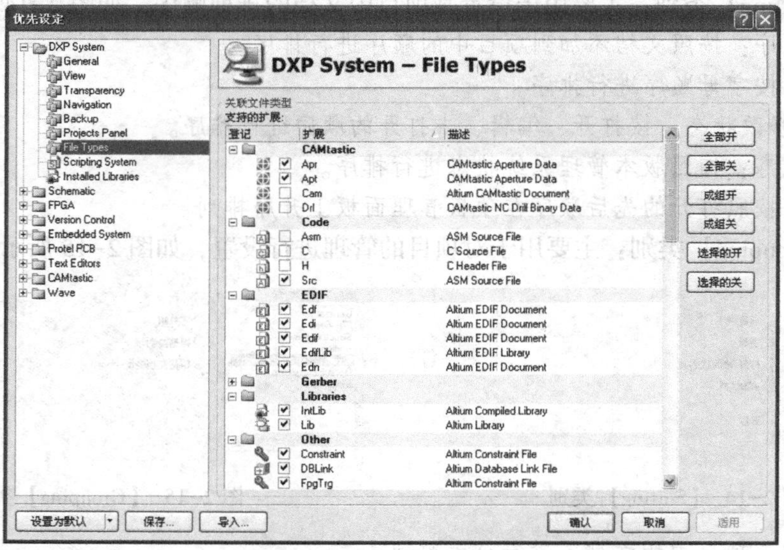

图 2-18 【优先设定】对话框（【File Types】选项卡）

在电路设计过程中，为了避免文件类型的繁杂，用户可通过选项卡右侧的按钮，快捷地对系统支持的文件进行设置。

- 全部开：使选项卡中所有的文件类型处于被选择状态。

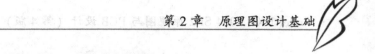

- 【全部关】：使选项卡中所有的文件类型处于未被选择状态。
- 【成组开】：使选项卡中选择的某组文件处于被选择状态。
- 【成组关】：使选项卡中选择的某组文件处于未被选择状态。
- 【选择的开】：有选择性地选中若干文件类型。
- 【选择的关】：有选择性地关闭若干文件类型。

8）【Scripting System】选项卡　如图2-19所示，用于脚本项目文件的安装。

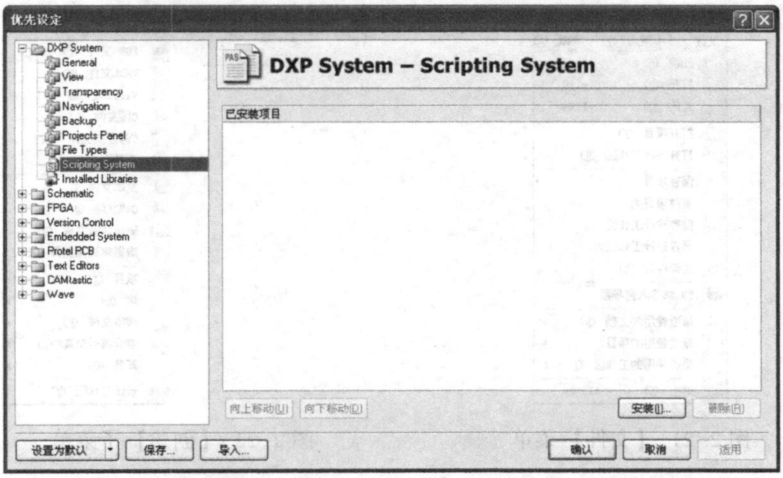

图2-19　【优先设定】对话框（【Scripting System】选项卡）

单击按钮【安装(I)...】，弹出【Select Script Project File】对话框，然后选择需要安装的脚本项目文件进行安装。

9）【Installed Libraries】选项卡　如图2-20所示，用于显示系统已经安装的集成元器件库，也可以通过该选项卡对集成元器件库进行安装和删除，以及对安装的元器件库进行排序等操作。

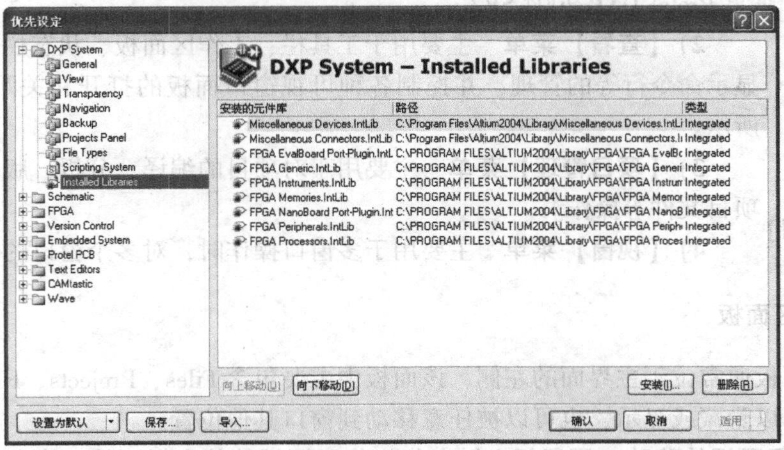

图2-20　【优先设定】对话框（【Installed Libraries】选项卡）

3. 系统其他菜单

1）【文件】菜单　主要用于文件的创建、打开、保存及软件的退出等操作，如图 2-21 所示。

❐ 创建：创建新的文件，其包含的子菜单如图 2-22 所示。可以看出，Protel DXP 2004 SP2 可以创建多种类型的文件（关于 Protel DXP 2004 SP2 的文件类型将在后续章节中介绍）。

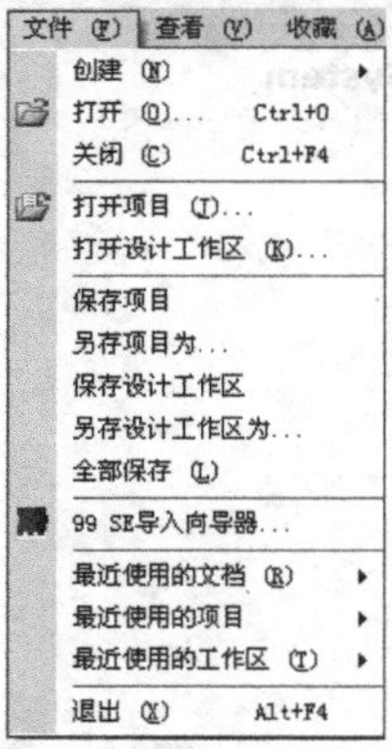

图 2-21　【文件】菜单

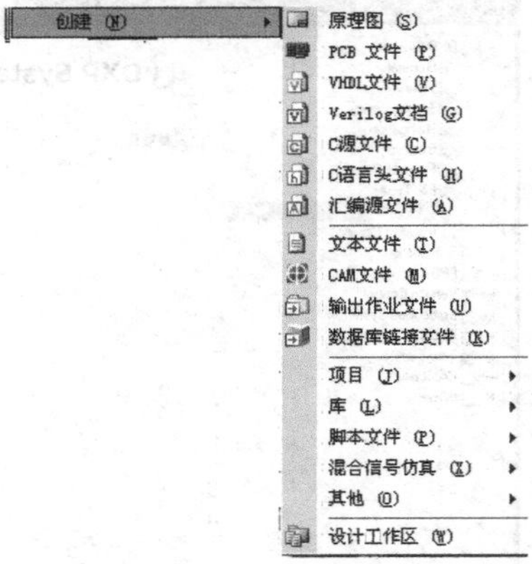

图 2-22　【创建】子菜单

❐ 打开：打开 Protel DXP 2004 SP2 可识别的已经存在的文件。

❐ 打开项目：打开工程文件。

❐ 保存项目：保存当前设计的工程。

❐ 另存项目为：把当前工程另存为其他名称的工程项目。

❐ 全部保存：保存当前设计的所有工程文件。

❐ 最近使用的文档：打开最近操作的文档。

❐ 最近使用的项目：打开最近操作的项目。

❐ 退出：退出 Protel DXP 2004 SP2。

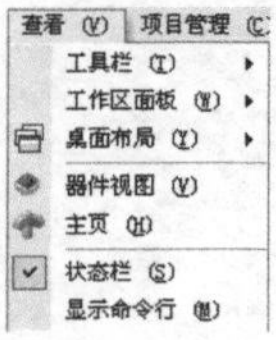

图 2-23　【查看】菜单

2）【查看】菜单　主要用于工具栏、工作区面板、状态栏、桌面布局及显示命令行等的管理，并控制各种可视窗口面板的打开和关闭，如图 2-23 所示。

3）【项目管理】菜单　主要用于对项目的编译、分析、版本控制、删除项目文件等操作。

4）【视窗】菜单　主要用于多窗口操作时，对多个窗口的管理。

4. 工作区面板

工作区面板通常位于主界面的左侧，该面板中主要包含 Files、Projects、Help 等选项卡。工作区面板可以隐藏或显示，也可以被任意移动到窗口其他位置。

1）工作区面板的移动　用鼠标左键点住工作区面板的状态栏不放，拖曳光标在窗中移动，当移动到窗口的适当位置后，松开鼠标左键，则移动后的面板将在相应的窗口位置显示。

2）工作区面板的面板选项切换 工作区面板中通常包含 Files、Projects、Help 等选项卡，如图 2-24 所示。

当要查看不同的面板内容时，只要单击相应的选项卡即可，也可以单击工作区面板上方状态栏中的按钮，则出现面板选项菜单，如图 2-25 所示。只要在要查看的面板选项上单击鼠标左键，则相应的选项前就会出现，此时工作区面板内容转换为当前选中的面板内容。

图 2-24 工作区面板选项

图 2-25 查看面板内容选项

3）工作区面板的显示或隐藏 当工作区面板的显示在窗口的左侧时，面板的状态栏中显示如图 2-26 所示。单击按钮，则按钮的形状变为，此时，如果把光标移出工作区面板，则工作区面板将自动隐藏在窗口的最左侧，如图 2-27 所示。

图 2-26 工作区面板未隐藏时的状态栏

图 2-27 隐藏工作区面板

如果将光标移动到隐藏的工作区面板的相应选项上，如移动到【Files】选项上，则对应的【Files】面板将自动显示。如果不再隐藏工作区面板，可以将光标放到图 2-27 所示的隐藏工作区面板的任意一个选项上，当相应的面板自动显示时，单击状态栏中的按钮，则按钮的形状又恢复为，此时工作区面板将不再自动隐藏。

4）工作区面板的关闭、开启和添加 若要关闭工作区面板，单击相应面板上部状态栏中的按钮即可。如要关闭【Files】面板，可以用鼠标右键单击【Files】，弹出如图 2-28 所示的快捷菜单，从中选择【Close ‘File’】，则工作区面板中就不再显示【Files】选项卡，如图 2-29 所示。

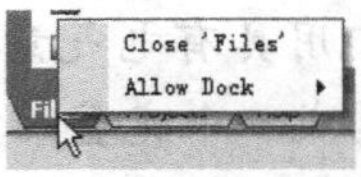

图 2-28 【Files】右键菜单

图 2-29 关闭【Files】选项卡

如果要重新开启该面板选项或添加新的面板选项，如重新添加【Files】选项卡，可以执行菜单命令【查看】\【工作区面板】\【System】\【File】，则工作区面板下面的选项中就重新出现【File】选项卡。当然，也可以通过【查看】\【工作区面板】菜单的相关子菜单关闭工作区面板上的选项卡。

5. 工具栏和状态栏

1）工具栏 用于快速命令操作。

（1）：创建新的文件。

（2）：打开已存在的文件。

（3）：帮助向导。

2）状态栏 位于主界面底部。执行菜单命令【查看】\【状态栏】，可以在 Protel DXP 2004 主界面底部显示或隐藏状态栏，单击状态栏中底部相应的按钮，可以查看相应面板的内容。

2.2 Protel DXP 2004 原理图设计操作入门

原理图设计是整个电路系统设计的基础，因此熟练掌握原理图的设计是非常重要的。Protel DXP 2004 既可以直接建立原理图文档，也可以在工程下建立。本书在介绍原理图设计时，总是在一个 PCB 项目下进行的。

1. 原理图设计流程

一般来说，电路设计要经过 4 个基本的主要步骤，即电路原理图设计、生成网络表、PCB 设计和生成 PCB 报表并打印 PCB 版图。电路原理图设计是第一步，是整个电路设计的基础。原理图设计流程如图 2-30 所示。

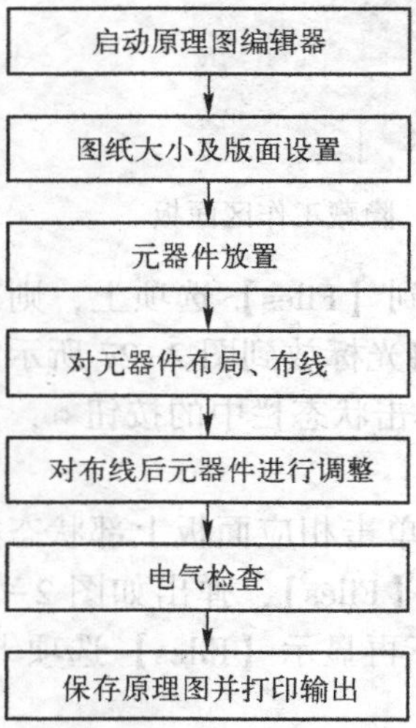

图 2-30 原理图设计流程

［1］ 启动原理图编辑器。

［2］ 图纸大小及版面设置。绘制原理图前，应根据设计的复杂程度和需要来设置图纸的大小，设置图纸的过程实际上是建立一个工作平面的过程，可以设置图纸的大小、方向、网格大小及标题栏等。

［3］ 元器件放置。根据实际需要，从元器件库里取出所需的元器件，并将其放置到工作平面上。可以根据元器件之间的布线关系，在工作平面上对元器件的位置进行调整、修改，并对元器件的封装、编号进行设定。

［4］ 对元器件布局、布线。根据电路原理图中各元器件之间的电气连接关系，用具有电气意义的导线、符号将其连接起来，从而构成一个完整的电路原理图。

［5］ 对布线后元器件进行调整。在这一阶段，主要利用 Protel DXP 2004 SP2 提供的强大功能对电路原理图进行调整和修改，保证电路原理图的美观和正确。

［6］ 电气检查。布线完成后，应进行电气检查，并根据软件提供的错误检查报告重新修改电路原理图。

［7］ 保存原理图并打印输出。保存设计的电路原理图，利用报表工具生成所需要的各种报表，设置打印参数进行电路原理图打印，为设计 PCB 做好各项准备工作。

2. 新建项目

在 Protel DXP 2004 中可以先建立项目，然后创建该项目包含的其他文件。单击工作区面板下的【Projects】选项卡，可以查看项目管理面板的内容。该面板用于管理当前工作区打开的所有项目。在对原理图进行编辑前，要创建一个新的项目文件，或者打开已经存在的文件。

1）新建项目　执行菜单命令【文件】\【创建】\【项目】\【PCB 项目】，系统会自动创建一个名为“PCB_ Project1. PrjPCB”的空白项目文件，从工作区面板【Projects】选项卡中可以看到，新创建的项目文件和项目下的空文件夹“No Documents Added”一起列出，如图 2-31 所示。

2）保存项目　执行菜单命令【文件】\【保存项目】，弹出【Save［PCB_Project1. PrjPCB］As...】对话框，如图 2-32 所示。通过【保存在】栏可以设置保存路径，在【文件名】栏中输入项目保存的名称，单击按钮 保存(S)，即可对新建的空白项目按照设置的项目名称和存储路径进行保存。

图 2-31　【Projects】选项卡

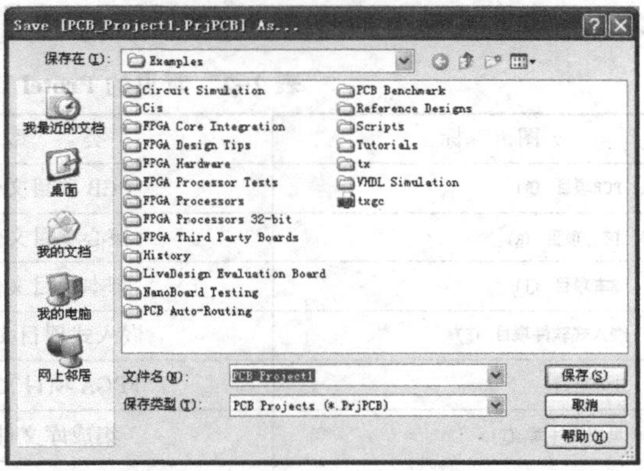

图 2-32　【Save［PCB_Project1. PrjPCB］As...】对话框

3）追加文件　在新建的空白项目中，没有原理图文件及其他项目文件。如果要绘制原理图，应将原理图文件追加到该项目中，也可以追加已经绘制好的原理图文件。

打开工作区面板的【Projects】选项卡，从选项卡中可以看到已打开的项目的名称。将光标移动到项目名称（本例为“PCB_Project1. PrjPCB”）上，单击鼠标右键，弹出快捷菜单，选择【追加新文件到项目中】，弹出该菜单的子菜单，如图 2-33 所示。通过执行不同的子菜单命令，将相应的文件追加到项目中。例如，若要在新的项目中追加一个新的原理图文件，则应执行【Schematic】命令。

如果追加已有的文件到项目中，则从弹出的快捷菜单中执行菜单命令【追加已有文件到项目中】，弹出【Choose Documents to Add to Project】对话框，如图 2-34所示。

在【查找范围】栏中设置追加文件的路径，通过【文件名】和【文件类型】栏设置追加文件的名称和文件类型，然后单击按钮 打开(O)，即可将选择的文件追加到项目中。

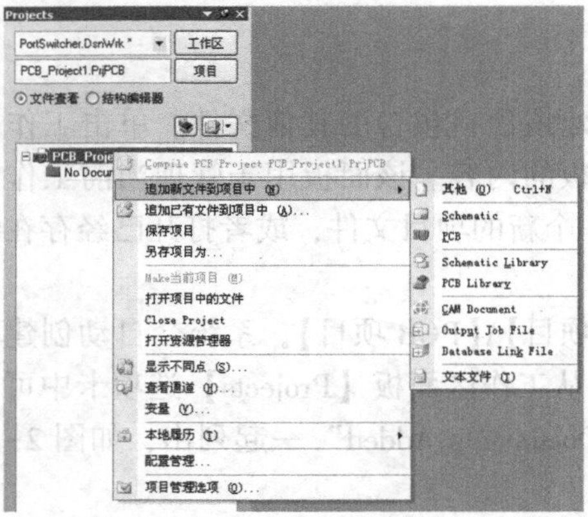

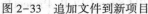

图 2-33　追加文件到新项目

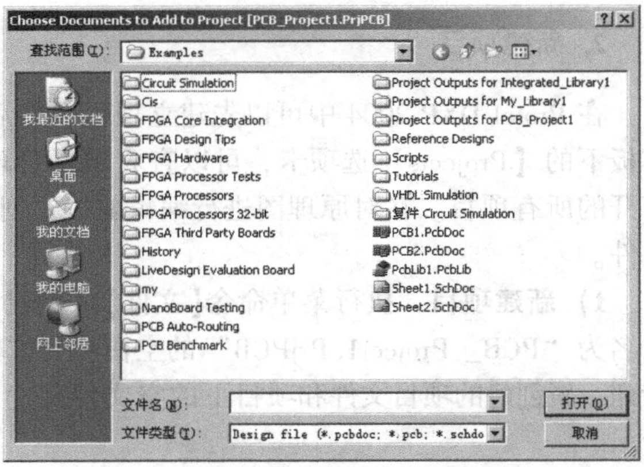

图 2-34　【Choose Documents to Add to Project】对话框

4）Protel DXP 2004 的文件类型　Protel DXP 2004 具有很多不同的功能，每个功能都由许多文件组成，并用不同的后缀名对文件加以区别。常见的 Protel DXP 2004 文件类型见表 2-1。

表 2-1　常见的 Protel DXP 2004 文件类型

图　标	类　型	默认文件名．后缀名
PCB项目（B）	PCB 项目文件	PCB_Project1. PrjPCB
核心项目（R）	核心项目文件	Core_Project11. PrjCor
脚本项目（T）	脚本项目文件	Script_Project1. PrjScr
嵌入式软件项目（E）	嵌入式项目文件	Embedded_Project1. PrjEmb
FPGA项目	FPGA 项目文件	FPGA_Project11. PrjFpg
集成元件库（I）	集成库文件	Integrated_Library1. LibPkg
Schematic	原理图文件	Sheet1. SchDoc
Schematic Library	原理图库文件	Schlib1. SchLib
PCB	PCB 文件	PCB1. PcbDoc
PCB Library	PCB 库文件	PcbLib1. PcbLib
CAM Document	CAM 文档	CAMtastic1. Cam
Output Job File	工作输出文件	Job1. OutJob
Database Link File	数据库链接文件	Database Links1. DbLink
文本文件（T）	文本文件	Doc1. Txt
VHDL文件（V）	VHDL 文件	VHDL1. Vhd
Verilog文档	Verilog 文档	Verilog1. V
C源文件（C）	C 语言源文件	Source1. C
C语言头文件（H）	C 语言头文件	Source1. H
汇编源文件（A）	汇编语言源文件	Source1. ASM

5）创建原理图文件　创建原理图文件常用的方法有两种：一种是执行菜单命令【文件】\【创建】\【原理图】，在新建立的项目中创建一个新的原理图文件；另一种方法是打开工作区面板的【Projects】选项卡，从选项卡中可以看到打开的项目的名称，移动光标到项目名称上，单击鼠标右键，弹出快捷菜单，执行菜单命令【追加新文件到项目中】\【Schematic】。创建新的原理图文件后，项目文件下的“No Documents Added”文件夹自动更名为“Source Documents”，此时在该文件夹下可以看到新创建的名为“Sheet1. SchDoc”的原理图文件。打开该原理图文件，Protel DXP 2004 系统的主界面变为原理图编辑窗口，如图 2-35所示。

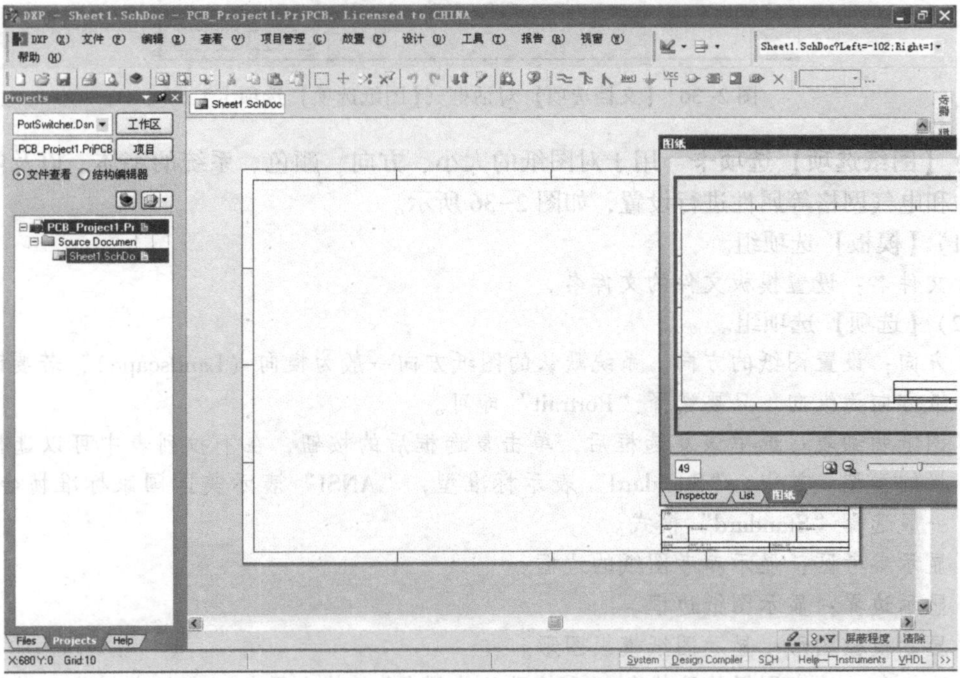

图 2-35　原理图编辑窗口

2.3　设置图纸和环境参数

在进行原理图设计时，正确设置图纸和环境参数会给原理图的设计（如放置元器件、连接线路等操作）带来极大的方便。虽然 Protel DXP 2004 系统会自动对图纸相关的参数进行设置，但在很多情况下，这些设置不一定能满足用户的要求。一般情况下，用户应根据设计电路的复杂程度等要求对图纸的大小及其他相关参数进行设置。

1. 文档选项

在原理图编辑状态执行菜单命令【设计】\【文档选项】，弹出【文档选项】对话框，如图 2-36 所示。该对话框包含 3 个选项卡，即图纸选项、参数、单位。

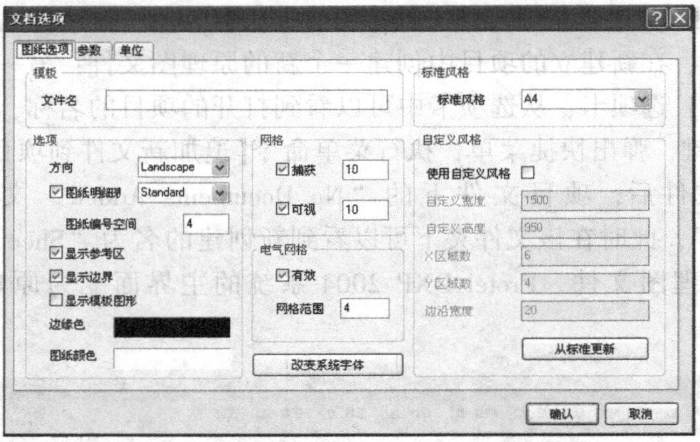

图 2-36 【文档选项】对话框（【图纸选项】选项卡）

1）【图纸选项】选项卡 用于对图纸的大小、方向、颜色、系统的字体，以及网格的可视性和电气网格等属性进行设置，如图 2-36 所示。

(1)【模板】选项组。

❒ 文件名：设置模板文件的文件名。

(2)【选项】选项组。

❒ 方向：设置图纸的方向。系统默认的图纸方向一般为横向（Landscape），若要改变图纸方向为纵向，只要选择“Portrait”即可。

❒ 图纸明细表：选中该复选框后，单击复选框后的按钮，在下拉列表中可以选择标题栏的类型。其中，“Standard”表示标准型，“ANSI”表示美国国家标准协会模式。一般选择“Standard”模式。

❒ 显示参考区：显示参考图纸的边框。

❒ 显示边界：显示图纸边框。

❒ 显示模板图形：显示图纸模板图形。

❒ 边缘色：设定图纸的边缘色（系统默认为黑色）。单击黑色框中任意部位，弹出【选择颜色】对话框，如图 2-37 所示；选择好新的边缘色后，单击【确认】按钮，则【文档选项】对话框的【边缘色】右侧的颜色就会被新设定的颜色替代。

❒ 图纸颜色：设定图纸的颜色，其方法与设定图纸边缘色的方法相同。

(3)【网格】选项组。

❒ 捕获：设置光标的移动间距。光标移动时的基本单位为【捕获】栏中设定的数值，系统默认值为 10。

❒ 可视：设置图纸上网格是否可视。其中，网格的大小可以通过【可视】栏来设置，系统默认值为 10。

(4)【电气网格】选项组。

❒ 有效：选中【有效】复选框，则在绘制导线时，系统会以【网格范围】栏中设定的值为半径，以光标所在位置为中心，向四周搜索电气节点，如果在搜索半径内有电气节点，就会自动将光标移到该节点上。该项设置非常有用，可以帮助用户轻松捕捉到起始点或元器件的引脚，建议勾选此项。

(5)【改变系统字体】按钮：在 Protel DXP 2004 中，图纸上经常需要插入很多的汉字或英文，系统可以对这些文本的字体进行设定。单击按钮 改变系统字体 ，弹出如图 2-38 所示的【字体】对话框。通过该对话框，可以对字体的类型、效果、颜色、字形及大小等参数进行设置。

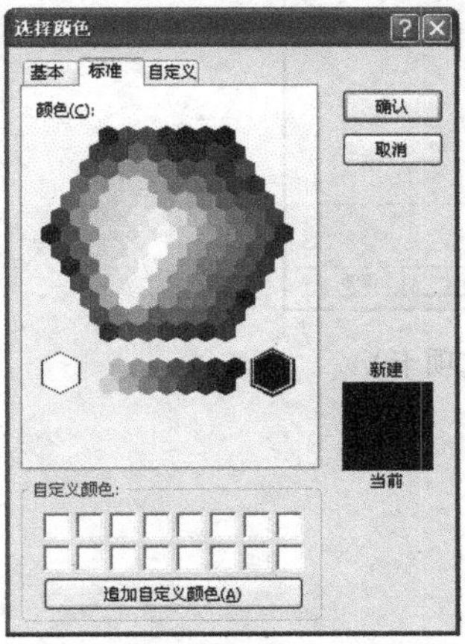

图 2-37　【选择颜色】对话框

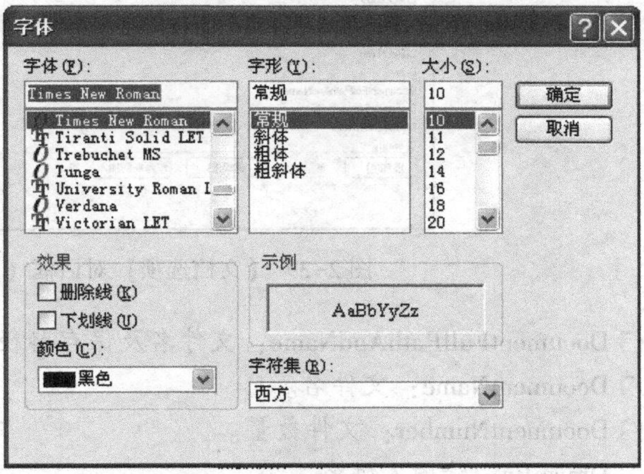

图 2-38　【字体】对话框

(6)【标准风格】选项组。

- 标准风格：单击其右侧的按钮，可以选择系统提供的图纸的格式，各选项及其对应的格式见表 2-2。

表 2-2　标准图纸格式

公制	A0、A1、A2、A3、A4
英制	A、B、C、D、E
OrCAD 图纸	OrCAD A、OrCAD B、OrCAD C、OrCAD D、OrCAD E
其他	Letter、Legal、Tabloid

(7)【自定义风格】选项组。

- 使用自定义风格：选中该复选框后，可以定义自己的图纸类型，包括定义图纸的宽度、高度等。

2)【参数】选项卡　用于设定图纸的各种信息，如图 2-39 所示。

- Address1、Address2、Address3、Address4：公司或单位的地址。
- ApprovedBy：批准人姓名。
- Author：设计人姓名。
- CheckedBy：审校人姓名。
- CompanyName：公司名称。
- CurrentData：当前日期。
- CurrentTime：当前时间。
- Data：日期。

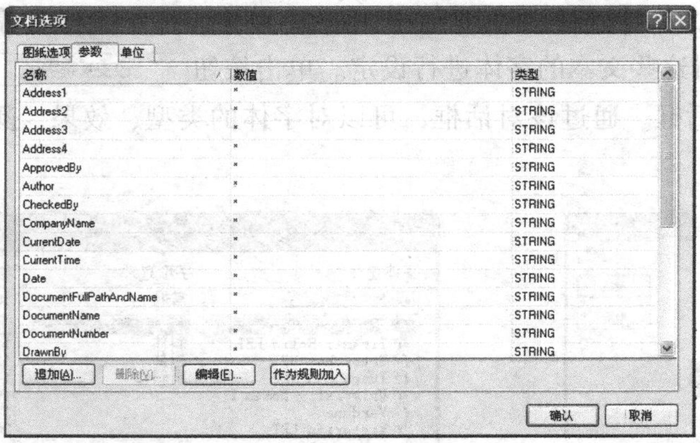

图 2-39 【文档选项】对话框（【参数】选项卡）

❒ DocumentFullPathAndName：文件名及保存路径。
❒ DocumentName：文件名。
❒ DocumentNumber：文件数量。
❒ DrawnBy：绘图人姓名。
❒ Engineer：工程师姓名。
❒ ModifiedData：修改日期。
❒ Organization：设计机构名称。
❒ Revision：版本号。
❒ Rule：信息规则。
❒ SheetNumber：原理图编号。
❒ SheetTotal：项目中原理图总数。
❒ Time：时间。
❒ Tile：原理图标题。

3）【单位】选项卡 用于设定 Protel DXP 2004 系统采用的单位，如图 2-40 所示。

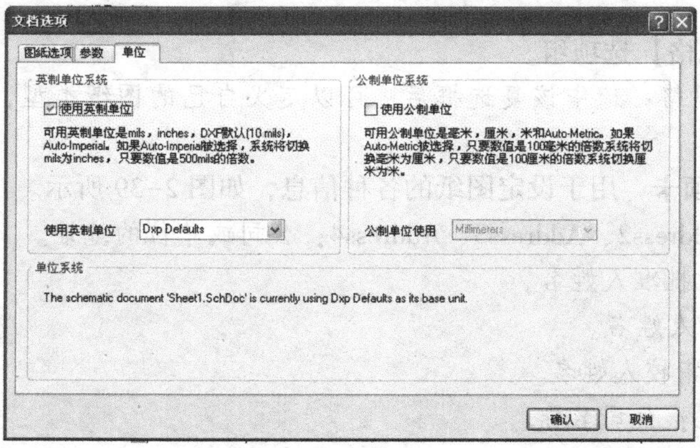

图 2-40 【文档选项】对话框（【单位】选项卡）

Protel DXP 2004 系统支持英制单位系统和公制单位系统。选定单位系统后，还应设置使用单位制中的基本单位。

2. 原理图优先设定

电路原理图设计的效率和正确性，往往与原理图的工作环境参数有着密切的联系。合理地设置参数，可以充分发挥软件系统的功能，提高设计效率。原理图工作环境参数的设置在原理图【优先设定】对话框中完成，可以用以下 3 种方法之一打开如图 2-41 所示的【优先设定】对话框。

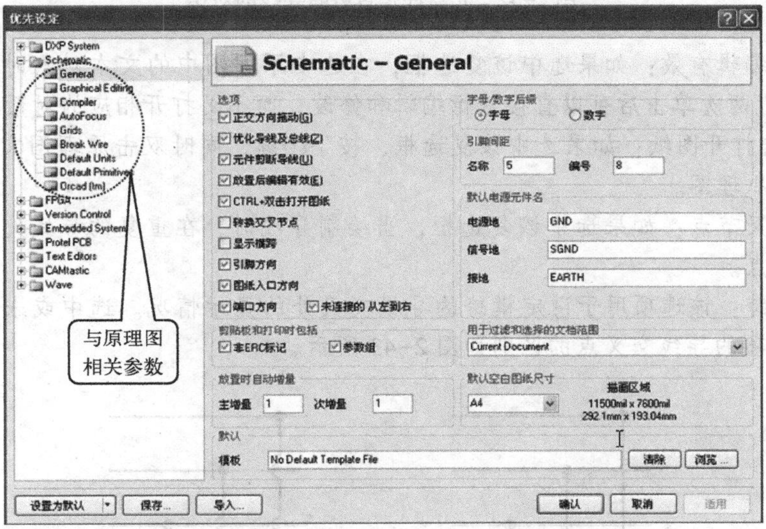

图 2-41 【优先设定】对话框

方法 1：执行菜单命令【工具】\【原理图优先设定】。

方法 2：在原理图编辑窗口中单击鼠标右键，从弹出的快捷菜单中选择【选项】\【原理图优先设定】。

方法 3：执行菜单命令【DXP】\【优先设定】。

1)【Schematic-General】选项卡　在【优先设定】对话框左侧栏中选择【Schematic】选项，可以看到与原理图环境参数相关的设置选项。单击【General】选项，打开该选项卡，如图 2-41 所示。

(1)【选项】选项组。

- 正交方向拖动：如果选中该复选框，在原理图上拖曳元器件时，与元器件相连接的导线只能保持直角；如果未选中该复选框，则与元器件相连接的导线可以是任意角度的。
- 优化导线及总线：如果选中该复选框，在连接导线和总线时，系统会自动选择最优路径，并且可以避免各种电气连线和非电气连线的互相重叠。同时，【元件剪断导线】复选框为可选状态；如果未选中该复选框，则【元件剪断导线】复选框为不可选状态，用户可以自己进行连接线路路径的选择。
- 元件剪断导线：如果选中该复选框，当放置一个元器件时，若元器件的两个引脚同时落在一根导线上，则该导线将被切割成两段，两个端点分别与元器件的两个引脚相连。例如，当将图 2-42（a）中的元器件的两个引脚靠近其左侧的导线时，选中该复选框和未选中该复选框的连接对比如图 2-42（b）和（c）所示。

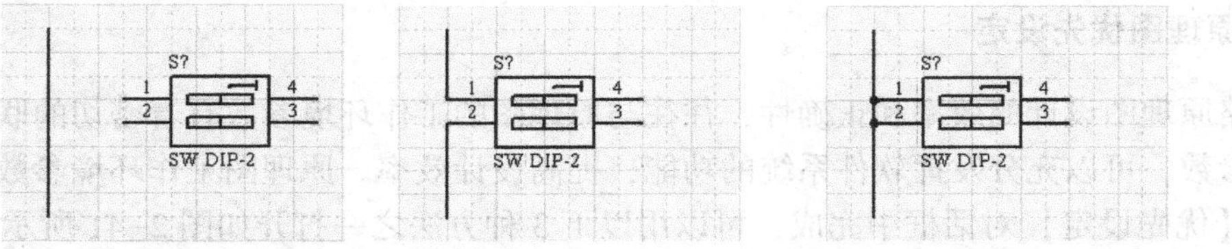

（a）待连接元器件和导线　（b）选中【元件剪断导线】选项　（c）未选中【元件剪断导线】选项

图 2-42　元器件是否剪断导线的对比

- ❐ 放置后编辑有效：如果选中该复选框，在选中原理图中的文本对象时（如元器件的标注），两次单击后可以直接进行编辑和修改，而不必打开相应的对话框。
- ❐ Ctrl+双击打开图纸：如果选中该复选框，按下Ctrl键，同时双击原理图文档图标，即可打开该原理图。
- ❐ 转换交叉节点：如果选中该复选框，当绘制导线时，在重复的导线处会自动连接并产生节点。
- ❐ 显示横跨：该选项用于设定横跨的导线交叉处的显示情况。选中或未选中【显示横跨】选项的导线交叉点的区别如图 2-43 所示。

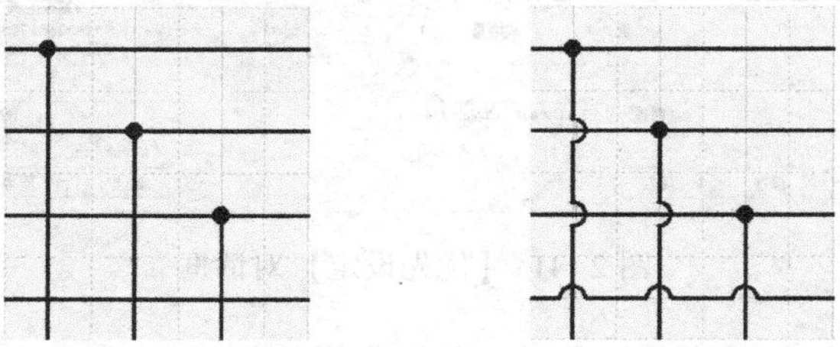

（a）未选中【显示横跨】选项　（b）选中【显示横跨】选项

图 2-43　选中或未选中【显示横跨】选项的导线交叉点的区别

- ❐ 引脚方向：对于某些元器件，可以通过其引脚方向来查看信号的流向。当选中该选项时，会在元器件上显示信号的电气方向，便于查看纠错。选中或未选中【引脚方向】选项的元器件放到原理图上的区别如图 2-44 所示。

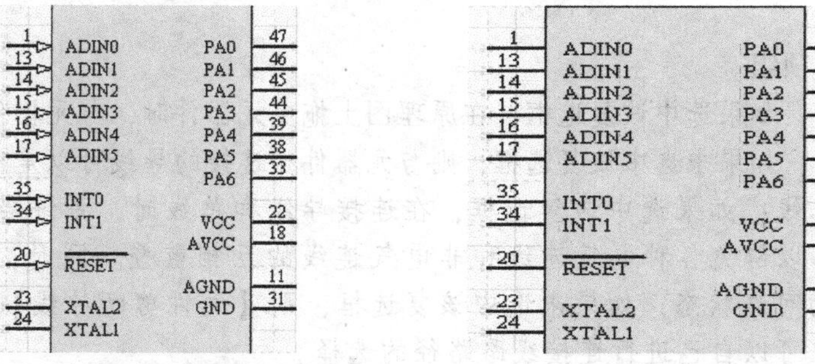

（a）选中【引脚方向】选项　（b）未选中【引脚方向】选项

图 2-44　【引脚方向】选项是否选中的比较

❒ 图纸入口方向：如果选中该复选框，在顶层原理图的图纸符号中，会根据子图中设置的端口属性显示输入端口、输出端口或其他性质的端口。但在图纸符号中，相互连接的端口部分不受此设置的影响。

❒ 端口方向：如果选中该复选框，端口的样式会根据用户设置的端口属性显示（是输入端口、输出端口，还是其他性质的端口）。

❒ 未连接的从左到右：如果选中该复选框，则由子图生成顶层原理图时，左右可以不进行物理连接。

(2)【剪贴板和打印时包括】选项组。

❒ 非ERC标记：如果选中该复选框，则在进行复制、剪切、打印等操作时，均包含图纸的非ERC标记。

❒ 参数组：如果选中该复选框，则在进行复制、剪切、打印等操作时，均包含元器件的参数信息。

(3)【放置时自动增量】选项组。

❒ 主增量：当在原理图上放置同一种元器件时，元器件标识序号的自动增量数值（默认值为1）。

❒ 次增量：当创建原理图符号时，引脚号的自动增量数值（默认值为1）。

(4)【默认】选项：用于设置默认的模板文件。单击按钮[浏览...]，弹出【打开】对话框，通过该对话框选择模板文件，则每次创建一个新文件时，系统自动套用该模板；单击按钮[清除]，可以清除当前选择的模板文件。

(5)【字母/数字后缀】选项组：当某个元器件由多个相同的子部件构成时，就称之为复合器件。该选项组用于在放置这种元器件时，其内部的多个子部件的标识设置用字母或数字进行标识。分别选择字母和数字后缀时的标识方法如图2-45所示（图中放置的复合元器件标识为“U1”）。

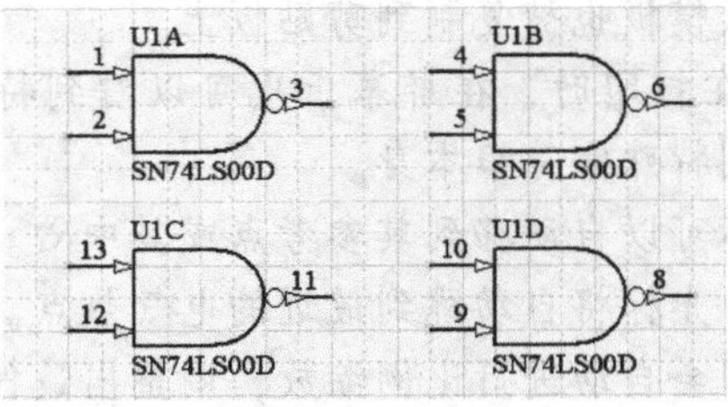

(a) 字母后缀

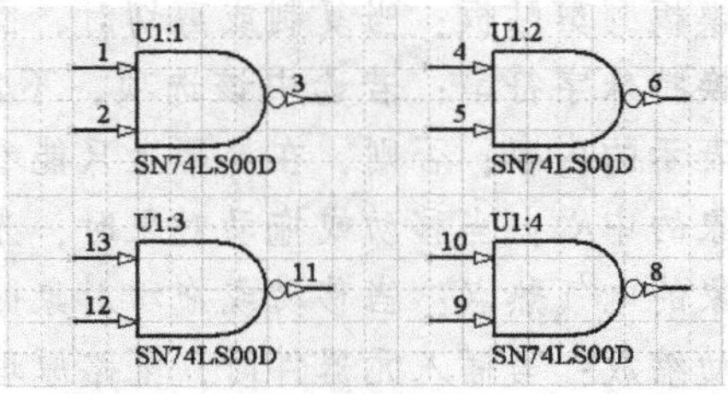

(b) 数字后缀

图2-45 字母/数字后缀的对比

(6)【引脚间距】选项组。

❒ 名称：用于设置元器件的引脚名称与元器件符号边缘之间的距离，默认值为5mil。

❒ 编号：用于设置元器件的引脚编号与元器件符号边缘之间的距离，默认值为8mil。

(7)【默认电源元件名】选项组：用于设置默认的电源元件的名称。

❒ 电源地：用于设置电源地的网络符号名称，默认值为“GND”。

❒ 信号地：用于设置信号地的网络符号名称，默认值为“SGND”。

❒ 接地：用于设置接地的网络符号名称，默认值为“EARTH”。

(8)【用于过滤和选择的文档范围】选项组：用于设置过滤器和执行选择功能时默认的文档范围。

❒ Current Document：仅在当前打开的文档中使用。

❒ Open Document：在所有打开的文档中使用。

(9)【默认空白图纸尺寸】选项：用于设置默认的空白原理图的尺寸，单击按钮▾，可以从如图 2-46 所示的下拉选项中选择图纸尺寸的大小。

2）【Schematic-Graphical Editing】选项卡 在【优先设定】对话框左侧栏中选择【Graphical Editing】选项，打开【Schematic-Graphical Editing】选项卡，如图 2-47 所示。

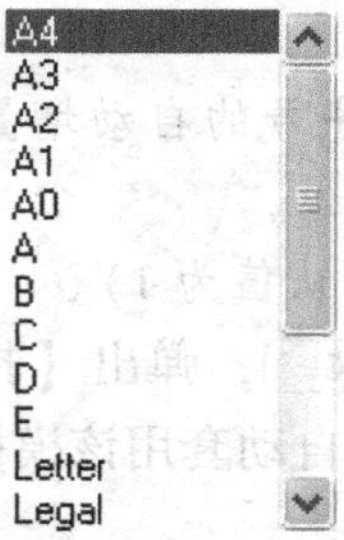

图 2-46 图纸尺寸选择

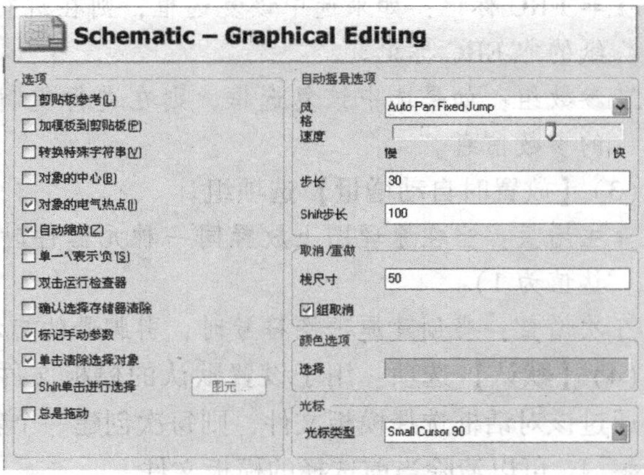

图 2-47 【Schematic-Graphical Editing】选项卡

(1)【选项】选项组。

❒ 剪贴板参考：当执行复制或剪切命令时，将提示选择一个参考点，这有助于后续剪切工作的进行。

❒ 加模板到剪贴板：当复制或剪切时，图纸模板也被复制到剪贴板上。

❒ 转换特殊字符串：若选中该选项，不仅在打印时，在屏幕上也可以看到特殊字符串所表示的内容；否则，在屏幕上只能看到特殊字符串本身。

❒ 对象的中心：当移动或拖动对象时，光标可以自动移到其参考点或其中心。

❒ 对象的电气热点：当移动或拖动对象时，光标将自动跳到最近的电气热点。

❒ 自动缩放：当插入元器件时，电路原理图会自动进行比例缩放，调整出最佳的视图。

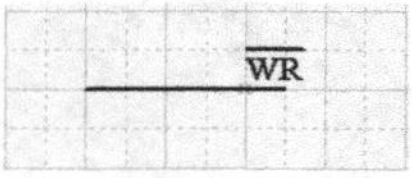

图 2-48 单一“\”表示“负”

❒ 单一‘\’表示‘负’：在电路原理图的设计中，习惯将元器件的引脚标识上加一条横线来表示该引脚低电平有效，在网络标签上同样采用此方法。选中该选项，当在网络前缀的标识前加一个“\”时，将在该网络标签的标识上加一条横线，如图 2-48所示。

❒ 双击运行检查器：在编辑器窗口中双击被操作的对象后，将打开【Inspector】对话框，通过该对话框，可以对该对象的所有参数进行查询或设置。

❒ 确认选择存储器清除：若选中该选项，在清除存储器时，将弹出一个确认对话框。该功能可以防止用户因疏忽而清除存储器。

❒ 标记手动参数：用于设置是否显示参数自动定位被取消的标识点。选中该选项后，如果已取消了对象的某个参数的自动定位属性，则该参数旁边会出现一个点状标识，提示用户该参数需要手动定位。

❒ Shift 单击进行选择：只有在按下 Shift 键时单击鼠标左键才能选中图元。选中该选项后，按钮 图元... 有效，单击该按钮，弹出【必须按着 Shift 来选择】对话框，用于设置哪些图元只有按着 Shift 键时单击鼠标左键才能选中，如图 2-49 所示。

❒ 总是拖动：选中该选项，当移动某一元器件时，与其相连的导线随之拖动，保持连接关系；否则，当移动元器件时，与其相连的导线不会随之拖动。

(2)【自动摇景选项】选项组：自动摇景是指当光标处于放置图纸组件状态时，如果光标移动到原理图编辑区边界，会自动移动原理图，以使光标指向的位置进入可视区域。

❒ 风格：用于设置摇景的模式，单击按钮，可以从如图 2-50 所示的下拉选项中选择一种摇景模式。

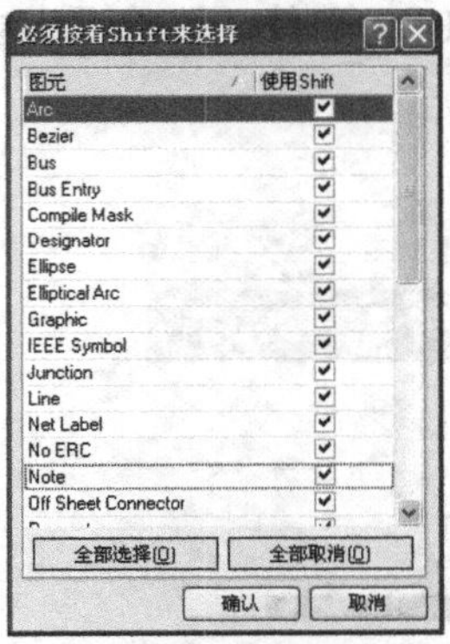

图 2-49　【必须按着 Shift 来选择】对话框

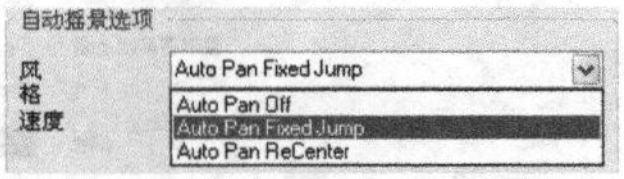

图 2-50　选择摇景风格

- Auto Pan Off：关闭自动摇景。
- Auto Pan Fixed Jump：按照固定步长移动原理图。
- Auto Pan ReCenter：以光标位置为显示中心移动原理图。

❒ 速度：通过滑块调整原理图移动的速度。

❒ 步长：用于设置原理图每次移动的步长，系统默认值为 30。

❒ Shift 步长：用于设置在按住 Shift 键的情况下，原理图自动移动的步长，系统默认值为 100，这样可以在按住 Shift 键时，加快原理图的移动速度。

(3)【取消/重做】选项组。

❒ 栈尺寸：用于设置系统可以取消或重复操作的最大堆栈数，默认值为 50。该项数值设置越大，系统占用内存就越大。

(4)【颜色选项】选项组。

❒ 选择：用于在原理图中选择对象时，设置选择虚线框的颜色，如图 2-51 所示。单击右侧的颜色栏，弹出【选择颜色】对话框，从中选择自己喜欢的颜色即可。

(5)【光标】选项组：主要用于设置光标的类型。单击【光标类型】后面的下拉列表按钮，可以对光标类型进行设定，如图 2-52 所示。

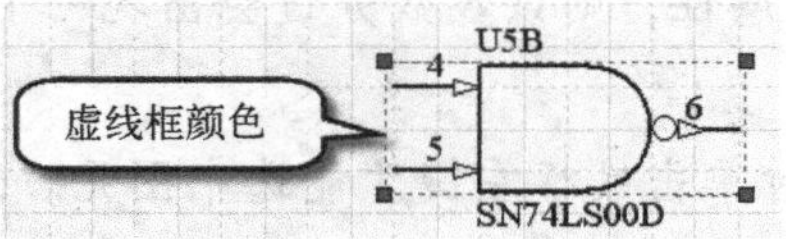

图 2-51　颜色设置作用域

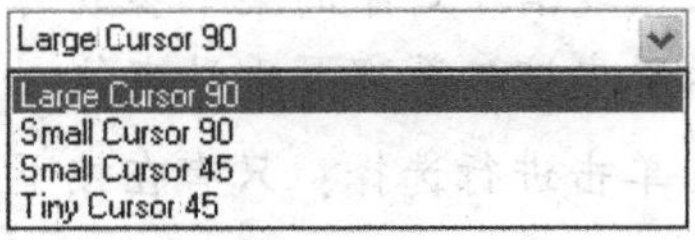

图 2-52　光标类型

- ❒ Large Cursor 90：长十字形光标。
- ❒ Small Cursor 90：短十字形光标。
- ❒ Small Cursor 45：短 45°交叉光标。
- ❒ Tiny Cursor 45：小 45°交叉光标。

3）【Schematic-Compiler】选项卡　在【优先设定】对话框左侧单击【Compiler】选项，打开如图 2-53 所示的【Schematic-Compiler】选项卡。在原理图设计完成后，一般要对电路进行电气检查，对检查出的错误生成各种报表和统计信息，供用户进行修改和完善原理图使用。检查无误后，才传送至 PCB 编辑器，生成 PCB 文件。该选项卡主要用于设置编译器的环境参数。

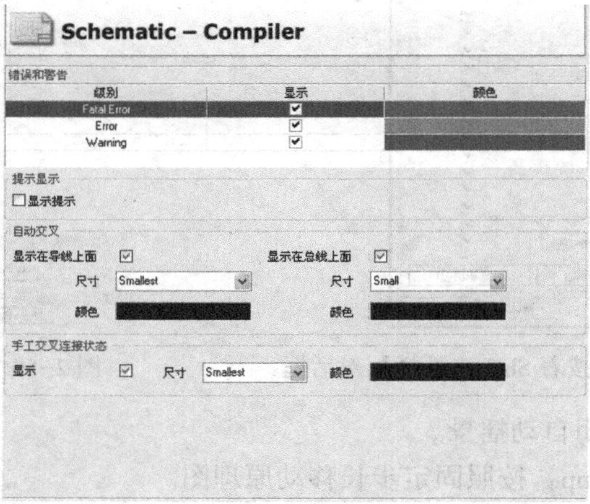

图 2-53　【Schematic-Compiler】选项卡

（1）【错误和警告】选项组：在编译处理完成后，使用这个选项可以使致命错误（Fatal Error）、错误（Error）和警告（Warring）等在原理图上显示出来，用户可以根据自己对颜色的喜好来设定不同错误类型在原理图中的显示。若要在原理图上看到错误显示，必须使【显示】有效才行。是否显示错误和警告的对比如图 2-54 所示。

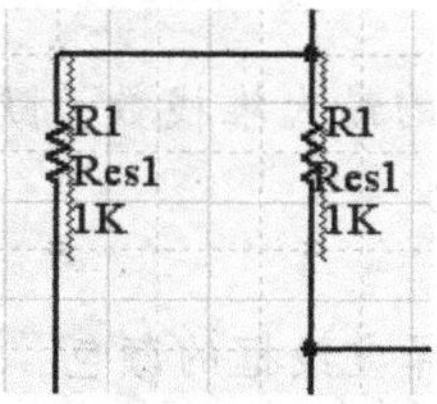

（a）显示错误和警告

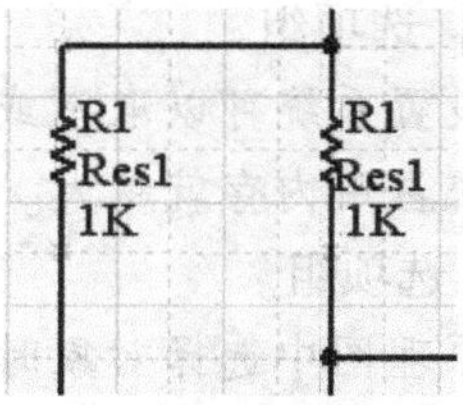

（b）不显示错误和警告

图 2-54　是否显示错误和警告的对比

从图 2-54 中可以看到，Fatal Error、Error 和 Warring 使能后，经过系统编译，由于有两个 R1，因此会在两个 R1 旁边用预先设定颜色的波浪线描绘出来，使设计人员方便找到错误和警告的位置。

（2）【提示显示】选项组：如果选中【显示提示】选项，则当光标移至显示错误问题的对象上时，就会出现错误提示信息，如图 2-55 所示。

（3）【自动交叉】选项组：用于设置在电路原理图中导线的“T”形连接处，系统自动添加电气节点的显示方式。

- 显示在导线上面：在导线的“T”形连接处显示电气节点。可以通过【尺寸】栏选择电气节点的大小，可选项为最小（Smallest）、小（Small）、中等（Medium）或大（Large）。另外，可以通过【颜色】栏设置电气节点的颜色。例如，当设置节点大小为“Medium”，颜色为红色时，电路原理图中的“T”形连接处电气节点显示如图 2-56 所示。

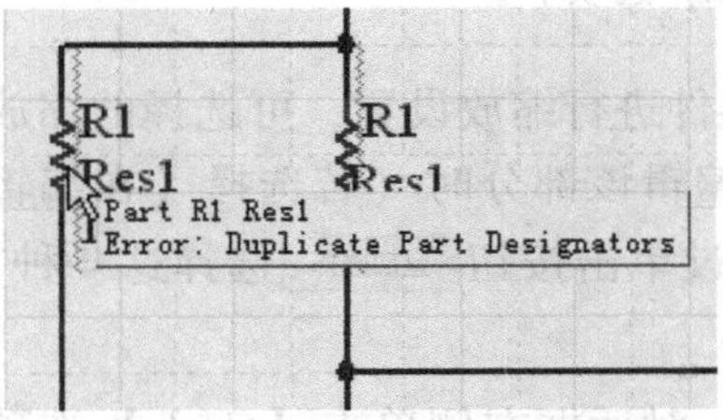

图 2-55　错误信息的提示

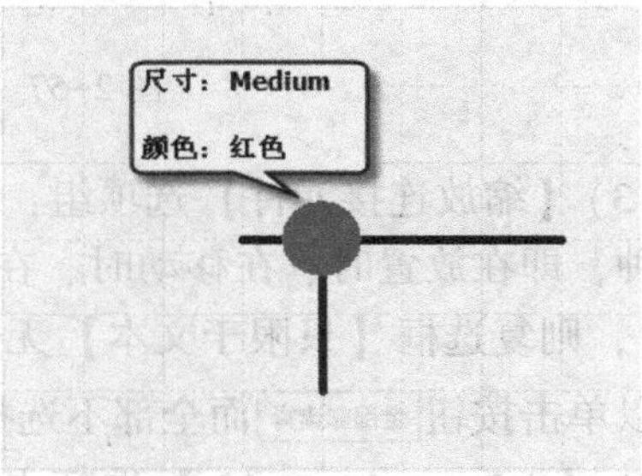

图 2-56　“T”形连接处电气节点显示设置

- 显示在总线上面：在总线的“T”形连接处显示电气节点，电气节点的尺寸和颜色分别通过【尺寸】和【颜色】栏进行设置。

（4）【手工交叉连接状态】选项组：用于设置在电路原理图中，手工添加的电气节点是否显示及显示方式，包括颜色和尺寸的设置。

4）【Schematic-AutoFocus】选项卡　在【优先设定】对话框左侧单击【AutoFocus】选项，打开如图 2-57 所示的【Schematic-AutoFocus】选项卡。Protel DXP 2004 提供了一种自动聚焦功能，能够根据原理图中的元器件或对象所处的状态（连接或未连接）分别进行显示，以便用户快捷地查询和修改，这一功能主要通过【Schematic-AutoFocus】选项卡来设置。

（1）【淡化未连接对象】选项组：用于对未连接的对象淡化显示进行设置，可以选择的淡化方式有 4 种，即在放置时、在移动时、在图形编辑时、在编辑该部分时。用户可以通过单击按钮 全部选择 选择这 4 种方式，也可以单击按钮 全部非选择 而全部不选择。淡化显示的程度可以通过拖动【暗淡度】滑块进行调节。

（2）【加浓连接的对象】选项组：用于对连接的对象加浓显示进行设置，可以选择的加浓方式有 3 种，即在放置时、在移动时、在图形编辑时。用户可以通过单击按钮 全部选择 选择这 3 种方式，也可以单击按钮 全部非选择 而全部不选择。加浓显示的时间可以通过拖动【延迟】滑块进行调节。

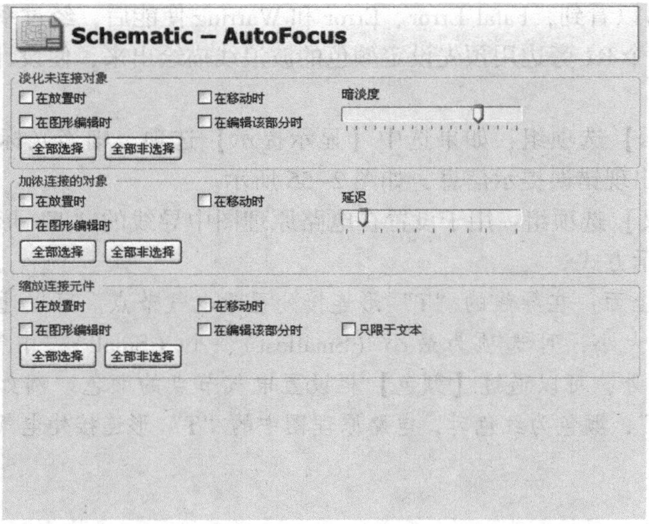

图 2-57 【Schematic-AutoFocus】选项卡

（3）【缩放连接元件】选项组：用于对连接的元器件进行缩放设置，可选择的缩放方式有 4 种，即在放置时、在移动时、在图形编辑时、在编辑该部分时（若选择【在编辑该部分时】，则复选框【只限于文本】无效）。用户可以通过单击按钮 全部选择 选择这 4 种方式，也可以单击按钮 全部非选择 而全部不选择。

5）【Schematic-Grids】选项卡 在【优先设定】对话框左侧单击【Grids】选项，打开如图 2-58 所示的【Schematic-Grids】选项卡。该选项卡用于设置原理图中的网格参数。

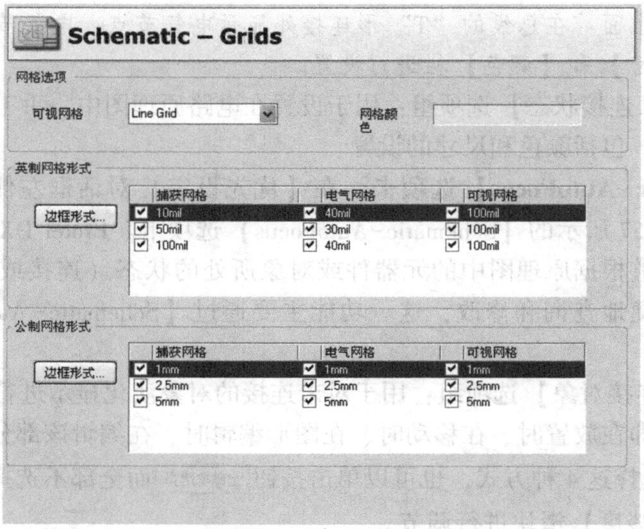

图 2-58 【Schematic-Grids】选项卡

（1）【网格选项】选项组：用于设置网格的形状和颜色。

❒ 可视网格：用于设置网格的形状，可选择“Line Grid”或“Dot Grid”。

❒ 网格颜色：用于设置网格的颜色。

(2)【英制网格形式】选项组：用于设置捕获网格、电气网格和可视网格的大小。单击按钮[边框形式...]，从弹出快捷菜单选项中选择网格的边框形式。

(3)【公制网格形式】选项组：功能同【英制网格形式】选项组，本选项组中单位采用公制单位。

6)【Schematic-Break Wire】选项卡　在原理图编辑过程中，可以执行菜单命令【编辑】\【剪断配线】，对各种连线进行切割和修改。该选项组主要用于设置执行【剪断配线】命令时的一些参数。在【优先设定】对话框左侧单击【Break Wire】选项，打开如图 2-59 所示的【Schematic-Break Wire】选项卡。

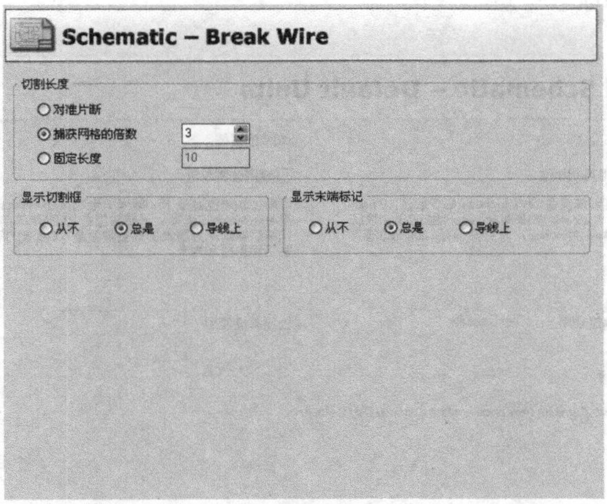

图 2-59　【Schematic-Break Wire】选项卡

(1)【切割长度】选项组：用于设置执行【剪断配线】命令时，在导线上的切割线段长度。

- 对准片段：执行【剪断配线】命令时，光标所在的导线被整段切除。
- 捕获网格的倍数：选择该项，执行【剪断配线】命令时，导线上每次被切割的长度都是网格大小的整数倍，倍数的大小可进行设置，最大取值为 10，最小为 2。
- 固定长度：执行【剪断配线】命令时，导线上每次被切割的长度都是固定的，其数值在右侧的文本框中设置。

执行【剪断配线】命令时，3 种不同的切割长度设置的比较如图 2-60 所示。

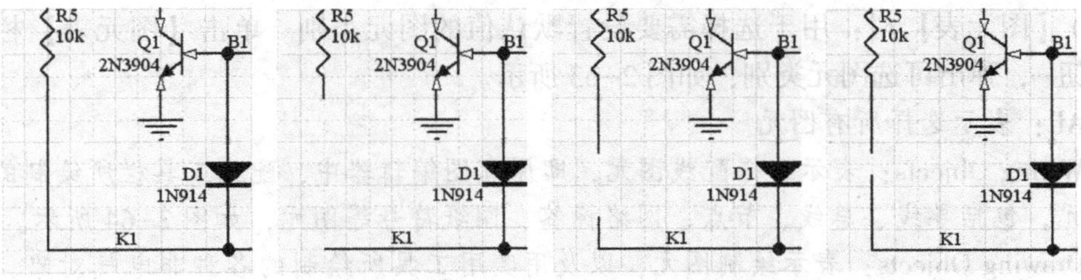

(a) 原图　(b) 对准片段　(c) 3 倍捕获网格　(d) 固定长度为 10

图 2-60　不同设置下执行【剪断配线】命令的切割效果

（2）【显示切割框】选项组：用于设置当执行【剪断配线】命令时，是否显示切割框。如果显示切割框，则在执行【剪断配线】命令时，将显示一个小方框，当光标移动到需要切割的导线上时，将明确标识出需要切割的导线的范围。可以在【从不】、【总是】或【导线上】中选择一种显示方法。

（3）【显示末端标记】选项组：用于设置当执行【剪断配线】命令时，是否显示导线的末端标识。可以在【从不】、【总是】或【导线上】中选择一种显示方法。

7）【Schematic-Default Units】选项卡　在【优先设定】对话框左侧单击“Default Units”选项，打开如图 2-61 所示的【Schematic-Default Units】选项卡。用户可以通过该选项卡选择适当的单位系统。

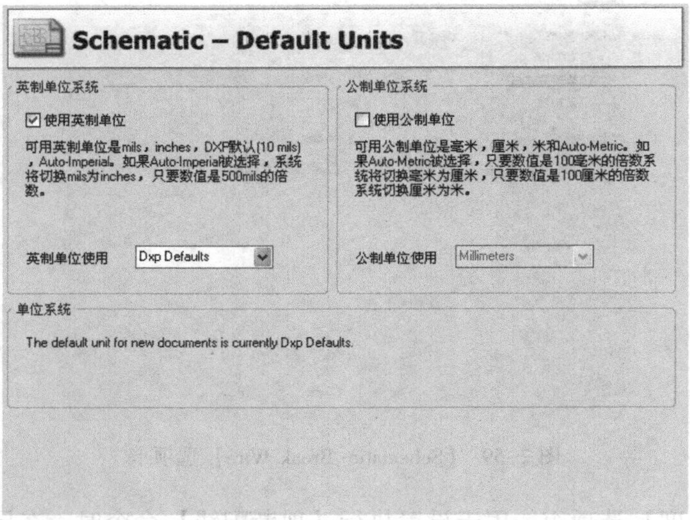

图 2-61　【Schematic-Default Units】选项卡

- 英制单位系统：有 4 种选择，即 Mils、Inches、Dxp Defaults 和 Auto-Imperial。
- 公制单位系统：有 4 种选择，即 Millimeters、Centimeters、Meters 和 Auto-Metric。

8）【Schematic-Default Primitives】选项卡　在【优先设定】对话框左侧单击“Default Primitives”选项，打开如图 2-62 所示的【Schematic-Default Primitives】选项卡。该选项卡用于设置编辑原理图时，常用图元的默认值，这样当放置各种图元时，会以设置的默认值为基准进行操作，从而简化编辑过程，提高设计效率。

（1）【图元表】栏：用于选择需要设置默认值的图元类别。单击【图元表】栏右侧的下拉按钮，弹出可选图元类别，如图 2-63 所示。

- All：表示选择所有图元。
- Wiring Objects：表示选择配线图元，即原理图编辑器中，配线工具栏所绘制的各种图元，包括导线、总线、节点、网络标签、图纸符号等图元，如图 2-64 所示。
- Drawing Objects：表示绘制图元，以及用实用工具所绘制的各种非电气对象，包括圆弧、贝赛尔曲线、椭圆等。

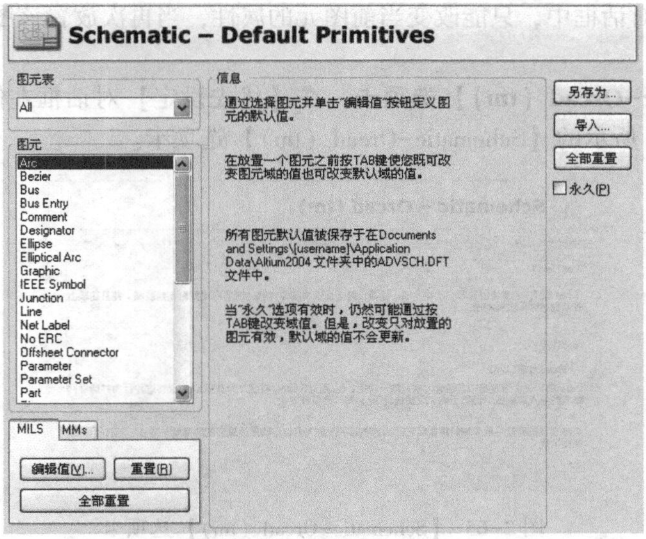

图 2-62 【Schematic-Default Primitives】选项卡

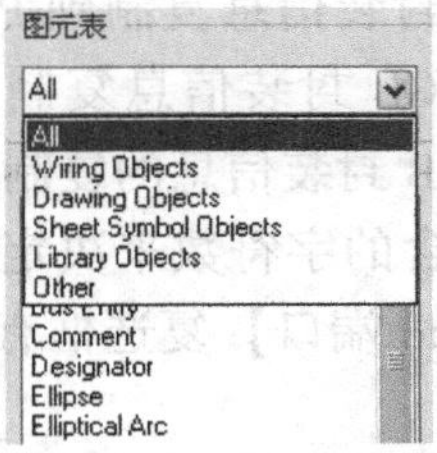

图 2-63 图元类别选择

图 2-64 "Wiring Objects" 类别包含的图元

❐ Sheet Symbol Objects：表示图纸符号图元，即在层次电路图中与子图有关的图元，包括图纸符号、图纸符号标识等。

❐ Library Objects：表示库图元，以及与库元件有关的图元，包括 IEEE 符号、引脚。

❐ Other：表示其他图元，即上述类别中不包括的图元。

(2)【图元】列表栏：用于列出当前选择的图元类别中包含的各种图元。对任意图元，可以移动光标到该图元上，双击鼠标左键或单击按钮 编辑值(V)... ，弹出该图元的属性对话框，通过该对话框可以设置该图元的默认参数。单击按钮 重置(R) ，可以将该图元的参数复位到安装时的状态。

(3) 另存为... ：用于保存默认原始设置，单击该按钮，弹出【Save default primitive file as】对话框，将当前设置的图元参数以"＊.dft"文件保存在合适的位置。

(4) 导入... ：单击该按钮，弹出【Open default primitive file as】对话框，可以选择导入已有的图元的默认参数文件。

(5) 全部重置 ：用于使所有图元的属性都复位到安装时的初始状态。

(6)【永久】复选框：选中该复选框，当在原理图中放置一个图元时，在按下 Tab 键时所弹出的图元属性对话框中，只能改变当前图元的属性，当再次放置该图元时，继续保持该图元的原始属性。

9）【Schematic-Orcad（tm）】选项卡 在【优先设定】对话框左侧单击“Orcad”选项，打开如图 2-65 所示的【Schematic-Orcad（tm）】选项卡。

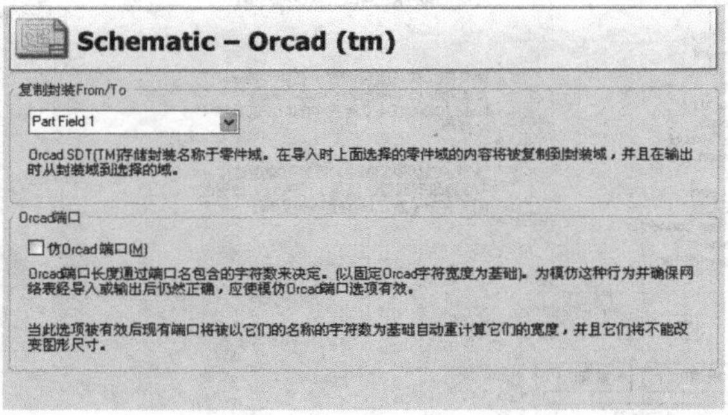

图 2-65 【Schematic-Orcad（tm）】选项卡

（1）【复制封装 From/To】选项：用于元器件 PCB 封装信息的导入或导出。在 Orcad 文件格式中，“Part Field 1”文件中存放了有关元器件 PCB 封装的所有信息，通过下拉列表可以选择一个选项，在导入时，表示可以将相应零件域中的 PCB 封装信息复制到 Protel DXP 2004；当导出时，表示可以将 Protel DXP 2004 的封装域中的 PCB 封装信息复制到相应的 Orcad零件域中。如果从下拉列表中选择“Ignore”，表示忽略 PCB 封装信息的复制。

（2）【Orcad 端口】选项：Orcad 端口的长度通过端口名包含的字符数来决定，为模仿这种行为并确保网络表导入或导出时的正确性，应该使【仿 Orcad 端口】复选框有效。

2.4 思考与练习

1. 思考题

（1）试总结原理图的绘制过程。

（2）试总结库文件的加载方法。

2. 练习题

（1）新建一个 PCB 项目，命名为“Mypcb”，并添加一个原理图文档（命名为 Mysch）。

（2）在上题建立的原理图文档中，添加两个电阻和两个电容。要求如下所述。

电阻 1：标号为 R1，10K，横放。
电阻 2：标号为 R2，20K，竖放。
电容 1：标号为 C1，100pF，横放。
电容 2：标号为 C2，20pF，竖放。

（3）绘制电源供电电路的仿真电路原理图，如图 2-66 所示。

（提示：该电路是一个仿真电路，用到了仿真信号源 VSIN。可以通过搜索元器件的方法找到该元器件所在的元器件库）。

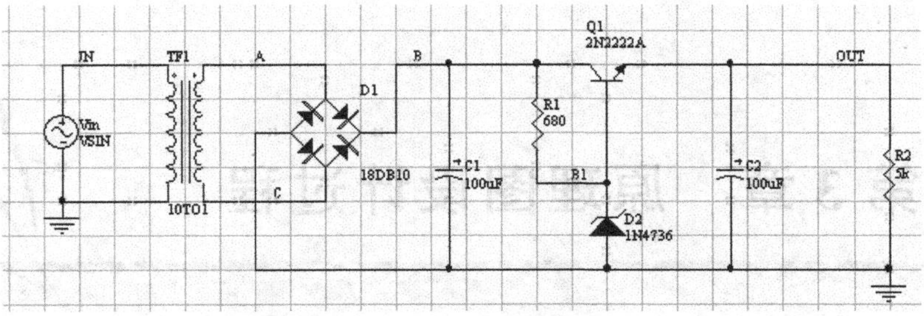

图 2-66　电源供电电路原理图

（4）绘制同步检波器电路，如图 2-67 所示。图中所用的元器件见表 2-3。

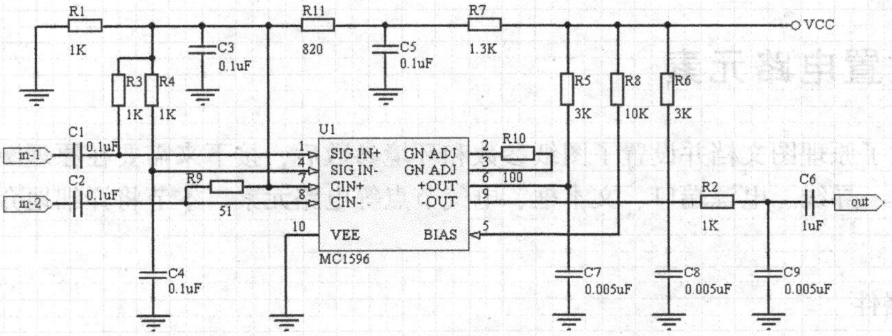

图 2-67　同步检波器电路

表 2-3　电路元器件列表

元器件名称	元器件描述	元器件标识	元器件参数	所在库名称
集成电路	MC1596	U1		Motorola RF and IF Modulator Demodulator. IntLib
电阻	Res1	R1～R4	1K	Miscellaneous Devices. IntLib
电阻	Res1	R5～R6	3K	Miscellaneous Devices. IntLib
电阻	Res1	R7，R8	1. 3K，10K	Miscellaneous Devices. IntLib
电阻	Res1	R9，R10，R11	51Ω，100Ω，820Ω	Miscellaneous Devices. IntLib
电容	Cap	C1～C5	0. 1uF	Miscellaneous Devices. IntLib
电容	Cap	C6	1uF	Miscellaneous Devices. IntLib
电容	Cap	C7～C9	0. 005 uF	Miscellaneous Devices. IntLib

第 3 章　原理图设计过程

前面章节简单介绍了原理图设计的基本过程。但对复杂电路原理图的设计，还应进一步掌握一些设计技巧，熟悉电路原理图设计中各个电路组件的选择及放置方法。本章主要介绍原理图编辑工具的各种属性及技巧，为设计复杂的电路原理图打好基础。

3.1　放置电路元素

在创建了原理图文档并设置了图纸参数和环境参数后，接下来需要在原理图中放置各种电路元器件、导线、电源端口、文本框、电气节点等电路元素。本节将详细地介绍电路元素的放置方法。

1. 元器件

元器件是电路原理图中最基本的组件，在原理图中常用各种各样的逻辑符号来表示，如电阻、电容、电感、半导体器件、晶体管、各种连接件及半导体集成电路等。这些元器件都放在各自相应的元器件库中，要取用这些元器件，首先要加载元器件库；否则，在电路设计时，将找不到所需要的元器件。

放置元器件的一般过程包括启动放置元器件命令、放置元器件、元器件属性设置 3 个步骤。

1）启动放置元器件命令　可以通过工具栏、菜单、快捷键、元器件库控制面板启动放置元器件命令。常用方法有以下 6 种。

（1）利用工具栏：单击绘制原理图工具栏上的“放置元件”图标，如图 3-1 所示。

（2）菜单命令：执行菜单命令【放置】\【元件】。

（3）右键快捷菜单：在原理图编辑窗口内，单击鼠标右键，从弹出的菜单中选择菜单命令【放置】\【元件】，如图 3-2 所示。

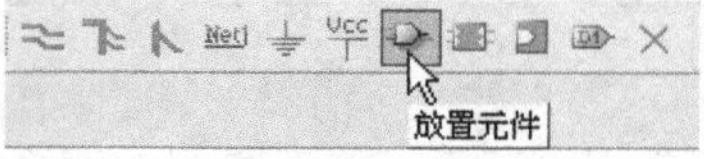

图 3-1　“放置元件”图标

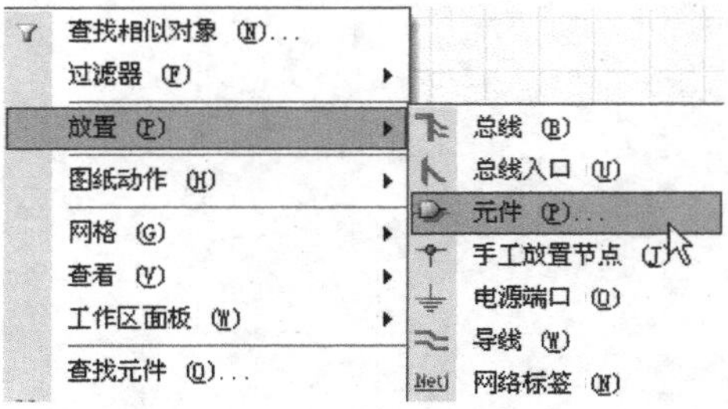

图 3-2　右键菜单方式

（4）快捷键方式：使用快捷键P+P启动放置元器件命令。

（5）元器件库控制面板方式一：通过菜单或工作区面板打开元器件库，在元器件浏览窗口内直接双击元器件。

（6）元器件库控制面板方式二：通过菜单或工作区面板打开元器件库，在元器件浏览窗口内选中元器件，然后单击元器件库控制面板上的放置命令按钮。

采用元器件库控制面板查找元器件并放置元器件的方法在第2章已经介绍过，在此不再赘述。

2）放置元器件 下面通过实例来介绍采用前4种启动元器件放置命令后的放置元器件步骤。

【实例3-1】放置元器件。

本例中，要求在原理图编辑区放置一个型号为“2N3904”的晶体管。

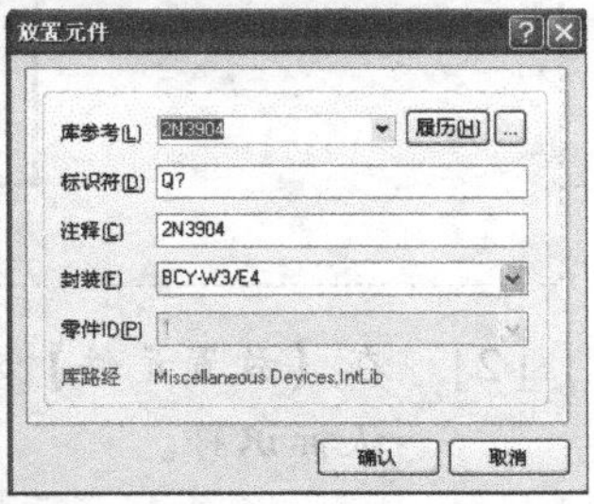

图3-3 【放置元件】对话框

设计步骤

［1］ 启动元器件放置命令后，弹出【放置元件】对话框，如图3-3所示。在【库参考】栏中输入元器件的名称“2N3904”。

【库参考】栏中的名称是元器件在元器件库中的名字，如电阻的库参考名称为“RES1”，电容为“CAP”。单击【库参考】栏右侧的下拉按钮，可以从如图3-4所示的下拉列表内选用一个最近用过的元器件。单击按钮履历(H)，弹出如图3-5所示的【被放置元件纪录】对话框，该对话框中有最近放置过的元器件列表，用户用到相同的元器件时，可以通过该方法快速选择元器件。在选择元器件时，【放置元件】对话框中的【库路径】栏内列出了所选元器件所在的元器件库的名称。

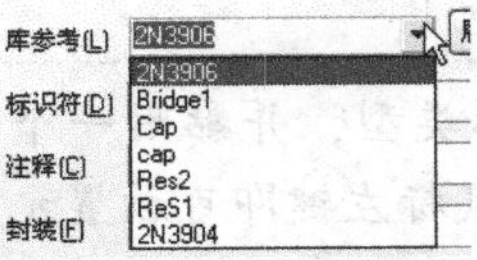

图3-4 最近使用的元器件列表

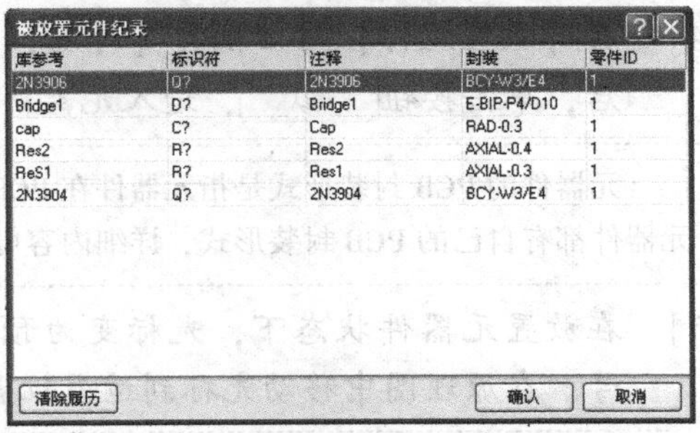

图3-5 【被放置元件纪录】对话框

对于初学者，若不知道元器件名称，可以单击【放置元件】对话框右侧的浏览按钮...，弹出如图3-6所示的【浏览元件库】对话框。在该对话框内，可以浏览【库】栏中列出的元器件库内相应的所有元器件。另外，还可以在【屏蔽】栏中输入要屏蔽的条件，进行元器件的查找，当在元器件列表内找到要取用的元器件后，单击按钮确认，返回【放置元件】对话框，完成元器件的选取。

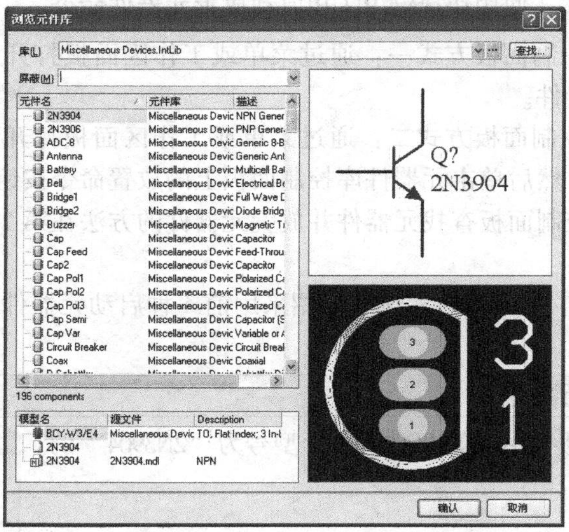

图 3-6 【浏览元件库】对话框

[2] 在【放置元件】对话框的【标识符】栏中输入元器件的标识符。本例中采用默认标识符。

元器件的标识符一般用类别来定义，如对电阻可依次定义为 R1、R2、R3、R4 等，对晶体管依次定义为 Q1、Q2、Q3、Q4 等。

[3] 在【放置元件】对话框的【注释】栏中输入对该元器件的注释。该项目一般不用输入，本例中采用默认注释。

元器件的注释一般是指元器件的数值大小，如电阻的电阻值、电容的电容值等。

[4] 在【放置元件】对话框的【封装】栏中输入元器件的 PCB 封装形式。输入完毕后，单击按钮 确认 ，进入元器件的放置状态。

元器件的 PCB 封装形式是指元器件在 PCB 上的表现形式，即元器件的外形尺寸表示。每一种元器件都有自己的 PCB 封装形式，详细内容可查阅后面章节。

[5] 在放置元器件状态下，光标变为预设的光标类型，并黏附一个选择的元器件符号。在原理图中移动光标到适当位置，单击鼠标左键即可放置元器件。

在放置元器件前，即放置状态下，按 Tab 键，可以在弹出的【元件属性】对话框内设置元器件属性；按 Space 键，使元器件以 90°的步进角、以光标为中心逆时针旋转元器件；在按住 Shift 键的同时按 Space 键，则可使元器件以 90°的步进角、以光标为中心顺时针旋转元器件。另外，还可以按 X 或 Y 键来完成元器件的水平或垂直翻转。放置完一个元器件后，光标上还会黏附该元器件的符号，可以在图纸上连续放置该元器件。如果放置的元器件设置了元器件标号，则在连续放置元器件时，新放置的元器件标号会根据设置递增。

[6]　放置元器件后，单击鼠标右键退出该元器件的放置状态，回到图3-3所示的【放置元件】对话框。其中，默认的元器件名就是上次刚刚取用的元器件。此时可以更改各个选项进行新元器件的放置。

3）元器件属性设置　元器件属性可以在如图3-7所示【元件属性】对话框中设置，该对话框常用的打开方法有如下4种。

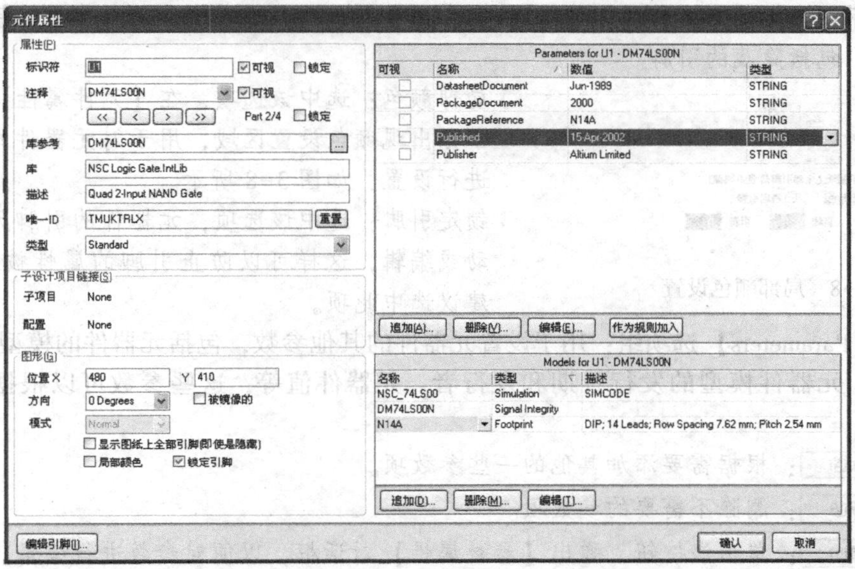

图3-7【元件属性】对话框

- ❒ 在选择元器件后，在放置该元器件的状态下（即光标黏附该元器件的符号状态）按Tab键，弹出【元件属性】对话框。
- ❒ 在原理图上双击已放置的元器件，弹出【元件属性】对话框。
- ❒ 移动光标到元器件上，单击鼠标右键，在弹出的快捷菜单中，执行菜单命令【属性】，弹出【元件属性】对话框。
- ❒ 执行菜单命令【编辑】\【变更】，然后移动光标到原理图上，单击需要编辑属性的元器件，弹出【元件属性】对话框。

通过该对话框可以对元器件的属性进行设置。

(1)【属性】选项组：用于设置元器件的基本属性。

- ❒ 标识符：用于设置元器件的标识符号，如电阻元件可以设为“R1”。选中右侧的【可视】复选框，则在原理图上设置的标识符可见，否则不显示标识符。
- ❒ 注释：一般用于说明元器件的型号特征。同样，可以通过右侧的【可视】复选框设置该参数是否在原理图上可见。
- ❒ 库参考：该选项用于设置元器件在Protel DXP 2004元器件库中的标识符，建议不要修改，否则容易引起电路原理图上元器件属性的混乱。
- ❒ 库：该元器件所在的元器件库。
- ❒ 描述：对元器件功能的简单描述。
- ❒ 唯一ID：是指该元器件在整个项目中的ID号，用于与PCB同步，一般不用修改。

(2)【图形】选项组：

❒ 位置 X，Y：元器件在电路原理图中的 X 轴和 Y 轴坐标值。

❒ 方向：元器件在电路原理图中的方向，单击【方向】栏右侧的下拉按钮，选择元器件的方向；若选中【被镜像的】复选框，元器件会在电路原理图中镜像显示。

❒ 模式：用于设置电路原理图的绘图风格，一般不用设置。

❒ 显示图纸上全部引脚（即使是隐藏）：用于将电路原理图上元器件的全部引脚显示出来，包括隐藏的引脚。

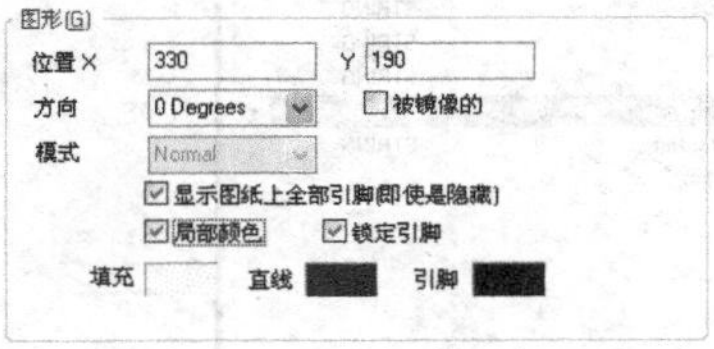

图 3-8　局部颜色设置

❒ 局部颜色：选中该选项，在【元件属性】对话框右下方出现颜色设置区域，用于对元器件本身的颜色进行设置，如图 3-8 所示。

❒ 锁定引脚：选中该选项，元器件的引脚无法单独移动或编辑，这样可以防止引脚的属性被意外修改，建议选中此项。

(3)【Parameters】选项组：用于设置元器件的其他参数，包括元器件的模型版本日期、封装参考、元器件模型的发行日期和发行者、元器件值等，这些参数可以根据需求自行设置。

❒ 追加(A)...：根据需要添加其他的一些参数项。

❒ 删除(V)...：删除不需要的参数项。

❒ 编辑(E)...：单击该按钮，弹出【参数属性】对话框，以便对参数进行编辑。

(4)【Models】选项组：主要用于指定与原理图符号相关联的混合信号仿真模块、PCB 封装及信号的完整性分析等。

4）元器件的移动、拖动和旋转　在原理图上放置元器件后，经常要对元器件的位置进行调整。调整元器件位置的方法主要是移动、拖动和旋转。

(1) 移动：用鼠标可以完成单个对象的移动，也可以完成一组对象的移动。

❒ 利用鼠标移动：如果要移动一个对象，首先应将光标放到要移动的元器件上，单击鼠标左键，在该元器件的周围会出现一个虚线框，表示该元器件已被选中；按住鼠标左键不放，然后将光标移至适当的位置，松开鼠标左键，则元器件移动到了新的位置。用鼠标移动单个元器件的过程如图 3-9 所示

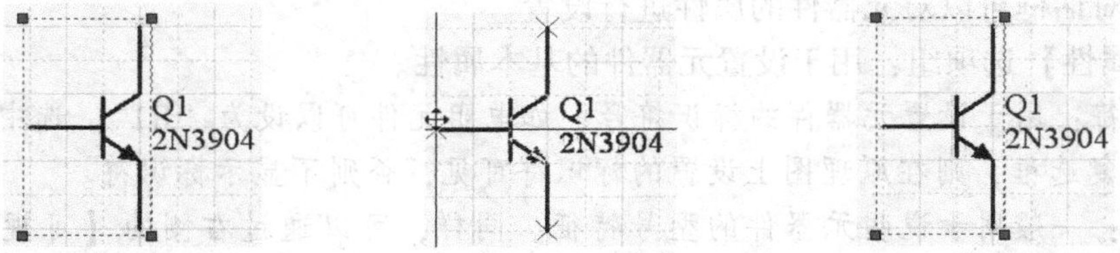

（a）选中单个元器件　（b）移动单个元器件　（c）移到新位置

图 3-9　用鼠标移动单个元器件的过程

如果要移动一组对象，则先按住鼠标左键并拖曳鼠标，拖出一个虚线框，将需要移动的这组对象选中，然后像移动单个元器件一样移动一组对象即可。具体移动过程如图 3-10 所示。当移动元器件或元器件组到新的位置后，只要把光标移到原理图的任意空白位置，单击鼠标左键，即可退出元器件或元器件组的选择状态。

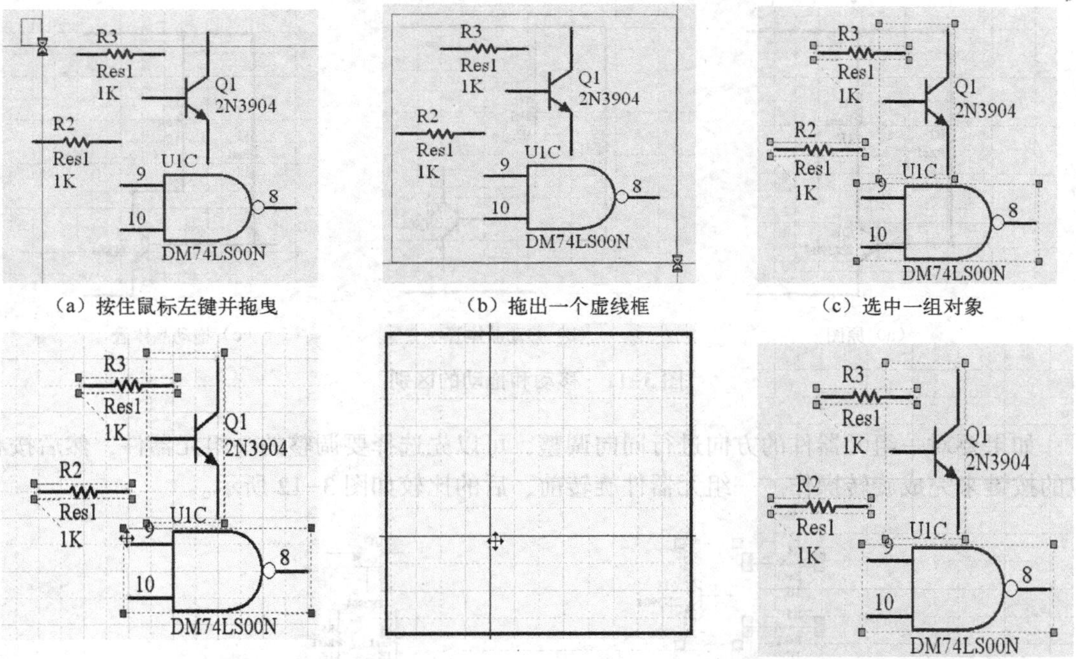

（a）按住鼠标左键并拖曳　（b）拖出一个虚线框　（c）选中一组对象

（d）选中组准备移动　（e）移动状态　（f）移动到新位置

图 3-10　移动一组元器件的过程

- 菜单移动：当要移动单个对象时，执行菜单命令【编辑】\【移动】\【移动】，将光标移动到原理图编辑窗口，单击选中要移动的对象，移动光标，可以看到对象黏附在光标上并随着光标移动，到适当位置后，单击鼠标左键放下对象即可；此时光标仍处于移动状态，只要选中另一个对象，就可以不必重复执行菜单命令而连续移动单个对象。移动完成后，单击鼠标右键即可退出移动状态。

如果要移动多个对象，可以单击工具栏上按钮□，然后按住鼠标左键并拖曳鼠标，选择要移动的多个对象后，单击按钮+就可以进行一组对象的移动。

（2）拖动：除了在原理图上移动对象，还可以拖动对象。拖动对象和移动对象的操作类似。不同点是移动对象时，连接在对象上的连线不会随着移动的元器件对象移动，而拖动时连线会随之移动。移动与拖动的比较如图 3-11 所示。

如果要拖动单个对象，执行菜单命令【编辑】\【移动】\【拖动】，然后选择对象进行拖动即可。如果要拖动多个对象，则应先选中要拖动的一组对象，然后执行菜单命令【编辑】\【移动】\【拖动多个对象】，再用光标拖动对象到适当位置即可。

（3）旋转：对于已放置好的元器件，在重新调整布局时，根据连线的需要，可能会对元器件的方向进行调整。可以选择用菜单的方式调整元器件的方向；也可以用按键来完成元器件方向的调整。在调整元器件前，首先应选中元器件，然后按住鼠标左键不放，根据需要按下相应的功能键来完成旋转操作。

- Space：每按一下，元器件沿逆时针方向旋转 90°。
- X：每按一下，元器件作水平方向镜像。
- Y：每按一下，元器件作垂直方向镜像。

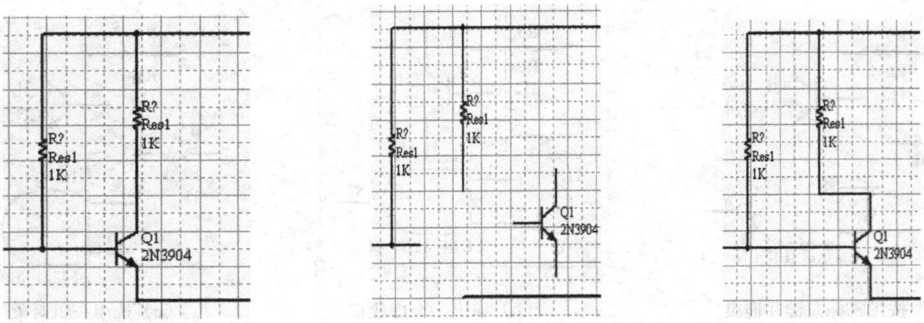

（a）原图　　（b）移动晶体管　　（c）拖动晶体管

图 3-11　移动和拖动的区别

如果要对一组元器件的方向进行同向调整，可以先选择要调整的一组元器件，然后按相应的按键来完成旋转操作。一组元器件旋转前、后的比较如图 3-12 所示。

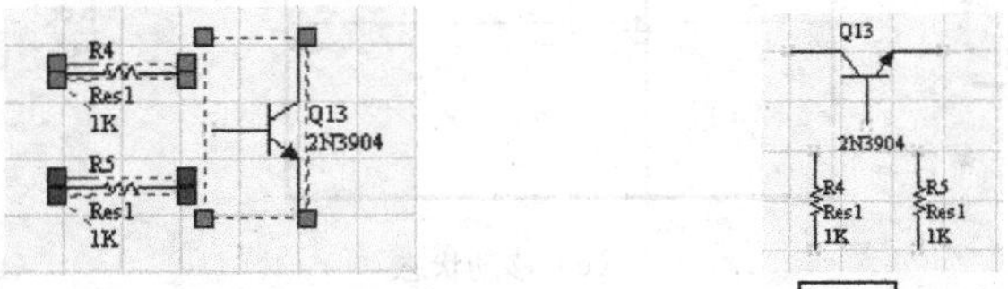

（a）选定的一组待旋转对象　　（b）按一次 Space 键的旋转结果

图 3-12　一组元器件旋转前、后的比较

2. 导线

导线是组成电路原理图中的主要组件之一。在电路原理图上放置好元器件后，要按照电气特性对元器件进行连线。本节主要介绍导线的放置命令及技巧。

1）启动导线放置命令　在原理图编辑状态下，常用的启动导线放置命令有如下 4 种。

- 直接单击工具栏上的“放置导线”按钮，如图 3-13（a）所示。
- 利用快捷键 P + W。
- 执行菜单命令【放置】\【导线】，如图 3-13（b）所示。
- 在原理图编辑窗口中单击鼠标右键，在弹出菜单中执行菜单命令【放置】\【导线】，如图 3-13（c）所示。

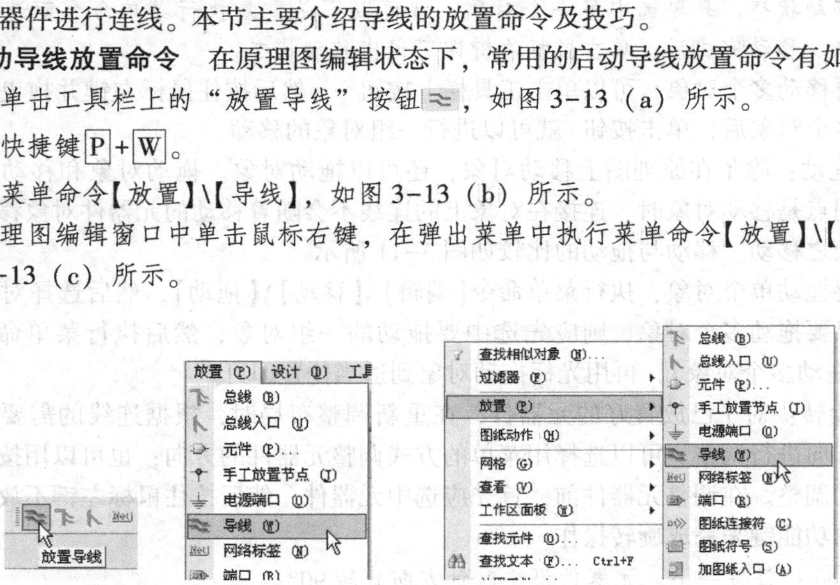

（a）工具栏启动　　（b）菜单启动　　（c）右键弹出菜单启动

图 3-13　放置导线命令的启动

2）导线的放置　启动放置导线命令后，移动光标到原理图编辑区，此时系统处于绘制导线状态，可以根据电气连接需要来绘制导线。

【实例 3-2】绘制导线。

本例中，要求在原理图编辑区放置一根导线。

设计步骤

[1]　在原理图编辑状态下，执行菜单命令【放置】\【导线】，移动光标到绘图区，光标变成预先设定的形状。

[2]　将光标移动到导线的起始位置，单击鼠标左键或按 Enter 键，确定导线的第 1 个端点。移动光标，会发现一根导线从已经确定的端点跟随光标延伸出来。

> 一般情况下，起始位置为元器件的引脚。如果在【文档选项】对话框的【电气网格】选项组选中【有效】复选框，在元器件引脚处会出现一个红色的星形连接标识，说明光标已经在元器件的一个电气连接点上，可以以该点为起点绘制导线，如图 3-14 所示。

[3]　将光标移至导线的折点处或终点，单击鼠标左键或按 Enter 键，确定导线的第 2 个端点。此时，就会在两个端点之间绘制出一根导线。以该点为新的起点，或者另选新的起点，移动光标可以继续绘制导线。

[4]　绘制完毕后，双击鼠标右键或按 Esc 键退出绘制导线的状态。

3）导线布线形式选择　在布线状态下，当导线处于绘制状态时，按 Shift + Space 键可以切换导线的布线形式。Protel DXP 2004 提供了 6 种绘图形式可供选择，即任意角度、起点转 90°、终点转 90°、起点转 45°、终点转 45°和自动布线。导线的角度实例如图 3-15 所示。

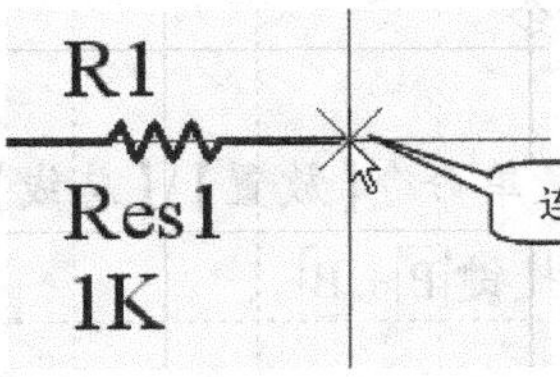

图 3-14　连接标识

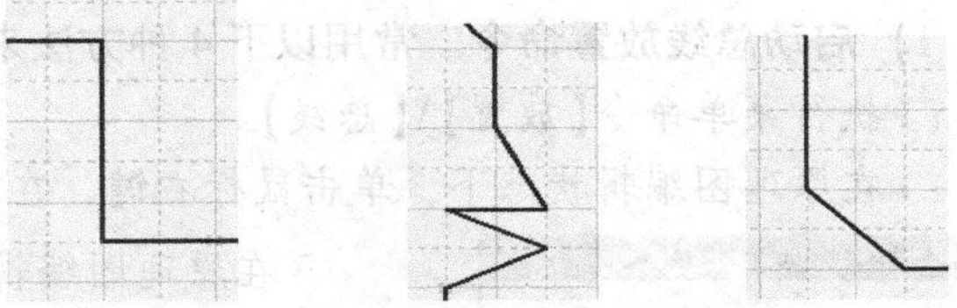

（a）90° 转角　（b）任意转角　（c）45° 转角

图 3-15　导线的角度实例

4）导线属性设置　可以在绘制导线的过程中设置导线的属性，也可以在完成该导线绘制后进行设置。在绘制的过程中，按 Tab 键，或者用鼠标左键双击已经放置好的导线，都会弹出【导线】对话框，如图 3-16 所示。通过该对话框可以设置导线的颜色和宽度。

（1）颜色：用于设置导线的颜色。单击右侧的颜色框，弹出【选择颜色】对话框，如图 3-17 所示。从【基本】选项卡或【标准】选项卡中选择颜色，也可以通过【自定义】选项卡设置颜色。设置好颜色后，单击按钮 确认 退回到【导线】对话框。

（2）导线宽：用于设定导线的宽度。Protel DXP2004 定义了 4 种导线的宽度，单击按钮，打开如图 3-18 所示的下拉列表，从中可以选择“Smallest”（最细）、“Small”（细）、“Medium”（中等）或“Large”（最宽）。根据具体情况选择好导线宽和颜色后，单击按钮 确认 完成导线属性的设置。

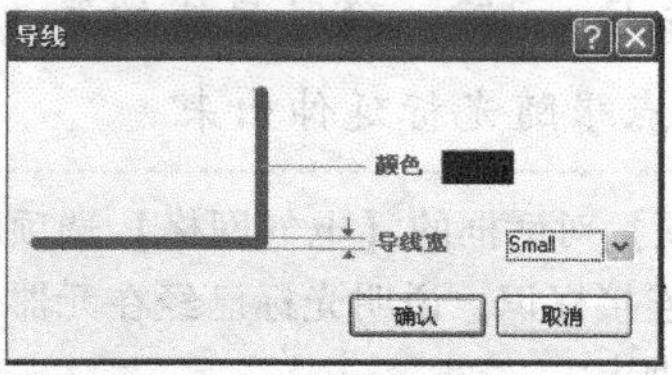

图 3-16 【导线】对话框

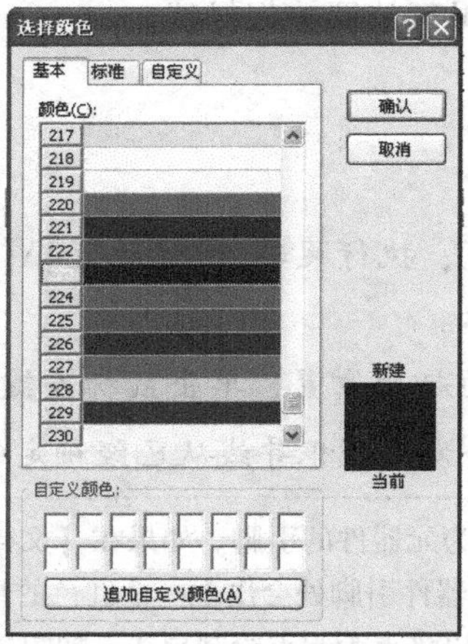

图 3-17 【选择颜色】对话框

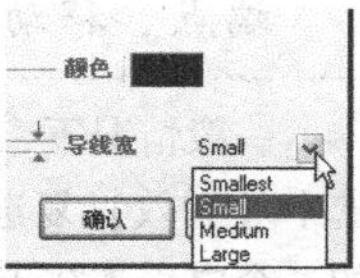

图 3-18 选择导线宽度

3. 总线

所谓总线或网络总线，就是用一根线来表示数根并行的线，一般用于绘制地址总线、数据总线等。原理图编辑环境下的总线并没有实际的意义，仅是为了方便绘图而引入的一种形式。在 Protel DXP 2004 中使用总线，不仅可以简化原理图的绘制过程，还有助于原理图的阅读。使用总线代替一组导线，通常需要与总线入口配合使用。由于总线在 Protel DXP 2004 中不具有电气连通的意义，因此在对应的电气节点上，还应通过网络标号来表示具体的电气连接情况。因此在绘制总线时，一般要总线入口和网络标签一起来使用。

1）启动总线放置命令 常用以下 4 种方法来启动绘制总线命令。

- ❐ 执行菜单命令【放置】\【总线】。
- ❐ 在原理图编辑状态下，单击鼠标右键，在弹出菜单中执行菜单命令【放置】\【总线】。
- ❐ 在原理图编辑状态下，使用快捷键 P + B。
- ❐ 直接单击工具栏上的按钮 。

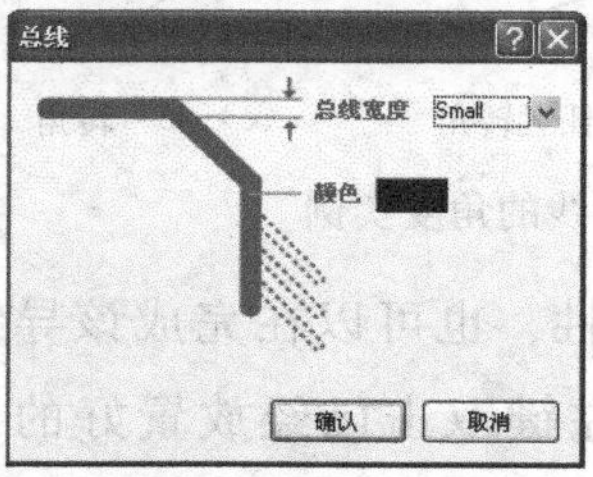

图 3-19 【总线】对话框

2）放置总线 总线的绘制方法和步骤与绘制导线的方法和步骤相同，在此不再赘述。

3）总线的布线形式和属性的设置 总线的布线形式与导线的布线形式相同，其属性的设置也相同，只不过在对总线属性设置时，弹出的是【总线】对话框，如图 3-19 所示。

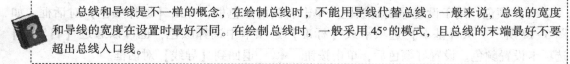

总线和导线是不一样的概念，在绘制总线时，不能用导线代替总线。一般来说，总线的宽度和导线的宽度在设置时最好不同。在绘制总线时，一般采用 45°的模式，且总线的末端最好不要超出总线入口线。

4. 总线入口

在原理图上绘制好总线后，总线要与导线或元器件的引脚相连，这时必须放置总线入口。

1）启动放置总线入口命令　启动放置总线入口命令的方法一般有以下 4 种。

❒ 执行菜单命令【放置】\【总线入口】，如图 3-20（a）所示。

❒ 单击鼠标右键，在弹出的快捷菜单中执行菜单命令【放置】\【总线入口】，如图 3-20（b）所示。

❒ 单击工具栏上按钮，如图 3-20（c）所示。

❒ 利用快捷键 P + U。

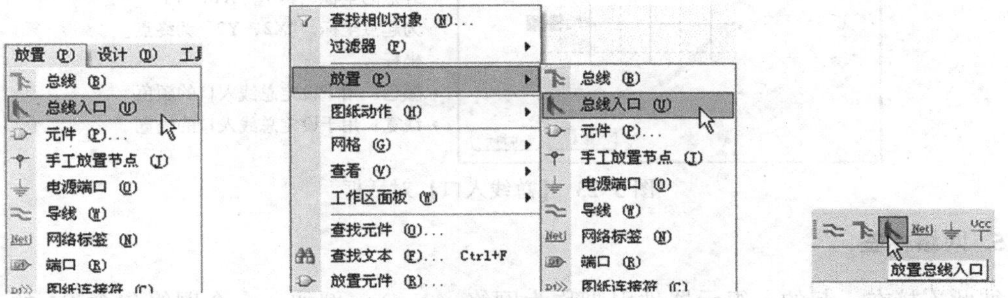

（a）菜单方式　　（b）右键菜单方式　　（c）工具栏方式

图 3-20　启动放置总线入口命令的方法

2）放置总线入口

【实例 3-3】总线入口的放置。

本例中，要求在已绘制的总线上放置总线入口。

设计步骤

[1]　启动放置总线入口命令后，将光标移至原理图绘制区，光标变成预设的形状，并且在光标上黏附一段总线入口线，如图 3-21 所示。

[2]　将光标移至所要放置总线入口的位置，光标上出现一个红色的星形标识，如图 3-22 所示。单击鼠标左键即可完成一个总线入口的放置。

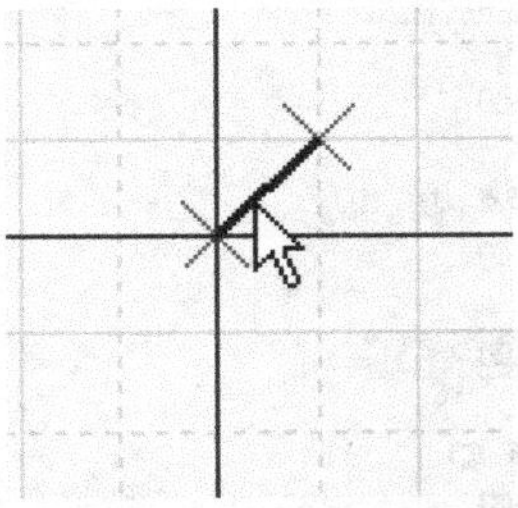

图 3-21　绘制总线入口状态

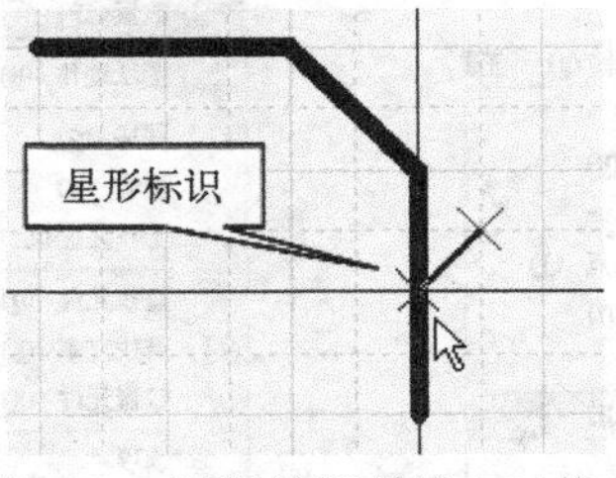

图 3-22　可以放置总线入口状态

[3]　放置完一个总线入口后，光标仍处于绘制总线引入线状态，表示可以继续放置下一个总线入口的分支。

[4] 完成放置总线入口的分支后，单击鼠标右键或按 Esc 键退出绘制状态。

3）总线入口方向调整 在绘制总线入口过程中，可以通过 Space 键使总线入口以 90°逆时针方向旋转，通过 X 键或 Y 键来完成总线入口水平或垂直镜像。

4）总线入口属性设置 在放置总线入口状态下按 Tab 键，或者在绘制完总线入口后执行菜单命令【编辑】\【变更】，将光标移至绘制的总线入口上，单击鼠标左键，或者直接把光标移至绘制的总线入口上双击鼠标左键，均可打开【总线入口】对话框，如图 3-23 所示。

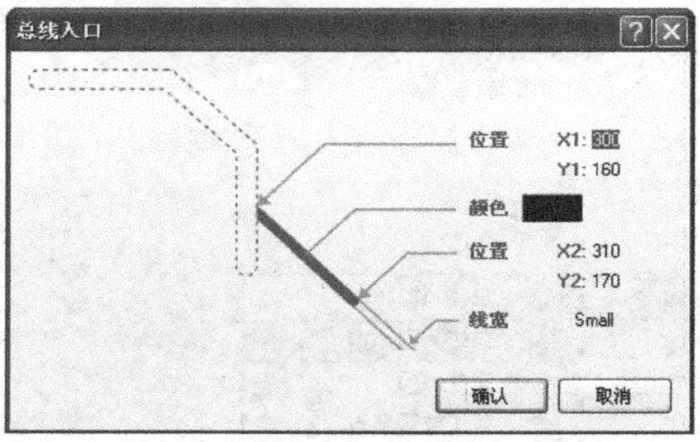

- 位置：用于设定总线入口的起点和终点的坐标，其中“X1，Y1”为起点坐标，“X2，Y2”为终点坐标
- 颜色：用于设定总线入口的颜色
- 线宽：用于设定总线入口的线宽

图 3-23 【总线入口】对话框

5. 网络标签

彼此连接在一起的一组元器件引脚称为网络（Net）。例如，一个网络包含 Q1 的基极、电阻 R1 的一个引脚、电容 C1 的一个引脚。网络标签用于对电气对象设置网络名称。Protel DXP 2004 系统规定，采用相同网络标签的多个电气意义上的点，被视为同一导线上的点，即使不用导线连接，采用相同网络标签的信号点也是连接在一起的。因此，在绘制复杂的电路原理图时，采用网络标签可以简化原理图的设计。

1）启动放置网络标签命令 启动放置网络标签命令的方法一般有以下 4 种。

- ❒ 执行菜单命令【放置】\【网络标签】，如图 3-24（a）所示。
- ❒ 单击鼠标右键，在弹出菜单中执行菜单命令【放置】\【网络标签】，如图 3-24（b）所示。
- ❒ 单击工具栏上按钮 Net，如图 3-24（c）所示。
- ❒ 利用快捷键 P + N。

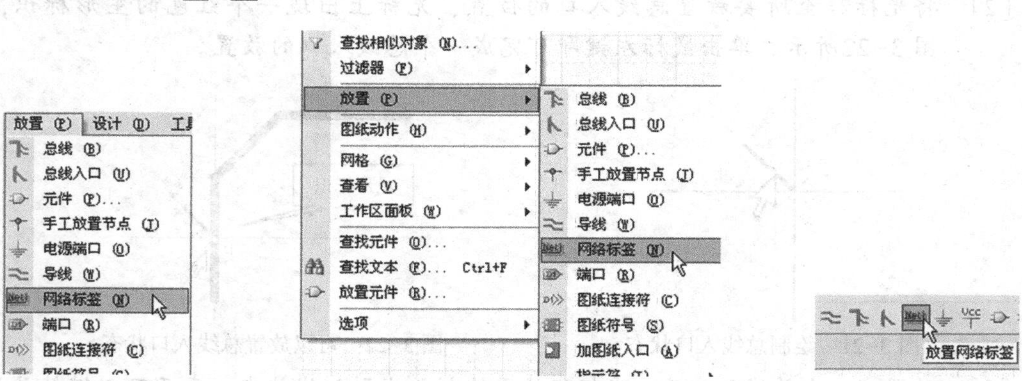

（a）菜单方式　（b）右键菜单方式　（c）工具栏方式

图 3-24 启动放置网络标签命令的方法

2）放置网络标签　启动放置网络标签命令后，就可以根据电气连接关系放置网络标签。

【实例 3-4】放置网络标签。

设计步骤

[1]　启动放置网络标签命令，将光标移至原理图编辑区，光标变为预设的形状，并黏附一个网络标签，如图 3-25 所示。

[2]　移动光标到需要放置网络标签的导线上，当光标捕捉到该导线时，光标上显示红色星形标识，表示该点可以放置网络标签，如图 3-26 所示。单击鼠标左键即可放置网络标签。

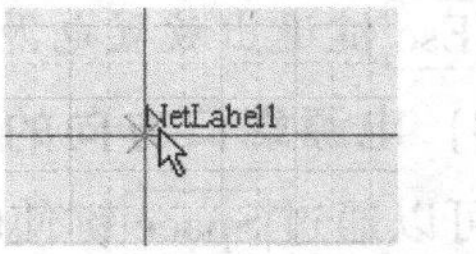

图 3-25　放置网络标签状态

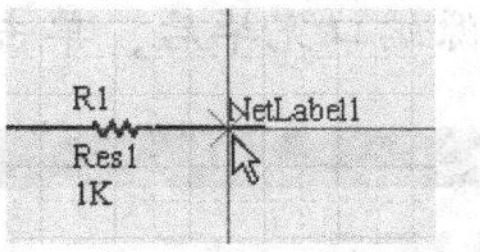

图 3-26　星形标识

[3]　放置完一个网络标签后，光标仍处于放置网络标签状态，可以继续放置网络标签。

[4]　放置网络标签完毕后，单击鼠标右键或按 Esc 键退出放置网络标签的状态。

3）网络标签的方向调整　在放置状态，可以通过 Space 键使网络标签以 90° 逆时针方向旋转，通过 X 键或 Y 键来完成网络标签水平或垂直镜像。

4）网络标签属性设置　在放置网络标签状态下，按 Tab 键，或者在放置网络标签后执行菜单命令【编辑】\【变更】，移动光标到绘制的网络标签上，单击鼠标左键，或者直接移动光标到放置的网络标签上，双击鼠标左键，都可以弹出【网络标签】对话框，如图 3-27 所示。

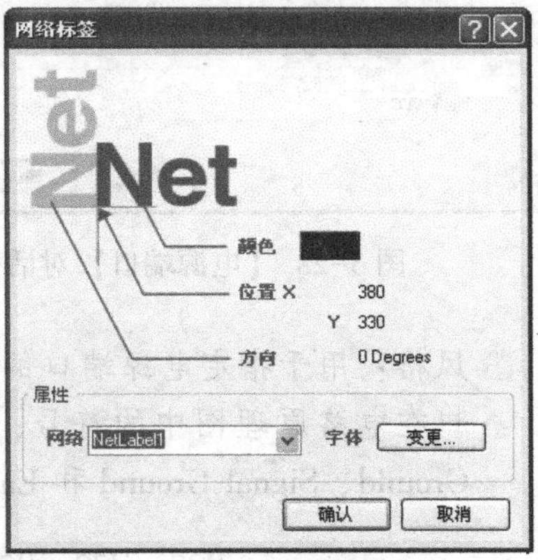

图 3-27　【网络标签】对话框

6. 电源端口

1）启动放置电源端口命令　启动放置电源端口命令的方法一般有以下 4 种。

- 在原理图编辑状态下，执行菜单命令【放置】\【电源端口】。
- 在原理图编辑区单击鼠标右键，在弹出菜单中执行菜单命令【放置】\【电源端口】。
- 单击工具栏上的按钮 ⏚ 或 Vcc。
- 按快捷键 P + O。

2）放置电源端口

【实例 3-5】放置电源端口。

设计步骤

[1] 将光标移至原理图编辑区，光标变为预设的形状，系统进入放置电源端口状态，并在光标上黏附一个电源端口。

[2] 移动光标到需要放置电源端口的导线上，当光标捕捉到该导线时，光标上显示红色星形标识，表示该点可以放置电源端口。单击鼠标左键即可放置电源端口。

[3] 放置完一个电源端口后，光标仍处于放置电源端口状态，可以继续放置电源端口。

[4] 放置电源端口完毕后，单击鼠标右键或按 Esc 键退出放置电源端口的状态。

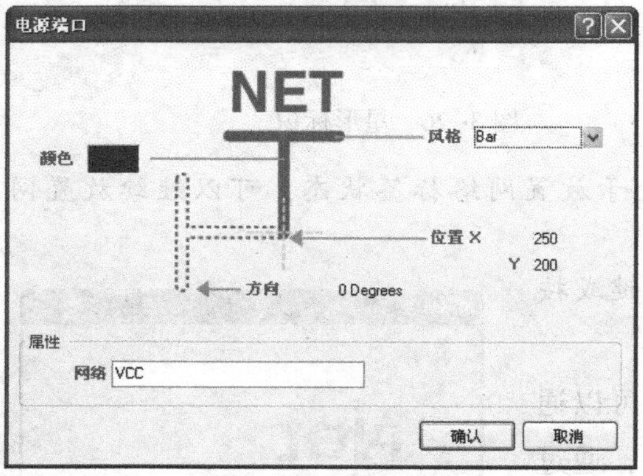

图 3-28 【电源端口】对话框

3）电源端口方向的调整 在放置状态下，可以通过 Space 键使电源端口以 90°逆时针方向旋转，通过 X 键或 Y 键来完成电源端口水平或垂直镜像。

4）电源端口属性设置 在放置电源端口状态下按 Tab 键，或者在绘制电源端口后执行菜单命令【编辑】\【变更】，将光标移至绘制的电源端口上，单击鼠标左键，或者直接把光标移动到绘制的电源端口上，双击鼠标左键，都可以弹出【电源端口】对话框，如图 3-28 所示。

❒ 风格：用于指定电源端口的符号类型。单击按钮，在下拉列表中可以选择电源端口在电路原理图中的符号，Protel DXP 2004 中有 Circle、Arrow、Bar、Wave、Power Ground、Signal Ground 和 Earth 共 7 种不同类型的电源端口，如图 3-29 所示。

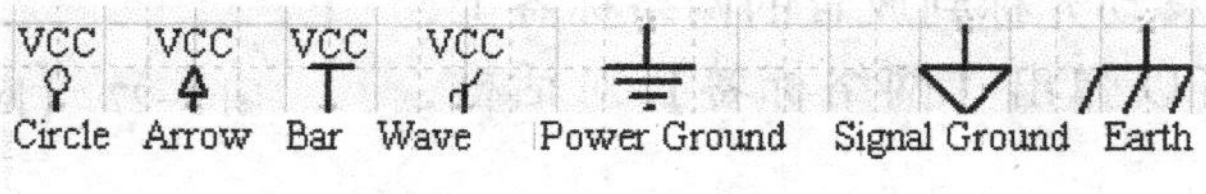

图 3-29 7 种不同类型的电源端口

7. 图纸符号

图纸符号一般用于在多通道或层次电路设计中定义一个子图。简单地说，图纸符号就是设计者通过组合其他元器件，自定义一个复杂的元器件。这个复杂的元器件在图纸上用简单的图纸符号来表示，至于这个元器件由哪些部件组成、内部连线又如何，可以由另外一张电路原理图来描述。因此，可以将图纸符号看作一个元器件，它也有自己的“引脚”和“元器件名”。

1）启动放置图纸符号命令　启动放置图纸符号命令的方法有以下 4 种。

- 在原理图编辑状态下，执行菜单命令【放置】\【图纸符号】。
- 在原理图编辑区，单击鼠标右键，在弹出快捷菜单中执行菜单命令【放置】\【图纸符号】。
- 单击工具栏上按钮 。
- 利用快捷键 P + S 。

2）放置图纸符号　启动放置图纸符号命令后，可按下述步骤放置图纸符号。

（1）将光标移至原理图绘图区，光标变成预设的形状，并在光标上黏附一个图纸符号。

（2）移动光标到适当的位置，单击鼠标左键，确定图纸符号的左上角位置。

（3）拖动光标，图纸符号会随着光标的拖动自动改变其右下角的位置。调整图纸符号的大小后，单击鼠标左键，完成图纸符号的放置，如图 3-30 所示。

（4）用同样的方法完成其他图纸符号的放置。放置完图纸符号后，单击鼠标右键或按 Esc 键退出图纸符号的放置。

3）图纸符号的调整

（1）在图纸符号放置状态下，可以通过 Space 、 X 或 Y 键来调整图纸符号的方向。

（2）在图纸符号放置好后，若希望调整其大小，可以将光标移至图纸符号上，单击鼠标左键选中图纸符号，此时图纸符号的边框上显示 8 个调整大小的控制点，如图 3-31 所示。通过这些控制点，利用光标可以方便地调整图纸符号的大小。

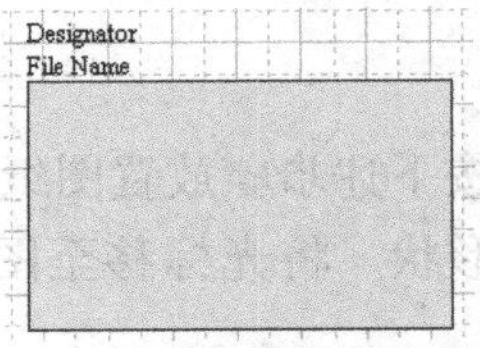

图 3-30　图纸符号的放置

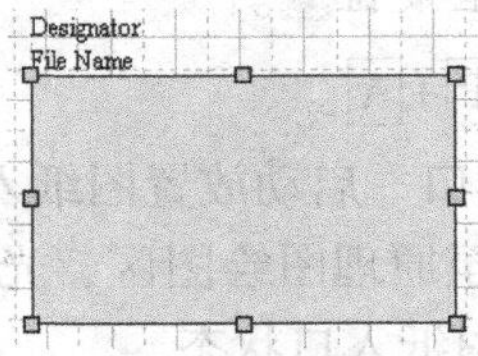

图 3-31　已放置的图纸符号的调整

4）图纸符号属性设置　在放置图纸符号状态下，按 Tab 键，或者在放置图纸符号后执行菜单命令【编辑】\【变更】，然后移动光标到已放置的图纸符号上，单击鼠标左键，或者直接把光标移动到绘制的图纸符号上，双击鼠标左键，都可以弹出【图纸符号】对话框，如图 3-32 所示。

- 画实心：用于设定是否绘制实心的图纸符号。
- 填充色：用于设定图纸符号的填充颜色。
- 显示/隐藏文本域：用于设定是否显示被设为隐藏的文本，如图纸符号名、图纸符号文件名等。

在已放置好的图纸符号上双击相关文本，可以打开【图纸符号文件名】对话框，如图 3-33 所示。选中【隐藏】选项，可以将该文本的属性设为隐藏。

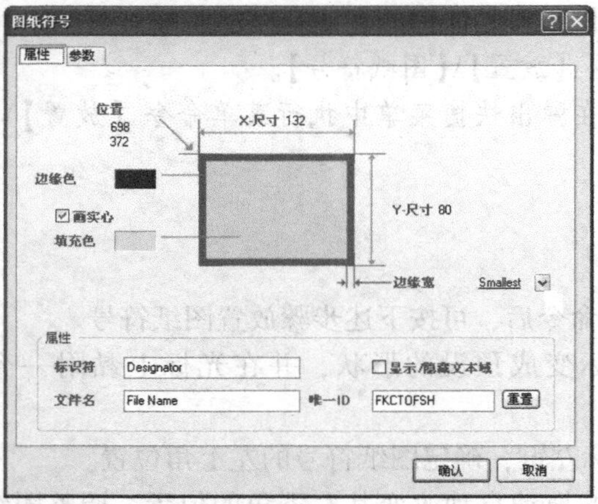

图 3-32 【图纸符号】对话框

图 3-33 【图纸符号文件名】对话框

8. 图纸入口

图纸入口是指图纸符号的 I/O 端口，其意义相当于标准元器件的引脚，它必须与相应的图纸符号的端口一致。

1）启动放置图纸入口命令 启动放置图纸入口命令的方法有以下 4 种。

❒ 在原理图编辑状态，执行菜单命令【放置】\【图纸入口】。

❒ 在原理图绘制区，单击鼠标右键，在弹出菜单中执行菜单命令【放置】\【图纸入口】。

❒ 单击工具栏上按钮。

❒ 利用快捷键 P + A。

2）放置图纸入口 启动放置图纸入口命令后，可按下述步骤放置图纸入口。

（1）将光标移至原理图绘图区，光标变成预设的形状。将光标移至图纸符号的边框以内，系统进入放置图纸入口状态。

（2）单击鼠标左键，此时光标上黏附一个端口符号。在图纸符号内部移动光标，可以看到端口总是被限定在图纸符号的 4 个边框线上，如图 3-34 所示。

（3）在适当位置单击鼠标左键放置端口。可以看到光标上还黏附一个端口符号，单击鼠标左键可连续放置。

（4）放置完成后，单击鼠标右键或按 Esc 键退出放置命令。

3）图纸入口属性设置 在放置图纸入口状态下，按 Tab 键，或者在绘制图纸入口后执行菜单命令【编辑】\【变更】，将光标移至绘制的图纸入口上，单击鼠标左键，或者直接把光标移到绘制的图纸入口上双击鼠标左键，都可以弹出【图纸入口】对话框，如图 3-35 所示。

❒ 填充色：用于设定图纸入口填充的颜色。

❒ 文本色：用于设定图纸入口有关文本的颜色。

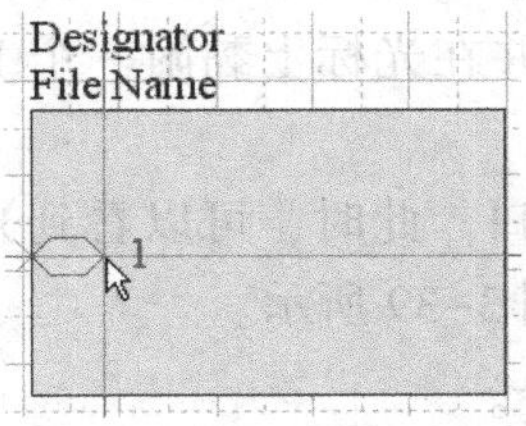

图 3-34　放置图纸入口

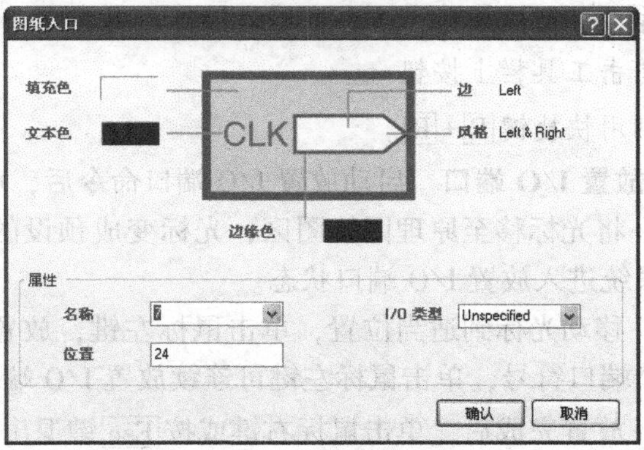

图 3-35　【图纸入口】对话框

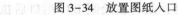

❒ 边缘色：用于设定图纸入口边缘的颜色。

❒ 边：用于设定图纸入口放置的方位，当光标指向其内容时，将显示按钮，单击按钮弹出下拉列表，从下拉列表中可以选择左边（Left）、右边（Right）、顶部（Top）和底部（Bottom）。

❒ 风格：用于设定图纸入口放置的方位，当光标指向其内容时，将显示按钮，单击按钮弹出下拉列表，如图 3-36 所示。从下拉列表中可以选择不同的风格。不同风格的图纸入口形状如图 3-37 所示。

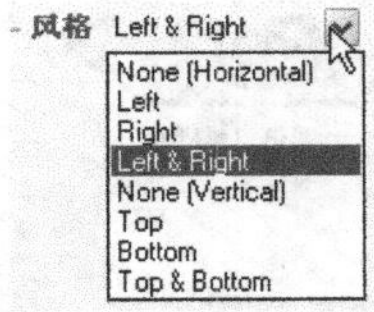

图 3-36　图纸入口风格选择

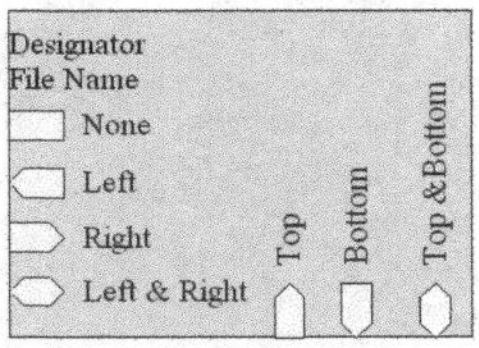

图 3-37　不同风格的图纸入口形状

❒ 名称：设置图纸入口的名称。

❒ 位置：设置图纸入口在图纸符号中的位置。

❒ I/O 类型：用于设置图纸入口的 I/O 类型。单击按钮可从如图 3-38 所示的下拉列表中选择无方向型（Unspecified）、输出型（Output）、输入型（Input）或双向型（Bidirectional）。该选项所设定的 I/O 类型应当与信号的传输方向一致。

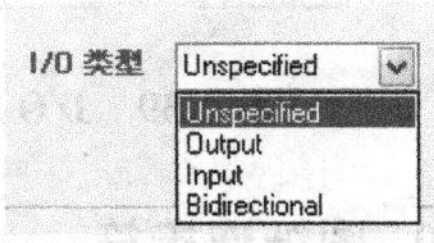

图 3-38　I/O 类型选择

9. I/O 端口

在 Protel DXP 2004 中，有以下 4 种方法可以表示两个节点的电气连接关系：直接用导线连接；网络表；I/O 端口；图纸连接符。

本节主要介绍 I/O 端口的放置方法。说明：I/O 端口与图纸入口是有区别的，前者指的是当前原理图的 I/O 端口，而后者是指原理图中某个子图的 I/O 端口，它们处于不同的级别，在绘制原理图时，要注意二者的区别，不可混淆。

1）启动放置 I/O 端口命令　启动放置 I/O 端口命令的方法有以下 4 种。

❒ 在原理图编辑状态下，执行菜单命令【放置】\【端口】。

❒ 在原理图绘制区，单击鼠标右键，在弹出菜单中执行菜单命令【放置】\【端口】。

❒ 单击工具栏上按钮 。

❒ 利用快捷键P+R。

2）放置 I/O 端口　启动放置 I/O 端口命令后，可按下述步骤放置 I/O 端口。

（1）将光标移至原理图绘图区，光标变成预设的形状，并在光标上黏附一个 I/O 端口符号，系统进入放置 I/O 端口状态。

（2）移动光标到适当位置，单击鼠标左键，放置 I/O 端口。此时，可以看到光标上还黏附一个端口符号，单击鼠标左键可连续放置 I/O 端口，如图 3-39 所示。

（3）放置完成后，单击鼠标右键或按Esc键退出放置命令。

3）I/O 端口属性设置　在放置 I/O 端口状态下，按Tab键，或者在绘制 I/O 端口后执行菜单命令【编辑】\【变更】，将光标移至绘制的 I/O 端口上，单击鼠标左键，或者直接把光标移动到绘制的 I/O 端口上，双击鼠标左键，都可以弹出【端口属性】对话框，如图 3-40 所示。在该对话框中，可以对文本的排列形式、文本的颜色、I/O 端口的长度及宽度、填充色、边缘色、风格，以及 I/O 端口的位置、类型、名称等属性进行设置，具体设置方法与图纸入口的相仿。

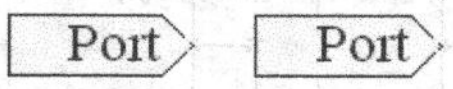

图 3-39　I/O 端口

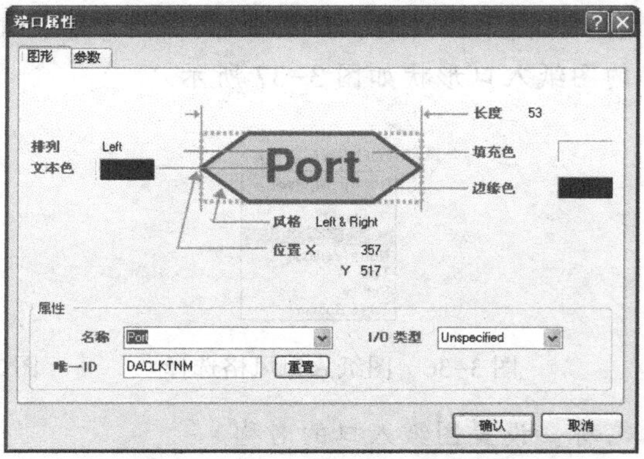

图 3-40　【端口属性】对话框

10. 图纸连接符

连接电路的第 4 种方法是利用图纸连接符。在层次电路设计中，Protel DXP 2004 允许在同一个设计项目中不同的原理图文档之间通过特殊的网络来建立电气连接关系，这种特殊的网络就是图纸连接符。

1）启动放置图纸连接符命令　常用的启动放置图纸连接符命令的方法有以下 4 种。

❒ 在原理图编辑状态下，执行菜单命令【放置】\【图纸连接符】。

❒ 单击鼠标右键，在弹出菜单中执行菜单命令【放置】\【图纸连接符】。

❒ 单击工具栏上按钮 。

❒ 通过快捷键P+C。

2）放置图纸连接符　启动放置图纸连接符命令后，可按下述步骤放置图纸连接符。

（1）将光标移至原理图绘图区，光标变成预设的形状，并在光标上黏附一个图纸连接符，系统进入放置图纸连接符状态。

（2）移动光标到适当位置，单击鼠标左键，放置图纸连接符。此时，可以看到光标上还黏附一个图纸连接符，单击鼠标左键可连续放置图纸连接符。

（3）放置完成后，单击鼠标右键或按 Esc 键退出放置命令。

3）图纸连接符属性设置　在放置图纸连接符状态下，按 Tab 键，或者在绘制图纸连接符后执行菜单命令【编辑】\【变更】，将光标移至绘制的图纸连接符上，单击鼠标左键，或者直接把光标移动到绘制的图纸连接符上，双击鼠标左键，都可以弹出【离开图纸连接符】对话框，如图 3-41 所示。

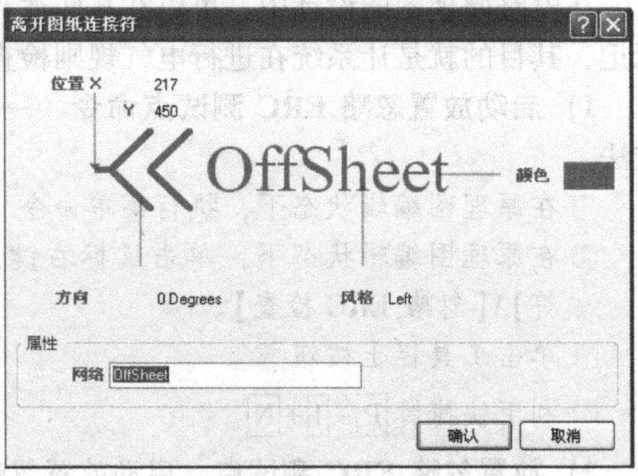

图 3-41　【离开图纸连接符】对话框

11. 电气节点

在 Protel DXP 2004 系统中，默认情况下系统将在导线的“T”形交叉点自动放置一个电气节点，但是在“十”字形交叉点，由于系统无法判断导线是否连接，因此不会自动放置电气节点。如果在电路中这些交叉点是电气连接的，那就要手动放置一个电气节点。

1）启动放置电气节点命令　常用的启动放置电气节点的方法有以下 4 种。

- ❐ 在原理图编辑状态下，执行菜单命令【放置】\【手工放置节点】。
- ❐ 单击鼠标右键，在弹出菜单中执行菜单命令【放置】\【手工放置节点】。
- ❐ 单击工具栏上按钮。
- ❐ 利用快捷键 P + J。

2）放置电气节点　启动放置电气节点命令后，可按下述步骤放置电气节点。

（1）将光标移到原理图绘图区，光标变成预设的形状，并在光标上黏附一个电气节点符号，系统进入放置电气节点状态。

（2）移动光标到适当位置，单击鼠标左键放置电气节点。此时，可以看到光标上还黏附一个电气节点，单击鼠标左键可连续放置电气节点。

（3）放置完成后，单击鼠标右键或按 Esc 键退出放置命令。

3）设置电气节点的属性　在放置电气节点状态下，按 Tab 键，或者在绘制电气节点后执行菜单命令【编辑】\【变更】，将光标移至绘制的电气节点上，单击鼠标左键，或者直接把光标移动到绘制的电气节点上，双击鼠标左键，都可以弹出【节点】对话框，如图 3-42 所示。

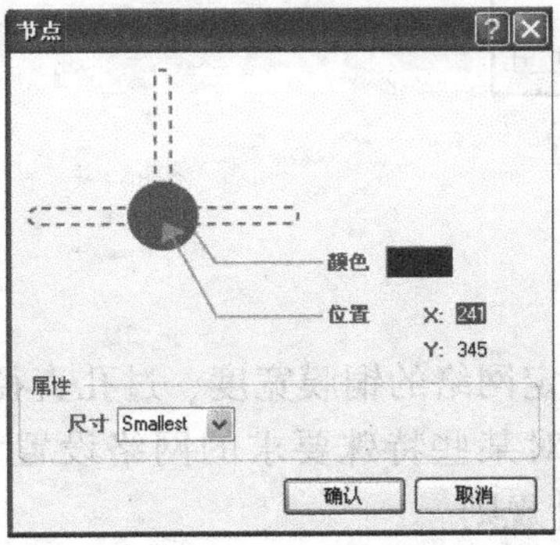

图 3-42　【节点】对话框

12. 忽略 ERC 测试点

在电路原理图的设计中，可以在某些适当的位置放置忽略 ERC 测试点，即“No ERC”标记，其目的就是让系统在进行电气规则检查（ERC）时，忽略对这些节点的检查。

1）启动放置忽略 ERC 测试点命令　一般启动放置忽略 ERC 测试点命令有以下 4 种方法。

- ❒ 在原理图编辑状态下，执行菜单命令【放置】\【指示符】\【忽略 ERC 检查】。
- ❒ 在原理图编辑状态下，单击鼠标右键，在弹出菜单中执行菜单命令【放置】\【指示符】\【忽略 ERC 检查】。
- ❒ 单击工具栏上按钮 ×。
- ❒ 利用快捷键 P + I + N。

2）放置忽略 ERC 测试点　启动放置忽略 ERC 测试点命令后，可按下述步骤放置忽略 ERC 测试点。

（1）将光标移到原理图绘图区，光标变成预设的形状，并在光标上黏附一个忽略 ERC 测试点符号，系统进入放置忽略 ERC 测试点状态。

（2）移动光标到适当位置，单击鼠标左键，放置忽略 ERC 测试点。此时，可以看到光标上还黏附一个忽略 ERC 测试点符号，单击鼠标左键可连续放置忽略 ERC 测试点。

（3）放置完成后，单击鼠标右键或按 Esc 键退出放置命令。

3）设置忽略 ERC 测试点属性　在放置忽略 ERC 测试点状态下，按 Tab 键，或者在绘制忽略 ERC 测试点后执行菜单命令【编辑】\【变更】，将光标移至绘制的忽略 ERC 测试点上，单击鼠标左键，或者直接把光标移动到绘制的忽略 ERC 测试点上，双击鼠标左键，都可以弹出【忽略 ERC 检查】对话框，如图 3-43 所示。

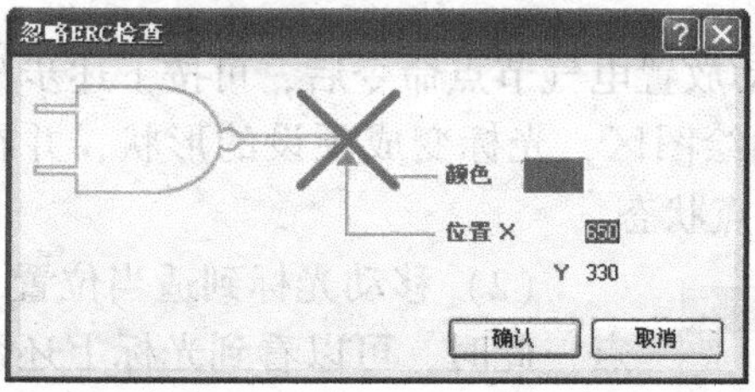

图 3-43　【忽略 ERC 检查】对话框

13. PCB 布线器

Protel DXP 2004 允许设计者在原理图设计阶段来规划指定网络的铜膜宽度、过孔直径、布线策略、布线优先权和布线板层属性。如果在原理图中对某些特殊要求的网络设置了 PCB 布线指示，在创建 PCB 的过程中就会自动引入这些设计规则。

为使在原理图中标识的网络布线规则信息能够传递到 PCB 文档，进行 PCB 设计时，应使用设计同步器来传递参数。若直接使用原理图创建的网络表，所有在原理图上的标识信息将丢失。

1）启动放置 PCB 布线器 一般启动放置 PCB 布线器命令有以下 4 种方法。

❒ 在原理图编辑状态下，执行菜单命令【放置】\【指示符】\【PCB 布局】。

❒ 在原理图编辑状态下，单击鼠标右键，在弹出菜单中执行菜单命令【放置】\【指示符】\【PCB 布局】。

❒ 单击工具栏上按钮 。

❒利用快捷键 P + I + P 。

2）放置 PCB 布线器 启动放置 PCB 布线器命令后，可按下述步骤放置 PCB 布线器。

（1）将光标移至原理图绘图区，光标变成预设的形状，并在光标上黏附一个 PCB 布线器符号，系统进入放置 PCB 布线器状态。

（2）移动光标到适当位置，单击鼠标左键，放置 PCB 布线器，如图 3-44 所示。可以看到光标上还黏附一个 PCB 布线器符号，单击鼠标左键可连续放置 PCB 布线器。

（3）放置完成后，单击鼠标右键或按 Esc 键退出放置命令。

3）设置 PCB 布线器的属性 在放置 PCB 布线器状态下，按 Tab 键，或者在绘制 PCB 布线器后执行菜单命令【编辑】\【变更】，将光标移至绘制的 PCB 布线器上，单击鼠标左键，或者直接把光标移动到绘制的 PCB 布线器上双击鼠标左键，都可以弹出【参数】对话框，如图 3-45 所示。

图 3-44 PCB 布线器

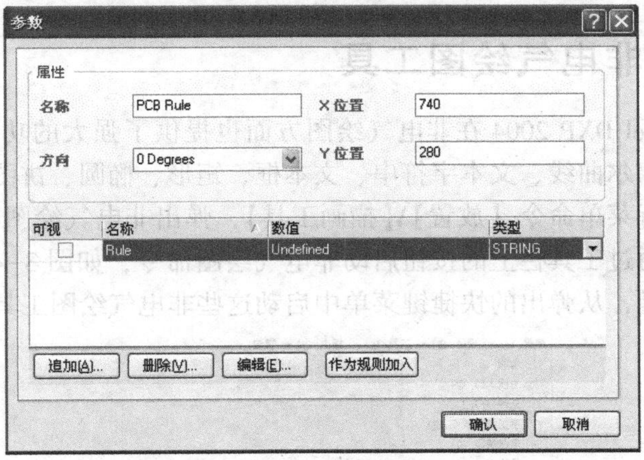

图 3-45 【参数】对话框

❒ 属性：用于设置 PCB 布线指示的名称、坐标和放置角度。其中，【名称】栏用于设置 PCB 布线指示名称；【X 位置】栏和【Y 位置】栏用于设置 PCB 布线指示的坐标；【方向】栏用于设置 PCB 布线指示的放置角度。

❒ 列表框区域：显示当前 PCB 布线标识的所有参数。单击按钮 追加(A)... ，可以添加一个一般变量；单击按钮 删除(V)... ，可以删除一个变量；单击按钮 编辑(E)... ，可以修改当前选中变量的属性；单击按钮 作为规则加入 ，可以添加一个 PCB 布线规则变量。

选中一个 PCB 布线规则变量，单击按钮 编辑(E)... 或 作为规则加入 ，都将打开【参数属性】对话框，如图 3-46 所示。在该对话框中，单击按钮 编辑规则值(E)... ，弹出【选择设计规则类型】对话框，如图 3-47 所示，用户可以在此选取一种需要的规则。

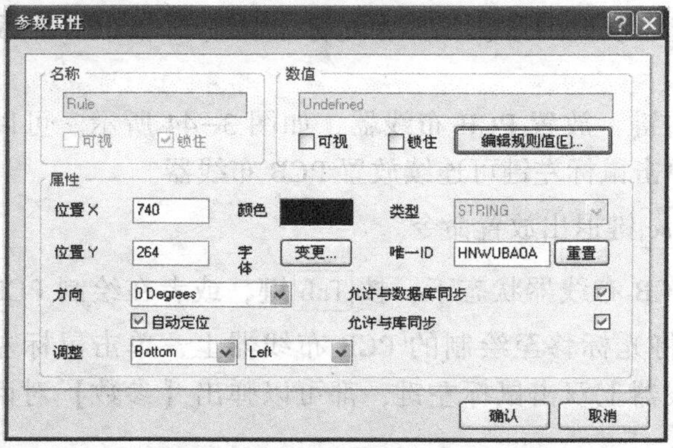

图 3-46 【参数属性】对话框

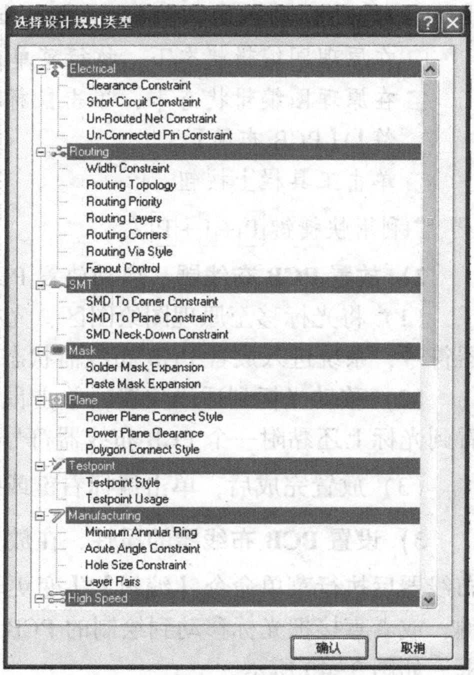

图 3-47 【选择设计规则类型】对话框

3.2 非电气绘图工具

Protel DXP 2004 在非电气绘图方面也提供了强大的功能，包括绘制直线、多边形、圆弧、贝塞尔曲线、文本字符串、文本框、矩形、椭圆、饼图，以及插入图片和阵列粘贴等工具。执行菜单命令【放置】\【描画工具】，弹出非电气绘图子菜单，如图 3-48 所示。当然，也可以通过工具栏上的按钮启动非电气绘图命令，如图 3-49 所示。另外，还可以通过单击鼠标右键，从弹出的快捷键菜单中启动这些非电气绘图工具。

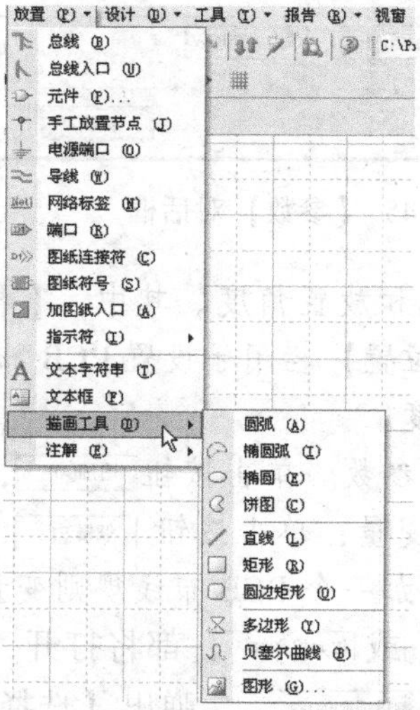

图 3-48 非电气绘图子菜单

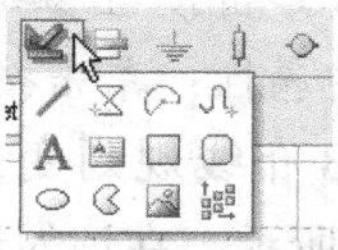

图 3-49 工具栏上非电气绘图按钮

1. 绘制直线

在设计原理图时，既可以绘制导线，也可以绘制直线，这二者之间的区别是，导线表示的是电气连接的属性，而直线是一般的说明性图形，不具备电气连接关系。初学者尤其要注意它们的区别，以免在绘制电路原理图时混淆。

1）启动绘制直线命令 在原理图编辑状态下，可以通过菜单、工具栏或快捷键[P]+[D]+[L]来启动绘制直线的命令。

2）直线属性设置 在绘制直线过程中，可以按[Tab]键，或者在绘制直线后执行菜单命令【编辑】\【变更】，将光标移至绘制的直线上，单击鼠标左键，或者直接把光标移至绘制的直线上，双击鼠标左键，都可以弹出【折线】对话框，如图3-50所示。

- 线宽：用于选择绘制直线的宽度。可以选择的线宽有Small、Smallest、Medium和Large四种类型。
- 线风格：用于选择绘制直线的风格。把光标移至风格的类型上，单击按钮弹出下拉列表，可以从中选择不同的直线风格。
- 颜色：用于设定直线的颜色。

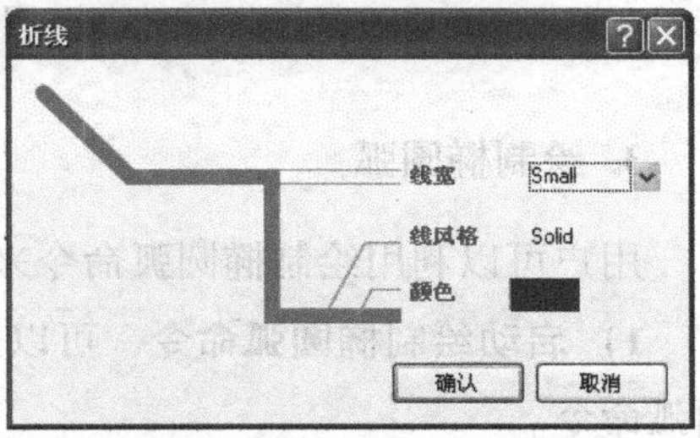

图3-50 【折线】对话框

2. 绘制多边形

使用绘制多边形工具可以在原理图上绘制出任意形状的多边形区块。

1）启动绘制多边形命令 在原理图编辑状态下，可以通过菜单、工具栏或快捷键[P]+[D]+[Y]来启动绘制多边形的命令。

2）绘制多边形 启动绘制多边形命令后，移动光标到原理图编辑区，光标类型变为预设的形状，移动光标到适当的位置，单击鼠标左键确定多边形的第一个顶点，然后移动光标到另一个顶点位置，单击鼠标左键确定下一个顶点。用同样的方法确定其他顶点，当确定了最后一个顶点后，单击鼠标右键，绘制的多边形会自动闭合。

3）多边形的调整 单击鼠标左键选中多边形，多变形的各个顶点上就会出现一个小的矩形，如图3-51（a）所示。移动光标到小的矩形上，光标形状变为双箭头，如图3-51（b）所示，此时按住鼠标左键选中一个顶点，拖曳鼠标，就可以调整多边形的形状，如图3-51（c）所示。

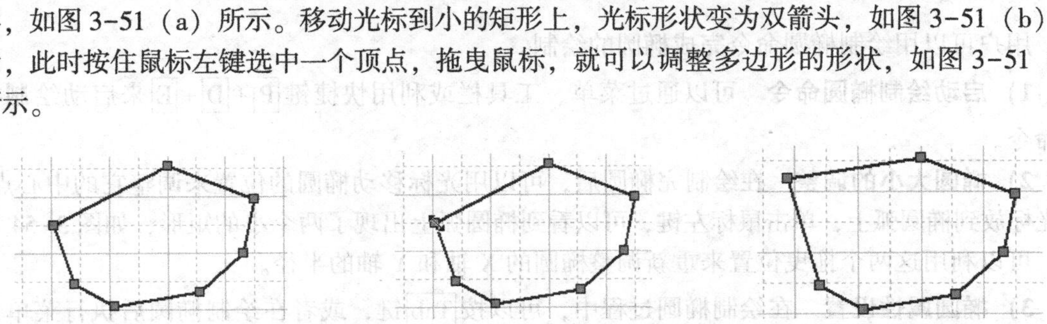
（a）选中多边形　（b）选中一个顶点　（c）调整顶点后的多边形

图3-51 多边形的调整

4）多边形属性设置 在绘制多边形过程中，可以按 Tab 键，或者在绘制多边形后执行菜单命令【编辑】\【变更】，将光标移至绘制的多边形上，单击鼠标左键，或者直接把光标移至绘制的多边形上，双击鼠标左键，都可以弹出【多边形】对话框，如图 3-52 所示。

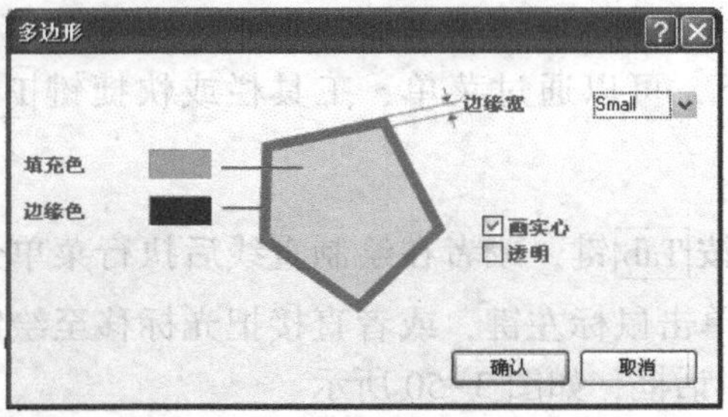

- 边缘宽：用于确定绘制多边形的边缘宽度。单击按钮弹出下拉列表，从中可以选择 Small、Smallest、Medium 和 Large 四种类型的边缘宽
- 边缘色：用于确定绘制多边形的边缘颜色
- 画实心：用于确定是否绘制实心的多边形
- 透明：用于确定绘制的实心多边形是否透明
- 填充色：用于确定绘制的实心多边形的填充颜色

图 3-52 【多边形】对话框

3. 绘制椭圆弧

用户可以利用绘制椭圆弧命令来完成椭圆弧的绘制。

1）启动绘制椭圆弧命令 可以通过菜单、工具栏或利用快捷键 P + D + I 来启动绘制椭圆弧命令。

2）椭圆弧属性设置 在绘制椭圆弧的过程中，可以按 Tab 键，或者在绘制椭圆弧后执行菜单命令【编辑】\【变更】，移动光标到绘制的椭圆弧上，单击鼠标左键，或者直接将光标移至绘制的椭圆弧上，双击鼠标左键，都可以弹出【椭圆弧】对话框，如图 3-53 所示。通过该对话框，可以精确地调整椭圆弧的中心位置、X 轴半径、Y 轴半径、线宽、起始角、结束角和颜色。

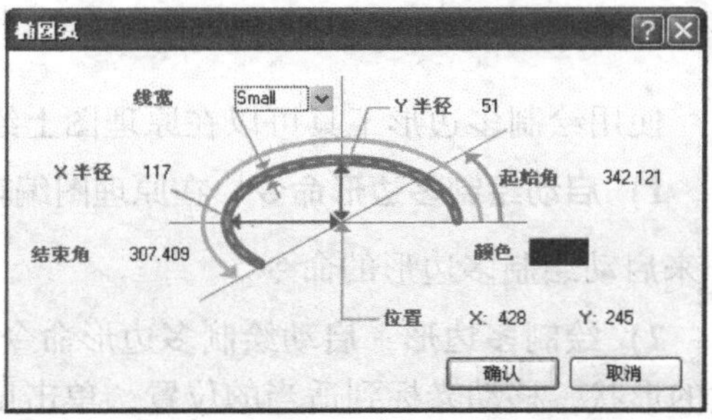

图 3-53 【椭圆弧】对话框

4. 绘制椭圆

用户可以用绘制椭圆命令完成椭圆的绘制。

1）启动绘制椭圆命令 可以通过菜单、工具栏或利用快捷键 P + D + E 来启动绘制椭圆命令。

2）椭圆大小的调整 在绘制完椭圆后，可以用光标移动椭圆的位置来调整它的中心点；把光标放到椭圆弧上，单击鼠标左键，可以看到椭圆弧上出现了两个小的矩形，如图 3-54 所示。可以利用这两个拖曳位置来重新调整椭圆的 X 轴和 Y 轴的半径。

3）椭圆属性设置 在绘制椭圆过程中，可以按 Tab 键，或者在绘制椭圆后执行菜单命令【编辑】\【变更】，将光标移至绘制的椭圆上，单击鼠标左键，或者直接把光标移至已绘制的椭圆上，双击鼠标左键，都可以弹出【椭圆】对话框，如图 3-55 所示。

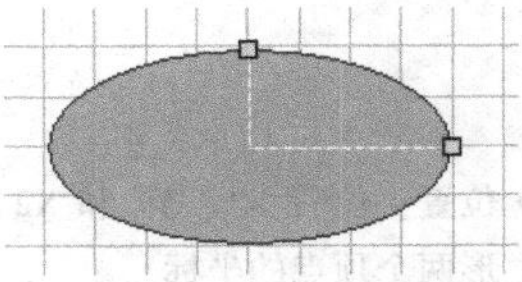

图 3-54 调整椭圆标识

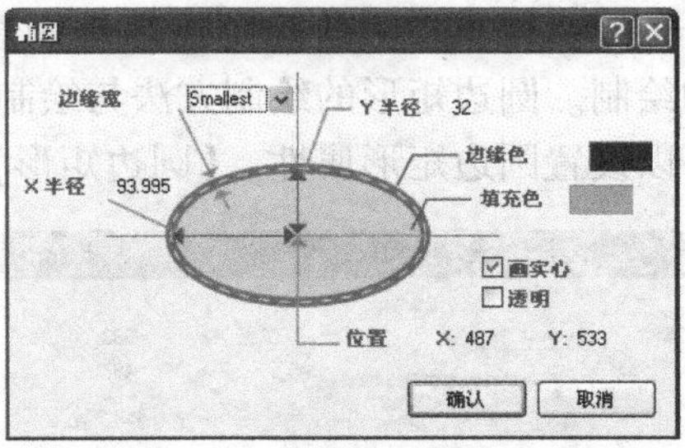

图 3-55 【椭圆】对话框

5. 绘制贝塞尔曲线

贝塞尔曲线是一种常见的曲线，曲线的定义有 4 个点，即起始点、终止点（也称锚点）及两个相互分离的中间点。移动两个中间点，贝塞尔曲线的形状会发生变化。

1）启动绘制贝塞尔曲线命令 可以通过菜单、工具栏或利用快捷键P+D+B来启动绘制贝塞尔曲线命令。

2）贝塞尔曲线的调整 将光标移至绘制好的贝塞尔曲线上，单击鼠标左键选中贝塞尔曲线，在贝塞尔曲线上出现一些拖动标识的小矩形，把光标放到曲线的任一拖动标识上，按下鼠标左键并拖动光标，就可以调整贝塞尔曲线。

3）贝塞尔曲线属性设置 在绘制贝塞尔曲线的过程中，可以按Tab键，或者在绘制贝塞尔曲线后执行菜单命令【编辑】\【变更】，将光标移至绘制的贝塞尔曲线上，单击鼠标左键，或者直接把光标移至绘制的贝塞尔曲线上，双击鼠标左键，都可以弹出【贝塞尔曲线】对话框，如图 3-56 所示。

6. 绘制矩形

用户可以利用绘制矩形命令完成矩形的绘制。

1）启动绘制矩形命令 可以通过菜单、工具栏或利用快捷键P+D+R来启动绘制矩形命令。

2）矩形属性设置 在绘制矩形的过程中，可以按Tab键，或者在绘制矩形后执行菜单命令【编辑】\【变更】，将光标移至绘制的矩形上，单击鼠标左键，或者直接把光标移至绘制的矩形上，双击鼠标左键，都可以弹出【矩形】对话框，如图 3-57 所示。通过该对话框，可以设置矩形的类型、边缘宽、边缘色等属性。

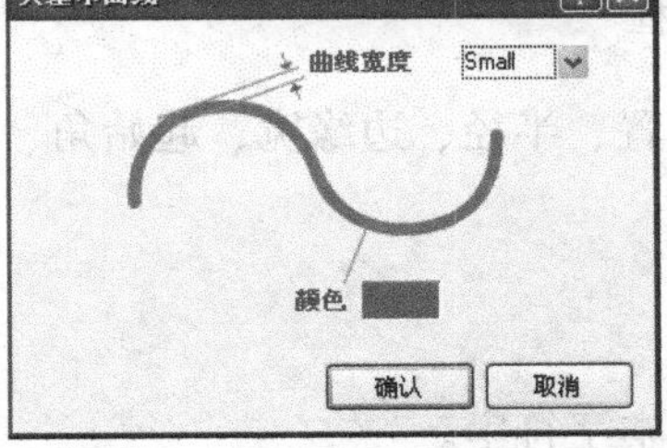

图 3-56 【贝塞尔曲线】对话框

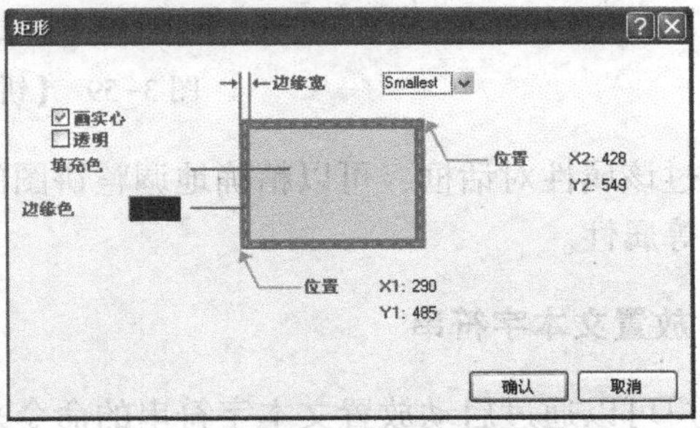

图 3-57 【矩形】对话框

另外，Protel DXP 2004 系统除了可以绘制直角矩形，还可以通过绘制圆边矩形命令完成圆边矩形的绘制。圆边矩形的绘制方法与绘制矩形的类似，在绘制过程中和绘制完成圆边矩形后，都可以设置圆边矩形属性。【圆边矩形】对话框如图 3-58 所示。

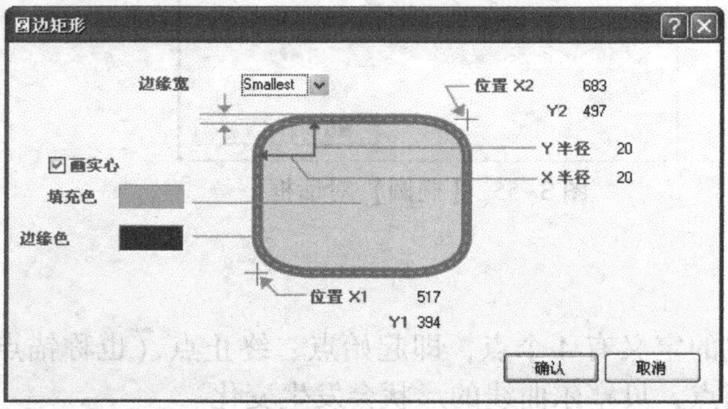

- 位置：位置 X1、Y1 和 X2、Y2 用于调整矩形两个顶点的坐标
- X 半径、Y 半径：分别用于设定圆边矩形在倒角处的 X 轴半径和 Y 轴半径

图 3-58 【圆边矩形】对话框

7. 绘制饼图

用户可以利用绘制饼图命令完成扇形饼图的绘制。

1）启动绘制饼图命令 可以通过菜单、工具栏或利用快捷键 P + D + C 来启动绘制饼图命令。

2）饼图属性设置 在绘制饼图的过程中，可以按 Tab 键，或者在绘制饼图后执行菜单命令【编辑】\【变更】，移动光标到绘制的饼图上，单击鼠标左键，或者直接把光标移至绘制的饼图上双击鼠标左键，都可以弹出【饼图】对话框，如图 3-59 所示。

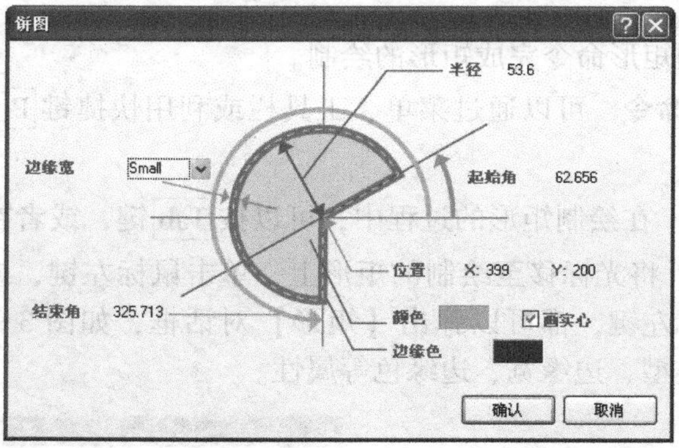

图 3-59 【饼图】对话框

通过该属性对话框，可以精确地调整饼图的中心位置、半径、边缘宽、起始角、结束角和颜色等属性。

8. 放置文本字符串

用户可以通过启动放置文本字符串的命令来放置文本字符串。

1）启动放置文本字符串命令 一般可以通过下列3种方式启动放置文本字符串命令。

❒ 执行菜单命令【放置】\【文本字符串】。

❒ 单击鼠标右键，在弹出的菜单中执行菜单命令【放置】\【文本字符串】。

❒ 利用快捷键P+T。

2）放置文本字符串 在启动放置文本字符串命令后，将光标移至绘图区，光标变为预设的形状，并且在光标上黏附一个文本字符串。将光标移至适当的位置，单击鼠标左键即可放置文本字符串。可以通过单击鼠标左键连续放置文本字符串。放置完文本字符串后，单击鼠标右键或按Esc键，即可退出放置文本字符串命令。

3）设置文本字符串属性 在放置文本字符串的过程中，可以按Tab键，或者在放置文本字符串后执行菜单命令【编辑】\【变更】，将光标移至放置的文本字符串上，单击鼠标左键，或者直接将光标移至放置的文本字符串上，双击鼠标左键，都可以弹出【注释】对话框，如图3-60所示。

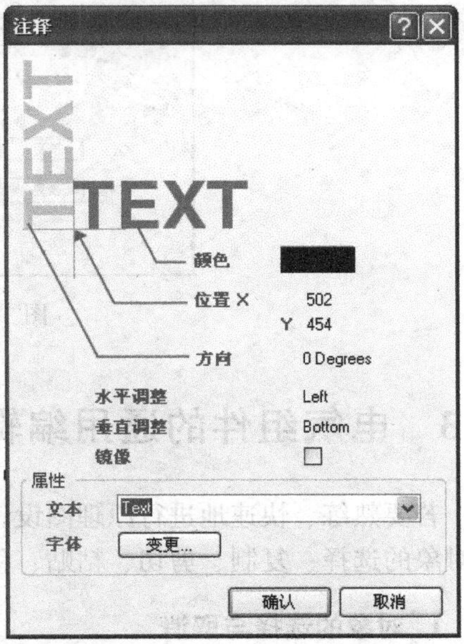

图3-60 【注释】对话框

可以通过【文本】栏设置字符串的内容。另外，还可以对文本的字体、位置、颜色等属性进行设置。

> 要正确区分网络标号和文本字符串。网络标号是有电气属性的，必须放置在电气节点上，而文本字符串不具有电气属性，可以放置在原理图的任意位置。

9. 放置文本框

用户可以通过启动放置文本框的命令来放置文本框。

1）启动放置文本框命令 一般可以通过下列3种方式启动放置文本框命令。

❒ 执行菜单命令【放置】\【文本框】。

❒ 单击鼠标右键，在弹出的菜单中执行菜单命令【放置】\【文本框】。

❒ 利用快捷键P+F。

2）设置文本框属性 在放置文本框的过程中，可以按Tab键，或者在放置文本框后执行菜单命令【编辑】\【变更】，将光标移至放置的文本框上，单击鼠标左键，或者直接将光标移至放置的文本框上，双击鼠标左键，均可弹出【文本框】对话框，如图3-61所示。

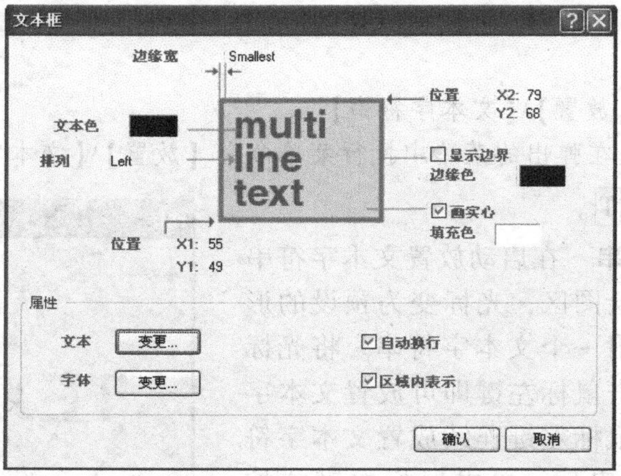

图 3-61 【文本框】对话框

3.3 电气组件的通用编辑

若要熟练、快速地进行原理图设计，必须熟练掌握常用的元器件编辑命令，这些命令包括对象的选择、复制、剪切、粘贴、移动、排列和对齐等。

1. 对象的选择与取消

1）对象的选择 要编辑对象，首先应当选中对象。在原理图设计过程中，常用的选择对象的方法有以下 4 种。

（1）单击鼠标左键选中对象：可以直接将光标移至要选择的对象上，然后单击鼠标左键即可选中对象。

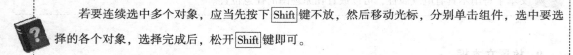

> 若要连续选中多个对象，应当先按下Shift键不放，然后移动光标，分别单击组件，选中要选择的各个对象，选择完成后，松开Shift键即可。

（2）拖动鼠标选择对象：在原理图中的适当位置，按下鼠标左键并拖曳光标，即可拖出一个矩形窗口，在适当的位置松开鼠标左键，所有位于矩形窗口内的元器件都将被选中。

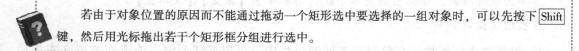

> 若由于对象位置的原因而不能通过拖动一个矩形选中要选择的一组对象时，可以先按下Shift键，然后用光标拖出若干个矩形框分组进行选中。

（3）利用工具栏：首先单击工具栏上按钮□，然后移动光标到编辑区，在适当位置按下鼠标左键并拖曳光标，即可拖出一个矩形窗口，在适当的位置松开鼠标左键，所有位于矩形窗口内的元器件都将被选中。另外，可以在不需要按下Shift键的情况下连续执行同样的操作选择多个矩形框内的对象。

（4）通过菜单命令选择对象：执行菜单命令【编辑】\【选择】，可以看到【选择】子菜单包含 5 种选择命令，如图 3-62 所示。

- ❐ 区域内对象：用于选择矩形框内的对象，其用法与工具栏上相应按钮的完全一样。也可以通过快捷键 E + S + I 启动该命令。
- ❐ 区域外对象：用于选择矩形框外的对象，所有位于矩形框外及矩形框边框线上的对象都将被选中。也可以通过快捷键 E + S + O 启动该命令。
- ❐ 全部对象：用于选择当前原理图中的所有对象。也可以通过快捷键 Ctrl + A 启动该命令。
- ❐ 连接：用于选择相互电气连接在一起的对象。也可以通过快捷键 E + S + C 来启动该命。启动该命令后，把光标移至原理图绘图区，光标形状变为预设的形状，假定要选取连接在某一导线上的所有元器件，则把光标移至该导线上。然后单击鼠标左键，可以看到相互电气连接在选中导线上的对象都将被选中。

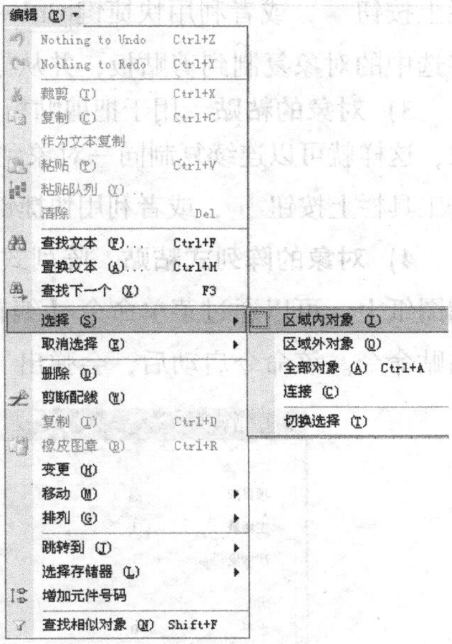

图 3-62　选择子菜单命令选项

- ❐ 切换选择：用于切换对象的选择状态。也可以通过快捷键 E + S + T 来启动。启动该命令后，把光标移至原理图绘图区中的某一对象上，单击鼠标左键可以改变当前元器件的是否被选择的状态。

2）对象的撤销　选中对象后，也可以撤销某些对象的选择状态。常用的撤销对象选择状态的方法有以下 3 种。

- ❐ 利用鼠标可以灵活地取消对象的选择状态。如果要取消单个对象的选中状态，则按下 Shift 键，移动光标到对象上，当光标变成✥时，单击鼠标左键即可取消该对象的选择状态。另外，若把光标移至原理图的空白区域，单击鼠标左键，则可以一次性取消所有对象的选择状态。

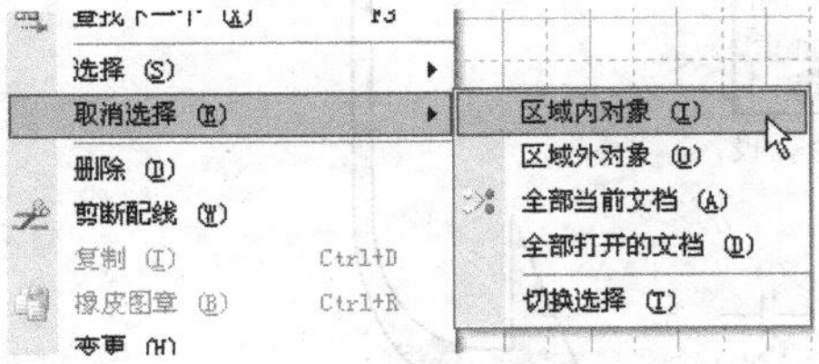

图 3-63　菜单取消对象选择状态方式

- ❐ 单击工具栏上按钮▣，也可以取消原理图中所有选中对象的选择状态。
- ❐ 执行菜单命令【编辑】\【取消选择】，可以看到取消选择状态的方法有 5 种，如图 3-63 所示。

2. 对象的复制、剪切、粘贴和删除

Protel DXP 2004 使用了 Windows 操作系统的剪贴板，可以方便地在不同的应用程序之间直接进行对象的剪贴等操作。

1）对象的复制　选中对象后，可以执行菜单命令【编辑】\【复制】，或者单击工具栏上按钮▣，或者利用快捷键 Ctrl + C 或 Ctrl + Insert，来启动对象复制命令。启动该命令后，

系统会将选中的对象复制到剪贴板上，并且不删除当前被复制的对象。

2）对象的剪切 选中对象后，可以通过执行菜单命令【编辑】\【裁剪】，或者单击工具栏上按钮，或者利用快捷键 Ctrl + X，来完成启动对象剪切命令。启动该命令后，系统会将选中的对象复制到剪贴板，并从原理图中删除当前被剪切的对象。

3）对象的粘贴 用于把剪贴板上的对象复制到当前文档，而不清除剪贴板上被复制对象，这样就可以连续复制同一对象到当前文档。可以通过菜单命令【编辑】\【粘贴】，或者单击工具栏上按钮，或者利用快捷键 Ctrl + V 或 Shift + Insert，来完成对象的粘贴。

4）对象的阵列式粘贴 阵列式粘贴可以按指定的间距一次性将同一个元器件重复粘贴到图纸上。可以通过菜单命令【编辑】\【粘贴队列】，或者利用快捷键 E + Y，启动阵列式粘贴命令。该命令启动后，会弹出【设定粘贴队列】对话框，如图 3-64 所示。

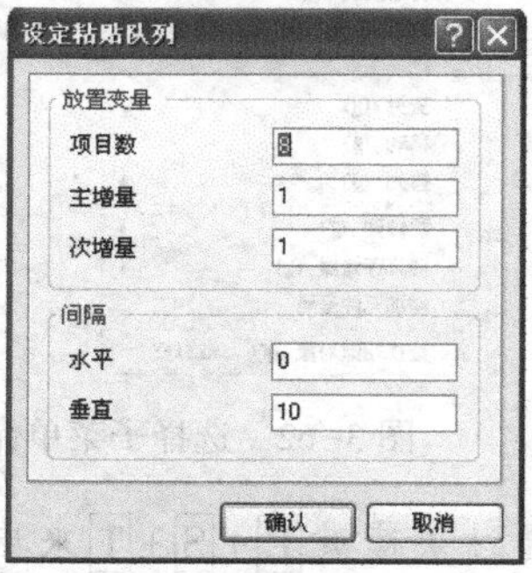

- 项目数：用于设定重复粘贴的对象个数
- 主增量：用于设置所要粘贴的对象的序号，设为正整数时代表序号递增，设为负整数时代表序号递减
- 次增量：一般不用
- 水平、垂直：用于设定所要粘贴的对象的水平间距或垂直间距

图 3-64 【设定粘贴队列】对话框

阵列式粘贴的详细过程如图 3-65 所示。

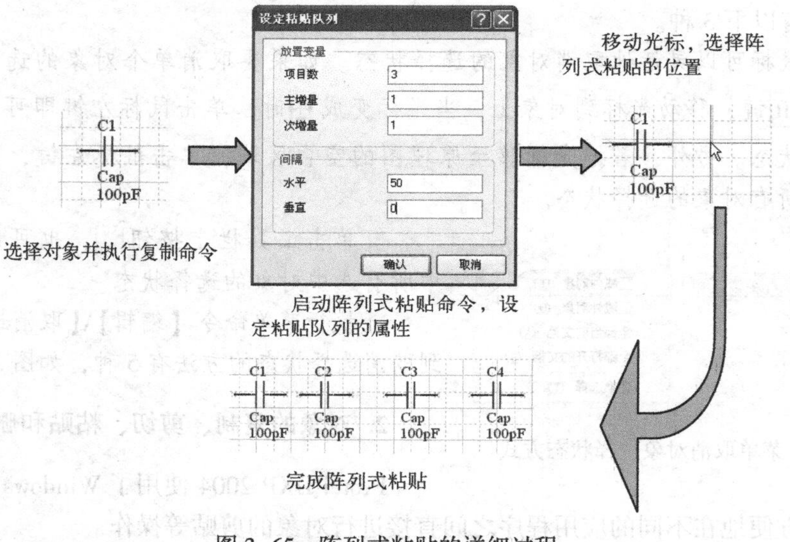

图 3-65 阵列式粘贴的详细过程

5）对象复制　对象复制是 Protel DXP 2004 新增加的命令，使用该命令可以直接在被复制的对象旁边复制出一个副本，而无须经过复制、粘贴两次操作。可以在选中被复制的对象后，通过菜单命令【编辑】\【复制】或直接利用快捷键 Ctrl + D 启动该命令。

6）橡皮图章　橡皮图章也是 Protel DXP 2004 新增加的一个命令，使用该命令可以像使用橡皮图章一样来复制对象。选中被复制的对象后，可以通过菜单命令【编辑】\【橡皮图章】，或者单击工具栏上按钮，或者通过快捷键 Ctrl + R，来启动该命令。该命令启动后，把光标移到绘图区，会发现被复制的对象黏附在光标上，单击鼠标左键，就可以像盖图章一样来放置该被复制的对象。

7）对象的删除　可以用清除和删除两种方式删除原理图中不需要的对象。

（1）清除：在执行该命令前，必须先选中要清除的对象，然后通过菜单命令【编辑】\【清除】或快捷键 Delete 来删除选中的对象。

（2）删除：在执行该命令删除对象前，无须选中要删除的对象。首先执行菜单命令【编辑】\【删除】或快捷键 E + D 来启动该命令，然后移动光标到原理图绘图区，光标变成预设的形状，此时移动光标到需要删除的对象上，单击鼠标左键即可删除该对象；此时光标类型保持不变，可以用同样的方法继续删除其他对象。完成删除操作后，单击鼠标右键或按 Esc 键，退出删除命令。

3. 对象的排列与对齐

Protel DXP 2004 提供了一系列排列和对齐命令，利用它们可以极大地提高工作效率，快速设计出美观整齐的电路原理图。选中一组要排列、对齐的对象，然后执行菜单命令【编辑】\【排列】，弹出排列与对齐的各种命令，如图 3-66 所示。

1）左对齐排列　用于选中一组对象后，以最左侧对象的左边缘为基准线，将这组元器件靠左对齐。也可以在选中一组对象后，利用快捷键 Shift + Ctrl + L 来启动该命令。左对齐排列效果如图 3-67 所示。

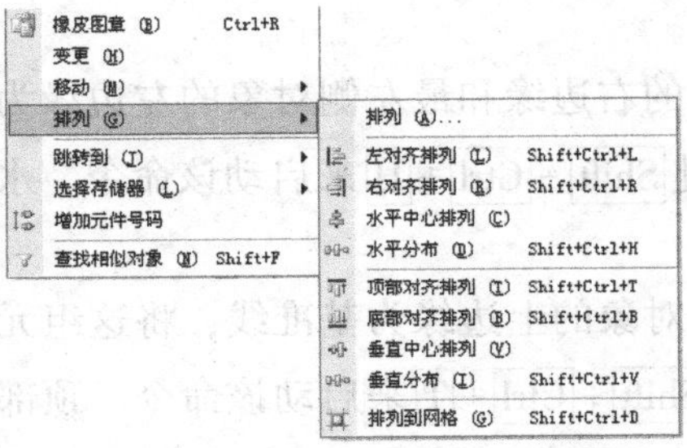

图 3-66　【排列】子菜单命令

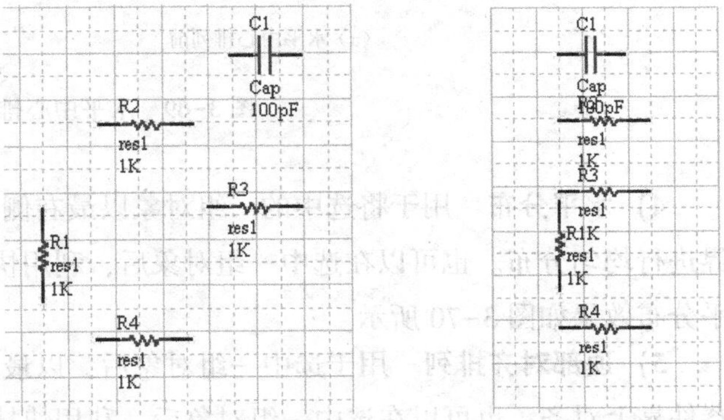

（a）对齐前　（b）左对齐后

图 3-67　左对齐排列效果

2）右对齐排列 用于选中一组对象后，以最右侧对象的右边缘为基准线，将这组元器件靠右对齐。也可以在选中一组对象后，利用快捷键Shift+Ctrl+R来启动该命令。右对齐排列效果如图 3-68 所示。

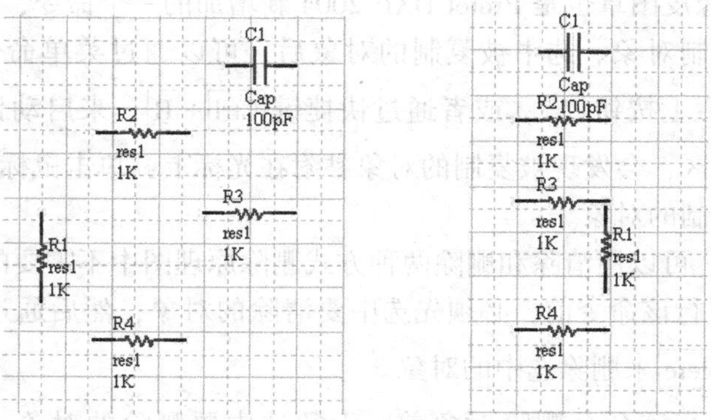

（a）对齐前　　（b）右对齐后

图 3-68　右对齐排列效果

3）水平中心排列 用于选中一组对象后，以最右侧的对象的右边缘和最左侧对象的左边缘之间的中心线为基准线，将这组元器件对齐。也可以在选中一组对象后，利用快捷键E+G+C来启动该命令。水平中心排列效果如图 3-69 所示。

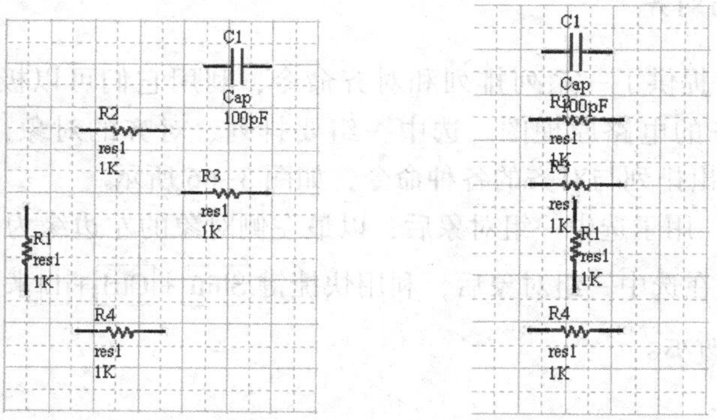

（a）水平中心排列前　　（b）水平中心排列后

图 3-69　水平中心排列效果

4）水平分布 用于将选中的一组对象以最右侧对象的右边缘和最左侧对象的左边缘为界进行均匀分布。也可以在选中一组对象后，利用快捷键Shift+Ctrl+H来启动该命令。水平分布效果如图 3-70 所示。

5）顶部对齐排列 用于选中一组对象后，以最上边对象的上边缘为基准线，将这组元器件靠上对齐。也可以在选中一组对象后，利用快捷键Shift+Ctrl+T来启动该命令。顶部对齐排列效果如图 3-71 所示。

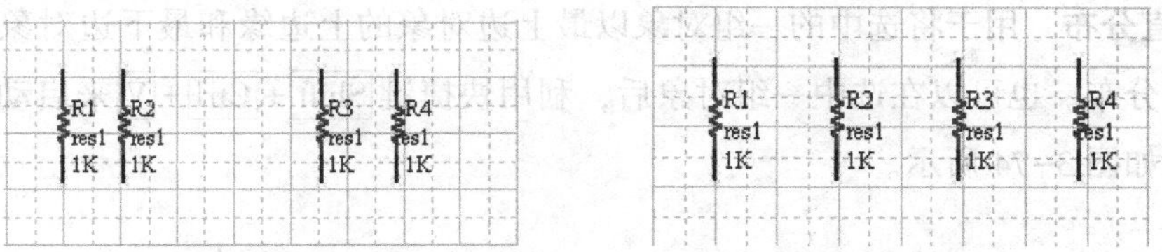

（a）水平分布前　　（b）水平分布后

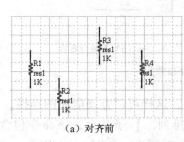

图 3-70　水平分布效果

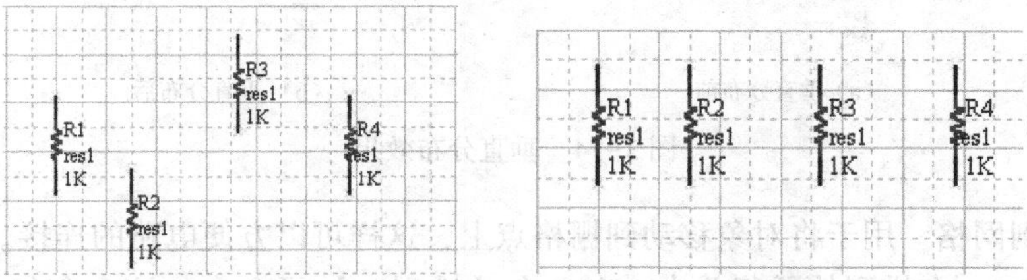

（a）对齐前　　（b）顶部对齐后

图 3-71　顶部对齐排列效果

6）底部对齐排列　用于选中一组对象后，以最下边对象的下边缘为基准线，将这组元器件靠下对齐。也可以在选中一组对象后，利用快捷键Shift+Ctrl+B来启动该命令。底部对齐排列效果如图 3-72 所示。

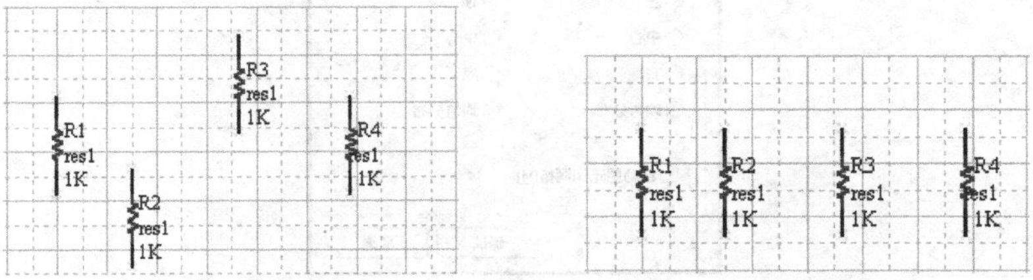

（a）对齐前　　（b）底部对齐后

图 3-72　底部对齐排列效果

7）垂直中心排列　用于选中一组对象后，以最上边对象的上边缘和最下边对象的下边缘之间的中心线为基准线，将这组元器件对齐。也可以在选中一组对象后，利用快捷键E+G+V来启动该命令。垂直中心排列效果如图 3-73 所示。

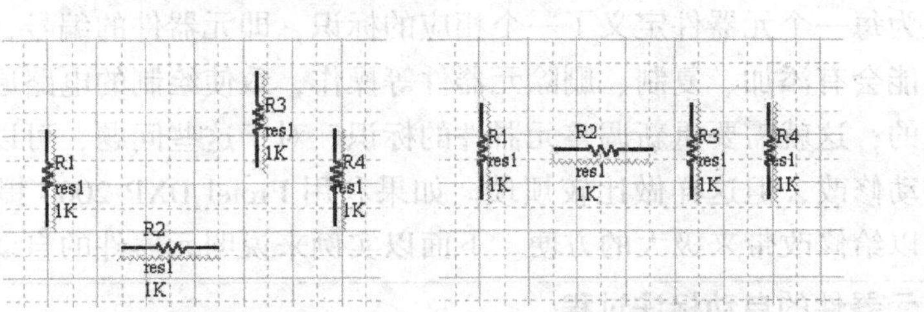

（a）垂直中心排列前　　（b）垂直中心排列后

图 3-73　垂直中心排列效果

8）垂直分布 用于将选中的一组对象以最上边对象的上边缘和最下边对象的下边缘为界进行均匀分布。也可以在选中一组对象后，利用快捷键 Shift + Ctrl + V 来启动该命令。垂直分布效果如图 3-74 所示。

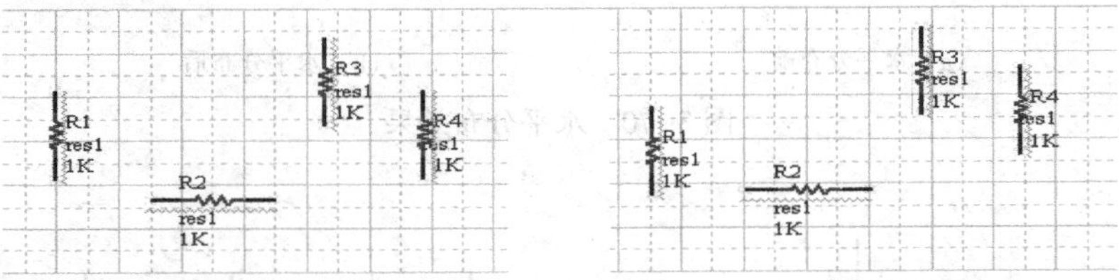

（a）垂直分布前 （b）垂直分布后

图 3-74 垂直分布效果

9）排列到网格 用于将对象移动到栅格点上，这样可以方便电路的连接。

10）排列… 在排列的子菜单中，有一个【排列…】子命令，该命令包含了前面的对齐和排列命令，单击该命令可以打开【排列对象】对话框，如图 3-75 所示。通过该对话框可以实现对对象的较为复杂的排列和对齐。

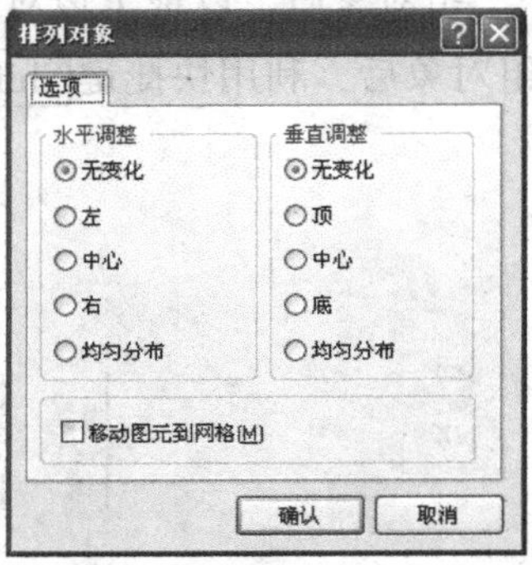

图 3-75 【排列对象】对话框

3.4 原理图编辑高级技巧

1. 元器件自动标注

虽然已经为每一个元器件定义了一个相应的标识，即元器件的编号，但因在设计原理图的过程中，可能会有添加、复制、删除元器件等操作，致使绘制的电路原理图中的元器件编号可能是零乱的，这就需要重新调整元器件的标识。对于这些问题，可以利用前面章节介绍的方法进行手动修改，但这样做比较烦琐。如果利用 Protel DXP 2004 提供的元器件自动标注功能，就可以给修改带来极大的方便。下面以实例来说明元器件的自动标注过程。

【实例 3-6】元器件的自动标注过程。

图 3-76 所示的是一个刚刚设计完成的简易调频发射电路的原理图。从图中可以看到，元器件的编号非常凌乱，有的有编号，有的没有编号。本例要求对该电路进行自动标注。

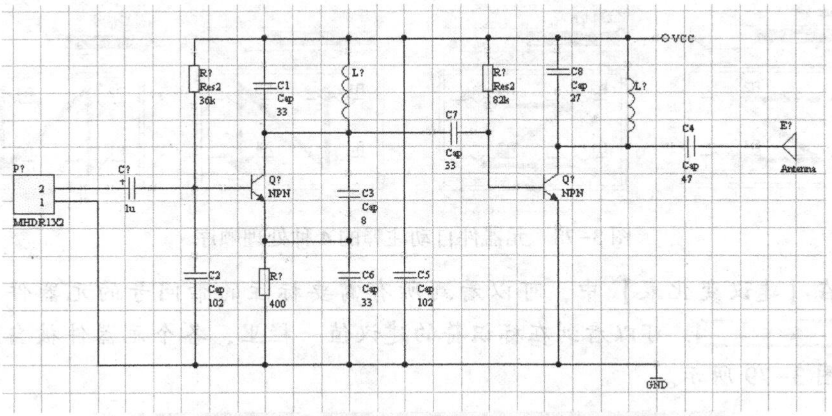

图 3-76　自动标注前的电路原理图

设计步骤

[1]　执行菜单命令【工具】\【重置标识符】，将所有的标识重置为字母加问号的形式。

[2]　执行菜单命令【工具】\【注释】，弹出【注释】对话框，如图 3-77 所示。

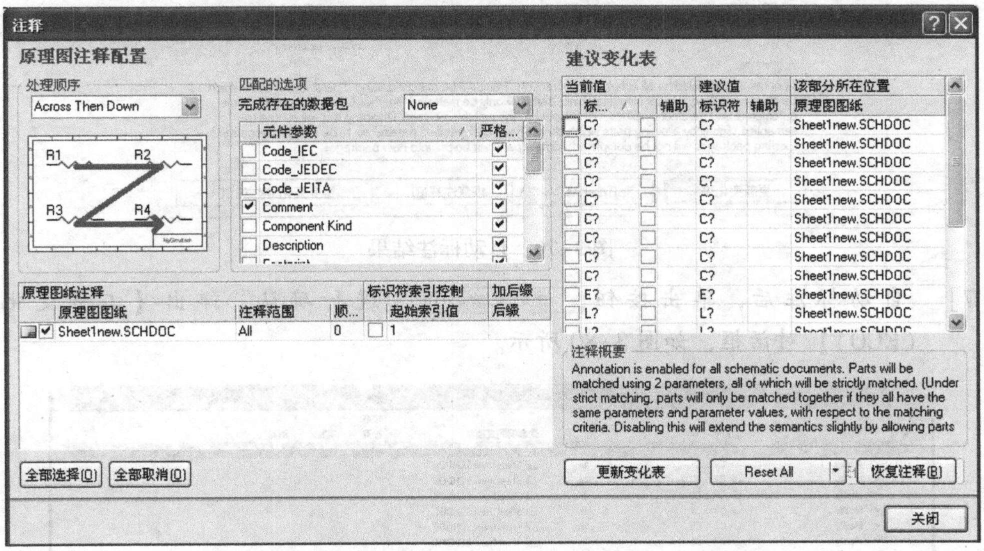

图 3-77　【注释】对话框

[3]　在【处理顺序】栏中，可以选择 4 种自动标注方式中的一种。4 种自动标注方式如图 3-78 所示。本例中选择“Up Then Across”的编序方式。

[4]　选择自动标注的顺序后，还须选择要自动标注的原理图。在【原理图纸注释】下的【原理图图纸】列里，选择要注释的原理图（本例中选择 Sheet1new. SCHDOC）。

[5]　在【匹配的选项】设置列表中，一般选择默认的选项“Comment”和“Library Reference”即可。本例也选用默认的选项。

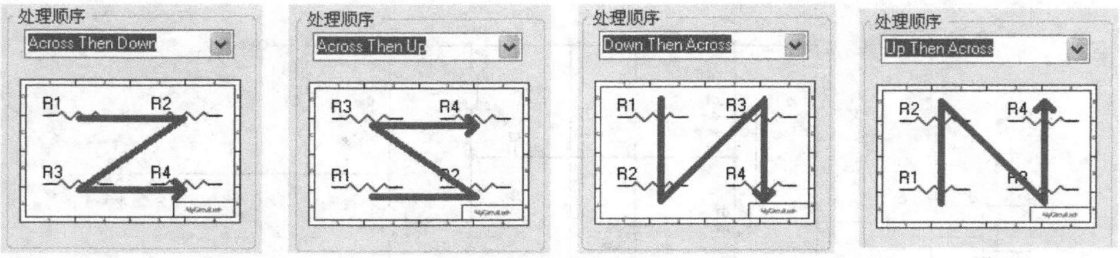

图 3-78　元器件自动注释的 4 种处理顺序

[6]　在【建议变化表】中，可以看到所有需要标注的带问号的元器件，单击按钮 更新变化表 ，可以看到在标识符的建议值一栏里，各个元器件被自动标注，如图 3-79 所示。

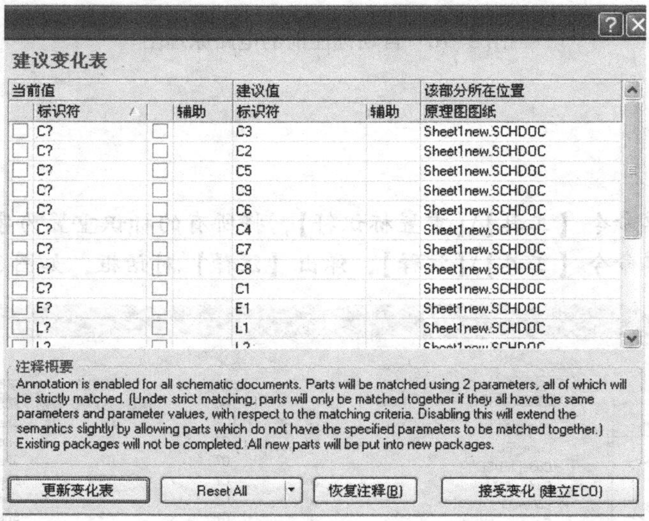

图 3-79　自动标注结果

[7]　自动标注后，单击按钮 接受变化 (建立ECO) 进行确认，弹出【工程变化订单(ECO)】对话框，如图 3-80 所示。

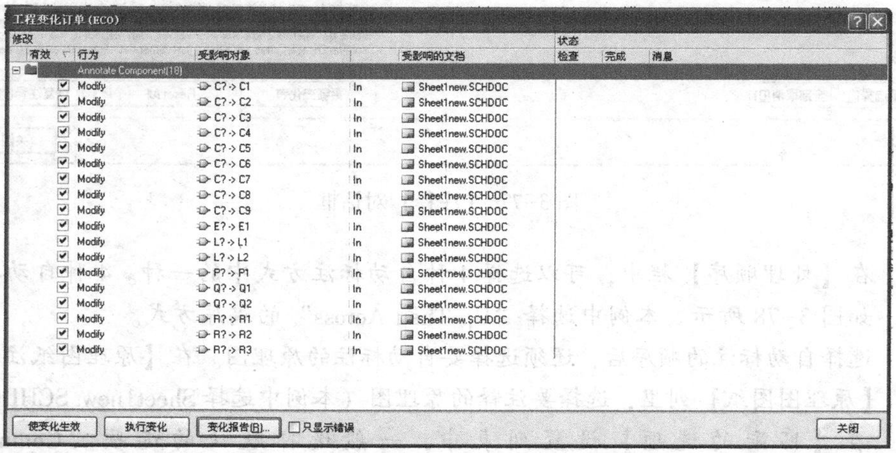

图 3-80　【工程变化订单（ECO）】对话框

[8]　单击按钮【执行变化】，系统会对状态进行检查。待检查完成后，单击按钮【关闭】，完成工程变化订单的检查和执行。退回到【注释】对话框后，单击按钮【关闭】，完成自动标注。

自动标注后的电路原理图如图 3-81 所示。可以看到，原先标注零乱的原理图按照设置的标注顺序自动完成了标注。

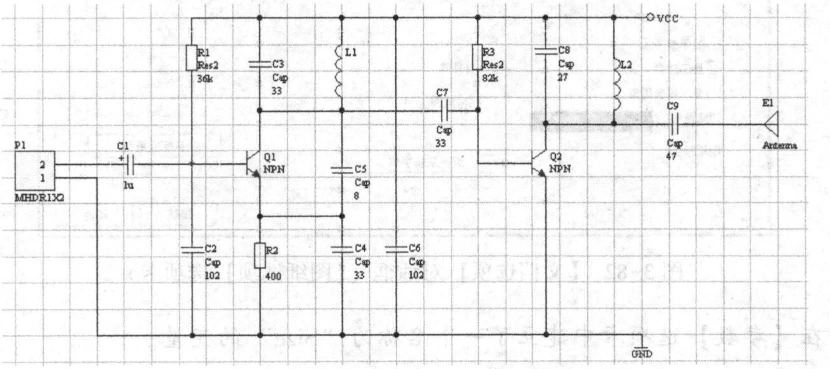

图 3-81　自动标注后的电路原理图

2. 文档模板的创建与引用

所谓文档模板，就是具有固定尺寸、固定标题栏和其他固定格式的文档。Protel DXP 2004 系统本身自带了许多文档模板，这些模板在“安装路径…\Altium\Templates”目录中。但这些文档模板不一定符合某个公司或设计人员的要求，因此需要用户自己创建原理图文档模板，以便让新建的文档自动套用模板文件的这些固定格式，而无须逐个进行设定。

1）创建文档模板

【实例 3-7】文档模板的创建。

本例中，要求创建一个具有自定义风格的 A4 文档模板。

设计步骤

[1]　创建一个新的原理图文档，将其保存在 E:\chart3\Mytemplates\目录下并命名为“MyA4.SchDot”。保存时，注意后缀名为“*.SchDot”，表示这是模板文档，它与一般的原理图文档的后缀名“.SchDoc”不同。

[2]　执行菜单命令【设计】\【文档选项】，打开【文档选项】对话框，如图 3-82 所示。选择【图纸选项】选项卡，在【标准风格】栏中选择“A4”，取消【选项】区域的【图纸明细表】复选框的选中状态。采用横放设置，并设置【文件名】栏为空，即不采用任何模板。其他选项可采用默认设置。

[3]　选择【参数】选项卡，切换到参数设置界面，如图 3-83 所示。

[4]　单击按钮【追加(A)...】，打开【参数属性】对话框，如图 3-84 所示。在【名称】栏内输入“Size”，其他选项保持默认值，完成后单击按钮【确认】进行保存，这样就

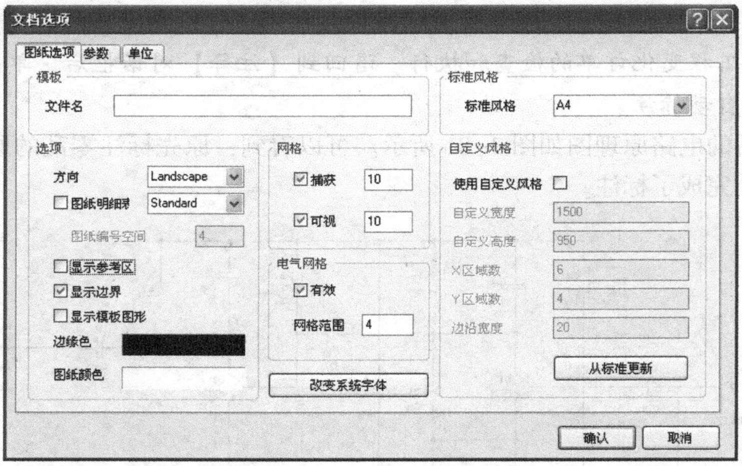

图 3-82 【文档选项】对话框（【图纸选项】选项卡）

在【参数】选项卡中建立了一个名称为“Size”的变量。

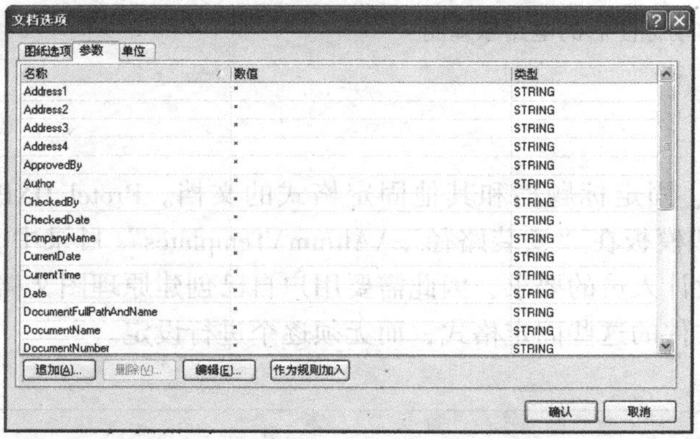

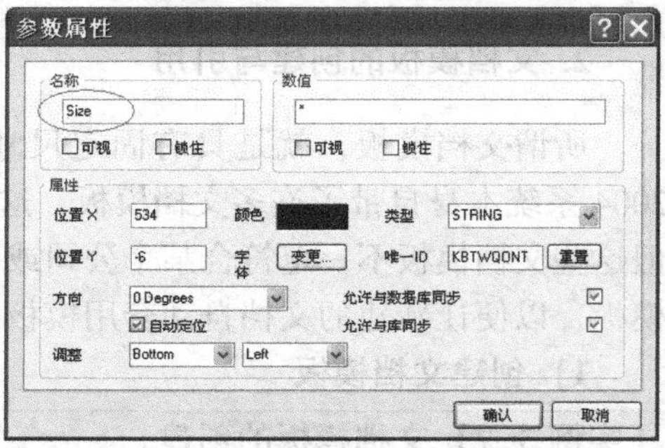

图 3-83 【文档选项】对话框（【参数】选项卡）　　图 3-84 【参数属性】对话框

[5] 执行菜单命令【放置】\【描画工具】\【直线】，在原理文档的右下角绘制标题栏。在绘制直线的过程中，按Tab键打开【折线】对话框，设置直线的颜色为黑色。在绘制好标题栏后，执行菜单命令【查看】\【网格】\【切换捕获网格】，以便精确放置文本字符。

[6] 执行菜单命令【放置】\【文本字符串】，在标题栏中输入文本字符串，标题栏和文本字符串的设置如图 3-85 所示。设置完成后，执行菜单命令【保存】，对文档模板进行保存。

[7] 执行菜单命令【工具】\【原理图优先设定】，打开【原理图优先设定】对话框，切换到【Graphical Editing】选项卡，选中【转换特殊字符串】选项，此时可以看到标题栏中凡是以“=”开头的文本字符串，都变成了一个“*”号，如图 3-86 所示。

公司	=Organization		
地址	地址1	=Address1	
	地址2	=Address2	
文档名	=Title		
文档编号	=DocumentNumber	文档总数	=SheetTotal
设计者	=DrawnBy	设计时间	=Date
校验者	=CheckedBy	校验时间	=CheckedDate
版　本	=Revision	尺　寸	=Size

图 3-85　标题栏的绘制和设置

公司	*		
地址	地址1	*	
	地址2	*	
文档名	*		
文档编号	*	文档总数	*
设计者	*	设计时间	*
校验者	*	校验时间	*
版　本	*	尺　寸	*

图 3-86　选中【转换特殊字符串】选项后的标题栏

这表明这些字符串在【文档选项】对话框的【参数】选项卡内都有一个对应的文档参数，且该文档参数的值都是“＊”。在以后引用该模板时，只要在【文档选项】对话框的【参数】选项卡内为指定的参数输入一个具体值，该值就会自动替换标题栏中的相应的“＊”号。

2）文档模板的引用　要引用文档模板，必须先创建或打开一个原理图文档。下面以打开 Protel DXP 2004 系统自带的电路原理图为例，说明如何引用文档模板。

【实例 3-8】文档模板的引用。

本例中，要求将 C:\Program Files\Altium 2004\examples\Circuit Simulation\Basic Power Supply\Basic Power Supply. SchDoc 中的原模板删除，并引用实例 3-7 中设计的文档模板。

设计步骤

［1］　打开原理图文档 C:\Program Files\Altium 2004\examples\Circuit Simulation\Basic Power Supply\Basic Power Supply. SchDoc。为了不破坏原始文件，另存原理图文档为“E:\Mytemplatesheet1. SchDoc”，如图 3-87 所示。

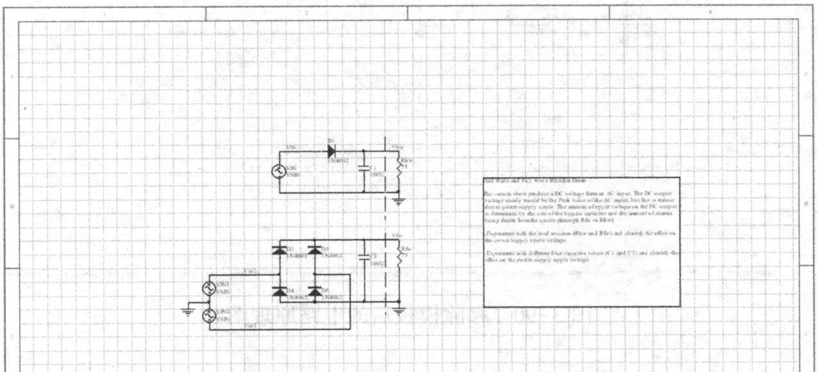

图 3-87　Mytemplatesheet1. SchDoc

[2] 执行菜单命令【设计】\【模板】\【删除当前模板】，弹出【Remove Template Graphics】对话框，如图 3-88 所示。该对话框包含 3 个选项，主要用于选择要删除标题栏的原理图文档的范围。这 3 个选项分别是【只是此文件】【当前项目中的所有原理图】【所有打开的原理图文档】。本例选择【只是此文件】选项。

[3] 单击按钮，弹出【DXP Information】窗口，如图 3-89 所示。

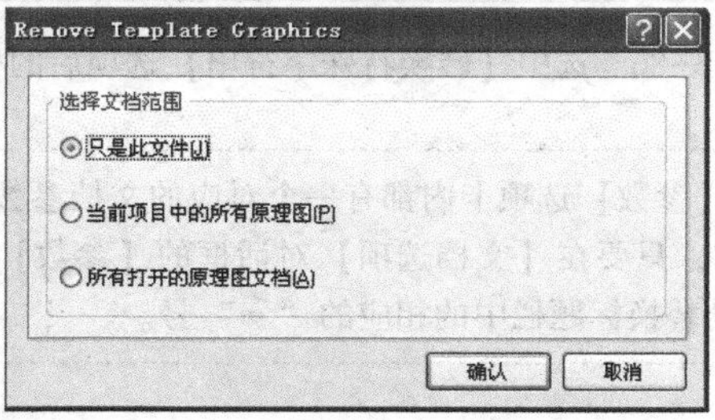

图 3-88 【Remove Template Graphics】对话框

图 3-89 【DXP Information】窗口

[4] 单击按钮，关闭该窗口。可以看到原理图文档的标题栏被删除了，如图 3-90 所示。

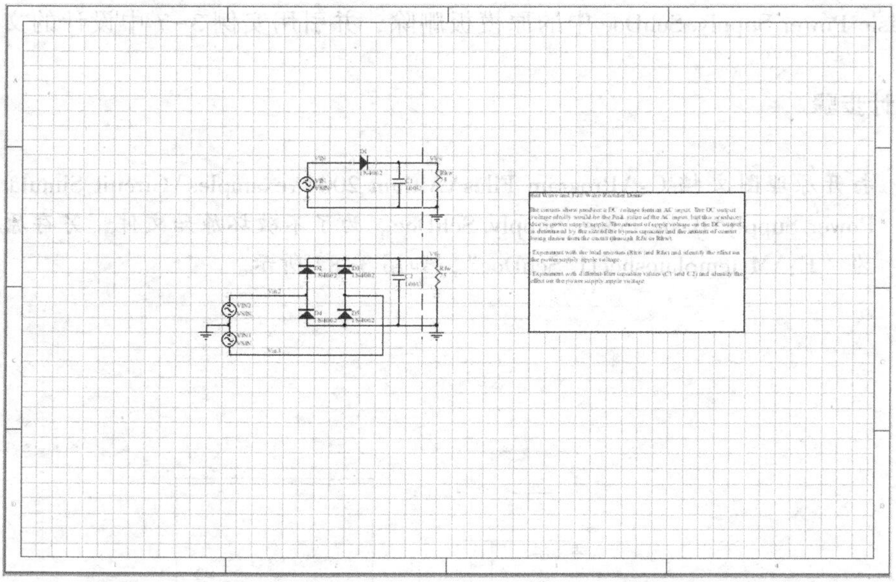

图 3-90 移除模板后的电路原理图

[5] 执行菜单命令【设计】\【模板】\【设定模板文件名】，弹出【打开】对话框，选择打开文件“E:\chart3\Mytemplates\MyA4. SchDot”，弹出【更新模板】对话框，如图 3-91 所示。

[6] 根据对话框的提示，选择要更新的文件和选择参数的动作，完成后单击按钮，弹出【DXP Information】窗口，如图 3-92 所示。

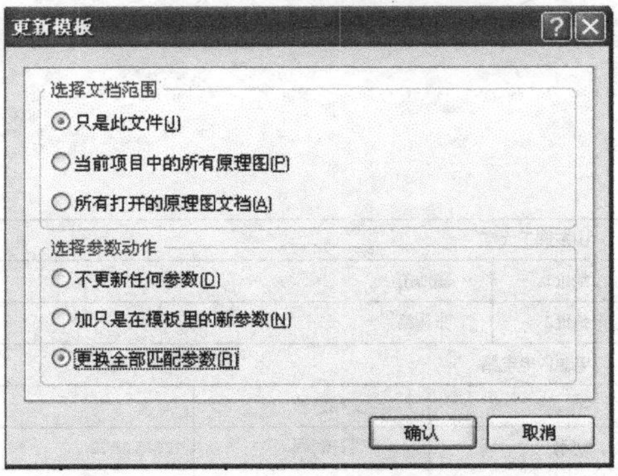

图 3-91　【更新模板】对话框

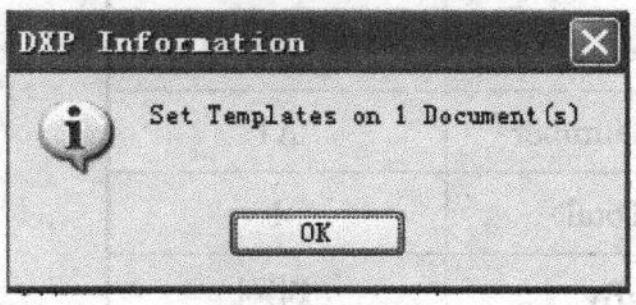

图 3-92　【DXP Information】窗口

[7]　单击按钮 OK ，关闭该窗口，完成对当前文档的模板设置并保存。引用自创建模板后的原理图文档如图 3-93 所示。

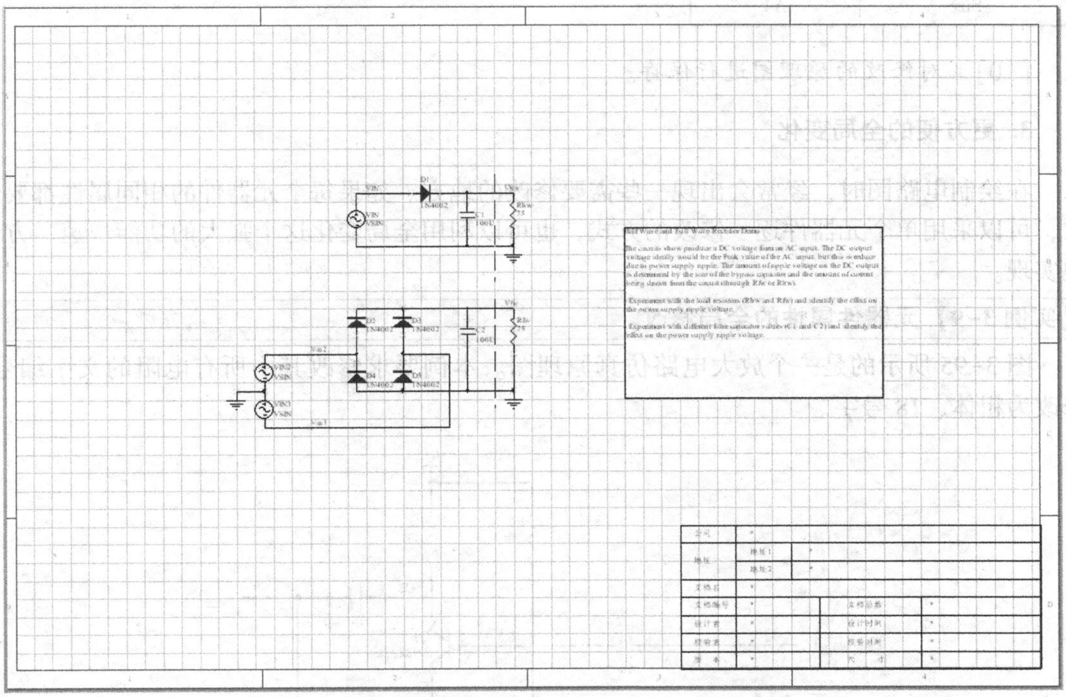

图 3-93　引用自创建模板后的原理图文档

[8]　执行菜单命令【设计】\【文档选项】，打开【文档选项】对话框，选择【参数】选项卡，对相关参数进行修改。修改内容见表 3-1。

[9]　修改完毕并确认后，原理图文档中标题栏内的“＊”按照表 3-1 中的设置进行了自动替换，如图 3-94 所示。

表 3-1　原理图文档标题参数的设置

参数变量名	修　改　值
Organization	山东理工大学
Address1	淄博市
Address2	张周路
Title	电源供电电路
DocumentNumber	A1
Sheet Total	1
DrawnBy	刘刚
CheckedBy	彭荣群
Date	2015/03/20
Checked Date	2015/03/21
Revision	V1.0
Size	A4

公司	山东理工大学		
地址	地址1	淄博市	
	地址2	张周路	
文档名	电源供电电路		
文档编号	A1	文档总数	1
设计者	刘刚	设计时间	2015/03/20
校验者	彭荣群	校验时间	2015/03/21
版　本	V1.0	尺　寸	A4

图 3-94　自动修改后的标题栏

[10]　对修改的原理图进行保存。

3. 更方便的全局变化

在绘制电路图时，经常会出现一些需要修改的地方。如果每个元器件的相同属性都要修改，可以采用单个元器件逐一修改的方式，也可以利用全局变化这个强大的功能快速、方便地实现。

【实例 3-9】元器件属性的全局修改。

图 3-95 所示的是一个放大电路仿真原理图。本例要求修改其中所有电阻的文字编号，修改为粗体、18 号字。

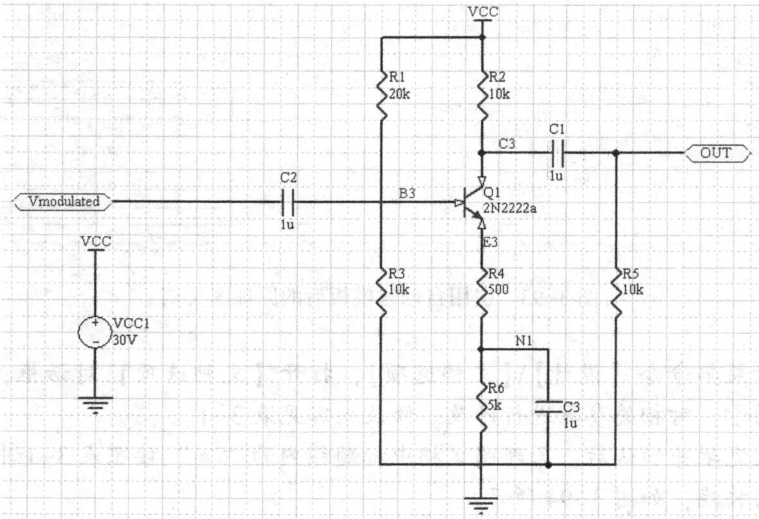

图 3-95　放大电路仿真原理图

设计步骤

[1]　移动光标到工作区中，选中任意一个元器件的参数，如选中 C2 的编号“C2”，单击鼠标右键，在弹出菜单中执行菜单命令【查找相似对象】，弹出【查找相似对象】对话框，如图 3-96 所示。在该对话框的【Object Kind】/【Designator】栏中选择【Same】。

[2]　设置完成后，单击按钮 确认 ，可以看到图中所有相同的属性均被选中，如图 3-97 所示。

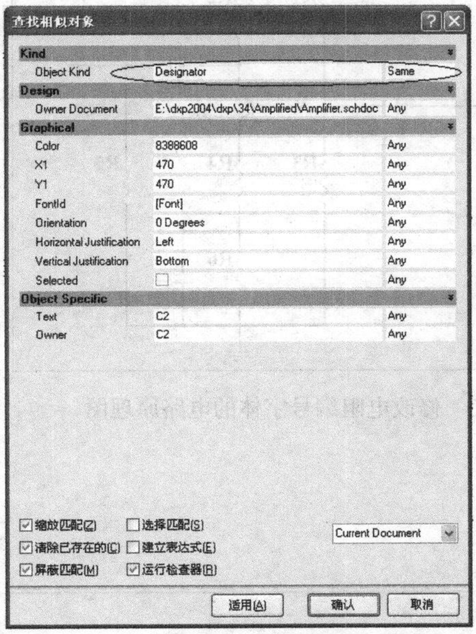

图 3-96 【查找相似对象】对话框

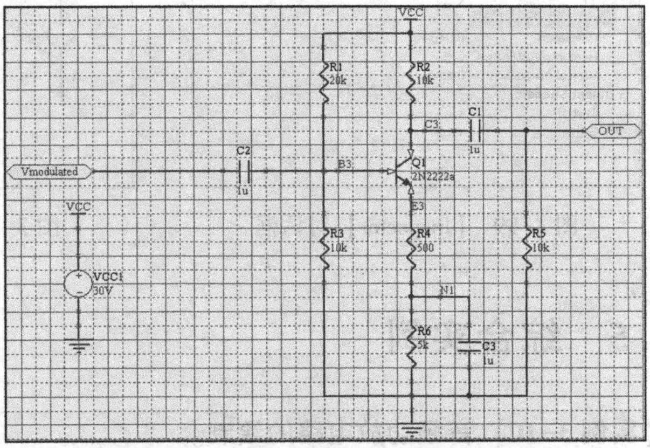

图 3-97　相同属性被选中

[3]　在电路原理图中，选择要全局编辑的部分或全部元器件。对于该例，只选择电阻元件，如图 3-98 所示。

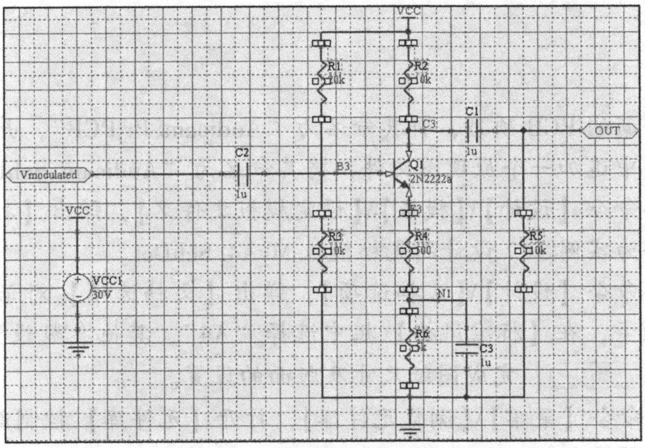

图 3-98　选择图中电阻元件

［4］ 单击工作区面板中的【Inspector】选项卡，弹出【Inspector】对话框，如图 3-99 所示。在该对话框中，单击其中的【Fontld】选项，单击后面的按钮…，弹出【字体设置】对话框，按照前面章节介绍的设置字体的方法，设置【字形】为粗体，【大小】为 18 号字。

［5］ 设置完成后，单击按钮 确认 ，关闭【字体设置】对话框，可以看到【Inspector】对话框中的【Fontld】选项的值已改变。关闭【Inspector】对话框后，可以看到在电路原理图中所有电阻编号的字体均已改变，如图 3-100 所示。

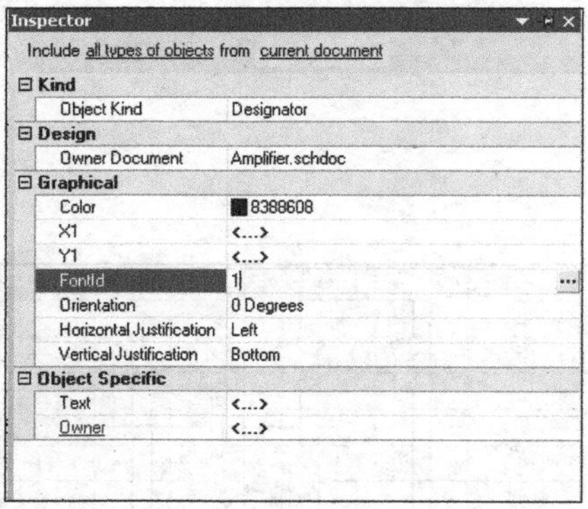

图 3-99 【Inspector】对话框

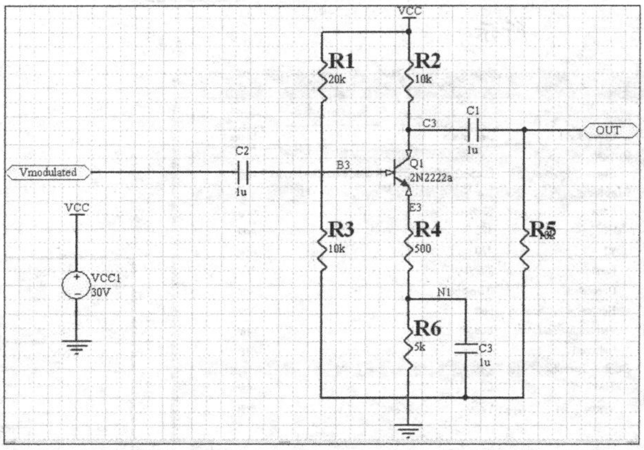

图 3-100 修改电阻编号字体的电路原理图

3.5 综合实例

【实例 3-10】音频功放电路的绘制。

本例以绘制音频功放电路为例，进一步学习原理图的绘制方法和技巧。在设计过程中，要求引用实例 3-7 中创建的文档模板 MyA4. SchDot，图纸大小为 A4，电路原理图如图 3-101 所示。

设计步骤

［1］ 创建一个新的 PCB 项目，将其命名为“Audioam. PrjPCB”，并保存。

［2］ 在该项目中追加一个原理图文件，将其命名为“Audioam. SchDoc”并保存。

［3］ 执行菜单命令【设计】\【模板】\【设定模板文件名】，弹出【打开】对话框，选择打开文件为实例 3-7 设计的文档模板 MyA4. SchDot。

［4］ 执行菜单命令【设计】\【文档选项】，弹出【文档选项】对话框。选择【图纸选项】选项卡，在【标准风格】栏中选择“A4”，其他参数设置如图 3-102 所示。单击按钮 确认 ，完成图纸尺寸及版面的设置。

［5］ 执行菜单命令【菜单】\【浏览元件库】，打开【元件库】控制面板。单击该面板上的按钮 元件库... ，出现【可用元件库】对话框，找到“Miscellaneous Devices. IntLib”

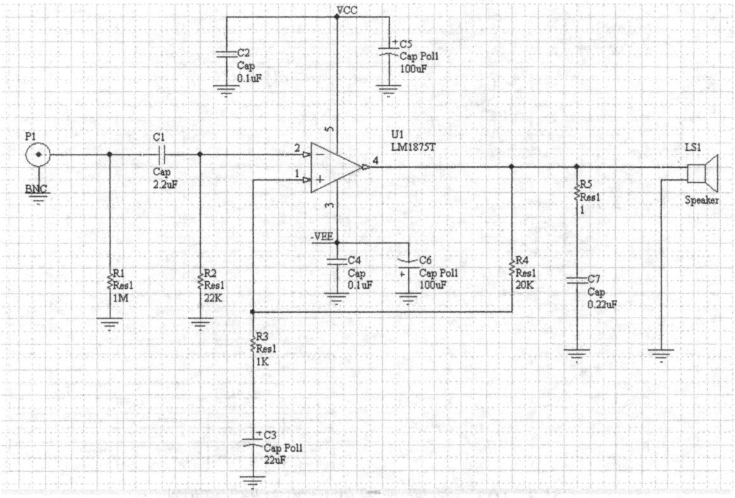

图 3-101　待绘制的音频功放电路原理图

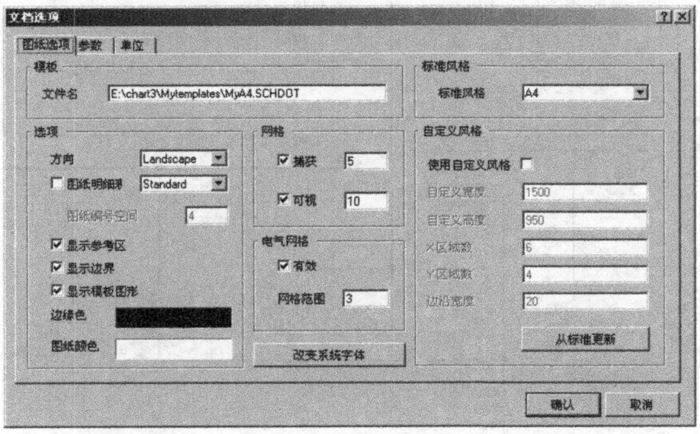

图 3-102　【图纸选项】选项卡的设置

元器件库，单击【安装】选项卡中的按钮［安装(I)...］，加载该元器件库。对于本电路，由于元器件 LM1875T 在 NSC Audio Power Amplifier. IntLib 元器件库中，因此还应安装该元器件库，该元器件库存放路径为 C:\Program Files\Altium2004\Library\National Semiconductor\；对于连接器 BNC，则要加载 Miscellaneous Connectors. IntLib 元器件库。

[6]　在电路原理图上放置元器件，并根据电气连接关系初步调整各元器件的位置，设定元器件的参数值，如图 3-103 所示。

[7]　根据电气连接特性，进行电气连线。在绘制导线过程中，可根据实际情况适当调整元器件的布局。完成电气连接后，放置电源和接地符号等，如图 3-104 所示。

[8]　由于在放置元器件和电气连接的过程中，均没有对元器件进行标注，接下来用元器件自动标注功能对元器件进行标注。执行菜单命令【工具】\【重置标识符】，清除已有元器件标注。

[9]　执行菜单命令【工具】\【注释】，弹出【注释】对话框，如图 3-105 所示。

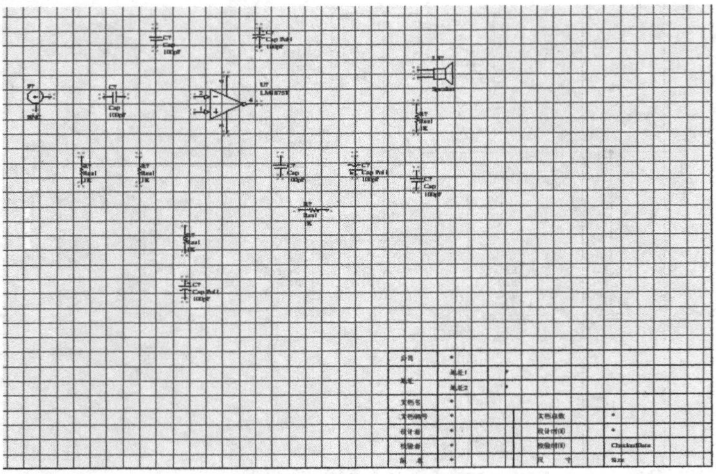

图 3-103　放置元器件后的电路原理图

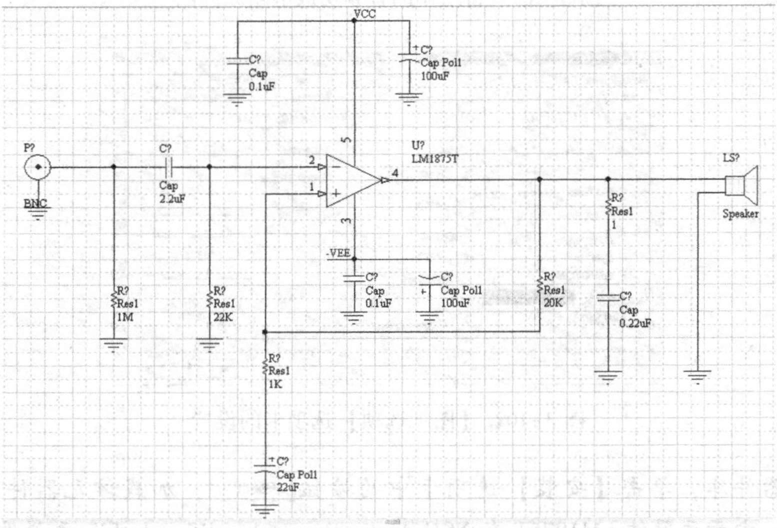

图 3-104　连线后的电路原理图

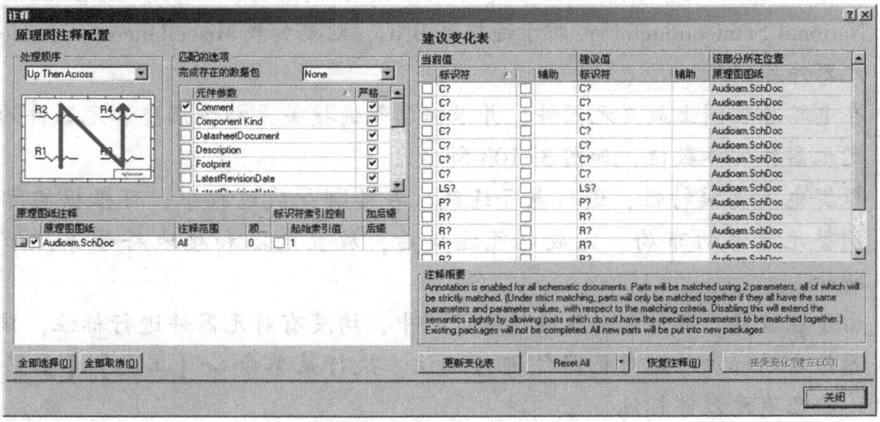

图 3-105　【注释】对话框

[10] 将【处理顺序】栏设为“Up Then Across”，选择要注释的电路原理图 Audioam. SchDoc，其余保持默认设置。设置完成后，单击按钮 更新变化表 ，弹出【DXP Information】窗口，该窗口提示了元器件注释前、后的变化信息，如图 3-106 所示。

[11] 单击按钮 OK ，关闭该对话框，可以看到在【注释】对话框的【建议变化表】的【建议值】列中给出了重新标注后的元器件的标识符，如图 3-107 所示。

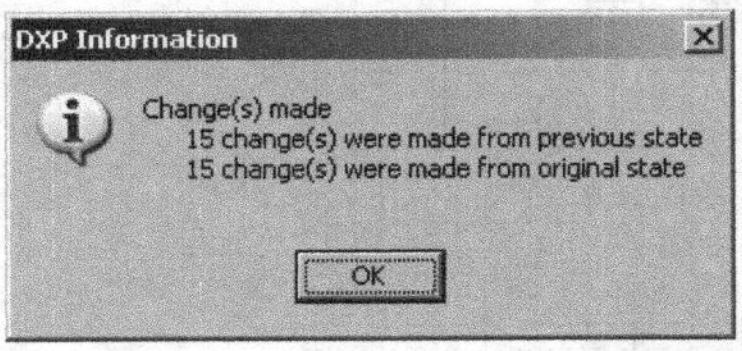

图 3-106 【DXP Information】窗口

图 3-107 元器件的建议标识符参数

[12] 单击按钮 接受变化（建立ECO） ，弹出【工程变化订单（ECO）】对话框，如图 3-108 所示。

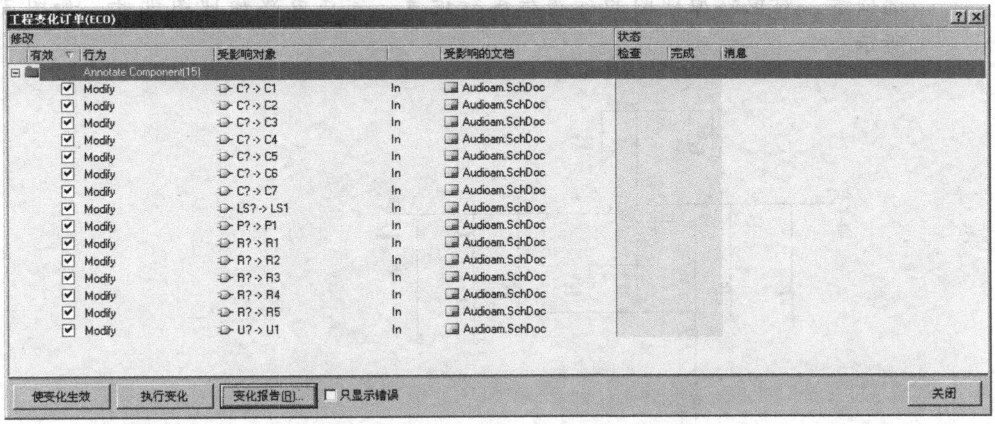

图 3-108 【工程变化订单（ECO）】对话框

[13] 单击按钮 执行变化 ，对变化进行检查并执行变化，若没有错误，则单击按钮 关闭 ，关闭该对话框，回到【注释】对话框，可以看到【建议变化表】中的【当前值】列中给出了重新标注后的元器件标识符，如图 3-109 所示。

图 3-109 元器件标识符的当前值

[14] 确认无误后，关闭【注释】对话框，回到原理图编辑状态，可以看到电路原理图中元器件的标识符发生了变化，如图 3-110 所示。

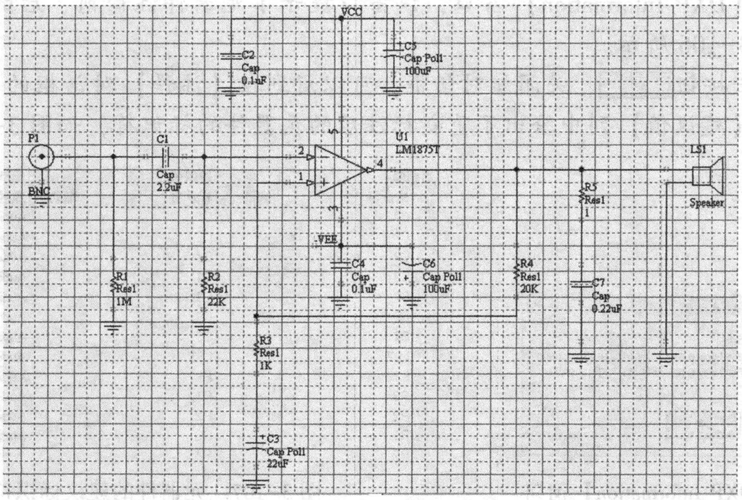

图 3-110　更新元器件标注后的电路原理图

[15] 执行菜单命令【设计】\【文档选项】，弹出【文档选项】对话框，选择【参数】选项卡，对电路原理图的标题栏进行设置，完成电路原理图设计，如图 3-111 所示。

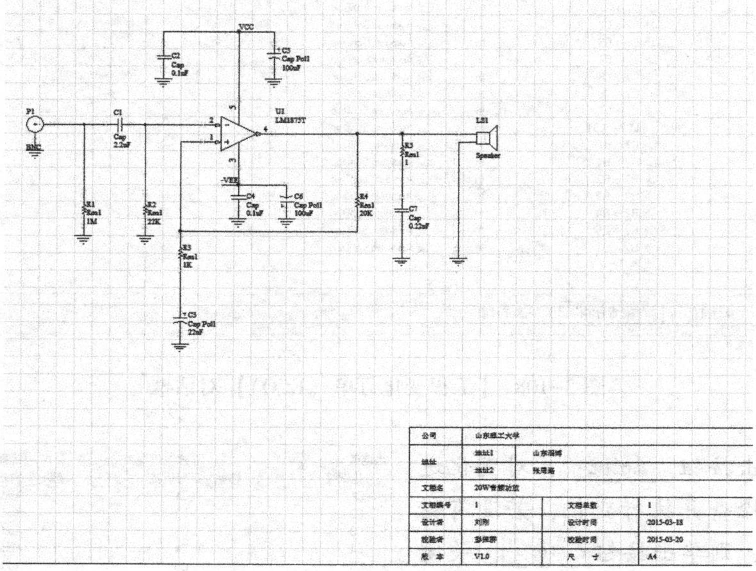

图 3-111　完成电路原理图设计

设置好标题栏的参数值后，要在电路原理图中的标题栏中看到设定的值，必须保证【优先设定】对话框的【Schematic】选项的【Graphical Editing】选项卡的【转换特殊字符串】选项被选中。可以通过执行菜单命令【工具】\【原理图优先设定】打开【优先设定】对话框。

3.6　思考与练习

1. 简答题

（1）总结常用的启动放置元器件命令的方法。

（2）简述移动元器件和拖动元器件有什么异同点。

2. 操作题

（1）上机练习元器件的放置、移动和拖动操作。

（2）上机练习模板文档的创建和引用。

（3）按图 3-112 所示绘制出 BCD to 7-Segment Decoder 电路原理图。

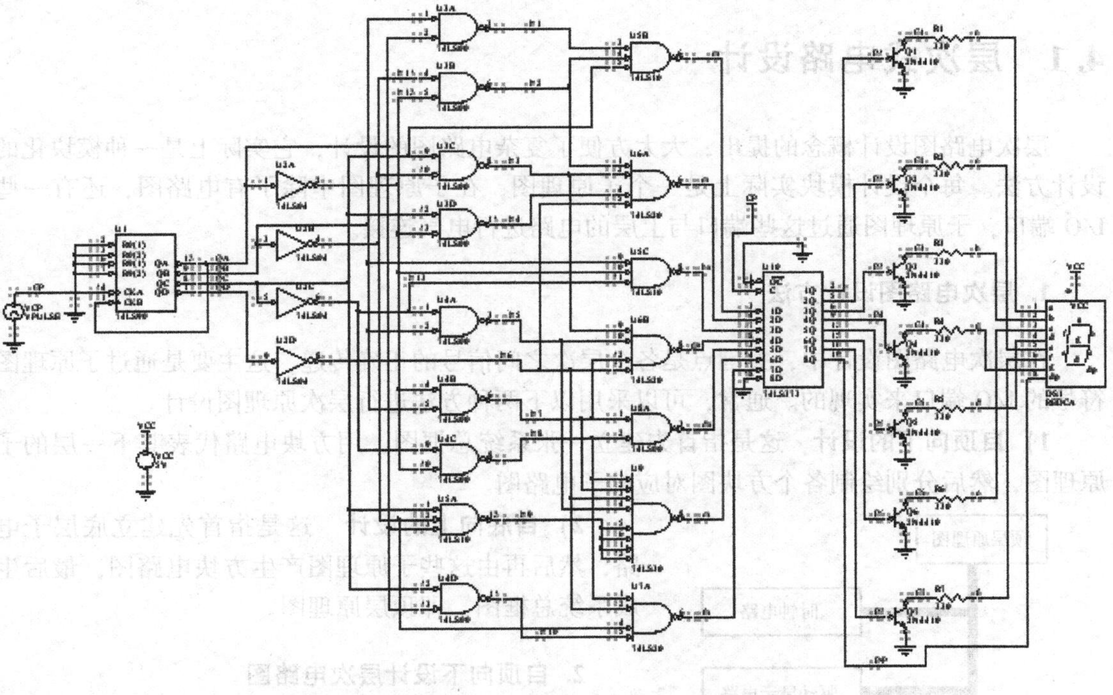

图 3-112　BCD to 7-Segment Decoder 电路原理图

第 4 章　层次原理图设计

对于复杂的电路设计项目，首先应设计一个系统总框图，并对整个电路进行功能划分。总框图主要由功能方块图组成，以显示各个功能单元电路之间的电气关系，然后再分别绘制各个功能电路图，这就是层次电路图设计的概念。这样，设计者在顶层电路图中看到的仅是各个功能模块图，以便从宏观上把握电路的整体结构。单击各功能模块图，就可以深入到电路的底层，从“微观”上了解该电路的设计。

4.1　层次式电路设计

层次电路图设计概念的提出，大大方便了复杂电路图的设计，它实际上是一种模块化的设计方法。每个设计模块实际上是一个子原理图，在子原理图中除了有电路图，还有一些I/O 端口，子原理图通过这些端口与上层的电路进行电气连接。

1. 层次电路图设计方法

在层次电路图设计中，关键点是各个层次之间信号的正确传递，这主要是通过子原理图符号的 I/O 端口来实现的。通常，可以采用以下两种方法进行层次原理图设计。

1）自顶向下的设计　这是指首先建立一张系统总框图，用方块电路代表其下一层的子原理图，然后分别绘制各个方块图对应的子电路图。

2）自底向上的设计　这是指首先建立底层子电路，然后再由这些子原理图产生方块电路图，最后生成系统总框图，即顶层原理图。

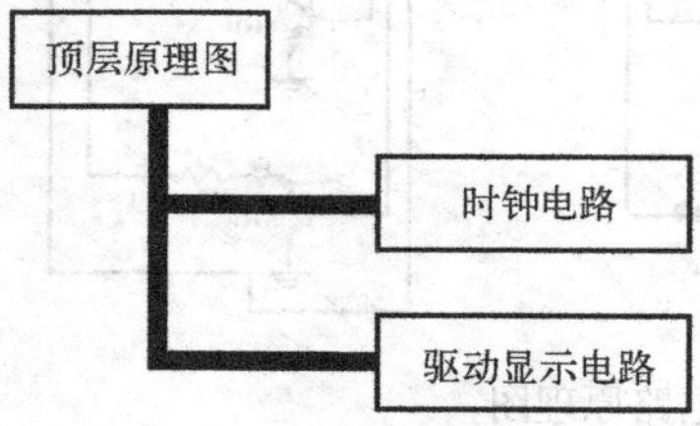

图 4-1　循环点亮 LED 电路原理图结构

2. 自顶向下设计层次电路图

下面以循环点亮 LED 电路为例，介绍自顶向下的设计方法。循环点亮 LED 电路原理图结构如图 4-1 所示。

【实例 4-1】自顶向下设计循环点亮 LED 电路。

设计思路

（1）创建 PCB 工程项目；

（2）创建顶层原理图文档；
（3）绘制顶层原理图；
（4）绘制子原理图；
（5）保存项目文件，完成设计。

设计步骤

[1] 创建一个PCB项目文件，将其命名为“toptodown.PrjPCB”并保存。
[2] 追加一个新的原理图文档到项目中，将其命名为“Mymain.SchDoc”并保存。
[3] 在原理图编辑状态下，执行菜单命令【放置】\【图纸符号】。
[4] 在原理图编辑区移动光标，可以看到图纸符号的轮廓随着光标移动，此时图纸符号处于放置状态；按Tab键弹出【图纸符号】对话框，设置【标识符】栏为“Clock”，设置【文件名】栏为“Clock.SchDoc”。单击按钮确认，关闭【图纸符号】对话框。
[5] 在原理图适当位置放置该图纸符号，如图4-2所示。
[6] 放置另一个图纸符号，设置【标识符】栏为“Display”，【文件名】栏为“Display.SchDoc”。放置好后两个图纸符号后的原理图如图4-3所示。
[7] 执行菜单命令【放置】\【加图纸入口】或单击工具栏上按钮，启动放置图纸入口命令。
[8] 移动光标到图纸符号Clock上，单击鼠标左键，可以看到在光标上黏附一个图纸入口的符号。按Tab键，弹出【图纸入口】对话框，设置该端口的【名称】栏为“C_Out”，【I/O类型】栏为“Output”，如图4-4所示。

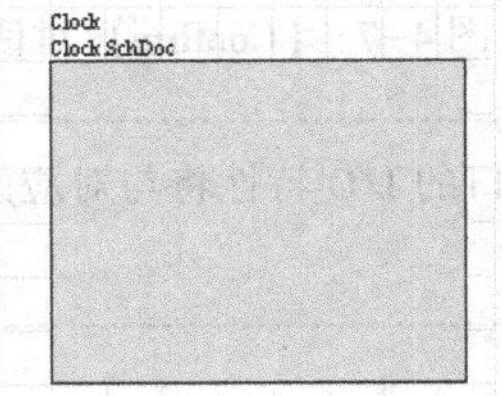

图4-2 放置好第一个图纸符号

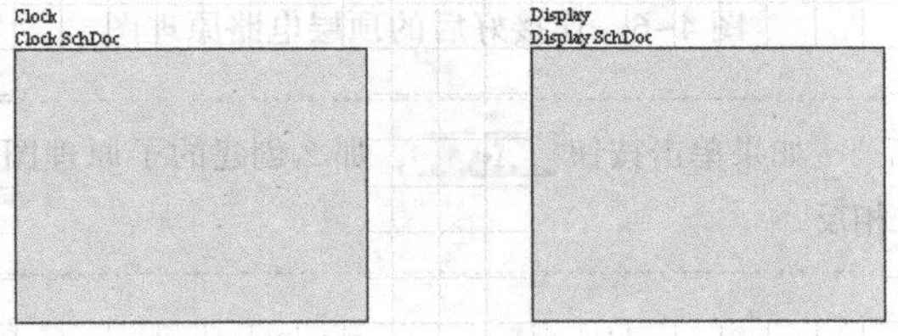

图4-3 放置好图纸符号的原理图

[9] 单击按钮确认，关闭该对话框。移动光标到图纸符号适当位置，放置该图纸入口，如图4-5所示。
[10] 用同样的方法分别在图纸符号Clock上放置另一个图纸入口GND，在图纸符号Display上放置两个图纸入口C_In和GND，并在原理图Mymain.SchDoc上放置一个电源接地符号，再将两个图纸符号的“GND”端与这个电源接地符号相连，如图4-6所示。

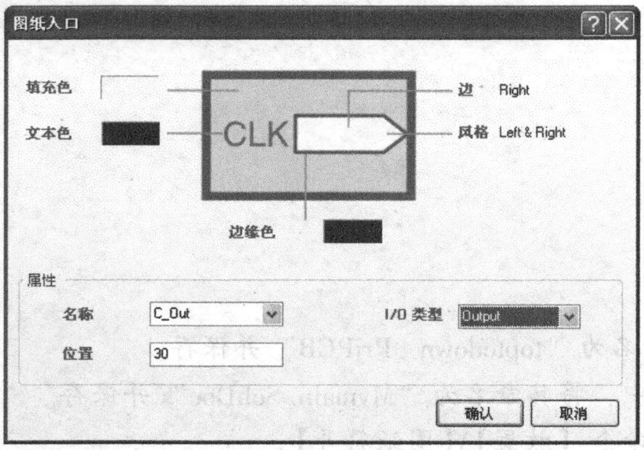

图 4-4 【图纸入口】对话框

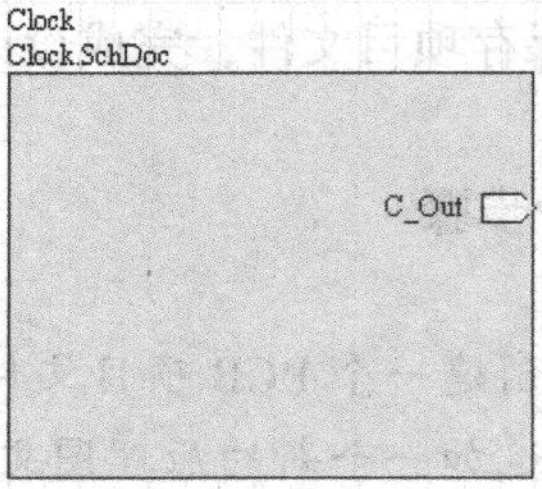

图 4-5 放置了第一个图纸入口后的原理图

在绘制好顶层原理图后，接下来就可以绘制子原理图，以完成各个模块的具体电路图。

[11] 执行菜单命令【设计】\【根据符号创建图纸】，移动光标到图纸符号 Clock 上，单击鼠标左键，弹出如图 4-7 所示的【Confirm】对话框，询问是否在创建子原理图时将信号的 I/O 方向取反。

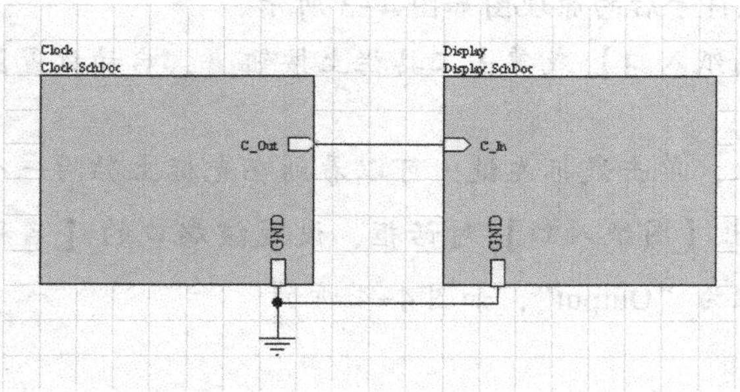

图 4-6 连接好后的顶层电路原理图

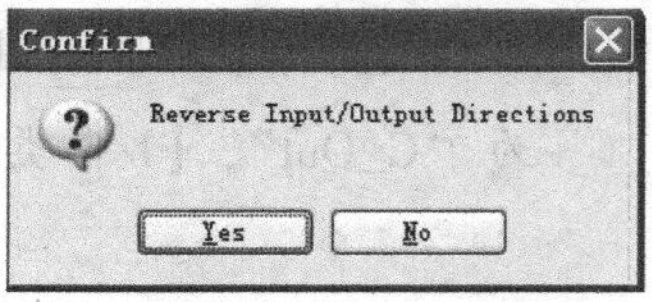

图 4-7 【Confirm】对话框

如果单击按钮 Yes ，那么创建的子原理图中的 I/O 端口的 I/O 特性将与对应的子图入口相反。

[12] 单击按钮 No ，Protel DXP 2004 会自动为 Clock 图纸符号创建一个与之对应的名称为“Clock. SchDoc”的子原理图，并根据在图纸符号中已放置的图纸入口，自动在该原理图中生成了两个对应的 I/O 端口，如图 4-8 所示。

[13] 加载相应的元器件库，根据电气属性在子原理图上放置相应的元器件并设置元器件的属性，如图 4-9 所示。

[14] 根据电气连接关系，调整元器件的布局并放置电源端子，用导线连接电路，完成原理图 Clock. SchDoc 的绘制。绘制好的子原理图 Clock. SchDoc 如图 4-10 所示。保存该子原理图。

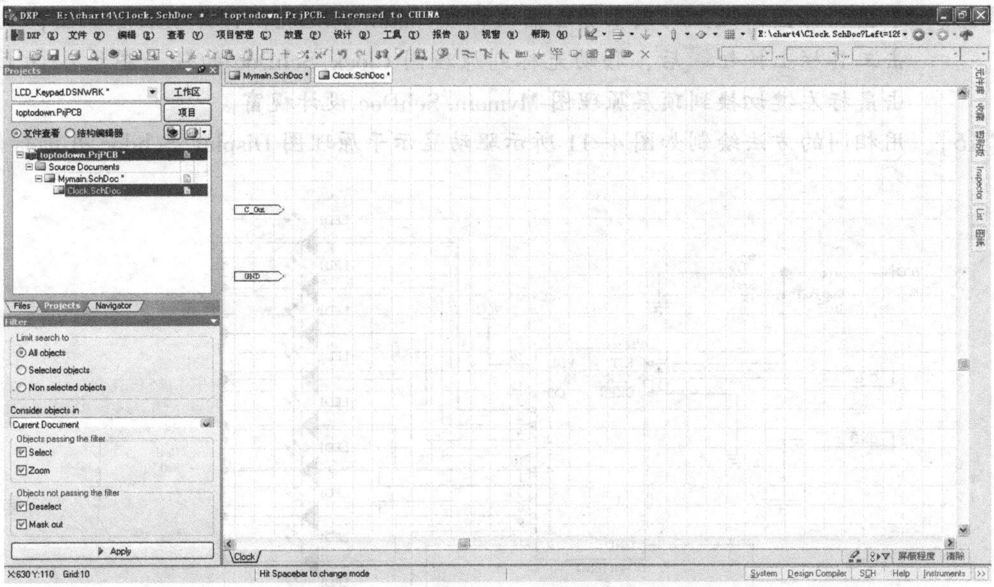

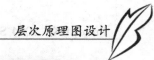

图 4-8　系统自动创建的子原理图

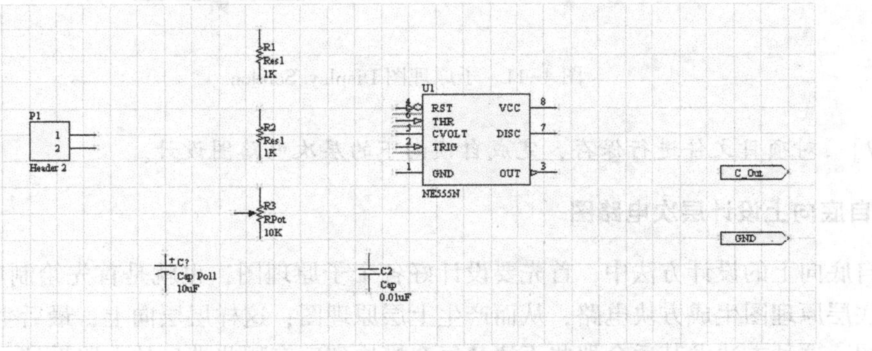

图 4-9　放置元器件后的子原理图

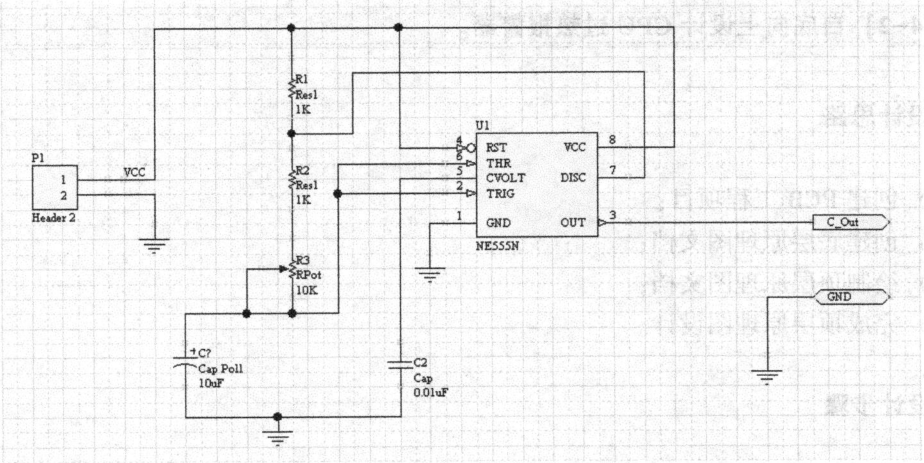

图 4-10　子原理图 Clock. SchDoc

[15] 单击工作区面板上的顶层原理图文件 Mymain. SchDoc，打开顶层原理图，或者单击工具栏上按钮后，移动光标到原理图 Clock. SchDoc 的任一图纸入口上，单击鼠标左键切换到顶层原理图 Mymain. SchDoc 设计视窗。

[16] 用相同的方法绘制如图 4-11 所示驱动显示子原理图 Display. Schdoc 并进行保存。

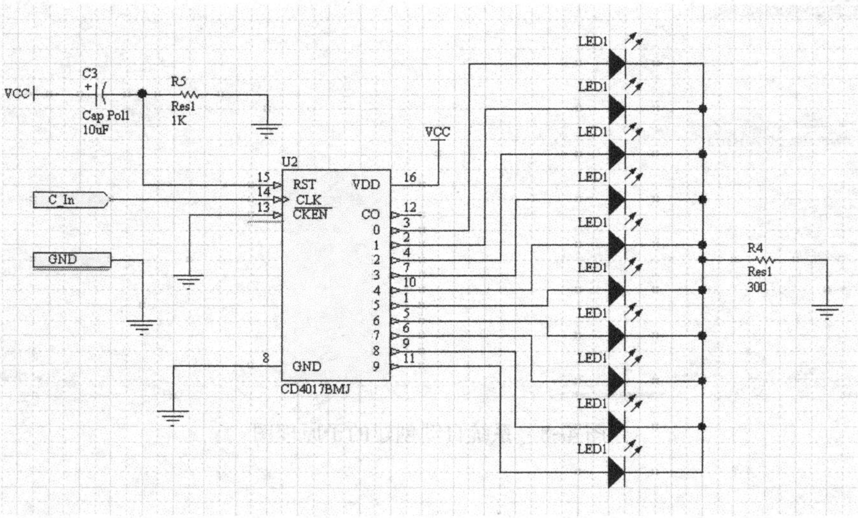

图 4-11　子原理图 Display. Schdoc

[17] 对项目文件进行保存，完成自顶向下的层次电路图设计。

3. 自底向上设计层次电路图

在自底向上的设计方法中，首先要设计好各个子原理图，也就是首先绘制底层原理图，然后由底层原理图生成方块电路，从而产生上层原理图；这样层层向上，最后生成层次原理图的总图。这种方法尤其适合那些不清楚每个模块到底有哪些端口的电路设计。下面以一个简单电路为例，介绍自底向上的设计方法。

【实例 4-2】自底向上设计 CPU 过热报警器。

设计思路

(1) 创建 PCB 工程项目；
(2) 创建底层原理图文档；
(3) 绘制顶层原理图文档；
(4) 完成顶层原理图设计。

设计步骤

[1] 创建一个 PCB 项目文件，将其命名为“DownToTop. PrjPCB”并保存。

[2]　在项目中追加一个新的原理图文档，将其命名为“Test. SchDoc”并保存。

[3]　在原理图 Test. SchDoc 上放置端口及所需元器件，按图 4-12 所示绘制子原理图。

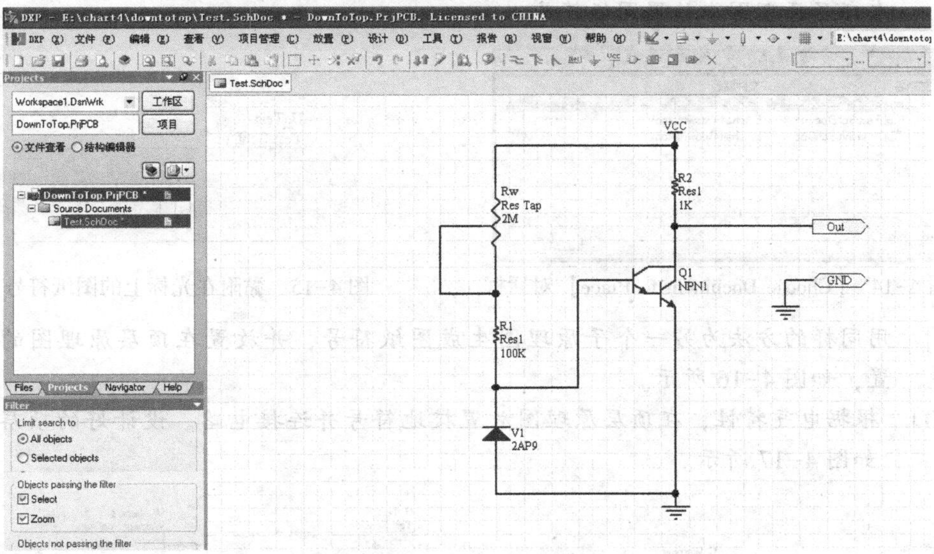

图 4-12　子原理图 Test. SchDoc

[4]　在项目中再追加一个新的原理图文档，将其命名为“Warning. SchDoc”并保存，按图 4-13 所示绘制子原理图并保存。

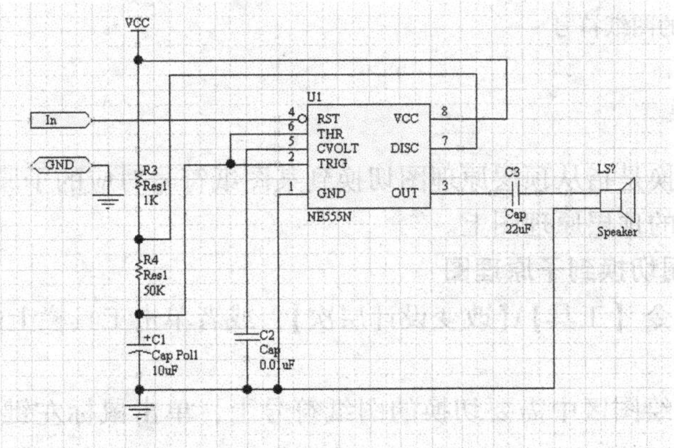

图 4-13　子原理图 Warning. SchDoc

[5]　在项目中再添加一个新的原理图文档，作为层次原理图的顶层原理图，将其命名为“Mymain2. SchDoc”并保存。

[6]　执行菜单命令【设计】\【根据图纸建立图纸符号】，打开【Choose Document to Place】对话框，如图 4-14 所示。

[7]　在【Choose Document to Place】对话框中，移动光标到图纸符号 Test. SchDoc 上，单击鼠标左键选中该原理图文档。

[8]　单击【Choose Document to Place】对话框中的按钮 确认 ，弹出【Confirm】对话框，单击按钮 No ，可以看到在创建的顶层原理图中的绘图区，光标上黏附

一个图纸符号，如图 4-15 所示。在图纸符号内，根据设计的底层原理图的 I/O 端口自动添加了相应的图纸入口符号。移动光标到适当的位置，单击鼠标左键，在顶层原理图中放置图纸符号。

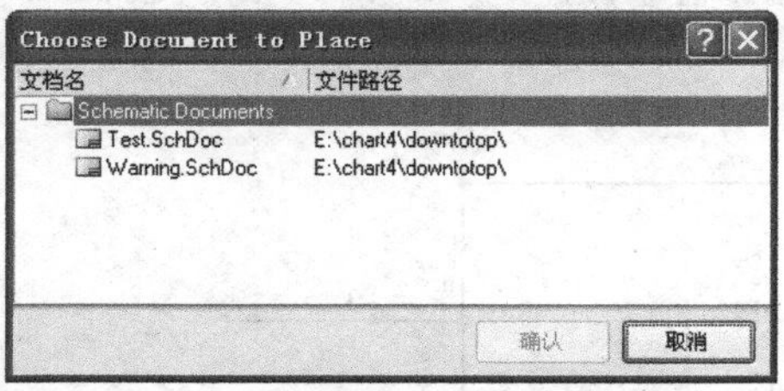

图 4-14 【Choose Document to Place】对话框

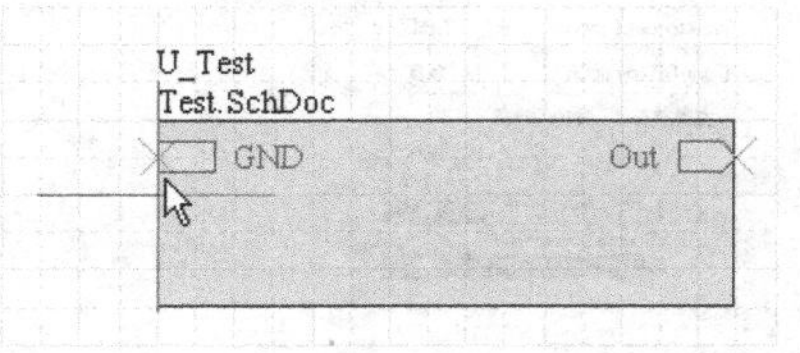

图 4-15 黏附在光标上的图纸符号

[9] 用同样的方法为另一个子原理图生成图纸符号，并放置在顶层原理图的适当位置，如图 4-16 所示。

[10] 根据电气特性，在顶层原理图放置接地符号并连接电路。设计好的顶层原理图如图 4-17 所示。

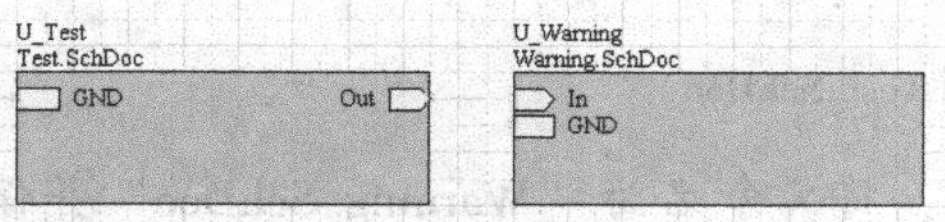

图 4-16 由底层原理图在顶层原理图上创建的图纸符号

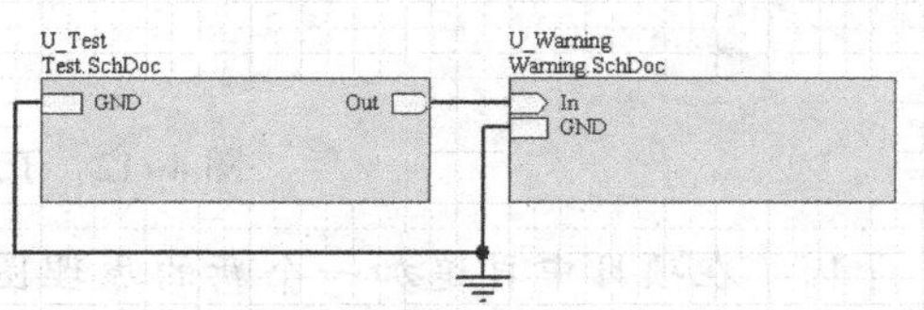

图 4-17 顶层原理图的设计

4. 层次图的切换

层次原理图的切换是指从顶层原理图切换到某图纸符号对应的子原理图上，或者从某一底层原理图切换到它的顶层原理图上。

1）从顶层原理图切换到子原理图

（1）执行菜单命令【工具】\【改变设计层次】，或者单击工具栏上的按钮，启动改变设计层次命令。

（2）移动光标到绘图区中需要切换的图纸符号上，单击鼠标左键，即可自动切换到对应的子原理图中。

2）从底层原理图切换到顶层原理图

（1）执行菜单命令【工具】\【改变设计层次】，或者单击工具栏上的按钮，启动改变设计层次命令。

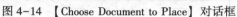

（2）移动光标到绘图区中底层原理图中的任意一个 I/O 端口上，单击鼠标左键，即可自动切换到对应的顶层原理图中。

【实例 4-3】层次原理图的切换。

本例中，以前面设计的 PCB 项目文档 toptodown. PrjPCB 为例，熟悉原理图的切换过程。

设计步骤

[1]　执行菜单命令【文件】\【打开项目】，打开项目文件 toptodown. PrjPCB。

[2]　移动光标到工作区面板的原理图文件 Mymain. SchDoc 上，双击鼠标左键打开该原理图文档，如图 4-18 所示。

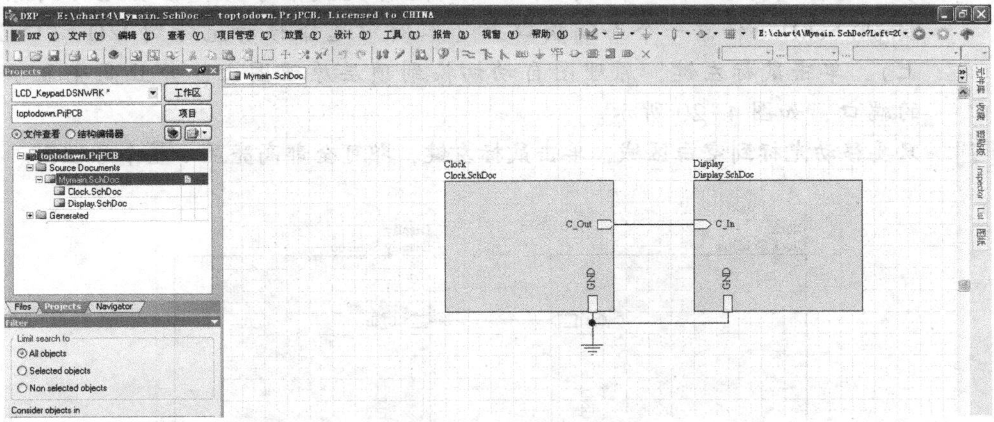

图 4-18　原理图文档的打开

[3]　执行菜单命令【工具】\【改变设计层次】或单击工具栏上的按钮，启动改变层次命令。

[4]　移动光标到原理图编辑区，光标变为十字形，移动光标到需要切换的原理图对应的图纸符号 Clock 上，单击鼠标左键，即可自动切换到对应的底层原理图 Clock. SchDoc 中，如图 4-19 所示。

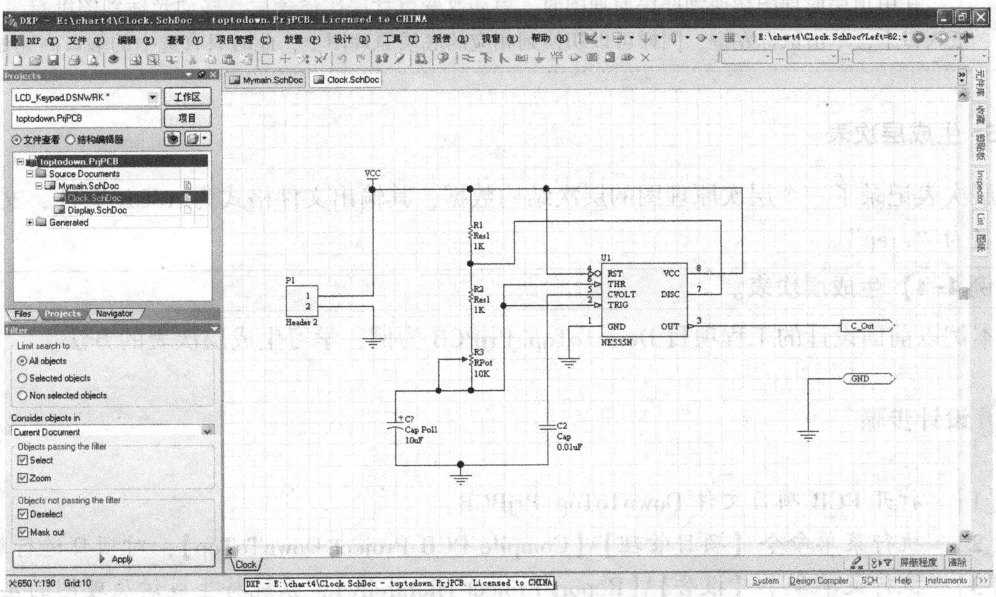

图 4-19　由顶层原理图切换到底层原理图

接下来的步骤是由底层原理图切换到顶层原理图的方法。

[5] 在底层原理图中，执行菜单命令【工具】\【改变设计层次】，或者单击工具栏上的按钮，启动改变设计层次命令。

[6] 移动光标到原理图编辑区，可以看到光标变成十字形，移动光标到原理图 Clock. SchDoc 任意一个 I/O 端口上（本例中选择移动光标到 I/O 端口 C_Out 上），单击鼠标左键，原理图自动切换到顶层原理图上，并且高亮显示选中的端口，如图 4-20 所示。

[7] 只要移动光标到空白区域，单击鼠标左键，即可全部高亮显示整个原理图。

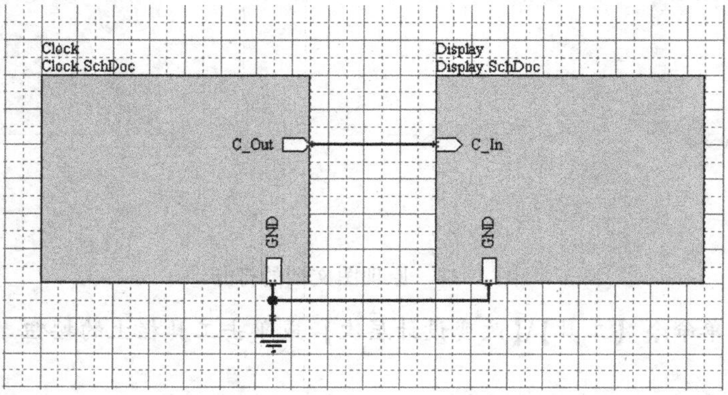

图 4-20　由底层原理图切换到顶层原理图

在由顶层原理图切换到底层原理图时，启动改变设计层次命令后，移动光标到图纸符号的图纸入口上，单击鼠标左键，同样可以切换到相应的底层原理图上，此时只有选中的端口高亮显示。

5. 生成层次表

层次表记录了一个层次原理图的层次结构数据，其输出文件格式为 ASCII 文件，文件的后缀名为“. rep”。

【实例 4-4】生成层次表。

本例以前面设计的工程项目 DownToTop. PrjPCB 为例，学习生成层次表的方法。

设计步骤

[1] 打开 PCB 项目文件 DownToTop. PrjPCB。

[2] 执行菜单命令【项目管理】\【Compile PCB Project DownToTop】，对项目进行编译。

[3] 执行菜单命令【报告】\【Report Project Hierarchy】，系统将生成该原理图的层次关系文件 DownToTop. REP。

[4]　在工作区面板中找到该文件，如图 4-21 所示。

[5]　打开该报表文件，可以清晰地看到原理图的层次关系，如图 4-22 所示。

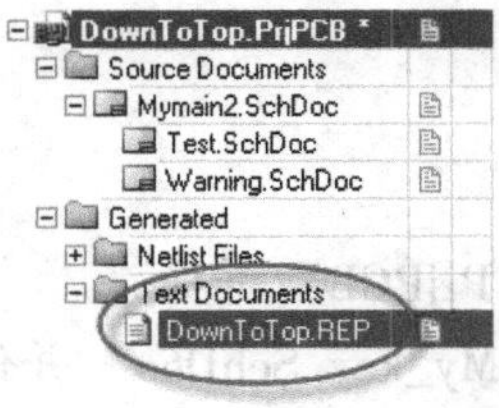

图 4-21　生成的报表文件

```
------------------------------------------------------------
Design Hierarchy Report for DownToTop.PrjPCB
-- 2010-7-30
-- 15:21:59
------------------------------------------------------------

Mymain2                   SCH        (Mymain2.SchDoc)
    U_Test                SCH        (Test.SchDoc)
    U_Warning             SCH        (Warning.SchDoc)
```

图 4-22　层次报表文件

4.2　多通道原理图设计

Protel DXP 2004 支持真正的多通道设计。所谓多通道设计，是指对于多个完全相同的模块，不必进行重复设计，只要绘制一个图纸符号和底层电路，直接设置该模块的重复引用次数即可，系统在进行项目编译时会自动创建正确的网络表。

图 4-23 所示的是一个简单的键盘扫描电路。从图中可以看出，按键的输入部分是完全相同的，在 Protel DXP 2004 中，用户可以只绘制其中的一个按键电路，然后用它作为一个子原理图，并且在顶层原理图的设计中创建对应的图纸符号，再设置好引用的次数，就可以达到设计的目的。很明显，对于重复、复杂的电路单元模块来说，使用多通道设计无疑会大大减少重复设计的工作量，提高电路设计的效率。

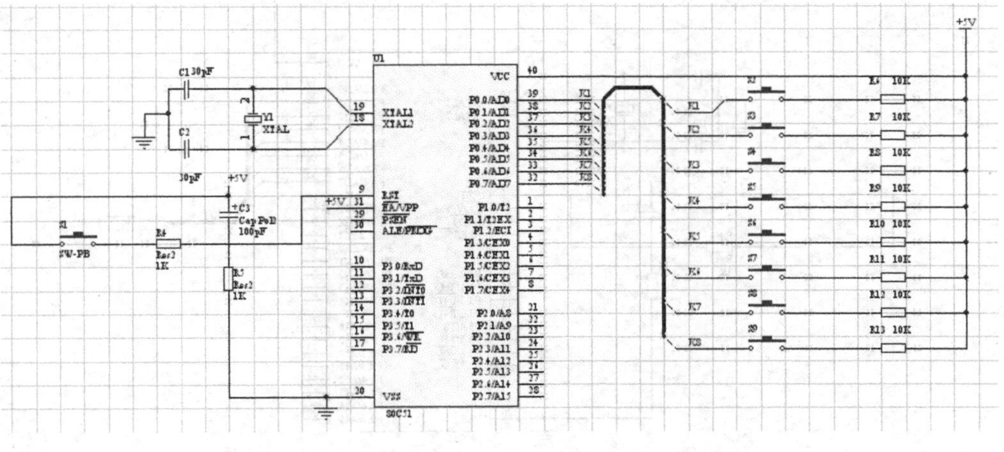

图 4-23　简单的键盘扫描电路

1. 设计多通道电路

设计多通道电路可以采用自顶向下的方法，也可采用自底向上的方法。本节以自底向上的方法为例，介绍多通道电路的设计。

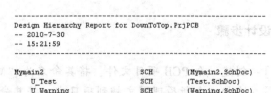

【实例 4-5】多通道电路的设计。

本例中要求采用多通道电路的设计方法，设计图 4-23 所示的简单键盘扫描电路。

设计步骤

[1] 创建一个 PCB 项目文件，将其命名为“M_Chan. PrjPCB”并保存。

[2] 追加一个新原理图文档到项目中，将其命名为“My_key. SchDoc”并保存。

把创建的原理图文档 My_key. SchDoc 作为要重复利用的底层电路，接下来就要开始绘制该原理图。

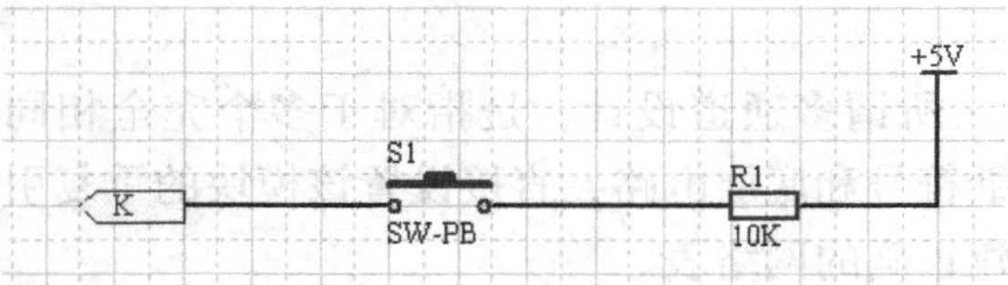

图 4-24 My_key. SchDoc 原理图

[3] 在原理图 My_key. SchDoc 中，放置所需要的元器件，并根据电气关系连接电路，绘制好的原理图如图 4-24 所示。

[4] 再追加一个新的原理图文档到项目中，将其命名为“M_51K. SchDoc”并保存。

[5] 根据该部分电路需要的元器件，在原理图上放置元器件，并根据电气连接关系完成电路的连接，完成原理图 M_51K. SchDoc 的绘制，如图 4-25 所示。

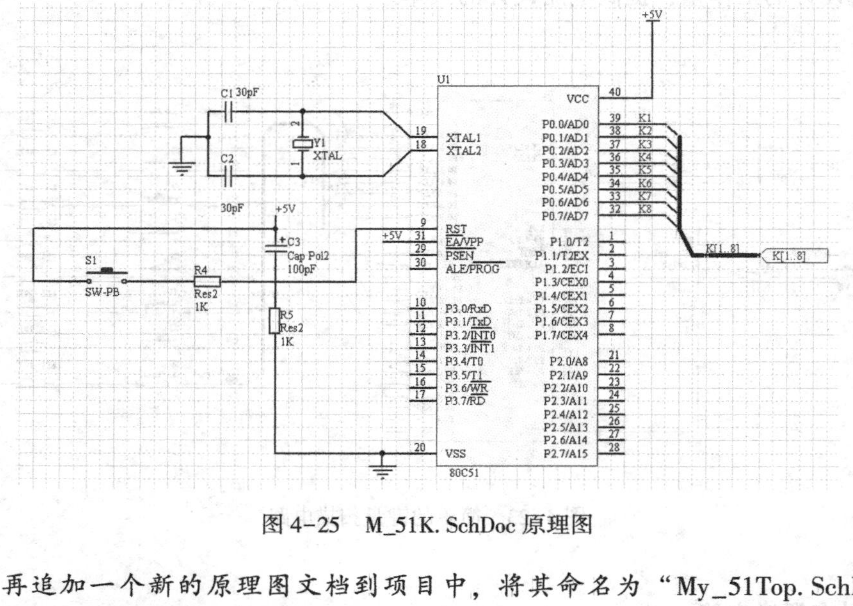

图 4-25 M_51K. SchDoc 原理图

[6] 再追加一个新的原理图文档到项目中，将其命名为“My_51Top. SchDoc”并保存，该原理图为顶层原理图。

[7] 执行菜单命令【设计】\【根据图纸建立图纸符号】，打开【Choose Document to Place】对话框，如图 4-26 所示。

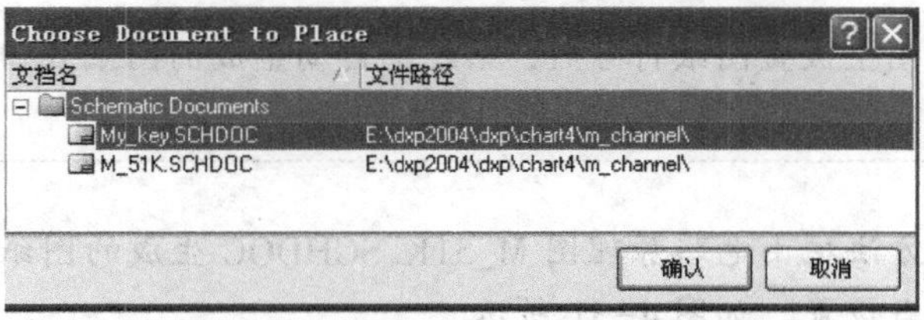

图 4-26 【Choose Document to Place】对话框

[8] 选择原理图文档 My_key. SchDoc，单击按钮 确认 ，弹出【Confirm】对话框，如图 4-27 所示。

[9] 单击按钮 No ，关闭【Confirm】对话框，系统处于放置图纸符号状态，此时在光标上黏附一个图纸符号，如图 4-28 所示。

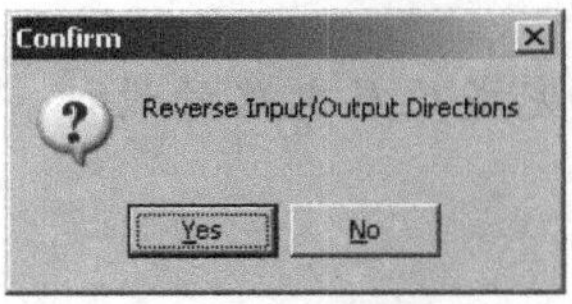

图 4-27 【Confirm】对话框

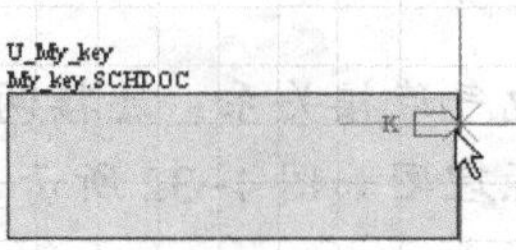

图 4-28 光标上黏附的图纸符号

[10] 按 Tab 键，打开【图纸符号】对话框，设置【标识符】栏为“Repeat(U_My_key,1,8)”，如图 4-29 所示。

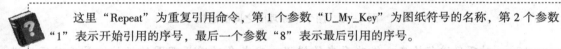

这里“Repeat”为重复引用命令，第 1 个参数“U_My_Key”为图纸符号的名称，第 2 个参数“1”表示开始引用的序号，最后一个参数“8”表示最后引用的序号。

[11] 设置好【图纸符号】对话框的各项参数后，单击按钮 确认 ，关闭【图纸符号】对话框，系统返回到放置图纸符号状态。

[12] 移动光标到适当位置，单击鼠标左键，在顶层原理图上放置图纸符号。放置好后，单击鼠标右键，退出放置图纸符号命令状态。放置好的图纸符号如图 4-30 所示。

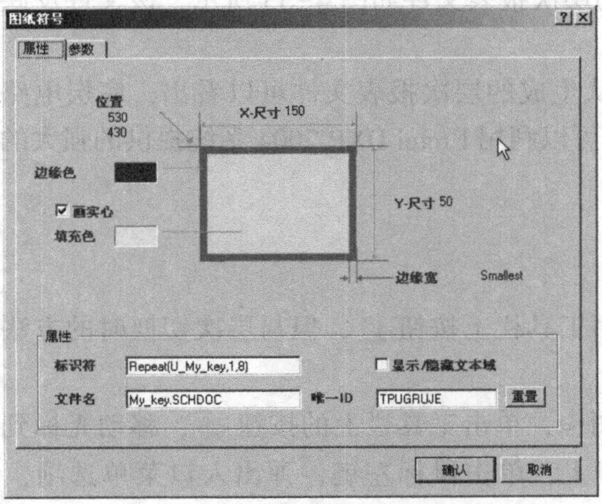

图 4-29 【图纸符号】对话框

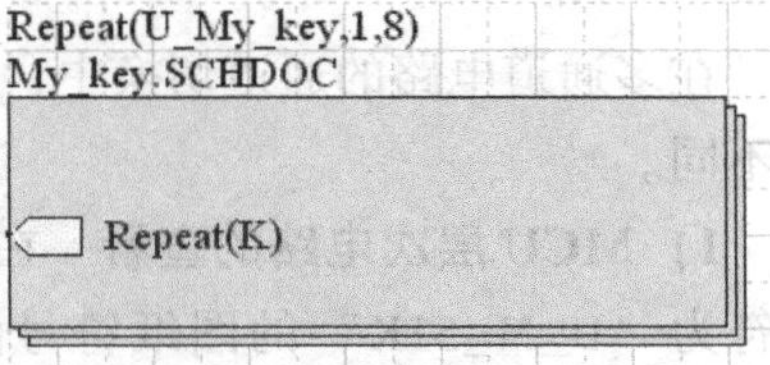

图 4-30 放置好的图纸符号

在顶层原理图上放置图纸符号后，系统把自动生成的图纸入口“K”的名称修改为“Repeat（K）”。

[13] 用同样的方法把由电路原理图 M_51K. SCHDOC 生成的图纸符号放置到顶层原理图中的适当位置，如图 4-31 所示。

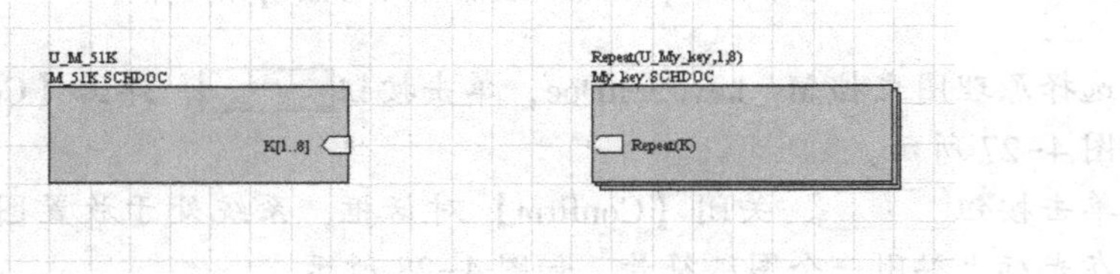

图 4-31　由底层电路生成的图纸符号

[14] 根据电气连接关系，连接两个图纸符号，完成顶层电路的设计。连接好的顶层电路原理图如图 4-32 所示。

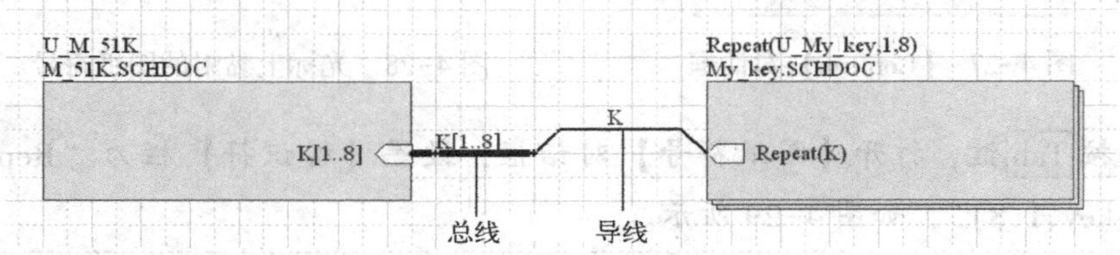

图 4-32　两个子原理图之间的连接

[15] 对项目进行检查，修改存在的错误，完成多通道原理图的设计，最后对项目进行保存。

2. 由多通道电路创建层次表

建立了多通道原理图后，可以像查看层次原理图那样查看其层次关系，具体的命令和方法在前面已经介绍过，在此不再赘述。生成的层次报表文件如图 4-33 所示，该文件反映了生成的多通道电路之间的层次关系。

实例 4-5 中，在建立了多通道文件后，从生成的层次报表文件可以看出，底层电路文件 My_key. SCHDOC 被引用了 8 次。这些信息可以利用 Protel DXP 2004 系统提供的强大的浏览功能来进行查看。

3. 切换通道

在多通道电路的通道切换中，还是要利用工具栏上按钮，但与层次切换时的方法稍有不同。

1）MCU 层次电路的查看　在顶层原理图中，单击工具栏上的按钮，移动光标到标识符为“U_M_51K”的图纸符号的输入端口上，单击鼠标左键，弹出入口菜单选项，如图 4-34 所示。该菜单中包含 9 个选项，最上面的菜单选项是总线端口，其余 8 个分别是系统分配给 8 个信号线的端口。移动光标到其中任意一个端口选项上，单击鼠标左键，此时顶层原理图只有端口符号、总线和导线处于浏览的状态，如图 4-35 所示。

```
------------------------------------------------------------------
Design Hierarchy Report for M_CHAN.PRJPCB
-- 2006-10-10
-- 18:32:17
------------------------------------------------------------------

My_51Top            SCH        (My_51Top.SchDoc)
    U_M_51K         SCH        (M_51K.SCHDOC)
    U_My_key1       SCH        (My_key.SCHDOC)
    U_My_key2       SCH        (My_key.SCHDOC)
    U_My_key3       SCH        (My_key.SCHDOC)
    U_My_key4       SCH        (My_key.SCHDOC)
    U_My_key5       SCH        (My_key.SCHDOC)
    U_My_key6       SCH        (My_key.SCHDOC)
    U_My_key7       SCH        (My_key.SCHDOC)
    U_My_key8       SCH        (My_key.SCHDOC)
```

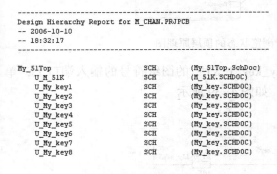

图 4-33　多通道 PCB 项目文件 M_CHAN.PrjPCB 的层次报表文件

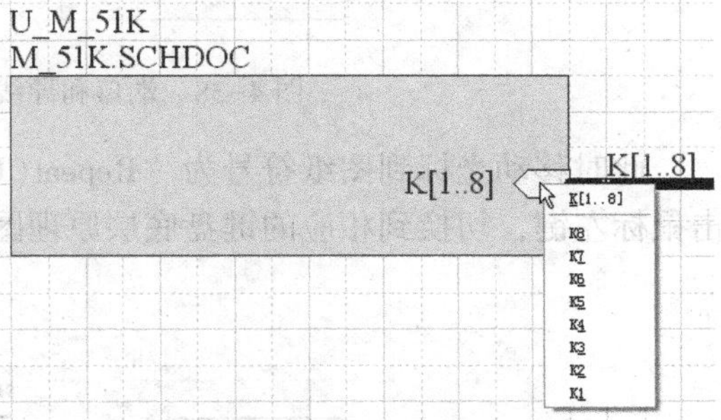

图 4-34　MCU 层次电路入口菜单

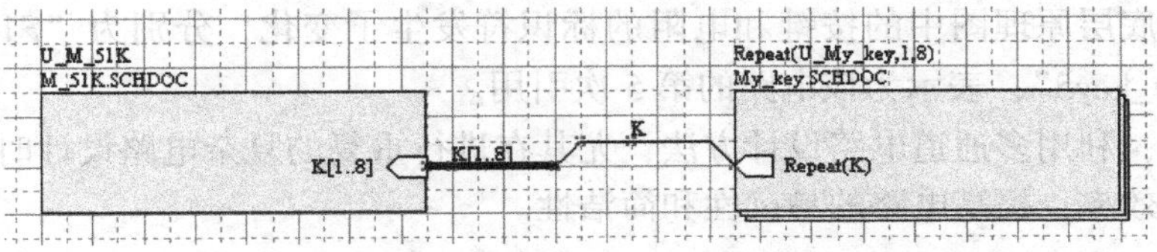

图 4-35　任意选中一个端口后的顶层原理图

移动光标到标识为“U_M_51K”的图纸符号的图纸入口上，单击鼠标左键，切换到 MCU 的底层原理图上（注意，此时的输入端口为浏览状态），如图 4-36 所示。

2）键盘扫描电路的查看　在顶层原理图中，单击工具栏上的按钮，移动光标到标识符为“Repeat(U_My_key,1,8)”的图纸符号的输入端口上，单击鼠标左键，弹出入口菜单选项，如图 4-37 所示。

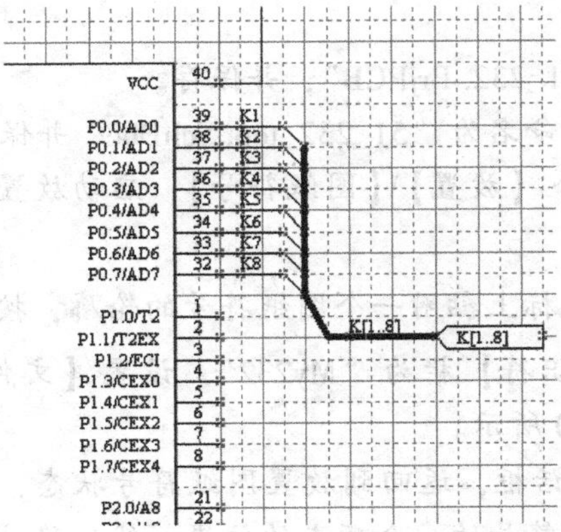

图 4-36　切换到 MCU 的底层原理图

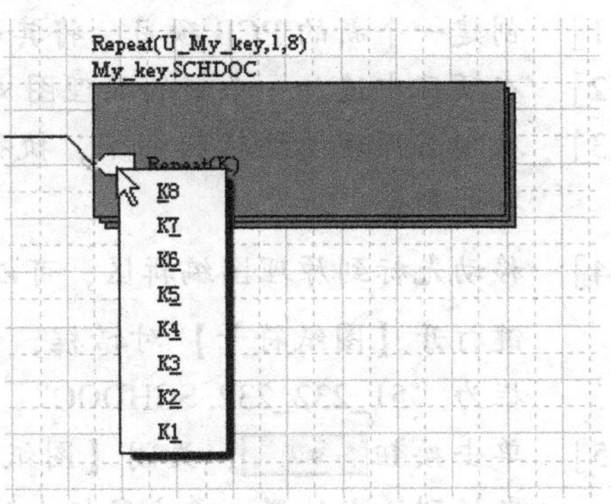

图 4-37　键盘子电路切换菜单

移动光标到其中任意一个端口上（在此以选中“K5”为例），单击鼠标左键，顶层原理图的端口和导线处于浏览状态，如图 4-38 所示。

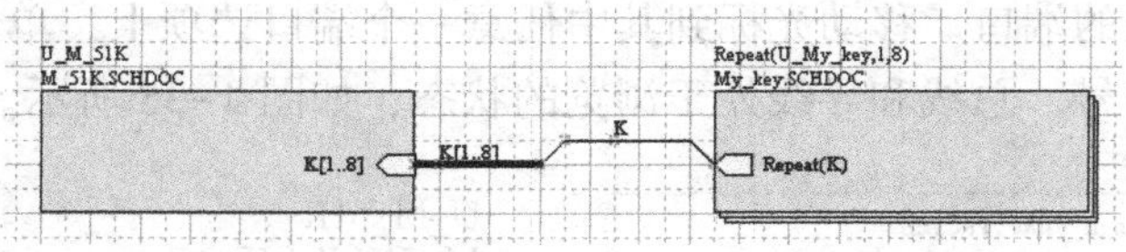

图 4-38　端口和导线处于浏览状态的顶层原理图

此时移动光标到图纸符号为“Repeat(U_My_key,1,8)”的图纸符号的输入端口上，单击鼠标左键，切换到相应的键盘底层原理图上，如图 4-39 所示。

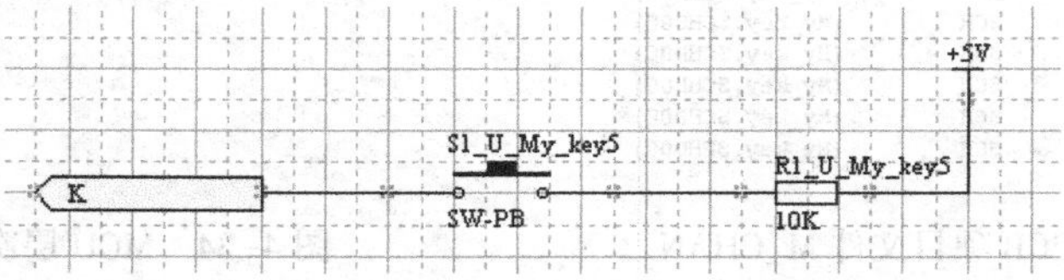

图 4-39　与“K5”相对应的底层原理图

注意到该底层原理图中的按键和电阻的标识符发生了变化，分别为“S1_U_My_key5”和“R1_U_My_key5”，表示为该电路的第 5 次引用。

由此可见，利用多通道电路设计方法，尤其在进行重复的复杂电路设计时，可以大大提高电路设计的效率，提高电路的易读性和简洁性。

4.3　实例讲解——串行通信电路

在单片机系统中，经常要用到串行通信，下面就以单片机与 PC 之间的串行通信电路为例进行介绍，使读者进一步熟悉层次电路的设计和方法（注意该例所采用的设计方法）。

【实例 4-6】设计一个单片机与 PC 之间的串行通信电路。

设计步骤

[1]　创建一个新的 PCB 项目，将其命名为“51_232. PrjPCB”，并保存。

[2]　在项目中追加一个新的原理图文档，将其命名为“51_232_top. SchDoc”并保存。

[3]　在顶层原理图编辑状态下，执行菜单命令【放置】\【图纸符号】，启动放置图纸符号命令。

[4]　移动光标到原理图编辑区，可以看到在光标上黏附一个图纸符号的轮廓，按 Tab 键打开【图纸符号】对话框，设置【标识符】栏为“My232”，设置【文件名】栏为“51_232_232. SCHDOC”，如图 4-40 所示。

[5]　单击按钮 确认 ，关闭【图纸符号】对话框，返回到放置图纸符号状态，移动光标到适当位置，单击鼠标左键确定图纸符号的一个顶点的位置，然后移动光标适当调整图纸符号的大小，单击鼠标左键，完成第一个图纸符号的放置。

[6]　此时光标上还黏附一个图纸符号的轮廓，按 Tab 键打开【图纸符号】对话框，设置【标识符】栏为“My51”，设置【文件名】栏为“51_232_51. SCHDOC”，然

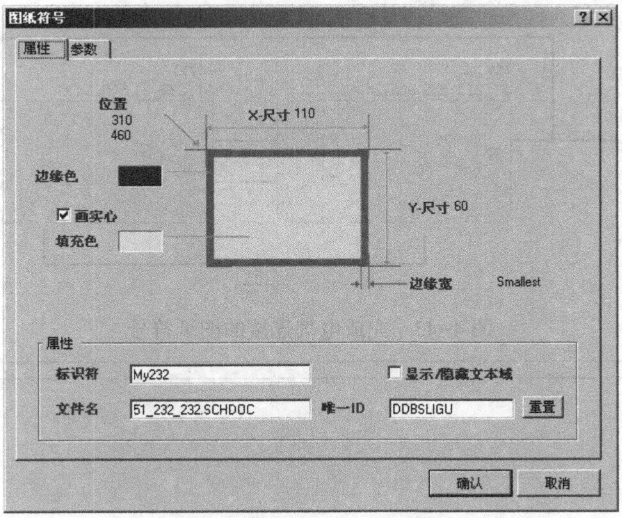

图 4-40 【图纸符号】对话框

后单击按钮 确认 ，关闭【图纸符号】对话框。

[7] 放置该图纸符号，然后单击鼠标右键，退出放置图纸符号状态。绘制完的图纸符号如图 4-41 所示。

[8] 执行菜单命令【放置】\【加图纸入口】，启动放置图纸入口命令；按 Tab 键，在弹出的【图纸入口】对话框中设置图纸入口的属性。完成图纸入口放置后的原理图如图 4-42 所示。

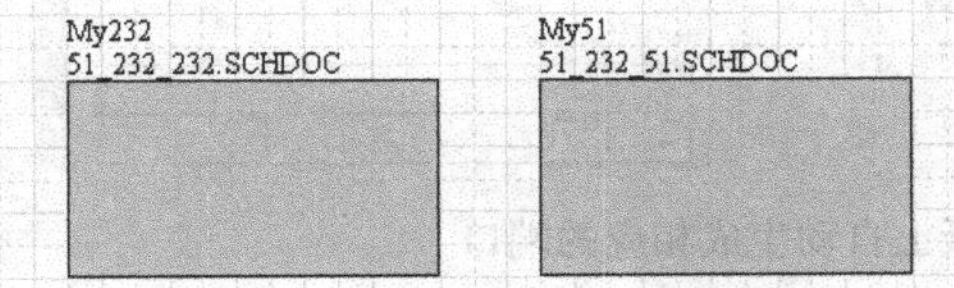

图 4-41　绘制完的图纸符号

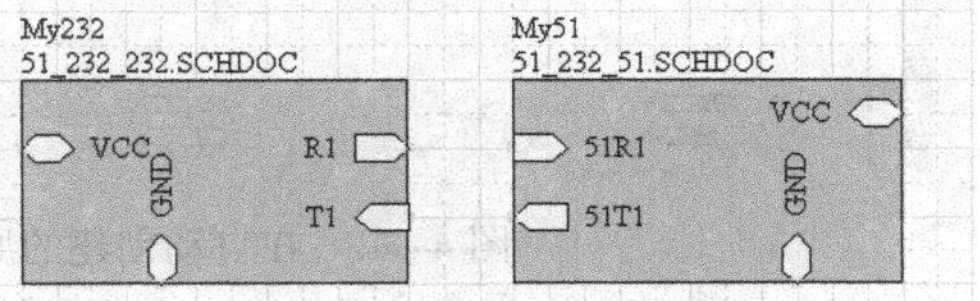

图 4-42　完成图纸入口的放置

其中，各图纸符号的图纸入口特性见表 4-1 所示。

表 4-1　图纸入口描述表

图纸符号	My232				My51			
图纸入口	R1	T1	VCC	GND	51T1	51R1	VCC	GND
方向	Output	Input	Unspecified	Unspecified	Output	Input	Unspecified	Unspecified

[9] 在原理图上放置电源和接地符号，根据电气连接关系调整布局，用导线连接线路，完成原理图 51_232_top. SCHDOC 的绘制，如图 4-43 所示。

[10] 执行菜单命令【设计】\【根据符号创建图纸】，移动光标到原理图绘图区，光标变为十字形。移动光标到图纸符号 My232 上，单击鼠标左键，弹出【Confirm】对话框，单击按钮 确认 ，系统自动创建一个底层原理图，并将其命名为“51_232_232. SchDoc”，这时在原理图上自动放置了端口，如图 4-44 所示。

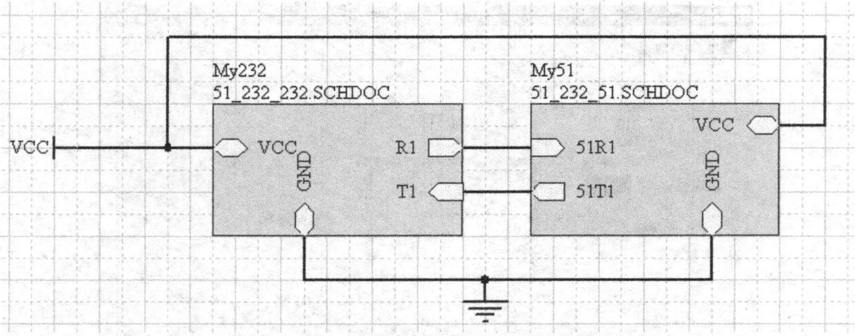

图 4-43　完成电气连接的图纸符号

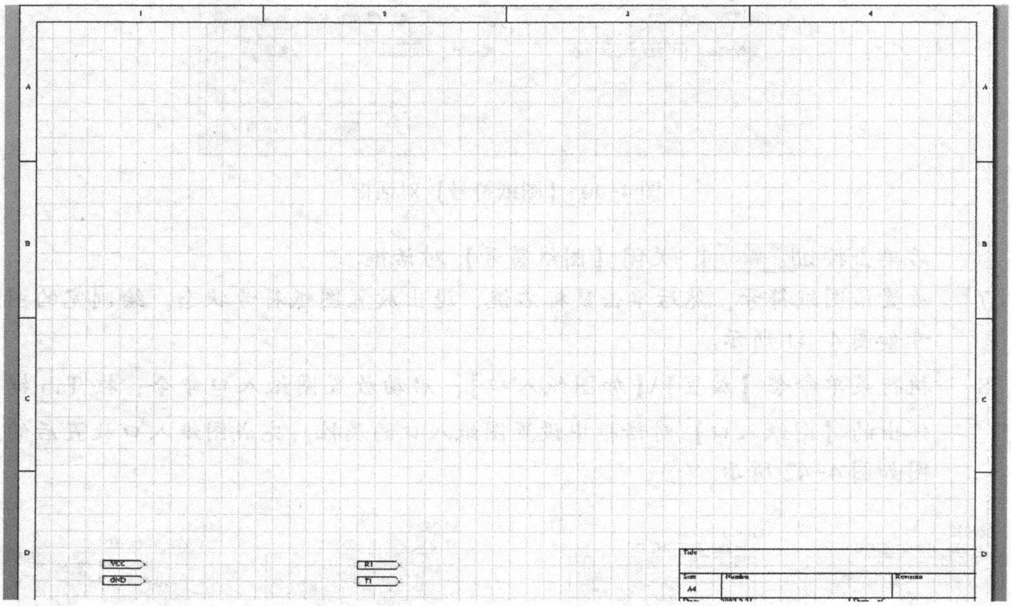

图 4-44　在自动创建的原理图纸上自动生成相应的端口

[11]　绘制该部分的电路原理图：根据电气特性，在原理图上放置元器件，然后根据电气连接关系，完成原理图的绘制，如图 4-45 所示。

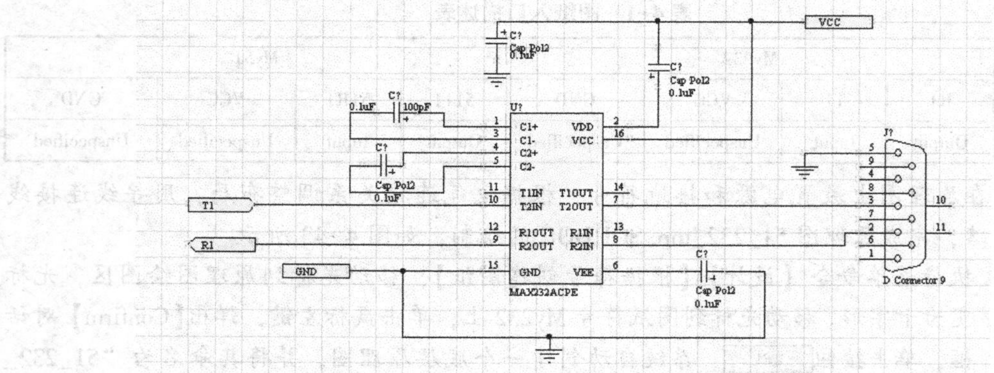

图 4-45　完成连接后的原理图

[12]　以同样的方法，根据图纸符号 My51 创建一个底层原理图，系统自动将其命名为“51_232_51. SCHDOC”，并且自动在原理图上放置了端口。在原理图上放置元器件并完成原理图的绘制，如图 4-46 所示。

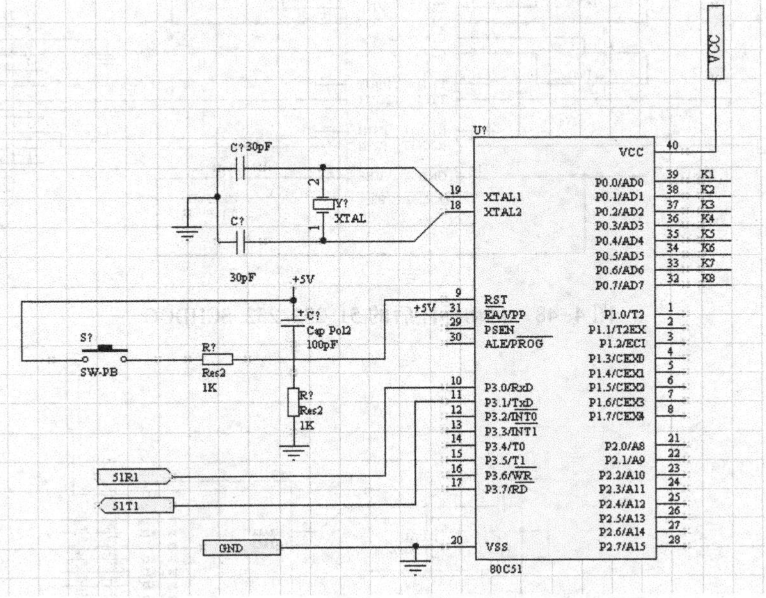

图 4-46　绘制好的原理图 51_232_51. SCHDOC

[13]　执行菜单命令【工具】\【注释】，弹出【注释】对话框，通过该对话框设置【注释顺序】栏为“Up then Across”，选择要自动标注的原理图 51_232_51. SCHDOC、51_232_232. SCHDOC 和 51_232_top. SCHDOC，根据原理图自动注释方法（详细步骤请参考实例 3-6），完成元器件自动标注，结果如图 4-47 至图 4-49 所示。

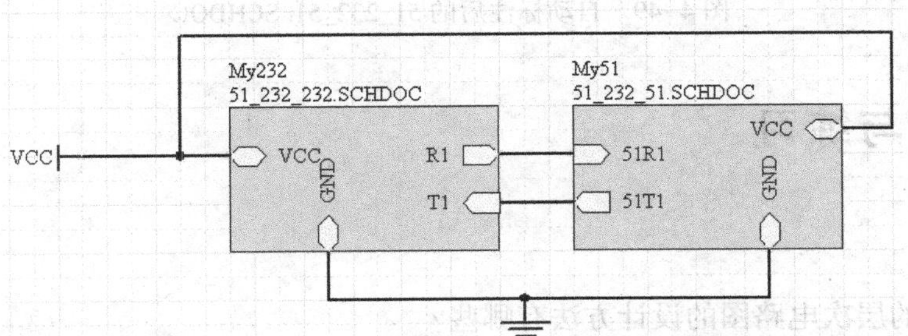

图 4-47　自动标注释后的 51_232_top. SCHDOC

[14]　对原理图进行检查，修改其中不合理的地方，检查无误后，对项目进行保存。

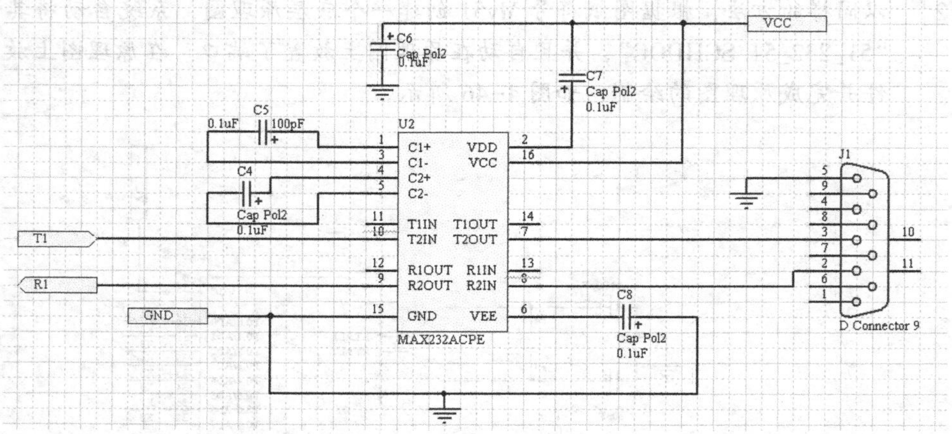

图 4-48　自动标注后的 51_232_232. SCHDOC

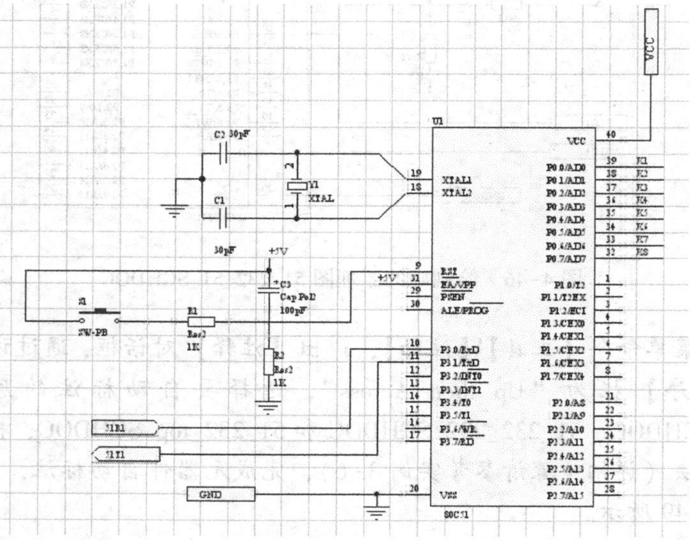

图 4-49　自动标注后的 51_232_51. SCHDOC

4.4　思考与练习

1. 简答题

（1）常用的层次电路图的设计方法有哪些？

（2）在设计原理图时，如果不清楚每个模块有哪些端口，一般采用哪种方法进行设计？

2. 上机练习

（1）把实例 4-5，利用自顶向下的层次设计方法进行多通道原理图的设计。

（2）在 4.3 节的层次电路设计实例中，采用了什么设计方法？如果采用了自顶向下的设计方法，则请用自底向上的方法设计该电路，否则用自顶向下的方法设计该电路。

第5章 电气规则检查和生成报表

原理图设计完成后，难免有电气连接方面的错误，因此必须对已完成设计的原理图进行电气检查，找出错误并进行改正。另外，原理图设计的最终目的是设计项目的 PCB 版图，而正确的原理图设计是保证 PCB 设计正确的前提，因此在开始 PCB 设计前，应对原理图进行电气规则检查。在一个工程项目的完整设计中，通常还要输出包含各种信息的报表文件。本章主要介绍项目电气规则检查的设置步骤，以及生成和输出各种报表的方法。

5.1 原理图的电气规则检查

原理图电气规则检查的主要目的是检查原理图中的电气连接情况，找出原理图设计过程中存在的一些潜在的错误，检查原理图的设计是否合理，为下一步的 PCB 设计奠定基础。

1. 设置检查规则

原理图绘制完成后，可根据实际情况设置原理图电气规则检查的规则，以生成方便阅读的检查报表。电气规则检查的规则设置是在项目选项中设置完成的，执行菜单命令【项目管理】\【项目管理选项】，打开项目管理选项对话框，选择【Error Reporting】选项卡，如图 5-1 所示。

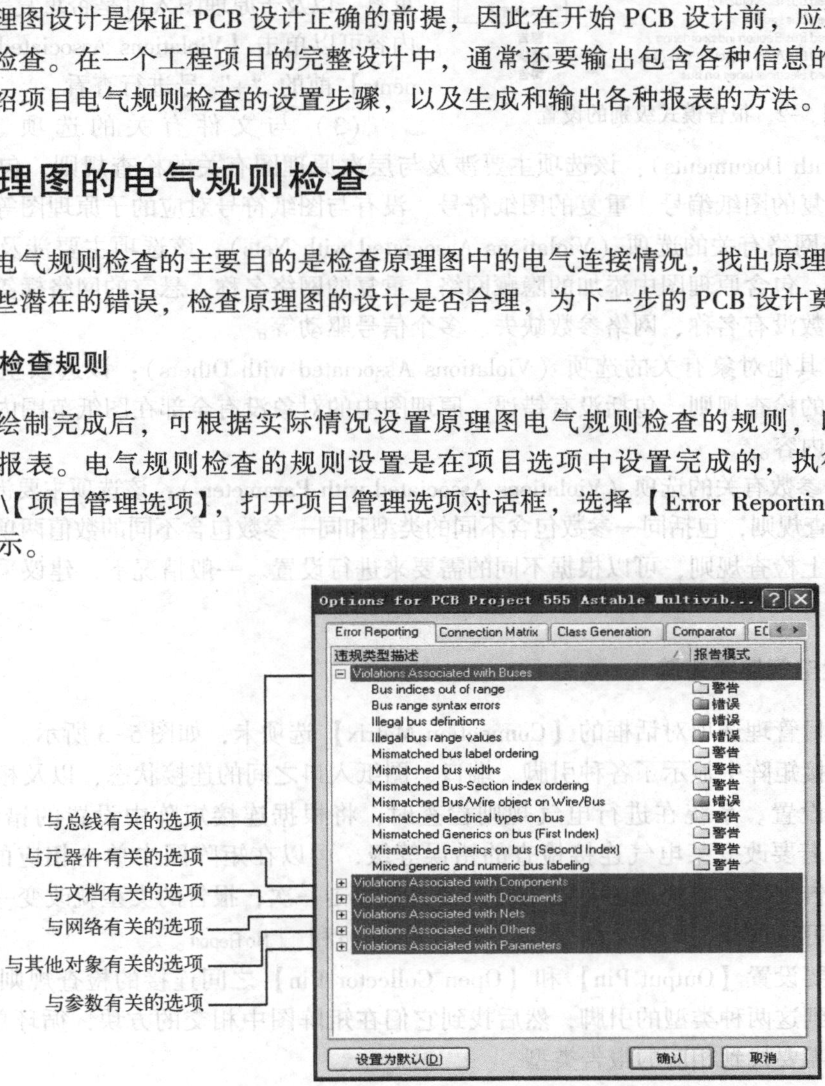

图 5-1 项目管理选项对话框（【Error Reporting】选项卡）

（1）与总线有关的选项（Violations Associated with Buses）：该选项主要涉及与总线有关的检查规则，如总线的标号是否超出范围、总线定义是否合法等。对于每一项具体的检查，可以设置其检查规则。例如，对于【Bus indices out of range】选项，移动光标到右侧【报告模式】栏的报告模式上，单击鼠标左键，即可在下拉的报告模式中选择一种与之相应的报告模式级别，如图 5-2 所示。报告模式级别分为无报告、警告、错误和致命错误 4 种。

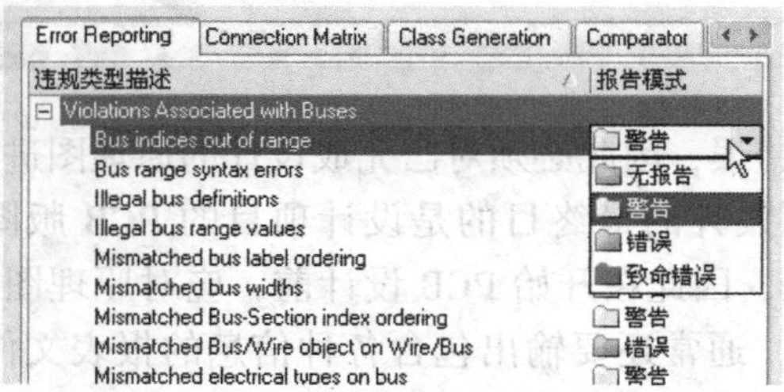

图 5-2　报告模式级别的设置

（2）与元器件有关的选项（Violations Associated with Components）：该选项主要涉及与元器件有关的检查规则，包含元器件引脚是否复用、元器件是否重复引用、元器件标识是否重复，以及子原理图入口是否重复等，具体选项内容可以单击【Violations Associated with Components】前的"+"号进行查看。

（3）与文件有关的选项（Violations Associated with Documents）：该选项主要涉及与层次原理图有关的检查规则，包含冲突的约束关系、重复的图纸编号、重复的图纸符号、没有与图纸符号对应的子原理图等。

（4）与网络有关的选项（Violations Associated with Nets）：该选项主要涉及与网络有关的检查规则，包含原理图中添加的隐藏网络、重复的网络名称、悬空的网络标签、悬空的电源、网络参数没有名称、网络参数缺失、多个信号驱动等。

（5）与其他对象有关的选项（Violations Associated with Others）：该选项主要涉及与其他对象相关的检查规则，包括没有错误、原理图中的对象没有全部在图纸范围内、对象偏离了网格 3 项内容。

（6）与参数有关的选项（Violations Associated with Parameters）：该选项主要涉及与参数有关选项的检查规则，包括同一参数包含不同的类型和同一参数包含不同的数值两项内容。

对于以上检查规则，可以根据不同的需要来进行设置。一般情况下，建议采用系统的默认设置。

2. 设置电气连接矩阵

选择项目管理选项对话框的【Connection Matrix】选项卡，如图 5-3 所示。

电气连接矩阵中显示了各种引脚、端口、图纸入口之间的连接状态，以及相应的错误类型的严格性设置。系统在进行电气规则检查时，将根据连接矩阵中设置的错误等级生成 ERC 报告。若要改变某电气连接检查的错误等级，可以在矩阵图中单击相应的颜色方块，则相应的报告类型（方块颜色）将随之改变，每单击一次，报告的类型就改变一次。共有 4 种报告类型可以选择，即 ■ Fatal Error 、■ Error 、□ Warning 和 ■ No Report 。

例如，要设置【Output Pin】和【Open Collector Pin】之间连接的检查规则，则分别在矩阵图中找到这两种类型的引脚，然后找到它们在矩阵图中相交的方块，循环单击该方块，就可以根据需要找到相应的报告类型。

3. 设置比较器

选择项目管理选项对话框的【Comparator】选项卡，如图 5-4 所示。

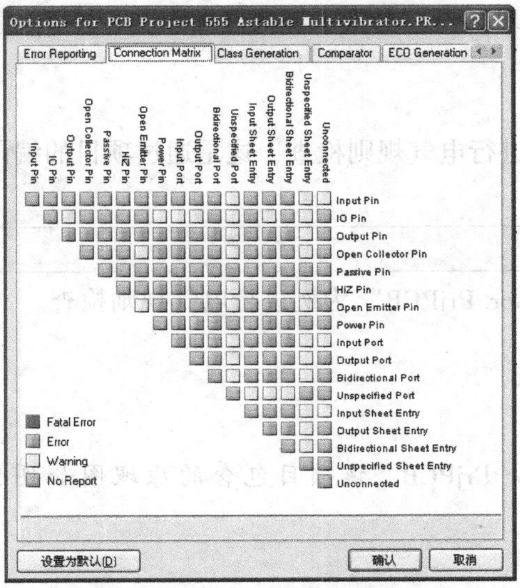

图 5-3 项目管理选项对话框
(【Connection Matrix】选项卡)

图 5-4 项目管理选项对话框
(【Comparator】选项卡)

该选项卡包含4个基本的设置选项，即与元器件有关的变换（Differences Associated with Components）、与网络有关的变换（Differences Associated with Nets）、与参数有关的变换（Differences Associated with Parameters）、与对象有关的变化（Differences Associated with Physical）。在每个选项中，又包含众多的设置内容。对于每个选项，可以选择如果在项目编译时发生了变化，是否显示该变化，移动光标到该选项对应的【模式】列，单击显示模式选项，可以在"查找差异"和"忽略差异"中选择一种；若将其设置为"查找差异"，差异的情况将会在【Message】窗口中列出。

4. 设置工程变化订单

选择项目管理选项对话框的【ECO Generation】选项卡，如图5-5所示。

该选项卡包含3个基本的设置选项，即与元器件有关的修改（Modification Associated with Components）、与网络有关的修改（Modification Associated with Nets）、与参数有关的修改（Modification Associated with Parameters）。在每个选项中，又包含众多的设置内容。对于每个选项，移动光标到该选项对应的【模式】列，单击显示模式选项，可以在"生成变换订单"和"忽略差异"中选择一种。在利用Protel DXP 2004进行PCB项目设计时，如果利用同步器在原理图文件与PCB文件之间传递同步信息，则系统会根据在工程变化订单中设置的参数来对项目文件进行检查，若发现项目

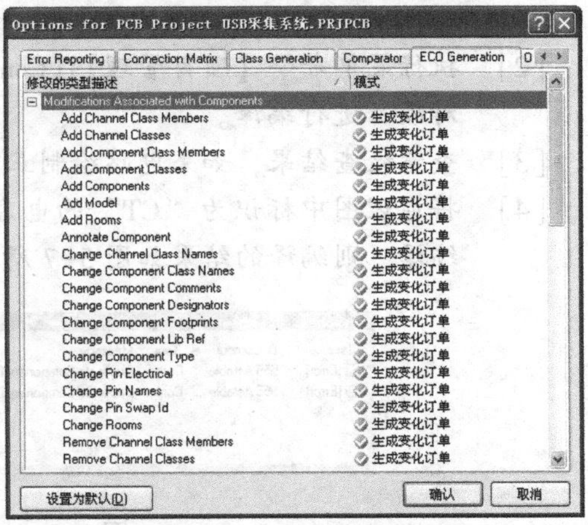

图 5-5 项目管理选项对话框
(【ECO Generation】选项卡)

中发生了相应的变化，会打开【工程变化订单】对话框，报告项目文件发生的具体变化。

5. 检查结果报告

在设置了相应的检查规则后，即可对原理图进行电气规则检查，这是通过项目的编译来实现的。

【实例 5-1】原理图的电气规则检查。

本例中，要求以项目“555 Astable Multivibrator. PrjPCB”为例进行电气规则检查。

设计步骤

[1] 打开项目文件 555 Astable Multivibrator. PrjPCB，该项目包含的原理图如图 5-6 所示。

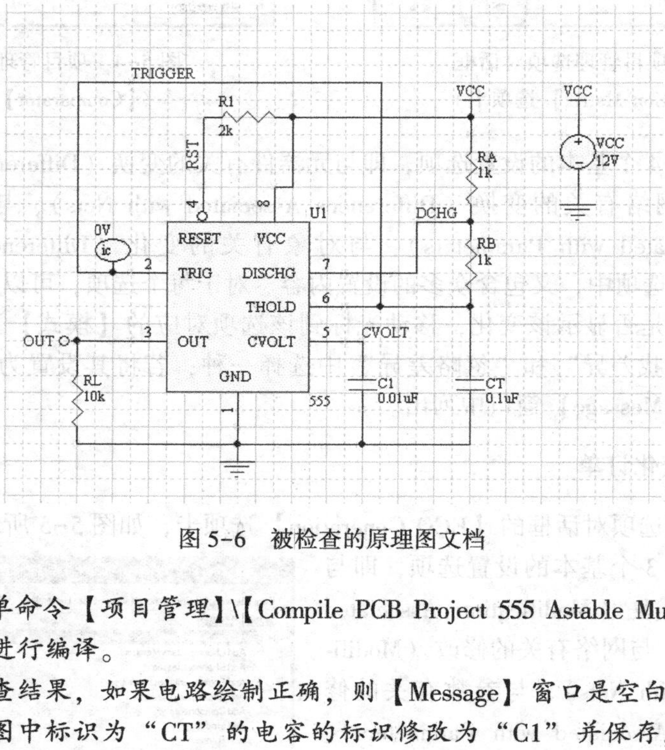

图 5-6　被检查的原理图文档

[2] 执行菜单命令【项目管理】\【Compile PCB Project 555 Astable Multivibrator. PrjPCB】，对项目进行编译。

[3] 查看检查结果，如果电路绘制正确，则【Message】窗口是空白的。

[4] 将原理图中标识为“CT”的电容的标识修改为“C1”并保存，再次对项目进行编译，则编译的结果如图 5-7 所示。

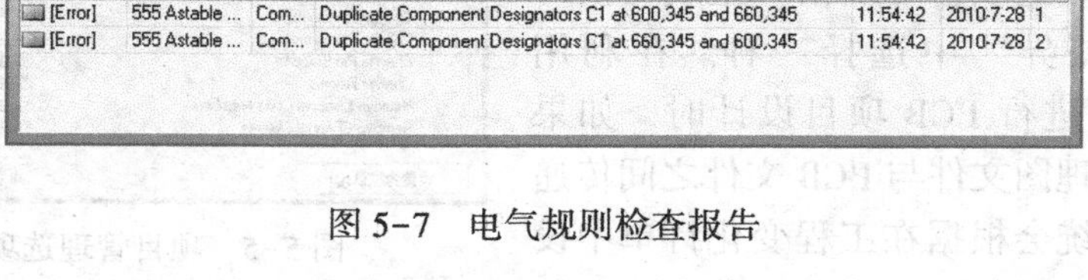
Messages

Class	Document	Sour...	Message	Time	Date	No.
[Error]	555 Astable ...	Com...	Duplicate Component Designators C1 at 600,345 and 660,345	11:54:42	2010-7-28	1
[Error]	555 Astable ...	Com...	Duplicate Component Designators C1 at 660,345 and 600,345	11:54:42	2010-7-28	2

图 5-7　电气规则检查报告

[5]　由编译结果可以看到，原理图编译发现了两个错误（Error），并且给出了错误的位置和类型。移动光标到【Message】窗口的错误编号“1”的行上（即报告的第一行上），双击鼠标左键，弹出【Compile Errors】对话框，显示当前编译的错误选项，同时在原理图中高亮显示该错误的位置，如图 5-8 所示。这样可以方便地对产生的错误进行定位，以便修改。

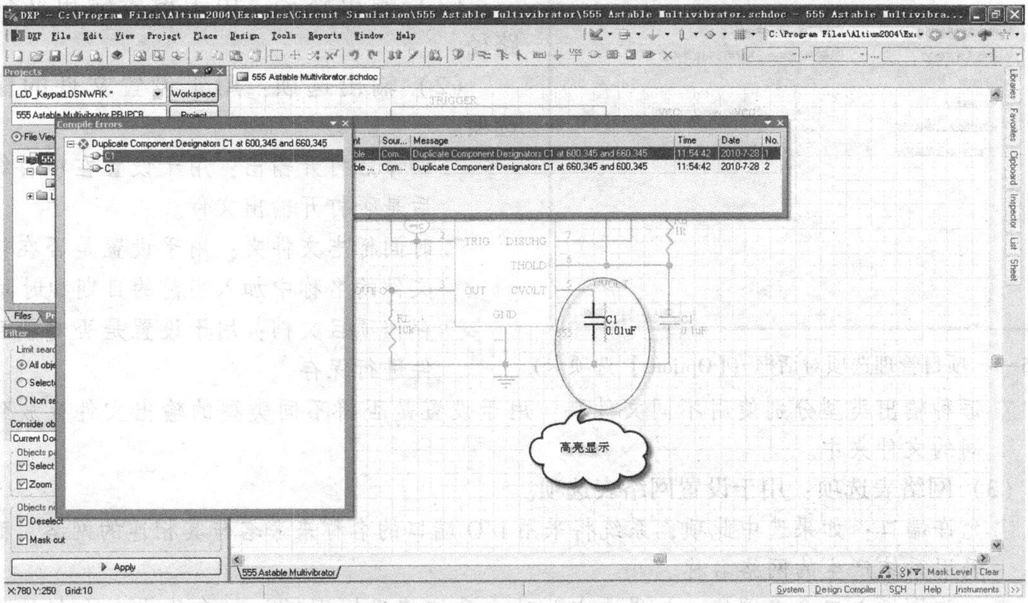

图 5-8　错误的显示和定位

[6]　根据电气规则检查报告，查看报告问题的等级，仔细查看原理图，对原理图中存在的问题进行修改。重复以上检查步骤，直到没有问题为止。

编译后的出错信息并不一定都是准确的，也不一定都要修改，应根据实际设计的系统进行判断。如果实际设计正确的部分在检查时违反了设计规则，可以放置忽略 ERC 测试点，这样可以避免显示错误的信息提示。

5.2　创建网络表

在由原理图所产生的各种报表中，网络表是最重要的。网络表是原理图的另一种表现形式。一个电路，可以看成是由若干个网络组成的。网络表中包含了原理图中所有元器件的信息和网络信息。在由原理图产生网络表时，使用的是逻辑的连通性原则，是通过网络标签进行连接的，而不需要用导线将网络端口实际连接在一起。

1. 设置网络表选项

用户可以由原理图文档生成网络表，也可以由项目生成网络表。在由项目生成网络表时，应对项目管理选项对话框的【Options】选项卡进行设置。执行菜单命令【项目管理】\【项目管理选项】，打开项目管理选项对话框，选择【Options】选项卡，如图 5-9 所示。

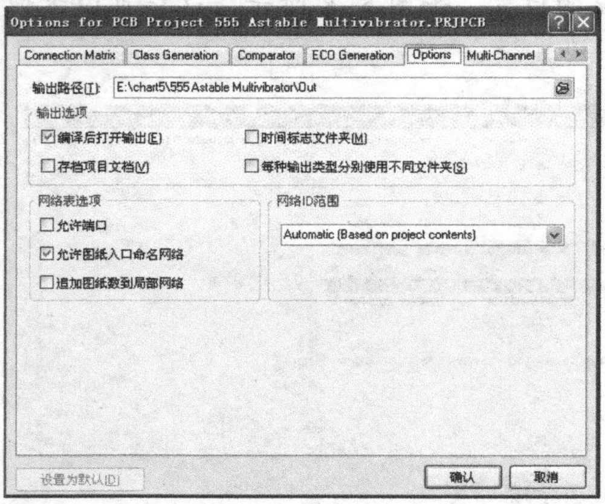

图 5-9　项目管理选项对话框（【Options】选项卡）

通过该选项卡可以设置文件的输出路径、输出选项和网络表选项等内容。

（1）输出路径：用于设置输出文件的路径。

（2）输出选项：用于设置文件的输出选项。

❒ 编译后打开输出：用于设置在项目编译后是否打开输出文件。
❒ 时间标志文件夹：用于设置是否在输出文件的名称中加入当前的日期和时间。
❒ 存档项目文档：用于设置是否对项目文件进行保存。
❒ 每种输出类型分别使用不同文件夹：用于设置是否将不同类型的输出文件存放到不同的文件夹中。

（3）网络表选项：用于设置网络表选项。

❒ 允许端口：如果选中此项，系统将采用 I/O 端口的名称来命名与其相连的网络，而不采用系统产生的网络名称。
❒ 允许图纸入口命名网络：如果选中此项，系统将采用图纸入口名称来命名与其相连的网络，而不采用系统产生的网络名称。
❒ 追加图纸数到局部网络：如果选中此项，系统将在网络名称后面添加一个图纸编号后缀，这样可以根据网络名称的后缀知道该网络位于哪张图纸上。当一个项目中包含多个原理图时，选中该选项有利于查找错误。

（4）网络 ID 范围：用于设置网络的辨识范围。单击下拉按钮，弹出下拉菜单，如图 5-10 所示，可以从 4 种网络辨识范围中选择一种。一般情况下，均采用默认的“Automatic”。

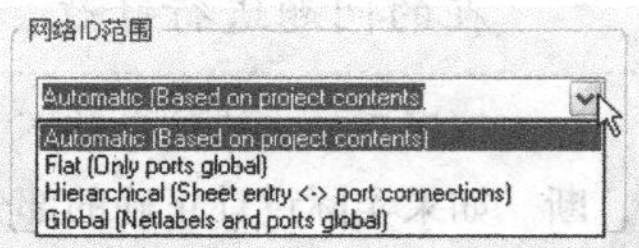

图 5-10　【网络 ID 范围】的选择

2. 创建网络表

网络表可以由单个原理图文档生成，也可以由项目生成。

1）单个原理图文档的网络表　对于单个原理图文档，生成网络表的步骤如下所述。

[1]　执行菜单命令【文件】\【打开】，在弹出的【打开】对话框中选中并打开原理图文档 555 Astable Multivibrator. SchDoc，如图 5-11 所示。

[2]　执行菜单命令【设计】\【文档的网络表】\【Protel】，系统会自动生成当前文档的网络表，并将其命名为“555 Astable Multivibrator. NET”，如图 5-12 所示。

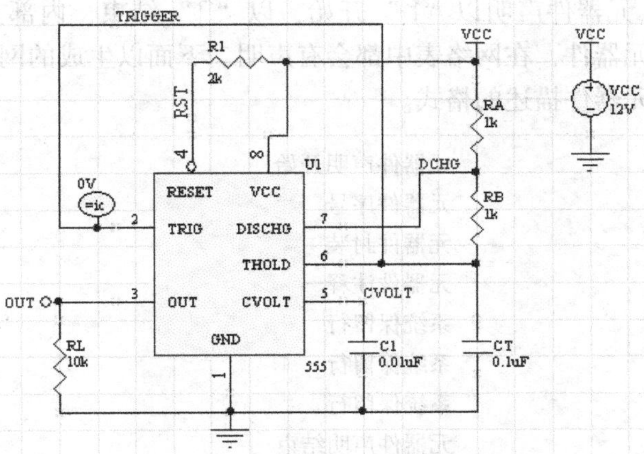

图 5-11　单个原理图文档

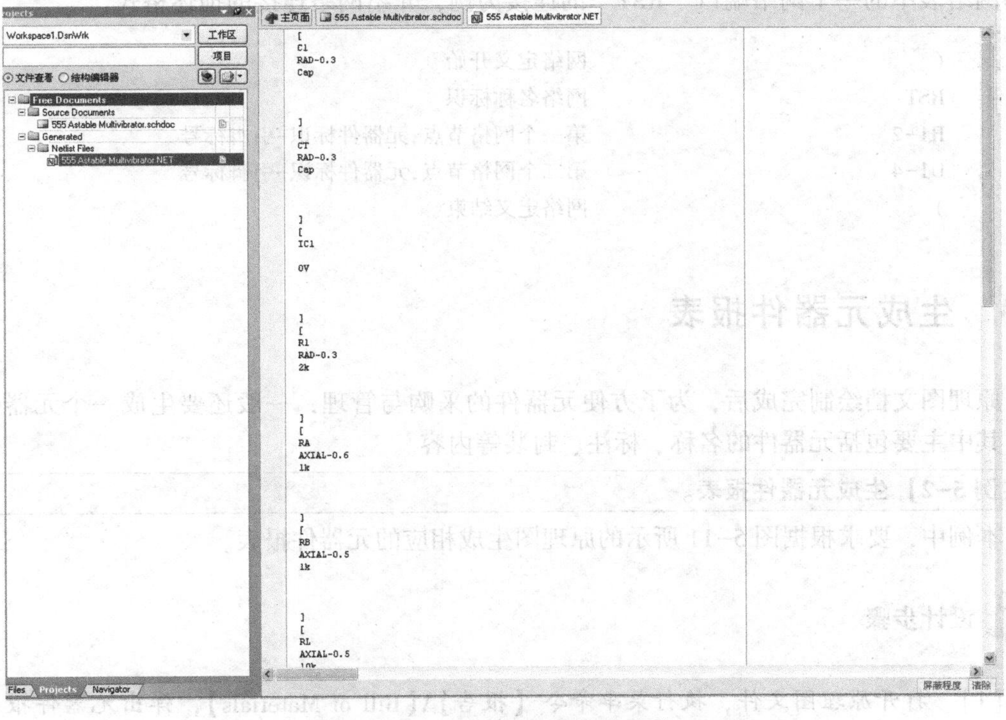

图 5-12　自动生成的网络表文件

2）项目的网络表　项目的网络表生成方法与单个文档网络表的生成方法类似。首先打开项目文件，然后执行菜单命令【设计】\【设计项目的网络表】\【Protel】，系统会自动生成当前项目的网络表。

3. 网络表的格式

打开网络表文件，可以看到网络表中包含两种信息，即元器件声明和网络定义。

1）元器件声明 元器件声明以“[”开始，以“]”结束，内部是其具体的内容。对于网络经过的每一个元器件，在网络表中都会有声明。下面以生成的网络表中的一个电容元件的描述为例，介绍元器件描述的格式。

[	元器件声明开始
C1	元器件序号
RAD-0.3	元器件封装
Cap	元器件注释
	系统保留行
	系统保留行
	系统保留行
]	元器件声明结束

2）网络定义 网络定义以“(”开始，以“)”结束，内部是其具体内容。下面以生成的网络表中的一个网络端口“RST”的连接为例，介绍网络连接的描述格式。

(	网络定义开始
RST	网络名称标识
R1-2	第一个网格节点,元器件标识-引脚标号
U1-4	第二个网格节点,元器件标识-引脚标号
)	网络定义结束

5.3 生成元器件报表

原理图文档绘制完成后，为了方便元器件的采购与管理，一般还要生成一个元器件报表，其中主要包括元器件的名称、标注、封装等内容。

【实例 5-2】生成元器件报表。

本例中，要求根据图 5-11 所示的原理图生成相应的元器件报表。

设计步骤

[1] 打开原理图文件，执行菜单命令【报告】\【Bill of Materials】，弹出元器件报表清单对话框，如图 5-13 所示。

[2] 可以在【其它列】中选择报表的内容，选中后，会在报表窗口中添加该列。

[3] 单击按钮 报告... ，弹出【报告预览】对话框，如图 5-14 所示。

[4] 利用【报告预览】对话框上相应的按钮调整视图的大小后，可以单击按钮 打印(P)... 进行打印，也可以单击按钮 输出(E)... 弹出导出文件对话框，在该对话框中设置导出文件的存放路径、文件名，并单击【保存类型】栏右侧的按钮 ，从弹出的文件类型菜单中（如图 5-15 所示）选择一种输出类型后，单击按钮 保存(S) ，即可生成一个该类型的报表文件。

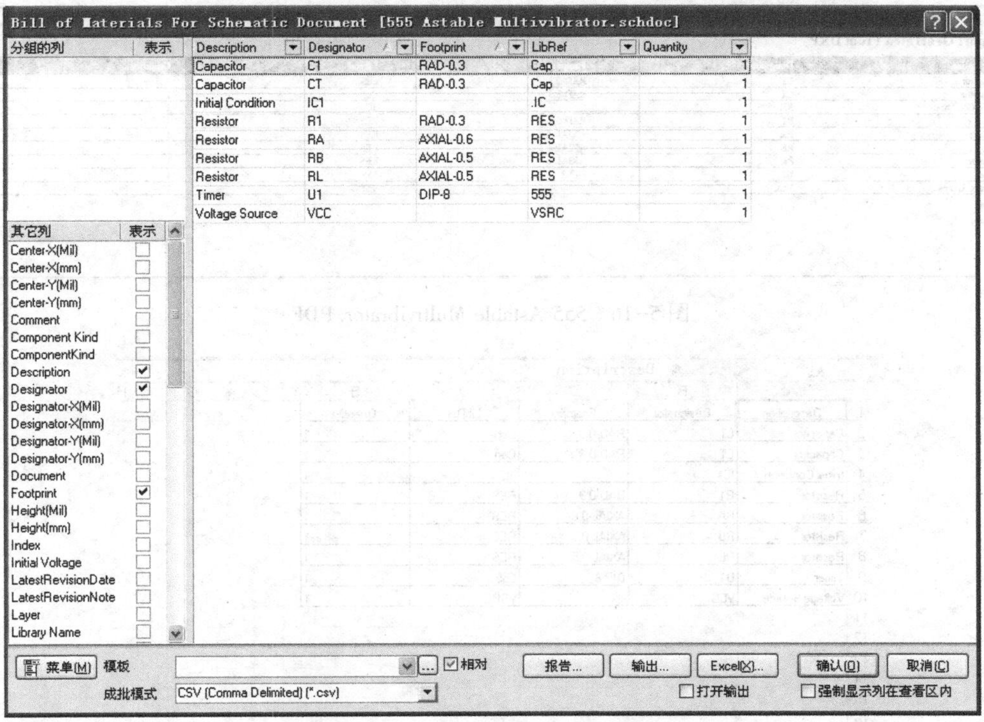

图 5-13　元器件报表清单对话框

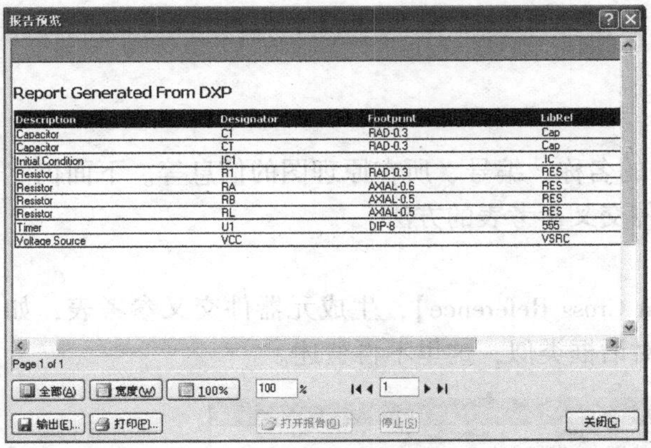

图 5-14　【报告预览】对话框

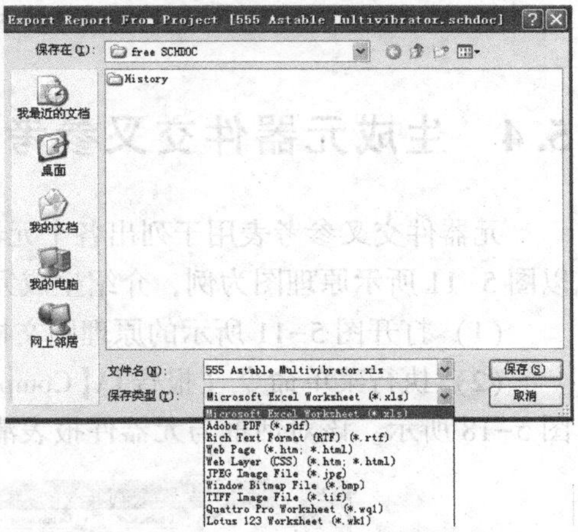

图 5-15　导出文件对话框

[5]　另外，还可以直接从图 5-13 所示的元器件报表清单对话框中单击按钮 输出... ，导出输出文件，或者直接单击按钮 Excel(X)... 输出 Excel 文件。

[6]　查看输出的文件。根据需要，本例中输出了两种类型的文件，分别是 555 Astable Multivibrator. PDF 和 555 Astable Multivibrator. xls，如图 5-16 和图 5-17 所示。

Report Generated From DXP

Description	Designator	Footprint	LibRef	Quantity
Capacitor	C1	RAD-0.3	Cap	1
Capacitor	CT	RAD-0.3	Cap	1
Initial Condition	IC1		.IC	1
Resistor	R1	RAD-0.3	RES	1
Resistor	RA	AXIAL-0.6	RES	1
Resistor	RB	AXIAL-0.5	RES	1
Resistor	RL	AXIAL-0.5	RES	1
Timer	U1	DIP-8	555	1
Voltage Source	VCC		VSRC	1

图 5-16　555 Astable Multivibrator. PDF

A1　fx Description

	A	B	C	D	E	F	G	H
1	Description	Designator	Footprint	LibRef	Quantity			
2	Capacitor	C1	RAD-0.3	Cap	1			
3	Capacitor	CT	RAD-0.3	Cap	1			
4	Initial Condition	IC1		.IC	1			
5	Resistor	R1	RAD-0.3	RES	1			
6	Resistor	RA	AXIAL-0.6	RES	1			
7	Resistor	RB	AXIAL-0.5	RES	1			
8	Resistor	RL	AXIAL-0.5	RES	1			
9	Timer	U1	DIP-8	555	1			
10	Voltage Source	VCC		VSRC	1			
11								
12								
13								
14								
15								
16								
17								
18								
19								

图 5-17　555 Astable Multivibrator. xls

5.4　生成元器件交叉参考表

元器件交叉参考表用于列出各个元器件的名称、编号、所在原理图的信息等。下面仍然以图 5-11 所示原理图为例，介绍生成元器件交叉参考表的方法。

（1）打开图 5-11 所示的原理图文档。

（2）执行菜单命令【报告】\【Component Cross Reference】，生成元器件交叉参考表，如图 5-18 所示。该对话框与元器件报表清单对话框类似，这里不再赘述。

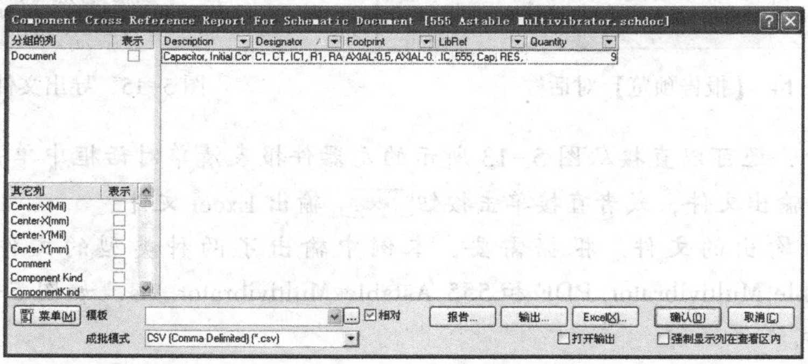

图 5-18　元器件交叉参考表

5.5　输出任务配置文件

Protel DXP 2004 允许用户根据需要单个输出各种报表文件，同时为了方便用户的报表输出和打印，系统还允许用户进行批量输出操作，只需要一次性配置，就可以完成所有的输出任务，包括材料报表、网络表、元器件交叉参考表、原理图打印文档的输出等。

1. 创建输出任务配置文件

下面以前面创建的层次电路项目 DownToTop. PrjPCB 为例，介绍创建输出任务配置文件的方法。

(1) 打开该项目文件，并双击项目中的任意一个电路原理图，打开原理图文档。

(2) 执行菜单命令【文件】\【创建】\【输出作业文件】，或者利用快捷键命令 F + N + U，生成任务配置文件，如图 5-19 所示。

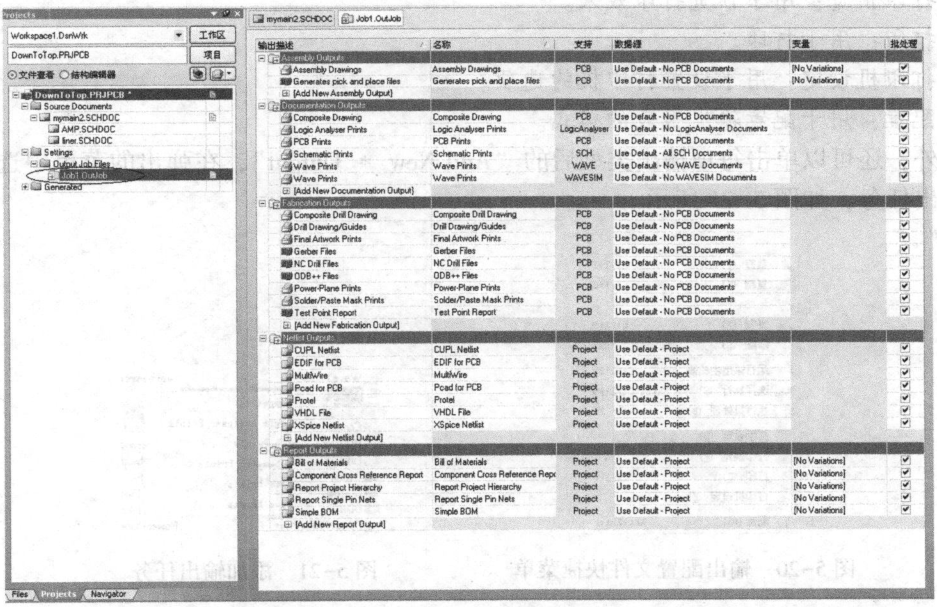

图 5-19　任务配置文件

从该文件的输出描述中可以看到，按照输出数据类型，可以分为以下 5 种。

- Assembly Drawings：PCB 汇编输出文件。
- Documentations Outputs：原理图文档及 PCB 文档的打印输出文件。
- Fabrications Outputs：PCB 生产输出文件。
- Netlist Outputs：各种网络表输出文件。
- Report Outputs：各种报表文档文件。

2. 输出配置

在创建任务配置文件后，接下来就可以配置输出任务了。在配置文件内的任意一个文件名上单击鼠标右键，弹出输出配置文件快捷菜单，如图 5-20 所示。

- ❒ 裁剪：用于剪切选中的输出任务。
- ❒ 复制（C）：用于复制选中的输出任务。
- ❒ 粘贴：用于粘贴剪贴板中的任务。
- ❒ 复制（I）：用于在当前位置直接复制一个输出任务。
- ❒ 清除：用于清除选中的输出任务。
- ❒ 运行输出生成器：选择一个输出任务后，执行该命令可以产生相应的输出文件。
- ❒ 选择执行：用于运行当前选中的多个输出任务。
- ❒ 执行批处理：在输出任务配置文件栏，如果选中了相应的复选框，该复选框对应的输出任务就会被添加到批处理任务中，执行该命令可以一次性地完成批处理任务。
- ❒ 页面设定：用于设定打印输出页面。
- ❒ 打印预览：用于预览打印效果。
- ❒ 打印：用于打印。
- ❒ 打印机设定：用于设置打印机的选项。
- ❒ 配置：用于配置输出报表的格式。

另外，还可以单击每项输出类型后的“Add New * Output”，在弹出的菜单中选择要添加的输出任务，如图 5-21 所示。

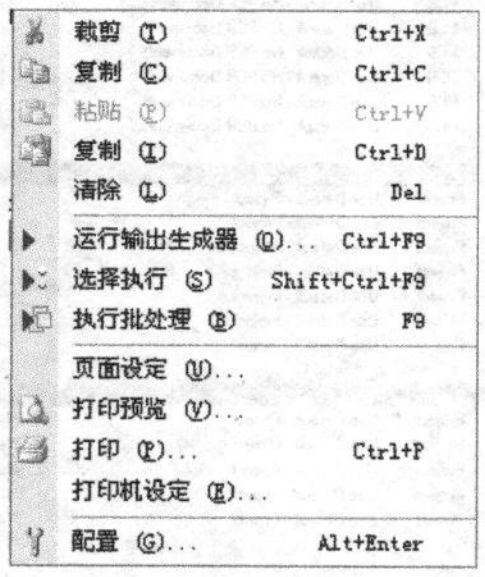

图 5-20　输出配置文件快捷菜单

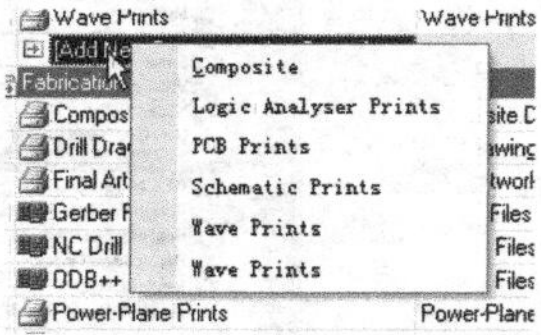

图 5-21　添加输出任务

对于当前打开的项目文件，设定的输出配置如图 5-22 所示。

3. 数据输出

设置好批处理任务后，在任何一个输出任务上单击鼠标右键，然后选择快捷菜单中的【执行批处理】命令，弹出【Batch Output】对话框，如图 5-23 所示。

如果无须重新更改设置，单击按钮 Yes 予以确认，则系统将根据设置一次性生成选中的输出任务。从工作区面板中可以查看输出的文件，如图 5-24 所示。

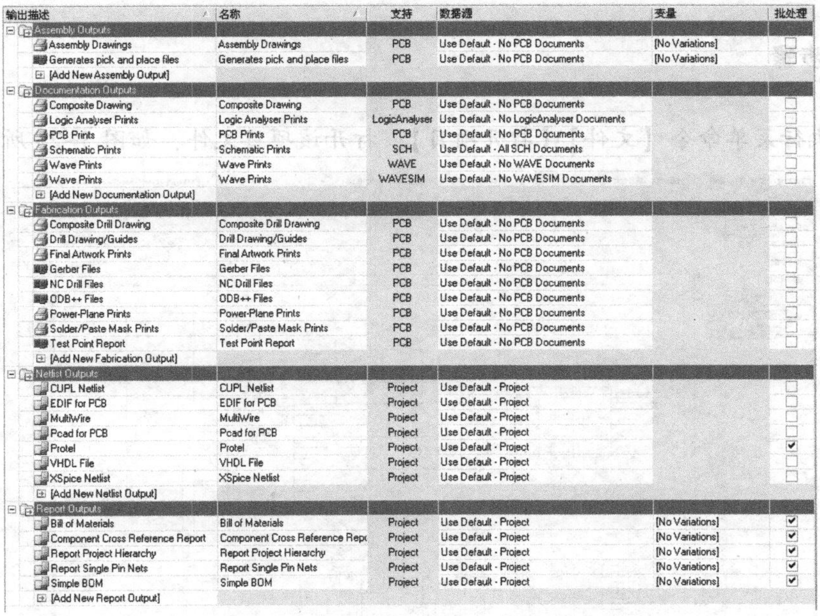

图 5-22 当前项目的输出配置设置举例

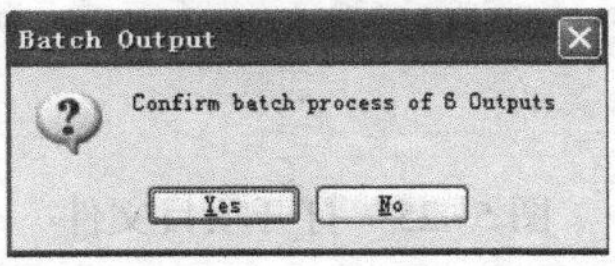

图 5-23 【Batch Output】对话框

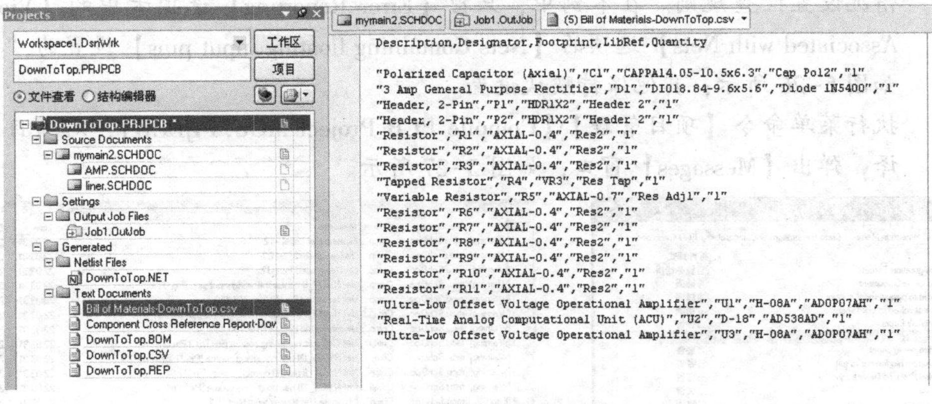

图 5-24 输出文件的查看

5.6 实例讲解

【实例 5-3】工程项目文件的电气规则检查和输出任务的配置。

本例中以 E:\Chart5\MCU. PrjPCB 项目文件为例，进行工程项目电气规则检查和输出任务的配置操作。

设计步骤

[1] 执行菜单命令【文件】\【打开项目】，打开该项目文件，如图 5-25 所示。

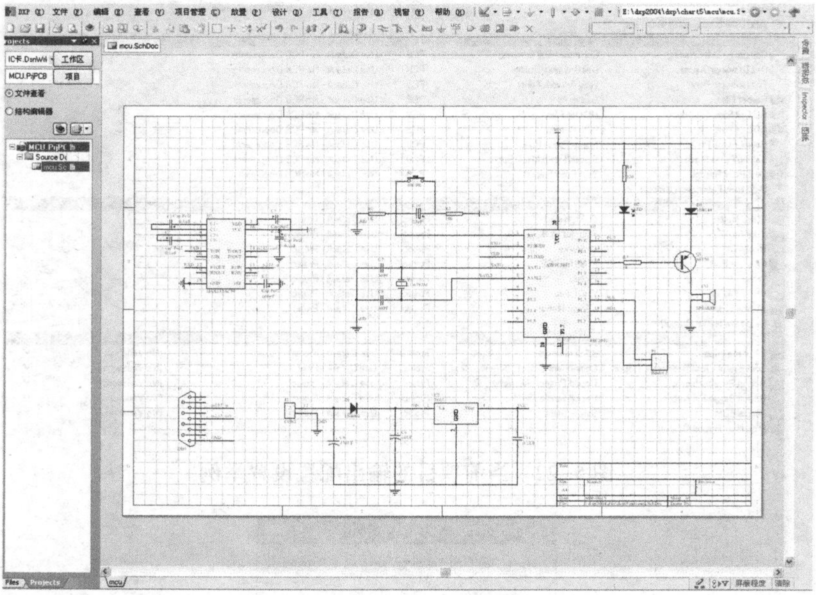

图 5-25　打开项目文件

[2] 执行菜单命令【项目管理】\【项目管理选项】，打开项目管理选项对话框，根据实际情况设置检查规则。在本例中，只把【Error Reporting】选项卡中的【Violations Associated with Nets】选项的【Nets Containing floating input pins】设置为“警告”，如图 5-26 所示；其他保持默认设置。

[3] 执行菜单命令【项目管理】\【Compile PCB Project MCU. PrjPCB】，对项目进行编译，弹出【Messages】窗口，如图 5-27 所示。

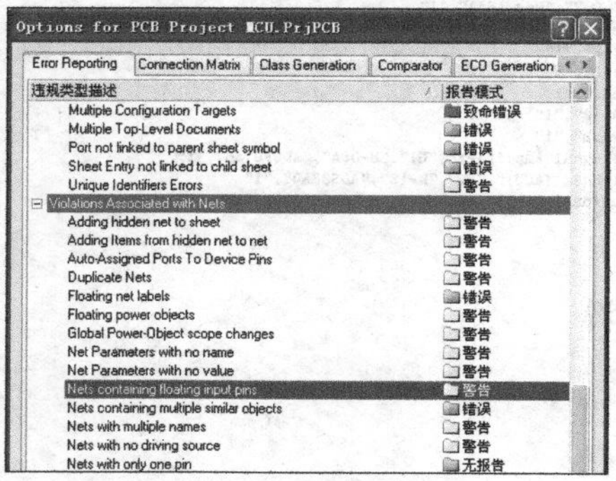

图 5-26　检查规则的设置

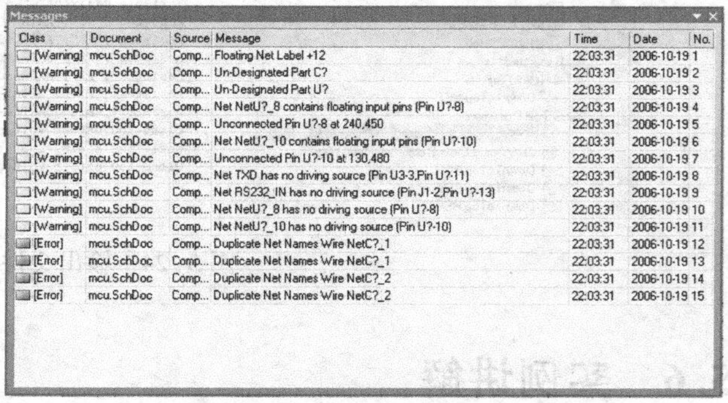

图 5-27　【Messages】窗口

[4] 在【Messages】窗口中，单击“Warring”或“Error”，则原理图中与之相对应的信息变为高亮状态，其他部分则变得灰暗。以单击其中一个“Warring”为例，结果如图 5-28 所示。

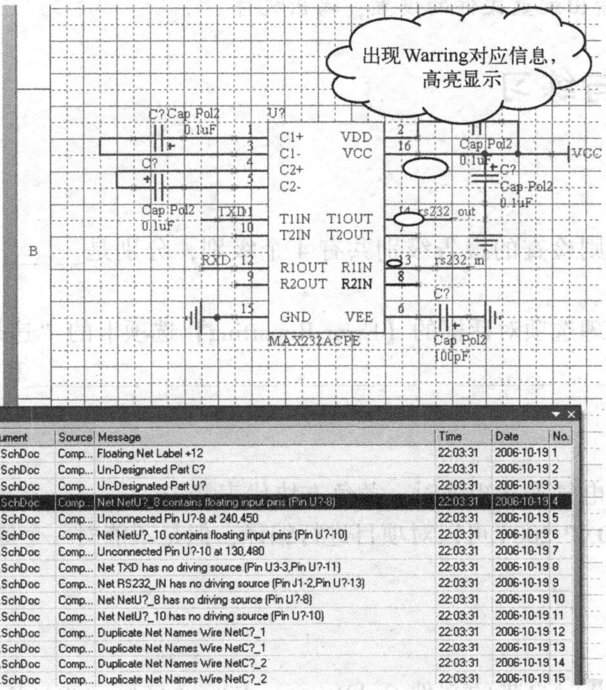

图 5-28　电气规则检查结果的查看

[5]　对相应的错误和警告进行修改并保存。重复以上步骤，检查原理图无误后保存，完成电气规则检查。

[6]　执行菜单命令【文件】\【创建】\【输出作业文件】，生成任务配置文件 Job1. OutJob，系统同时打开【输出描述】对话框，根据实际需要，进行输出配置设置，如图 5-29 所示。完成后，保存任务配置文件。

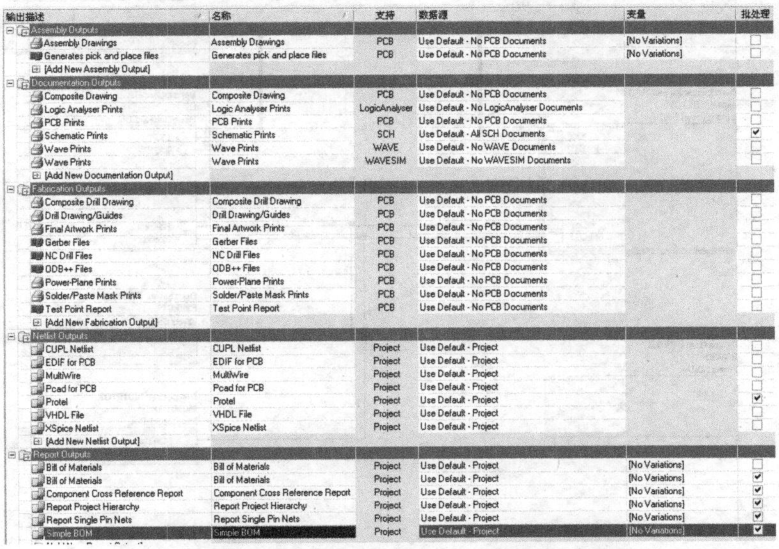

图 5-29　【输出描述】对话框

［7］ 根据输出配置文件的设置，输出文件。

5.7 思考与练习

1. 填空

（1）电气规则检查的报告级别共有 4 个级别，分别是________、________、________和________。

（2）项目管理选项对话框的【Error Reporting】选项卡的“违规类型描述”主要包含以下内容是________、________、________、________、________和________。

2. 判断题

（1）在设置电气连接矩阵时，黄色方块代表警告。 （ ）

（2）Protel DXP 2004 可以对项目进行编译，但是不能对一个原理图文档进行编译。 （ ）

3. 操作练习

打开系统安装时自带的文件 C：\Program Files \Altium2004\Example\Reference Designs\Multi-Channel Mixer\ Mixer. PrjPCB，其顶层原理图如图 5-30 所示。进行下列操作练习。

（1）原理图电气规则检查的规则设置与检查。

（2）常用报表的生成操作练习。

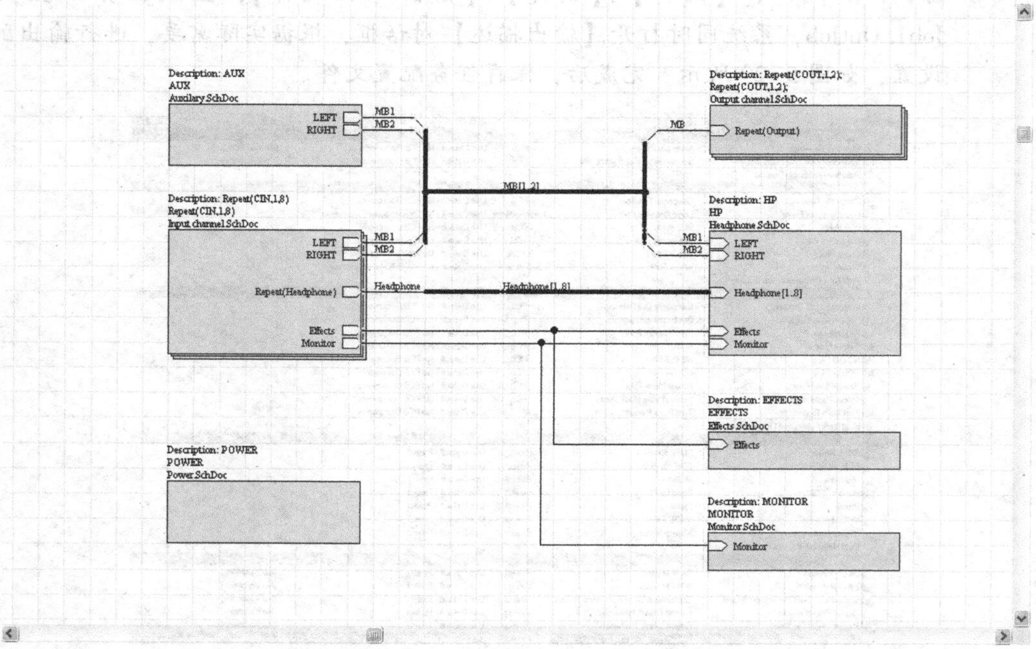

图 5-30 项目 Mixer 的顶层原理图

第 6 章　制作元器件与建立元器件库

在原理图的制作过程中，常用的元器件已经集成在元器件库中，都可以直接调用。但随着科学技术的发展和新元器件的不断推出，在实际电路设计过程中，可能会用到一些新的元器件，而这些新的元器件在现有的元器件库中是找不到的，这就需要自己动手创建该元器件的电气图形符号或电气图形符号库。

6.1　元器件库编辑器

新建原理图元器件或元器件库，必须在原理图元器件编辑状态下进行。原理图元器件库编辑器主要用于编辑、制作和管理元器件的图形符号，其操作界面和原理图编辑界面基本相同，不同之处是它有专门用于制作元器件和进行库管理的工具。

1. 启动元器件库编辑器

启动元器件库编辑器的具体步骤如下所述。

(1) 执行菜单命令【文件】\【创建】\【库】\【原理图库】，打开原理图元器件库编辑器，系统自动生成了一个原理图元器件库文件 Schlib1. SchLib，如图 6-1 所示。

(2) 将原理图元器件库文件保存为“E:\Chart6\mylib\Schlib1. SchLib”。

(3) 执行菜单命令【查看】\【工作区面板】\【SCH】\【SCH Library】，在工作区面板中打开【SCH Library】对话框，如图 6-2 所示。

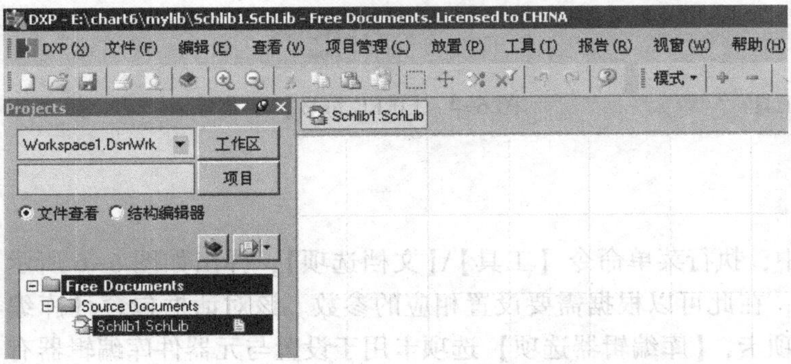

图 6-1　原理图元器件库编辑器

图 6-2　【SCH Library】对话框

❒ 元件：用于查找、选择或取用元器件。
❒ 别名：用于设置选中元器件的别名。

- Pins：用于将当前工作区中元器件引脚的名称及状态列于引脚列表中，引脚区域用于显示引脚信息。利用该区域的不同命令，可以添加新的引脚、删除引脚，以及设置元器件引脚的属性。
- 模型：用于设定元器件的 PCB 封装、信号的完整性及仿真模式等。

2. 绘图工具

在原理图元器件库编辑器中，除了有绘制原理图时经常用到的一般绘图工具，还有绘制元器件引脚和 IEEE 符号等绘图工具。

执行菜单命令【放置】，从弹出的下拉菜单中可以看到常用的绘图工具命令，如图 6-3 所示。其中，【引脚】命令用于在新建的元器件上绘制引脚。

单击图 6-3 中的【IEEE 符号】，打开【IEEE 符号】子菜单，如图 6-4 所示。另外，IEEE 符号还可以通过单击工具栏上按钮打开，如图 6-5 所示。

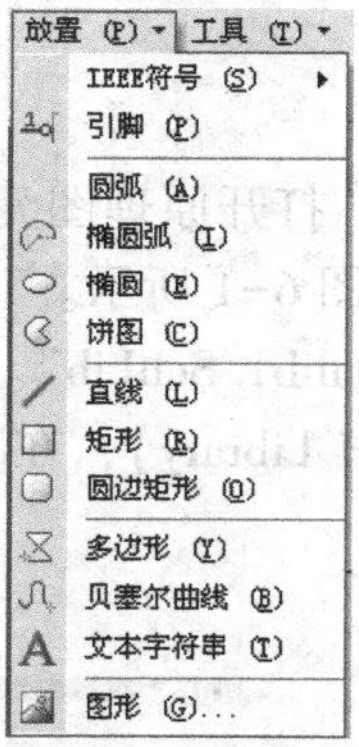

图 6-3　常用的绘图工具

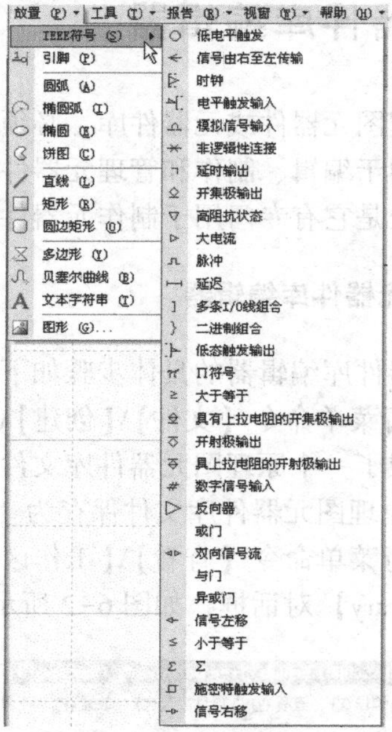

图 6-4　【IEEE 符号】子菜单

3. 工作区参数

在原理图元器件库编辑器中，执行菜单命令【工具】\【文档选项】，弹出如图 6-6 所示的【库编辑器工作区】对话框，在此可以根据需要设置相应的参数。该对话框包含【库编辑器选项】和【单位】两个选项卡，【库编辑器选项】选项卡用于设置与元器件库编辑器有关的参数，【单位】选项卡用于设置系统采用的单位是英制单位还是公制单位。其中，【库编辑器选项】选项卡包含如下内容。

- 选项：用于设置图纸的风格、尺寸及方向。
- 显示边界：用于设置是否显示图纸边界。

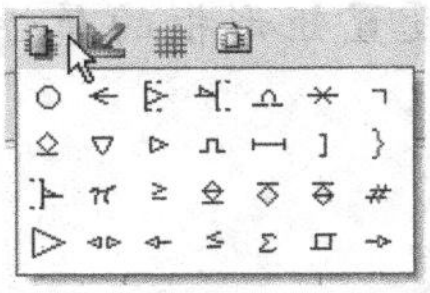

图 6-5　通过工具栏打开 IEEE 符号

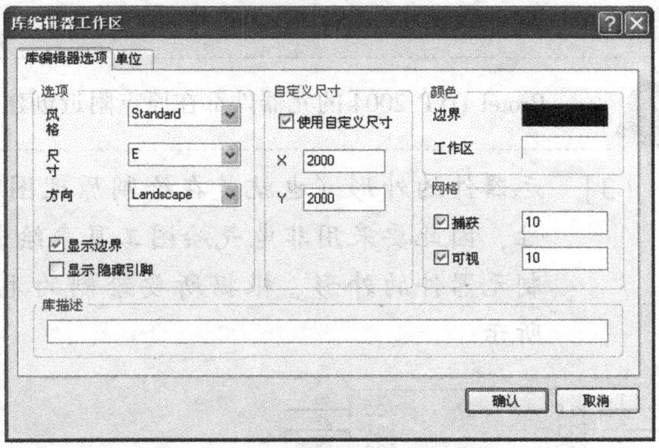

图 6-6　【库编辑器工作区】对话框

- ❐ 显示隐藏引脚：用于设置是否显示库元器件的隐藏引脚。
- ❐ 自定义尺寸：设置是否使用自定义的图纸尺寸。选中【使用自定义尺寸】选项后，可以在【X】栏和【Y】栏中输入图纸的宽度和高度。
- ❐ 颜色：用于设置边界和工作区的颜色。
- ❐ 网格：用于设置捕获网格和可视网格的大小。
- ❐ 库描述：用于输入对原理图库文件的说明，该说明可以为系统进行元器件库查找提供相应的帮助信息。

6.2　创建元器件

在按照 6.1 节的方法创建了新的元器件库，并从工作区面板上打开元器件编辑管理器后，可以看到在元器件库中自动生成了一个新的元器件，其名称为“Component_1”。接下来就可以在该编辑环境下创建自己的元器件了。

1. 制作新元器件

由于在新建的元器件库“Schlib1. SchLib”中已经有一个新元器件 Component_1，下面就以对该元器件的编辑为例，介绍创建新元器件的方法。

【实例 6-1】制作一个新元器件。

本例首先根据需要设置工作区参数，然后制作一个如图 6-7 所示的新元器件AT89S51。

操作步骤

[1]　在元器件库编辑管理器中，选中元器件 Component_1，然后执行菜单命令【工具】\【重新命名元件】，弹出【Rename Component】对话框，如图 6-8 所示；将元器件的名称修改为“AT89S51”，然后单击按钮 确认 进行确认。此时在工作区面板的【SCH Library】选项卡中可以看到，元器件的名称已经变为“AT89S51”。

[2]　执行菜单命令【编辑】\【跳转到】\【原点】，或者按快捷键 Ctrl + Home，将图纸

原点调整到设计窗口的中心。

Protel DXP 2004 的元器件都在原点附近创建，并将其作为该元器件的参考点。

［3］　元器件的外形（也就是在绘制原理图时看到的元器件的轮廓），并不具备电气特性，因此要采用非电气绘图工具来绘制。在绘图区窗口中心位置放置矩形框以绘制元器件的外形。根据所要绘制的元器件，适当设置矩形框的属性，如图 6-9 所示。

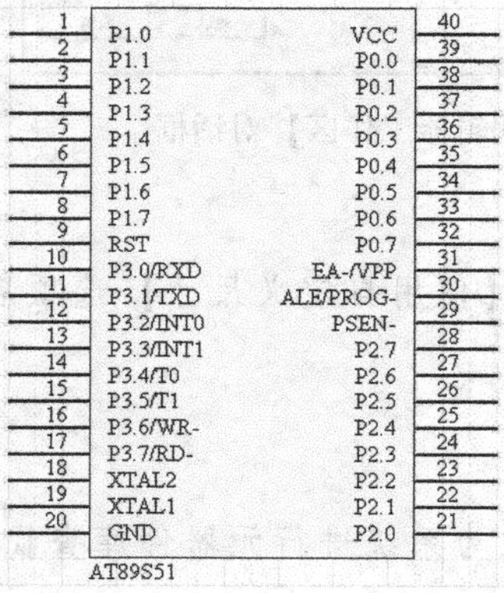

图 6-7　要制作的新元器件

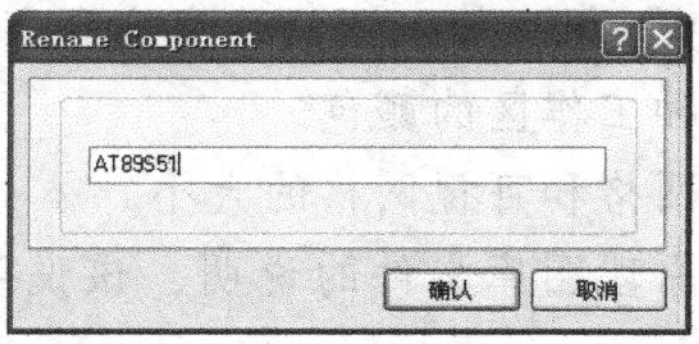

图 6-8　【Rename Component】对话框

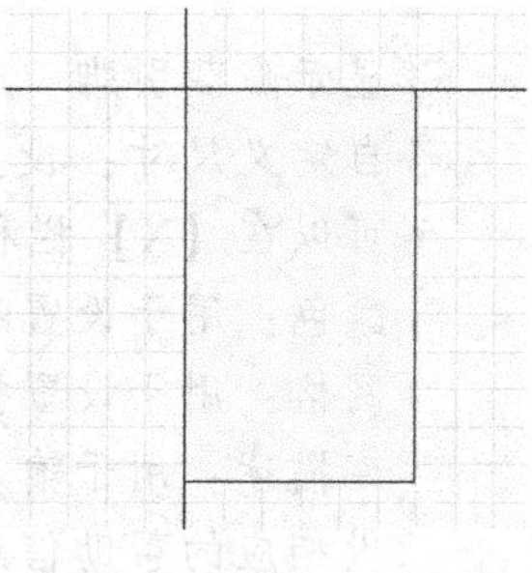

图 6-9　绘制 AT89S51 的外形

［4］　接下来要为该元器件添加引脚。所谓元器件引脚，就是元器件与导线或其他元器件进行电气连接的地方，它具有电气属性。在绘图区单击鼠标右键，执行菜单命令【放置】\【引脚】（或按快捷键P+P），可以看到在光标上黏附一个引脚符号轮廓，如图 6-10 所示。

［5］　按Tab键，弹出【引脚属性】对话框，选择【逻辑】选项卡，如图 6-11 所示。

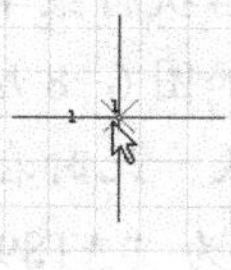

图 6-10　引脚符号轮廓

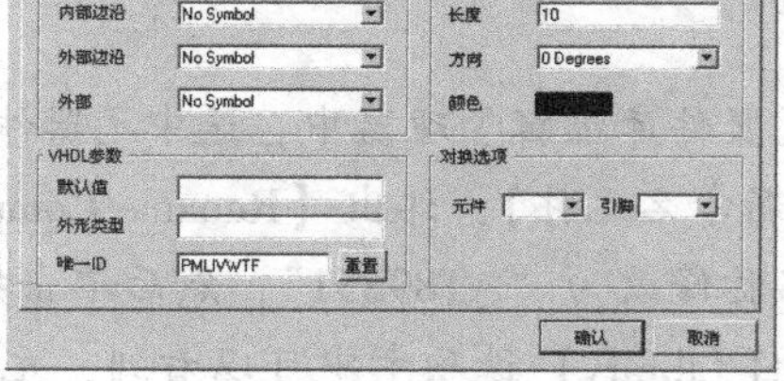

图 6-11　【引脚属性】对话框（【逻辑】选项卡）

- ❐ 显示名称：用于设置引脚的显示名称。可以在右侧的复选框中选择是否显示。
- ❐ 标识符：用于设置引脚的标识。这个标识很重要，在生成网络表时要用到它。同样，可以在右侧的复选框中选择是否可视。
- ❐ 电气类型：用于设置引脚的电气特性。可以单击其右侧的按钮▼，弹出下拉列表，从中根据引脚的电气特性进行设置，如图 6-12 所示。其中，【Input】为输入端口，【IO】为 I/O 端口，【Output】为输出端口，【Open Collector】为集电极开路端口，【Passive】为无源端口，【HiZ】为高阻，【Emitter】为三极管发射极，【Power】为电源端口。

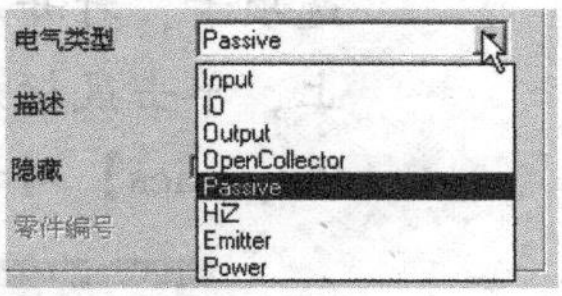

图 6-12 引脚电气类型的设置

> 引脚的电气特性在进行 ERC 检查时很重要，但是在网络表中并不需要对该信息进行设置。因此，若要进行 ERC 检查，应设置引脚的电气类型；如果不进行 ERC 检查，可以不设置该信息。

- ❐ 描述：用于输入引脚的描述信息。
- ❐ 隐藏：用于设置是否将该引脚设置为隐藏的引脚。若选中该复选框，则其右侧的【连接到】栏将有效，这时必须在【连接到】栏中输入与该引脚相连接的电气网络的名称。通常，隐藏的引脚为电源引脚或接地引脚。
- ❐ 内部：用于设置引脚在元器件内部的符号。
- ❐ 内部边沿：用于设置引脚在元器件内部边框上的符号。
- ❐ 外部边沿：用于设置引脚在元器件外部边框上的符号。
- ❐ VHDL 参数：用于设置与 VHDL 引脚有关的参数。
- ❐ 图形：用于设置引脚的图形参数，包括引脚的位置、长度、方向、颜色。

[6] 根据 AT89S51 的标号为 1 的引脚电气属性，设置【显示名称】栏为“P1.0”，设置【标识符】栏为“1”。第一个引脚应该放置在绘制的矩形边框的左上角，因此，还要设置【方向】栏为“180 Degrees”；【电气类型】栏设置为“Passive”。也可以查阅并参考 AT89S51 的器件手册进行设置。

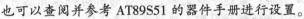

[7] 设置完成后，单击按钮 确认 ，将光标移动到矩形边框的左上角，单击鼠标左键放置第一个引脚。此时可以看到，第一个引脚放置在元器件的边框上，此时光标上还黏附一个新的引脚，并且标识符自动加 1，表示可以继续放置其他引脚，如图 6-13 所示。

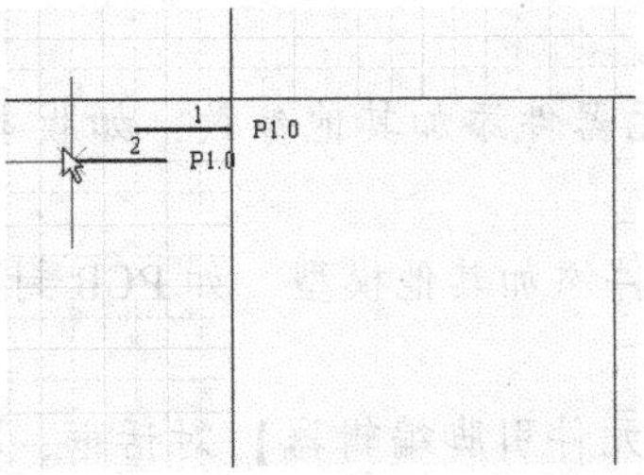

图 6-13 放置第一个引脚

> 在元器件引脚中，若为低电平有效，经常在元器件引脚名称上加一横线进行标识，如果希望在绘制自己的元器件时采用该标识方法，可以在【原理图优先设定】对话框的【Schematic】选项组中的【Graphical Editing】选项卡中，复选☑单一'\'表示负(S)。例如，如果引脚名称输入“\EA”，则显示为：$\overline{EA}$。

[8] 按照相同的方法放置其他引脚。引脚的名称、标号等属性可参考 AT89S51 的器件手册进行设置，在此不作详细的介绍。

[9] 绘制完引脚后，接下来设置元器件的属性。在工作区面板中，单击【SCH Library】选项卡，打开库元器件管理器。移动光标到【元件】区域的新建元器件 AT89S51 上，单击鼠标左键选中该元器件，然后单击按钮 编辑 ，打开【Library Component Properties】对话框，如图 6-14 所示。

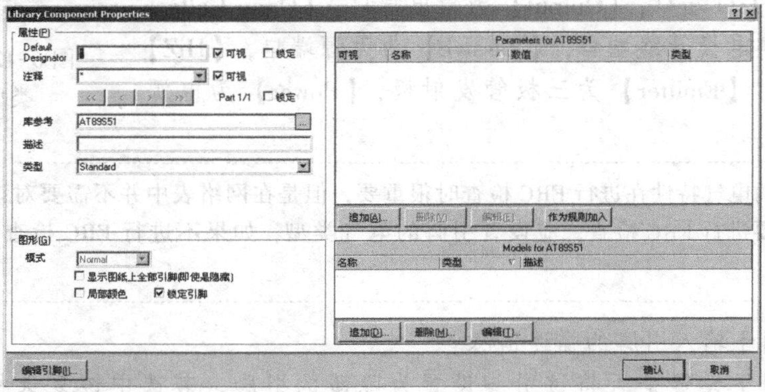

图 6-14 【Library Component Properties】对话框

- ❒ Default Designator：用于设置元器件的默认流水号。本例修改此项内容为“U?”。可选择该参数是否显示或锁定。
- ❒ 注释：用于对元器件进行简单的描述。根据实际需要，本例设置为“8bit MCU”。
- ❒ 库参考：用于设置元器件在系统中的标识符，本例输入“AT89S51”。
- ❒ 描述：用于对元器件进行描述，本例设置为“8bit MCU，PDIP，40Pins”。
- ❒ 类型：用于设置库元器件的类型，本例采用系统默认值“Standard”。
- ❒ 显示图纸上全部引脚（即使是隐藏）：若选中该选项，则在原理图上会显示该元器件的全部引脚。
- ❒ 锁定引脚：若选中该选项，所有的引脚将与元器件成为一个整体，这样将不能在原理图上单独移动引脚。建议选中该选项。
- ❒【Parameters for AT89S51】区域的按钮 追加(A)... ：可以为元器件添加其他参数，如版本、设计者等。
- ❒【Models for AT89S51】区域的按钮 追加(A)... ：可以为元器件添加其他模型，如 PCB 封装模型、信号完整性模型、仿真模型等。
- ❒ 编辑引脚(L)... ：单击该按钮，弹出【元件引脚编辑器】对话框，在此可以对元器件的引脚进行编辑。

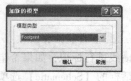

图 6-15 【加新的模型】对话框

[10] 编辑好元器件的引脚后，接下来需要对元器件进行封装设置。在【Library Component Properties】对话框中，单击【Models for AT89S51】区域的按钮 追加(A)... ，弹出【加新的模型】对话框，如图 6-15 所示。单击下拉按钮 ，从弹出的选项中选择【Footprint】。

[11] 单击按钮确认，弹出【PCB模型】对话框，如图6-16所示。可以通过该对话框对元器件封装进行设置。

[12] 单击对话框中的按钮浏览(B)...，弹出【库浏览】对话框，如图6-17所示。

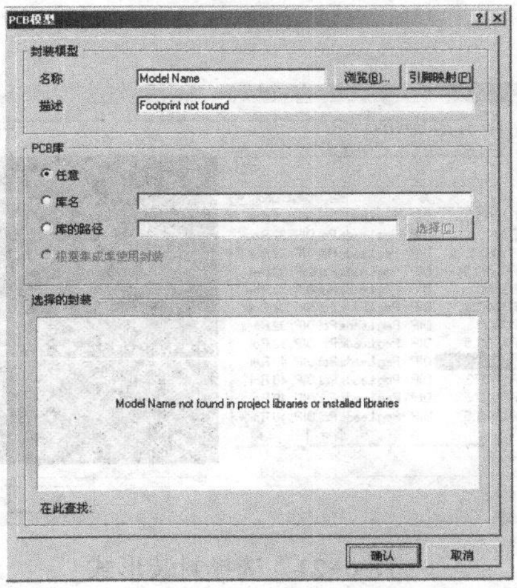

图6-16 【PCB模型】对话框

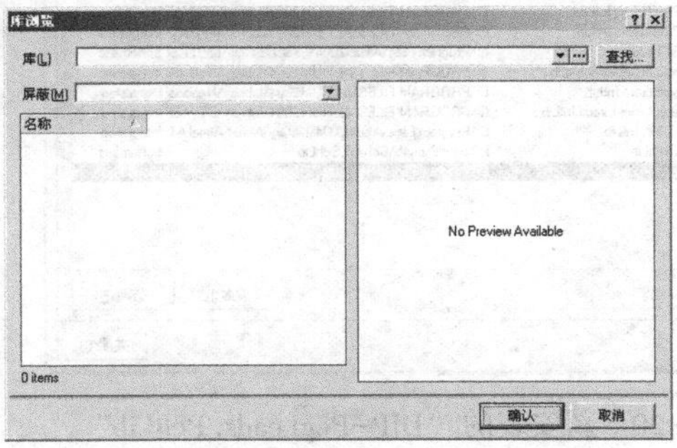

图6-17 【库浏览】对话框

[13] AT89S51有PDIP、PLCC和TQFP三种封装形式，在此选择PDIP封装形式。单击【库浏览】对话框中的按钮…，弹出【可用元件库】对话框，如图6-18所示。

[14] 单击【可用元件库】对话框中的按钮安装(I)...，弹出【打开】对话框，设置【文件类型】栏为“Protel Footprint Library（*.PCBLIB）”，并且设置【查找范围】栏为“C:\ Program Files \ Altium2004 \ Library \ PCB”，如图6-19所示。

[15] 选择“DIP-PegLeads. PCBLIB”，单击按钮打开(O)，返回到【可用元件库】对话框中，可以发现在该对话框的【安装】选项卡的【安装元件库】列表中添加了新安装的“DIP-PegLeads. PcbLib”，如图6-20所示。

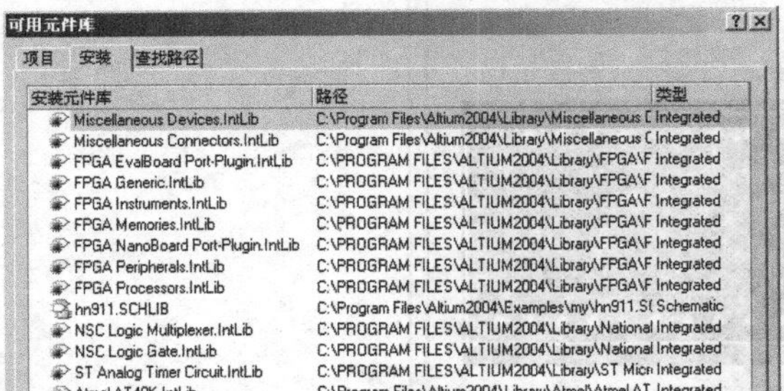

图6-18 【可用元件库】对话框

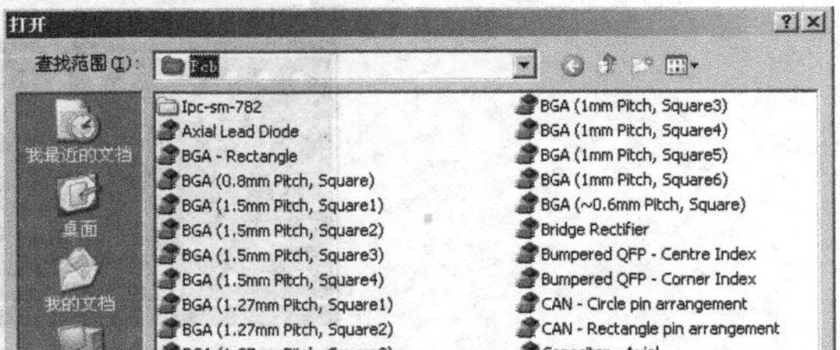

图6-19 【打开】对话框

［16］ 单击按钮 关闭(C) ，返回到【库浏览】对话框，可以看到在【库】栏中出现了刚刚安装的库名称，从【名称】列表中选择“DIP-P40”的封装形式，如图 6-21 所示。

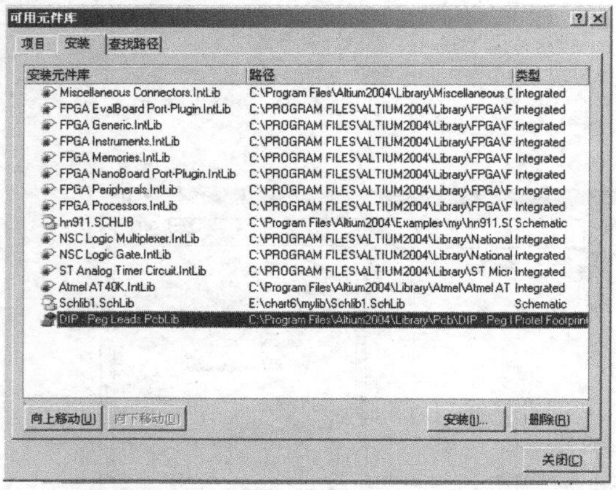

图 6-20　新安装的“DIP-PegLeads. PcbLib”

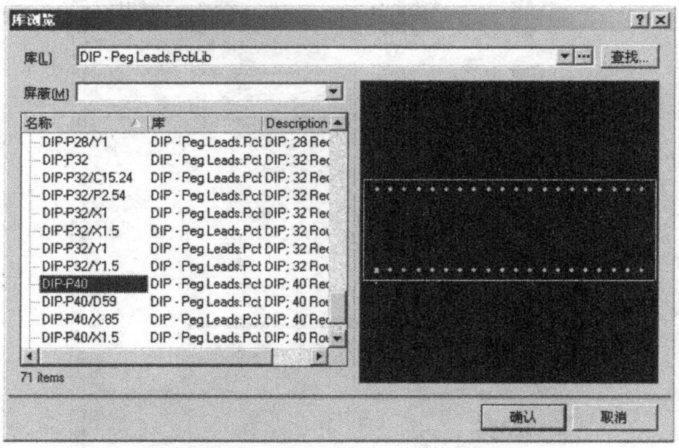

图 6-21　选择封装形式

［17］ 单击【库浏览】对话框上的按钮 确认 ，返回【PCB 模型】对话框，如图 6-22 所示。可以看到【封装模型】选项的【名称】栏和【描述】栏均自动设置为刚刚选择的设置，并且在【选择的封装】预览框中可以预览封装的样式。

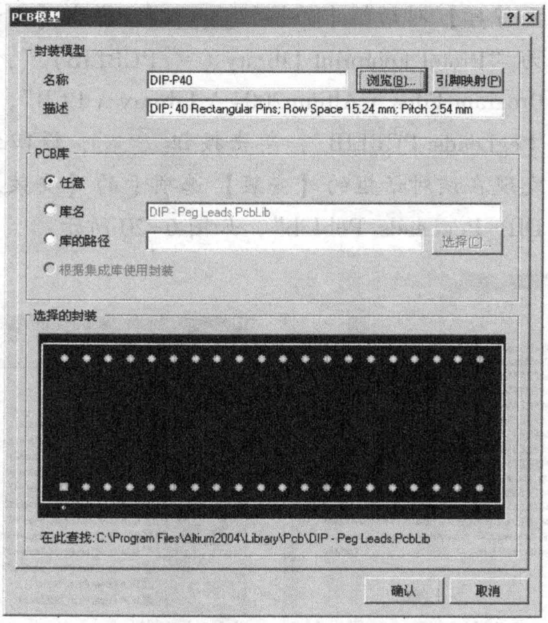

图 6-22　【PCB 模型】对话框

［18］ 单击按钮 确认 ，返回【Library Component Properties】对话框，可以看到在【Models for AT89S51】区域中添加了元器件封装形式描述，如图 6-23 所示。

[19] 单击【Library Component Properties】对话框的按钮 确认 予以确认，对设计的元器件进行保存，完成新元器件 AT89S51 的制作。

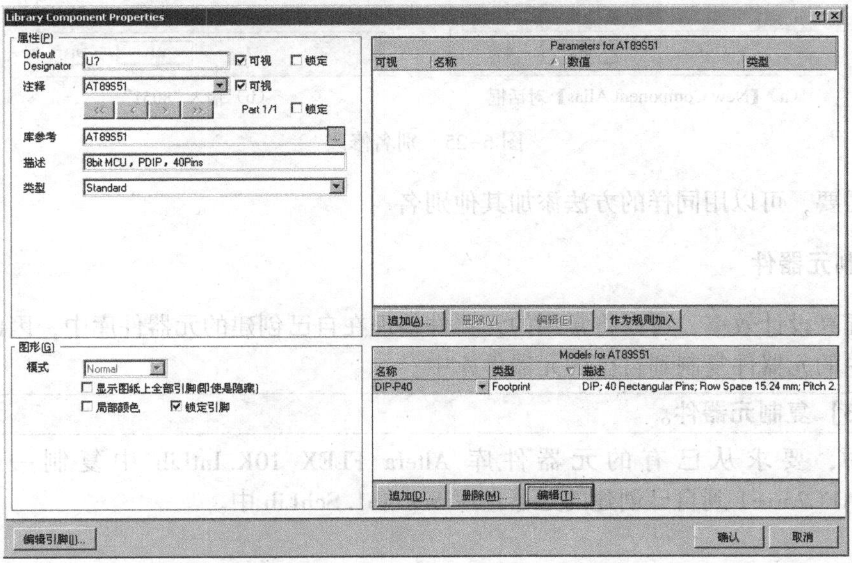

图 6-23 完成设置后的【Library Component Properties】对话框

2. 为元器件添加别名

由于具有同样功能的元器件可能有多个厂家在生产，虽然元器件的功能和封装模型等完全一样，但各个厂家的产品名称或型号可能不一样，因此同一功能的元器件可能有不同的名称。对于这种元器件，没有必要为每一个型号的产品设计元器件外形和封装模型，只要为元器件添加别名即可。

【实例 6-2】给新创建的元器件添加别名。

本例中要求为实例 6-1 中创建的元器件 AT89S51 添加一个别名“8051”。

操作步骤

[1] 执行菜单命令【查看】\【工作区面板】\【SCH】\【SCH Library】，在工作区面板中打开【SCH Library】对话框，如图 6-24 所示。

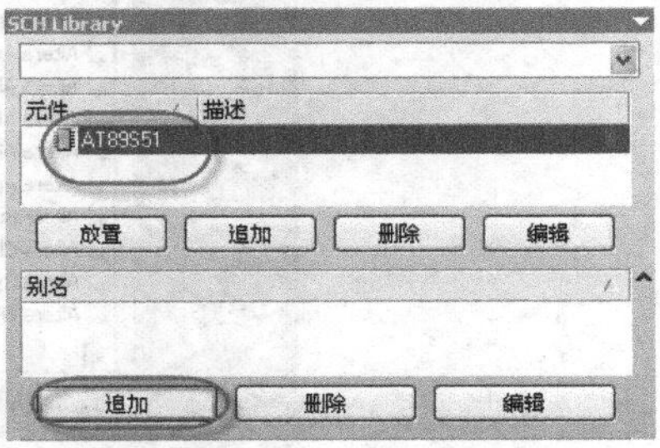

图 6-24 单击按钮 追加

[2] 从【元件】栏中选择需要添加别名的元器件 AT89S51。

[3] 单击【别名】栏的按钮 追加 ，弹出【New Component Alias】对话框，如图 6-25（a）所示。将栏中的内容修改为“8051”，如图 6-25（b）所示。修改完成后，单击按钮 确认 予以确认，完成元器件别名的设置。

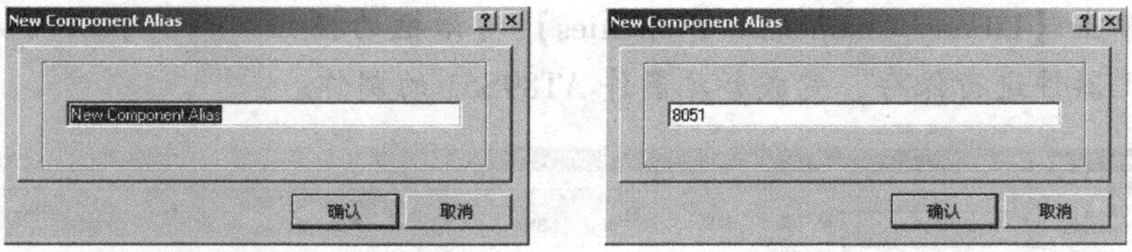

（a）【New Component Alias】对话框　　（b）输入“8051”

图 6-25　别名修改

如果需要，可以用同样的方法添加其他别名。

3. 复制元器件

为了提高设计效率，可以将常用的元器件整理在自己创建的元器件库中，因此要将其他元器件库中的元器件复制到自己的元器件库中。

【实例 6-3】复制元器件。

本例中，要求从已有的元器件库 Altera FLEX 10K. IntLib 中复制一个元器件 EPF10K10AFC256-1 到自己创建的元器件库 SchLib1. SchLib 中。

操作步骤

[1]　打开自己创建的元器件库 SchLib1. SchLib。

[2]　执行菜单命令【文件】\【打开】，弹出【Choose Document to Open】对话框，在【查找范围】栏中找到并选择“C:\Program Files\Altium2004\Library\Altera\Altera FLEX 10K. IntLib”文件，如图 6-26 所示。

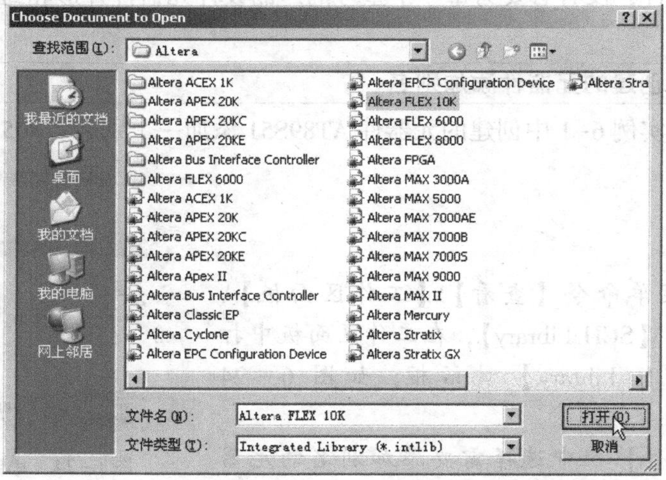

图 6-26　【Choose Document to Open】对话框

[3]　单击按钮【打开(O)】，弹出【抽取源码或安装】对话框，如图 6-27 所示。对于本例，单击按钮【抽取源(E)】，选择抽取源。

[4]　此时在工作区面板的【Projects】选项卡中添加了打开的元器件库，如图 6-28 所示。

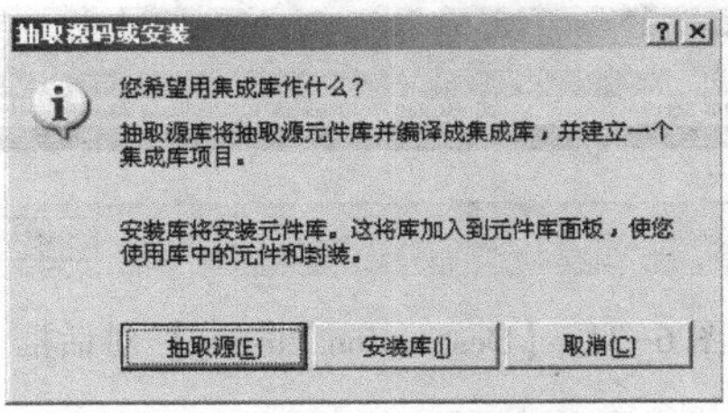

图 6-27　【抽取源码或安装】对话框

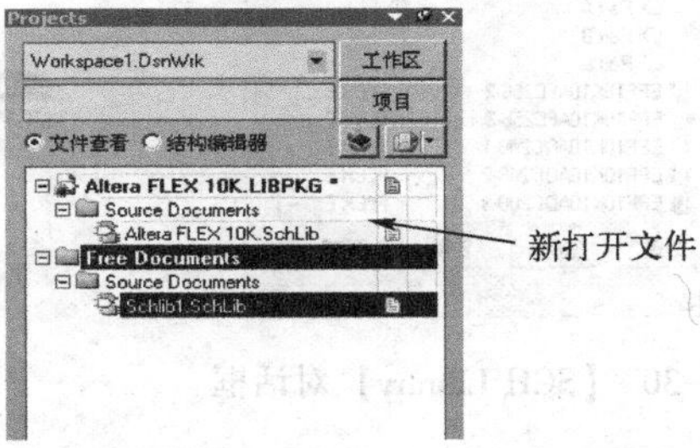

图 6-28　【Projects】选项卡

[5]　单击 Altera FLEX 10K.SchLib，打开该元器件库，如图 6-29 所示。

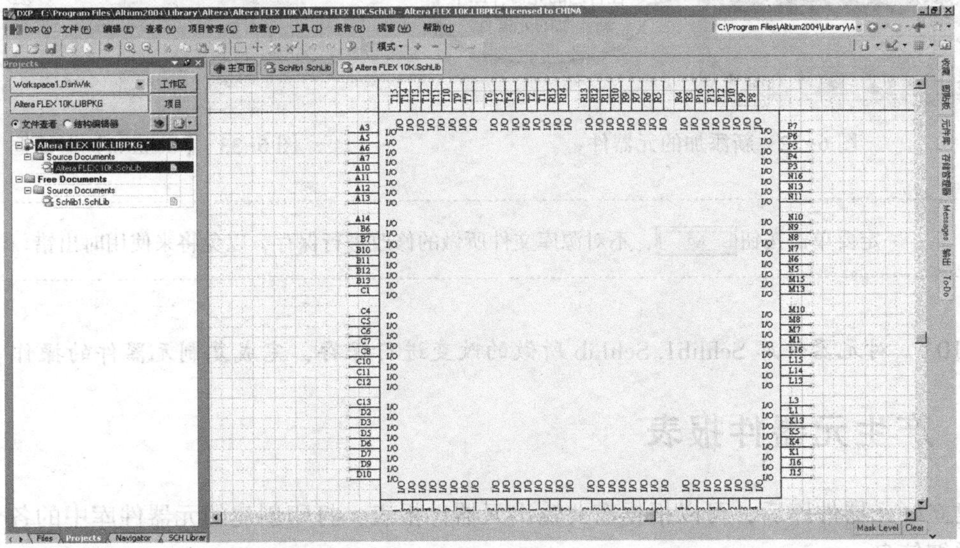

图 6-29　元器件库的打开

[6]　单击工作区面板中的【SCH Library】选项卡，显示【SCH Library】对话框，如图 6-30 所示。在【元件】列表中找到并选中要复制的元器件 EPF10K10AFC256-1。

[7]　执行菜单命令【工具】\【复制元件】，弹出【Destination Library】对话框，如图 6-31 所示。在【文档名】列表中选择复制元器件的目的库，也就是前面创建的 SchLib1. SchLib。

[8]　单击按钮 确认，返回工作区面板的【Projects】选项卡；选中库文件 Schlib1. SchLib，重新切换到【SCH Library】选项卡上，此时会发现，在【元件】列表中出现了刚才复制的元器件，如图 6-32 所示。这表明已经成功地将其他元器件库中的元器件复制到了自己创建的元器件库中。

[9]　在【Projects】选项卡中，关闭刚刚打开的源库文件，此时会弹出【Confirm】对话框，询问是否对源库文件所做的改变进行保存，如图 6-33 所示。

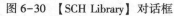

图 6-30 【SCH Library】对话框

图 6-31 【Destination Library】对话框

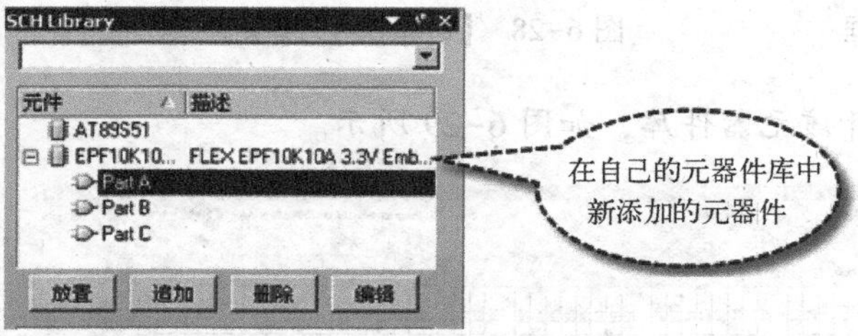

图 6-32 新添加的元器件

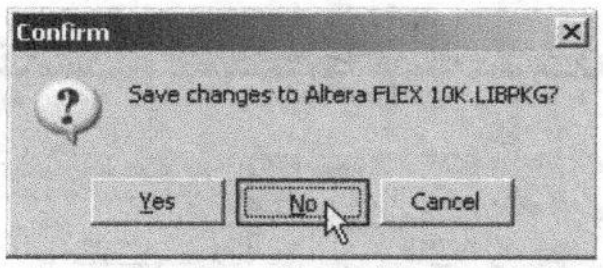

图 6-33 【Confirm】对话框

一定要单击按钮 No ，不对源库文件所做的修改进行保存，以免将来使用时出错。

[10] 对元器件库 Schlib1. SchLib 所做的改变进行保存，完成复制元器件的操作。

6.3 产生元器件报表

建立好元器件库后，可以根据需要输出元器件报表，打印创建的元器件库中的各个元器件的详细信息。

1. 元器件报表

【实例 6-4】元器件报表的输出。

本例中，要求为自己创建的元器件库中的自建元器件 AT89S51 输出元器件报表。

操作步骤

[1] 执行菜单命令【文件】\【打开】，打开自己创建的元器件库 Schlib1. SchLib。

[2] 在工作区面板的【Projects】选项卡中选中该元器件库，并且切换到【SCH Library】选项卡，在【元件】列表中选择要输出元器件报表的 AT89S51。

[3] 执行菜单命令【报告】\【元件】，输出 AT89S51 的元器件报表 SchLib1. cmp，如图 6-34 所示。

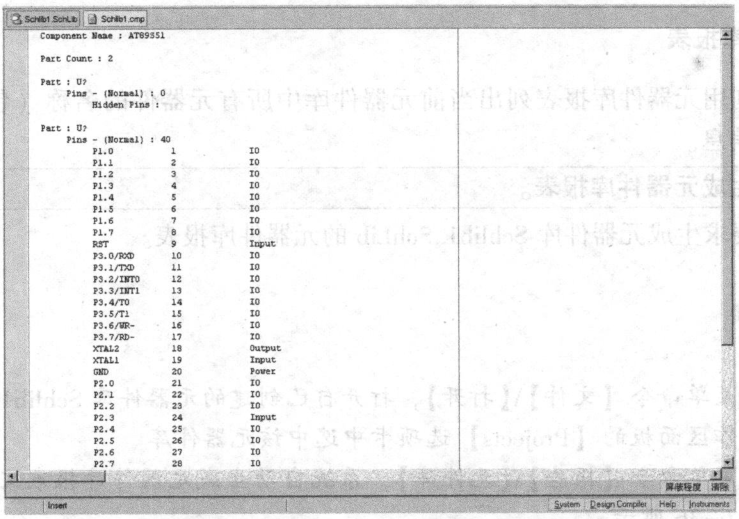

图 6-34　输出的 AT89S51 元器件报表

2. 元器件规则检查报表

元器件规则检查报表用于保存检查自己创建元器件时发现的错误信息。

【实例 6-5】元器件规则检查报表的输出。

本例中，要求对自己创建的元器件库 Schlib1. SchLib 中的元器件 AT89S51 进行元器件规则检查报表的输出。

操作步骤

[1]　执行菜单命令【文件】\【打开】，打开自己创建的元器件库 Schlib1. SchLib。

[2]　在工作区面板的【Projects】选项卡中选中该元器件库，并且切换到【SCH Library】选项卡，在【元件】列表中选择要输出元器件报表的 AT89S51。

[3]　执行菜单命令【报告】\【元件规则检查】，输出 AT89S51 的元器件规则检查报表 SchLib1. ERR，如图 6-35 所示。因为该元器件规则检查中未发现错误，所以输出的报表中没有错误信息。

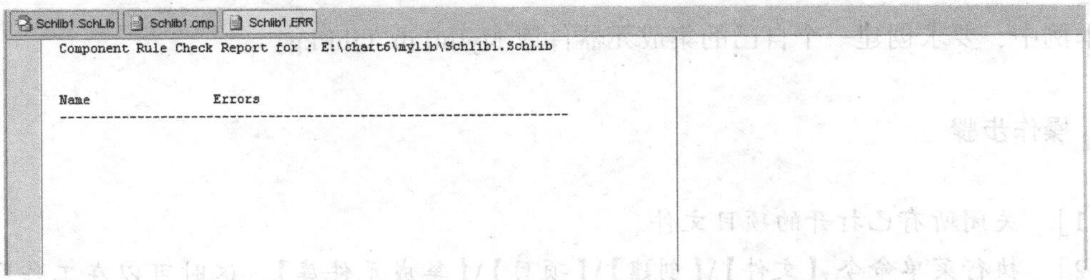

图 6-35　输出的 AT89S51 元器件规则检查报表

3. 元器件库报表

用户可以利用元器件库报表列出当前元器件库中所有元器件的名称（包括元器件的别名）及其描述信息。

【实例 6-6】生成元器件库报表。

本例中，要求生成元器件库 Schlib1. SchLib 的元器件库报表。

操作步骤

[1] 执行菜单命令【文件】\【打开】，打开自己创建的元器件库 Schlib1. SchLib。

[2] 在工作区面板的【Projects】选项卡中选中该元器件库。

[3] 执行菜单命令【报告】\【元件库】，系统自动生成元器件库报表文件 Schlib1. rep，如图 6-36 所示。

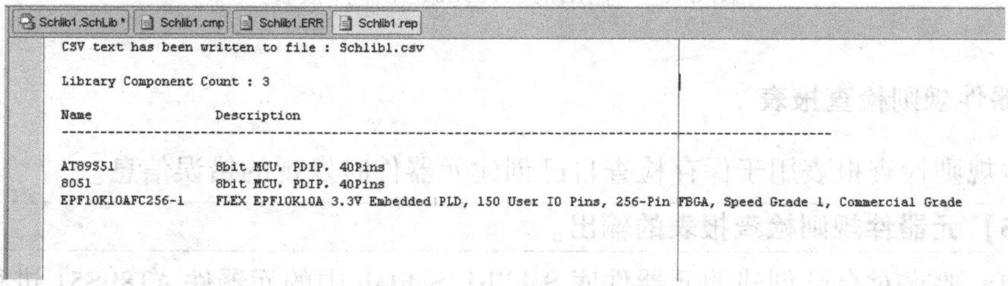


```
CSV text has been written to file : Schlib1.csv

Library Component Count : 3

Name                Description
------------------------------------------------------------------------------------------------

AT89S51             8bit MCU, PDIP, 40Pins
8051                8bit MCU, PDIP, 40Pins
EPF10K10AFC256-1    FLEX EPF10K10A 3.3V Embedded PLD, 150 User IO Pins, 256-Pin FBGA, Speed Grade 1, Commercial Grade
```

图 6-36　生成的元器件库报表文件

6.4　创建集成元器件库

在设计原理图的过程中，经常会用到自己创建的元器件。因此，有必要创建自己的集成元器件库。本节利用前面创建的原理图元器件库和对应的 PCB 封装库来创建自己的集成元器件库。

1. 集成元器件库的创建

【实例 6-7】创建自己的集成元器件库。

本例中，要求创建一个自己的集成元器件库 MyIntLib. LibPkg。

操作步骤

[1] 关闭所有已打开的项目文件。

[2] 执行菜单命令【文件】\【创建】\【项目】\【集成元件库】，这时可以在工作区面板的【Projects】选项卡上看到一个新建的集成元器件库，其名称为“Integrated_Library1. LibPkg”。

[3] 重新命名并保存集成元器件库为“E:\Chart6\MyIntLib\ MyIntLib. LibPkg”。

2. 添加库文件

在创建了空白的集成元器件库后，接下来要为其添加原理图元器件库文件和 PCB 封装库文件。

【实例 6-8】为集成元器件库添加原理图库文件和 PCB 库文件。

本例中，要求向集成元器件库 MyIntLib. LibPkg 添加原理图元器件库文件 Schlib1. SchLib 和 PCB 封装库文件 DIP-PegLeads. PcbLib。

操作步骤

[1] 在工作区面板中选择【Projects】选项卡，选中集成元器件库 MyIntLib. LibPkg，然后单击鼠标右键，从弹出的快捷菜单中执行菜单命令【追加已有文件到项目中】，如图 6-37 所示。

[2] 系统自动弹出【Choose Document to Add to Project [MyIntLib. LibPkg]】对话框，如图 6-38 所示。在【查找范围】栏中找到并选中自己创建的元器件库 E:\chart6\Mylib\SchLib1. SchLib，单击按钮 打开(O)，此时可以看到，在工作区面板的【Projects】选项卡中，“MyIntLib. LibPkg”工程中的“Source Documents”文件夹下添加了一个新文件 SchLib1. SchLib。

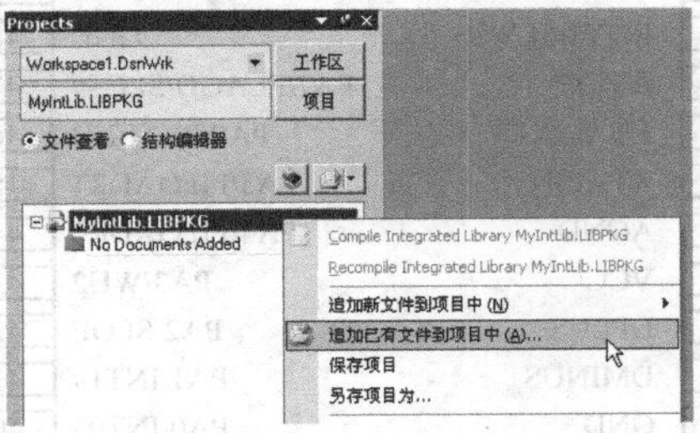

图 6-37 启动追加已有文件命令

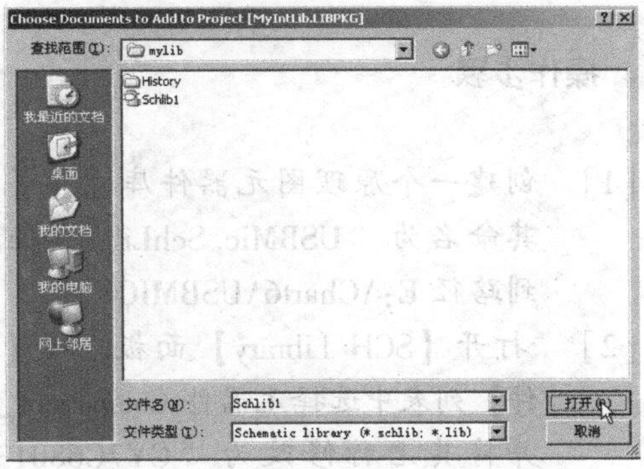

图 6-38 原理图元器件库文件的打开

[3] 用同样的方法添加 PCB 封装库文件 DIP-PegLeads. PcbLib，该文件的路径为 C:\Program Files\Altium2004\Library\PCB。

[4] 由于曾在原理图元器件库中利用复制方法添加了一个元器件 EPF10K10AFC256-1，因此还要追加该元器件的 PCB 封装库 Altera FLEX 10K. PcbLib，该文件的路径为 C:\Program Files\Altium2004\Library\Altera\ Altera FLEX 10K\。

[5] 保存项目，完成库文件的添加操作。

3. 编译集成元器件库

在添加了原理图元器件库文件和 PCB 封装库文件后，接下来就要对集成元器件库进行编译。

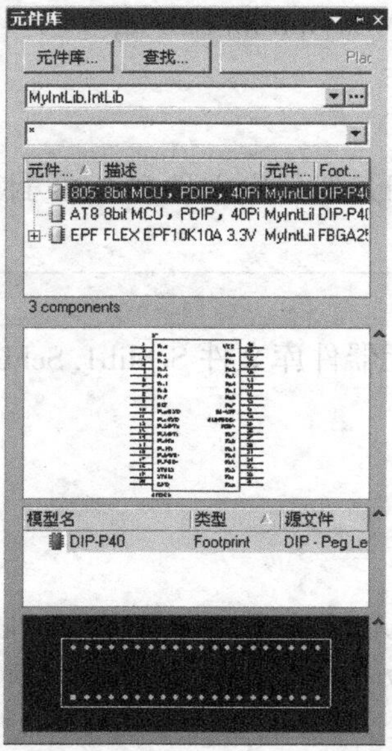

图 6-39 【元件库】对话框

【实例 6-9】编译集成元器件库。

本例中，将对集成元器件库 MyIntLib. SchLib 进行编译。

操作步骤

[1] 执行菜单命令【项目管理】\【Compile Integrated Library MyIntLib. LIBPKG】，对项目进行编译。

[2] 编译完成后，弹出【元件库】对话框，并显示集成元器件库 MyIntLib. IntLib 的信息，包含元器件的名称、外形及封装信息等，如图 6-39 所示。

[3] 保存项目，完成集成元器件库的编译。

6.5 实例讲解

【实例 6-10】创建元器件 CY7C68013-56PVC。

本例中，要求制作 USB2.0 微控制器 CY7C68013 系列中的一款芯片，其型号为 CY7C68013-56PVC，该芯片采用 SSOP 封装，具有 56 个引脚，如图 6-40 所示。

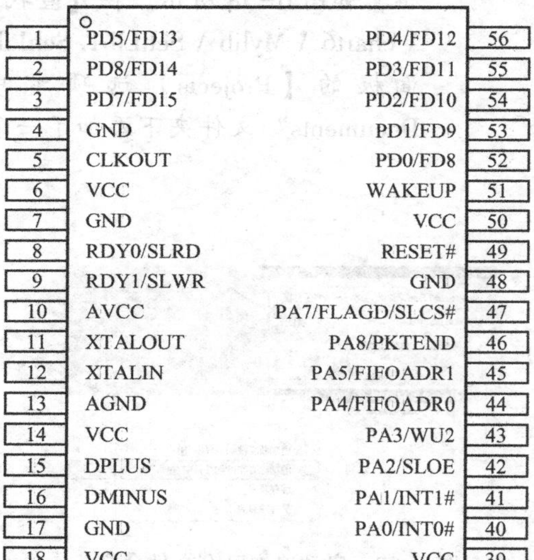

图 6-40 CY7C68013-56PVC 外形示意图

操作步骤

[1] 创建一个原理图元器件库文件并将其命名为“USBMic. SchLib”，保存到路径 E:\Chart6\USBMIC\下。

[2] 打开【SCH Library】面板，从【元件】列表中选择元器件 Component_1，并将其名称修改为“CY7C68013-56PVC”。

[3] 按快捷键 Ctrl + Home，将图纸原点调整到设计窗口的中心。

[4] 执行菜单命令【放置】\【矩形】，在绘图区绘制元器件的外形，如图 6-41 所示。

[5] 执行菜单命令【放置】\【引脚】，启动放置引脚命令，此时可以看到光标上黏附一个引脚的轮廓。按 Tab

键，弹出【引脚属性】对话框。根据元器件第 1 个引脚的名称和位置，设置【显示名称】栏为“PD5/FD13”，【标识符】栏为“1”，【方向】栏为“180 Degrees”，如图 6-42 所示。设置好引脚的属性后，在绘制的元器件轮廓上放置该引脚，如图 6-43 所示。

[6] 用相同的方法绘制其他 55 个引脚，绘制完成后要保存文件。绘制好全部引脚的元器件如图 6-44 所示。

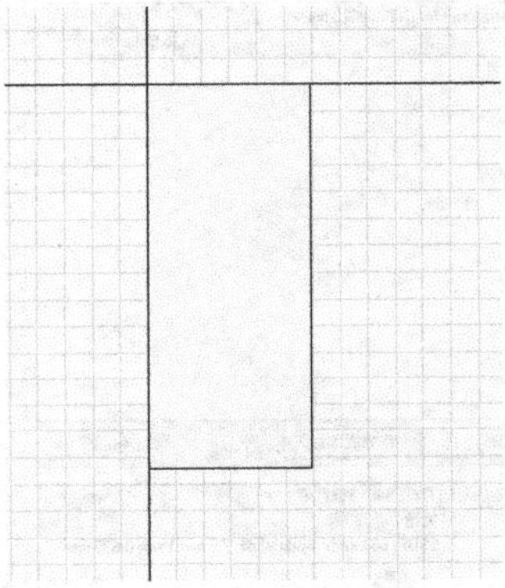

图 6-41　绘制元器件的外形

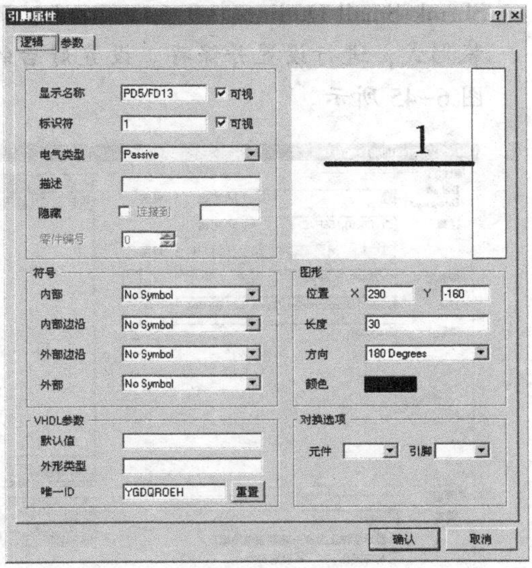

图 6-42　第 1 个引脚属性的设置

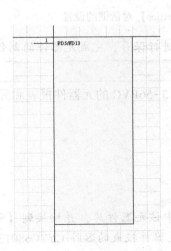

图 6-43　第 1 个引脚的放置

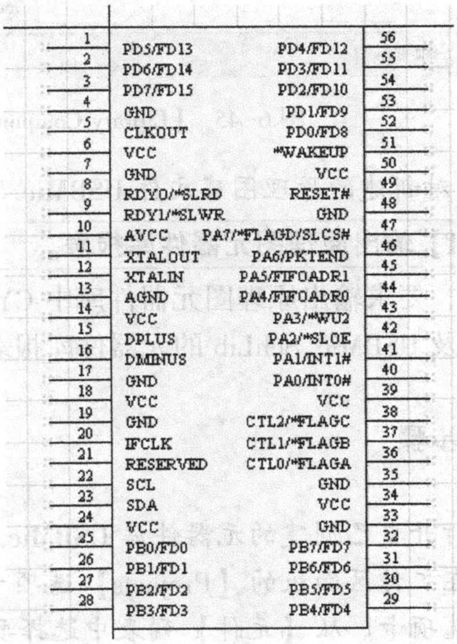

图 6-44　绘制好全部引脚的元器件

[7] 在【SCH Library】面板中选择元器件 CY7C68013-56PVC 并双击鼠标左键，打开【Library Component Properties】对话框，对该元器件的属性进行简单设置。本例

设置【Default Designator】栏为“U?”，【注释】栏为“CY7C68013-56PVC”，【描述】栏为“USB2.0 Microcontroller, 56pins, 3.3V, 8KRAM”。

[8] 单击【Models for CY7C68013-56PVC】区域中的按钮 追加(D)... ，弹出【加新的模型】对话框，设置【模型类型】栏为“FootPrint”，然后单击按钮 确认 。

[9] 系统弹出【PCB 模型】对话框，单击按钮 浏览(B)... ，打开【库浏览】对话框，安装 PCB 封装库，相应库文件路径为 C:\Program Files\Altium2004\Library\PCB\Shrink Small Outline(~0.6mm Pitch).PcbLib。从该封装库中找到元器件相应的封装形式，进行设置并保存。设置好后的【Library Component Properties】对话框如图 6-45 所示。

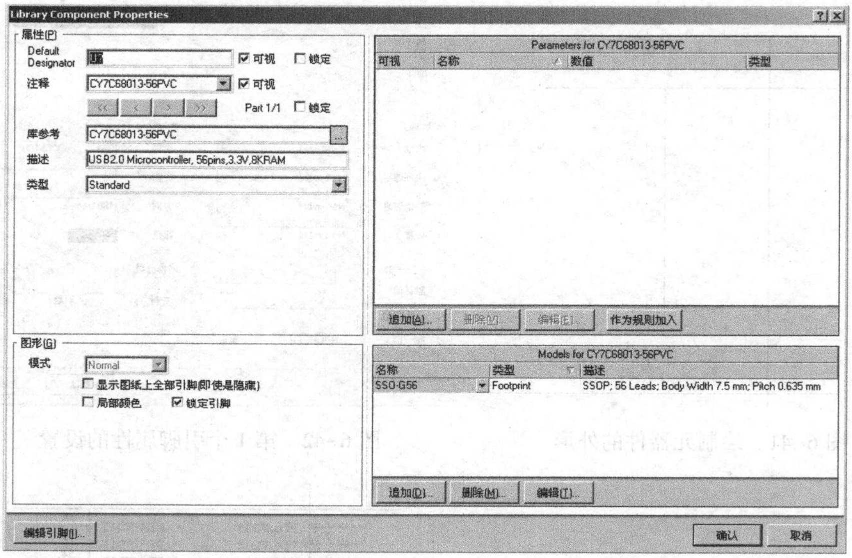

图 6-45 【Library Component Properties】对话框的设置

[10] 对新建的原理图库文件 USBMic.SchLib 进行保存，完成元器件的制作。

【实例 6-11】输出原理图元器件库报表。

本例中，要求输出原理图元器件库中 CY7C68013-56PVC 的元器件报表和元器件规则检查报表，以及 USBMic.SchLib 的元器件库报表。

操作步骤

[1] 打开自己创建的元器件库 USBMic.SchLib。

[2] 在工作区面板的【Projects】选项卡中选中该元器件库，并切换到【SCH Library】选项卡。从【元件】列表中选择要输出元器件报表的器件 CY7C68013-56PVC。

[3] 执行菜单命令【报告】\【元件】，输出元器件库 USBMic.SchLib 的元器件报表 USBMic.cmp。

[4] 执行菜单命令【报告】\【元件规则检查】，输出元器件规则检查报表 USBMic.ERR。

[5]　执行菜单命令【报告】\【元件库】，输出元器件库报表 USBMic. rep。

【实例 6-12】创建集成元器件库。

本例中，要求在前面创建的元器件的基础上，创建集成元器件库 USBMic. IntLib。

操作步骤

[1]　关闭所有已打开的项目文件。

[2]　执行菜单命令【文件】\【创建】\【项目】\【集成元件库】。可以在工作区面板的【Projects】选项卡上看到一个新建的集成元器件库 Integrated_Library1. LibPkg，将其更名为“USBMic. LibPkg”，并保存在路径 E:\Chart6\USBLib\下。

[3]　向集成元器件库中添加已有的原理图库文件 USBMic. SchLib 和 PCB 库文件 Shrink Small Outline（~0. 6mm Pitch）. PcbLib，然后进行保存。

[4]　执行菜单命令【项目管理】\【Compile Integrated Library USBMic. LIBPKG】，对项目进行编译。

[5]　编译完成后，弹出【元件库】对话框，如图 6-46 所示。该对话框中自动添加并显示集成元器件库 USBMic. IntLib 的信息，包含元器件的名称、外形及封装信息等。

[6]　对项目进行保存，完成集成元器件库的创建。

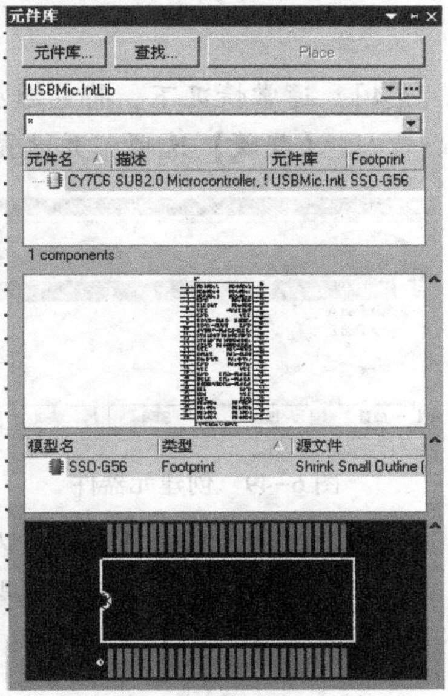

图 6-46　【元件库】对话框

【实例 6-13】含有子部件的库元器件的绘制。

在绘制原理图时，经常会遇到元器件由多个相同部件构成的情况。本例以绘制 2 输入端 4 与非门器件 7400 为例，介绍绘制含有子部件的库元器件的方法。7400 的结构示意图如图 6-47 所示。

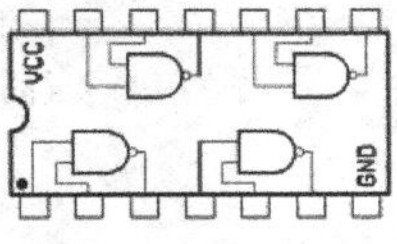

图 6-47　7400 的结构示意图

操作步骤

[1]　创建一个原理图元器件库文件并将其命名为“TTL74. SchLib”。

[2]　从【SCH Library】面板的【元件】列表中选择元器件 Component_1，并将其命名为“7400”。

[3]　在绘图区绘制元器件的外形，添加相应的引脚，并设置引脚的属性，如图 6-48（a）所示。其中，引脚 1 和引脚 2 为输入引脚，引脚 3 为输出引脚，引脚 7 和引脚 14 为电源引脚。

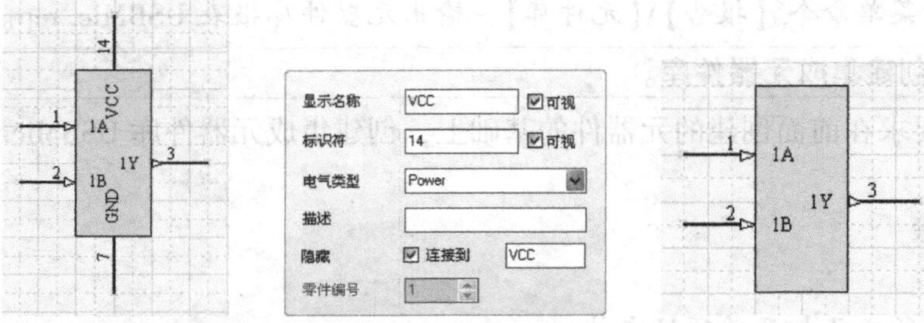

（a）绘制外形和放置引脚　（b）引脚 14 的隐藏设置　（c）隐藏电源引脚后的元器件

图 6-48　第 1 个与非门的绘制

［4］　通常情况下，将电源引脚隐藏：双击引脚 14，打开【引脚属性】对话框，选中【隐藏】选项，并设置连接到“VCC”，如图 6-48（b）所示。用同样的方法设置引脚 7 为“隐藏”，并连接到“GND”。完成第 1 个与非门的设计，如图 6-48（c）所示。

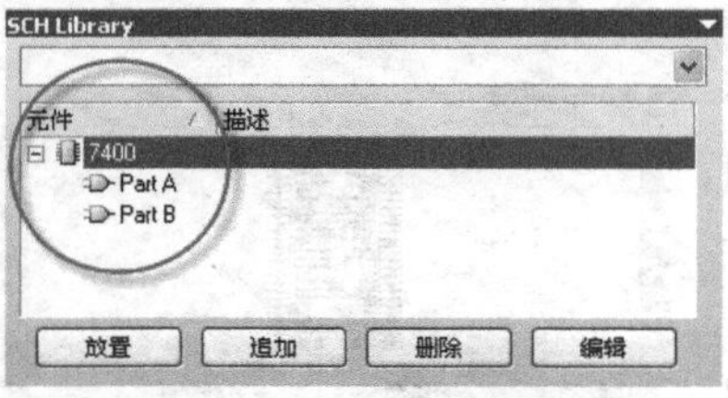

图 6-49　创建元器件

［5］　执行菜单命令【工具】\【创建元件】，可以看到【SCH Library】面板上元器件 7400 前多了一个符号“+”。单击该符号，符号变为“−”，同时可以看到元器件 7400 下有两个部件，如图 6-49 所示。

［6］　打开“Part A”，可以看到刚绘制的第 1 个与非门，复制该与非门到“Part B”中，并修改相应的引脚属性，如图 6-50（a）所示，完成第 2 个与非门的设计。

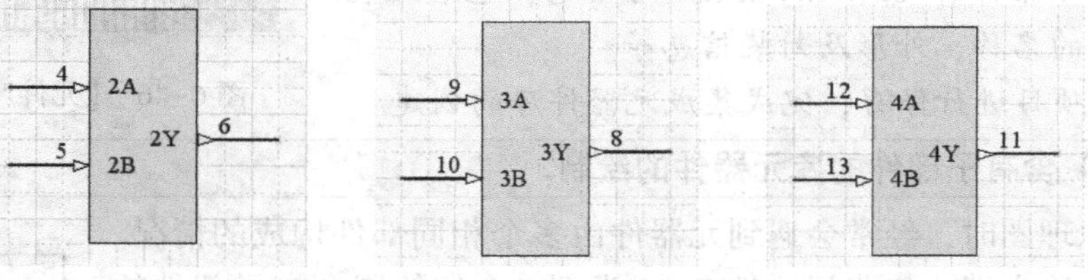

（a）第 2 个与非门　（b）第 3 个与非门　（c）第 4 个与非门

图 6-50　剩余与非门电路绘制

［7］　用同样的方法，分别绘制第 3 个与非门和第 4 个与非门，如图 6-50（b）和（c）所示。

［8］　此时从【SCH Library】面板上可以看到，元器件 7400 包含 4 个部分。对设计进行保存，完成一个含有 4 与非门的元器件 7400 的制作。本例中，对元器件的封装方法等不再赘述。

6.6 思考与练习

（1）描述创建元器件的步骤。

（2）描述创建集成元器件库的步骤。

（3）创建一个原理图元器件库，练习从其他元器件库中复制元器件到自己创建的原理图元器件库的方法。可以练习复制 DXP 系统自带的原理图元器件库。

> 不要对系统自带原理图元器件库进行更改，以免出错。

（4）图 6-51 所示的是 USB2.0 微控制器 CY7C68013 系列中的另一款芯片的资料。制作该元器件并且保存在原理图元器件库文件 USBMic.SchLib 中，该型号的 PCB 封装模式为 QFN。

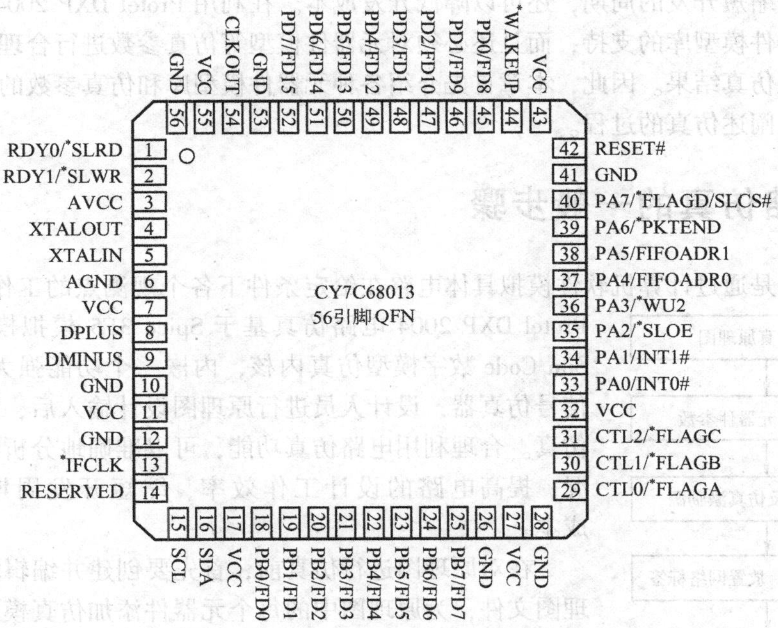

图 6-51　USB 2.0 微控制器 CY7C68013

（5）练习绘制 2 输入端 4 与非门元器件 7400 的绘制，并进行封装，封装类型为 DIP-14。

第7章　电路仿真

电路仿真的主要目的是检验设计的正确性，发现潜在的错误。合理地使用电路仿真分析，不仅可以缩短开发的周期，还可以降低开发成本。在利用 Protel DXP 2004 进行仿真时，不仅要有元器件模型库的支持，而且还必须对元器件模型等仿真参数进行合理设置，否则就得不到正确的仿真结果。因此，本章首先介绍各种元器件模型库和仿真参数的设置，然后通过实例来详细阐述仿真的过程。

7.1　电路仿真的一般步骤

电路仿真是通过计算机软件模拟具体电路在给定条件下各个观测点的工作状况的过程。Protel DXP 2004 电路仿真基于 Spice 3F5 模拟模型和 XSPICE Sim Code 数字模型仿真内核，内嵌一个功能强大的 A/D 混合信号仿真器，设计人员进行原理图设计输入后，即可进行电路仿真。合理利用电路仿真功能，可以准确地分析电路的工作状况，提高电路的设计工作效率、缩短开发周期、降低生产成本。

在对原理图进行仿真前，首先要创建并编辑需要仿真的原理图文件，为原理图中的每个元器件添加仿真模型，放置电源和仿真激励源，以便在仿真过程中驱动电路；有时还应定义电路的初始条件。另外，还要在电路图中被检测的节点上放置网络标签。在此基础上，根据电路的具体仿真要求，合理地设置仿真参数。然后，执行仿真命令，完成对原理图文件的仿真，最后对仿真的结果进行分析。电路仿真的基本流程如图 7-1 所示。

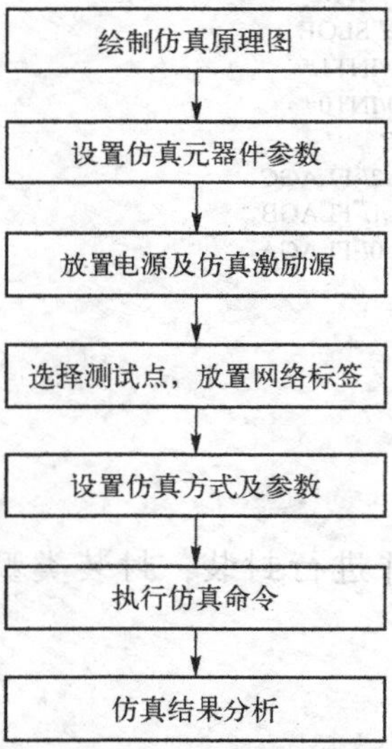

图 7-1　电路仿真的基本流程

7.2　常用元器件仿真参数设置

在正确地放置仿真元器件，并根据电气属性绘制好仿真电路原理图后，还要对元器件的仿真参数进行设置。Protel DXP 2004 将元器件的原理图符号、PCB 封装与仿真模型、信号完整性模型等集成在一起，简化了用户的设置工作。在常用元器件库 Miscellaneous Devices. IntLib 中，包含了各种常用的元器件，这些元器件大多具有仿真属性，可以直接用于仿真。在电路原理图中，双击元器件，弹出【元件属性】对话框，在【Models for...】区域中双击如图7-2所示的【类型】列表栏中的“Simulation”，弹出【Sim Model】对话框，选择【参数】选项卡，如图7-3所示（以Res电阻为例）。

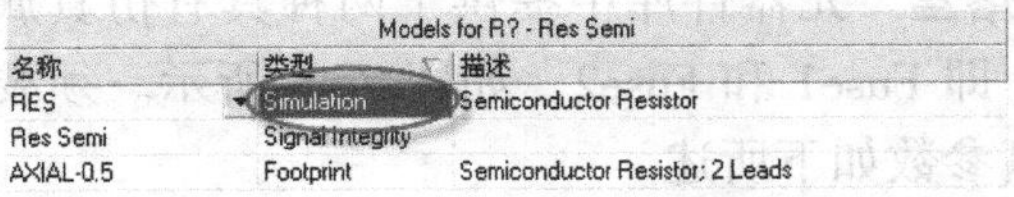

图7-2 【元件属性】对话框中的【Models for...】区域

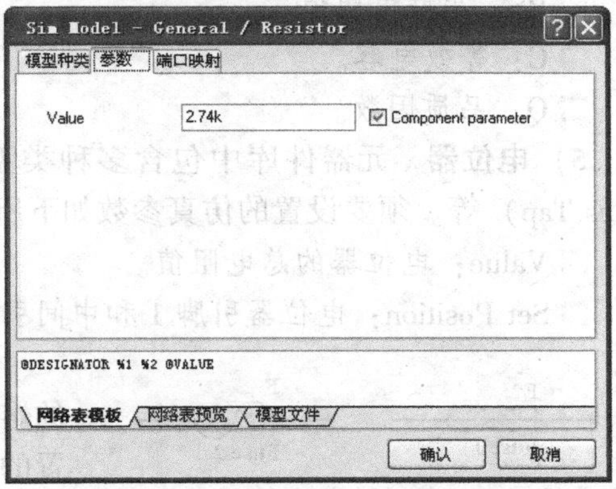

图7-3 固定电阻的【Sim Model】对话框（【参数】选项卡）

下面对元器件库Miscellaneous Devices. IntLib中常用元器件的仿真参数设置进行简单介绍。

1）电阻 元器件库中包含两种类型的电阻，即固定电阻（Res）和半导体电阻（Res Semi）。

在固定电阻的【Sim Model】对话框【参数】选项卡中，只须设置一个仿真参数“Value”，即电阻值。

在半导体电阻的【Sim Model】对话框【参数】选项卡（如图7-4所示）中须要设置以下参数：

- ❒ Value：电阻值。
- ❒ Length：电阻长度。
- ❒ Width：电阻宽度。
- ❒ Temperature：电阻的温度系数。

单击按钮【追加】，可以为该元器件添加仿真参数。单击按钮【删除】，可以删除不需要的参数。

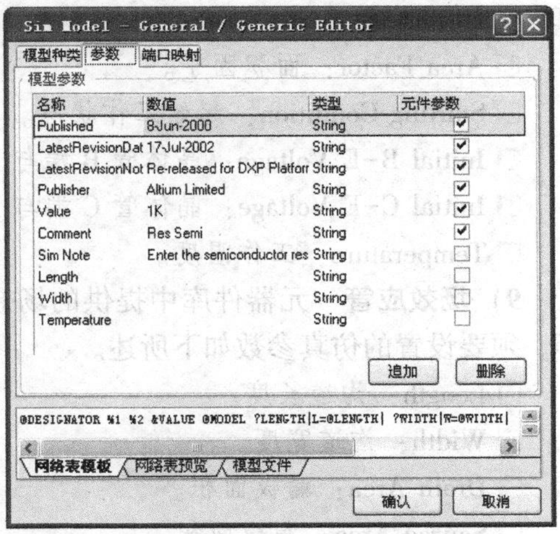

图7-4 半导体电阻的【Sim Model】对话框（【参数】选项卡）

2）电容 元器件库中包含两种类型的电容，即无极性电容（Cap）和有极性电容（Cap Pol），须要设置的参数如下所述。

- ❒ Value：电容值。
- ❒ Initial Voltage：初始电压值，默认值为0。

3）电感 须要设置的仿真参数如下所述。

- ❒ Value：电感值。
- ❒ Initial Current：初始电流值，默认值为0。

4）晶振　元器件库中晶振的名称为“XTAL”。须要设置的仿真参数如下所述。

- FREQ：振荡频率。
- RS：串联电阻值。
- C：等效电容。
- Q：品质因数。

5）电位器　元器件库中包含多种类型的电位器，如电位计（RPot）、抽头式电位器（Res Tap）等。须要设置的仿真参数如下所述。

- Value：电位器的总电阻值。
- Set Position：电位器引脚 1 和中间引脚之间的电阻值与总阻值的比值。

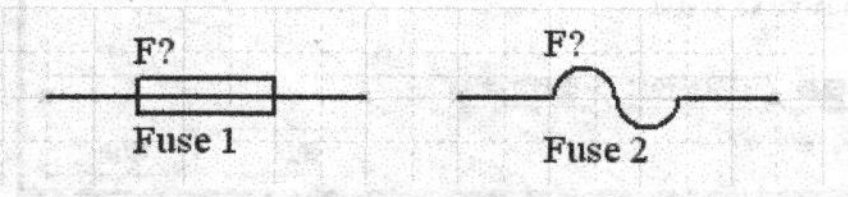

图 7-5　熔丝

6）熔丝　元器件库中提供了两种具有仿真属性的熔丝，即 Fuse1 和 Fuse2，如图 7-5 所示。须要设置的仿真参数如下所述。

- Resistance：熔丝的电阻值。
- Current：熔丝的熔断电流。

7）二极管　元器件库中提供了诸多类型二极管（Diode）。须要设置的仿真参数如下所述。

- Area Factor：面积因子。
- Starting Condition：起始工作状态。
- Initial Voltage：二极管两端的初始电压。
- Temperature：工作温度。

8）晶体管　元器件库中的晶体管分为 NPN 晶体管和 PNP 晶体管两种。须要设置的仿真参数如下所述。

- Area Factor：面积因子。
- Starting Condition：起始工作状态。
- Initial B-E Voltage：晶体管 B 端与 E 端之间的初始电压。
- Initial C-E Voltage：晶体管 C 端与 E 端之间的初始电压。
- Temperature：工作温度。

9）场效应管　元器件库中提供的场效应管包括多种类型，如 MOSFET-N、MOSFET-P 等。须要设置的仿真参数如下所述。

- Length：沟道长度。
- Width：沟道宽度。
- Drain Area：漏极面积。
- Source Area：源极面积。
- Drain Perimeter：漏极结面积。
- Source Perimeter：源极结面积。
- NRD：漏极扩散长度。
- NRS：源极扩散长度。
- I D-S Voltage：漏极与源极间的初始电压。
- I B-S Voltage：衬底与源极间零偏 PN 结电容的初始电压。

❐ I G-S Voltage：栅极与源极间的初始电压。

10）变压器　元器件库中的提供的变压器包括多种类型，如 Trans、Trans Adj 等。须要设置的仿真参数如下所述。

❐ Inductance A：变压器一次侧的电感值。

❐ Inductance B：变压器二次侧的电感值。

❐ Coupling Factor：变压器的耦合系数。

11）继电器　元器件库中的继电器（Relay）如图 7-6 所示。须要设置的仿真参数如下所述。

❐ Pullin：吸合电压。

❐ Dropoff：断开电压。

❐ Contact：触点的阻抗。

❐ Resistance：工作线圈的阻抗。

❐ Inductance：工作线圈的电感。

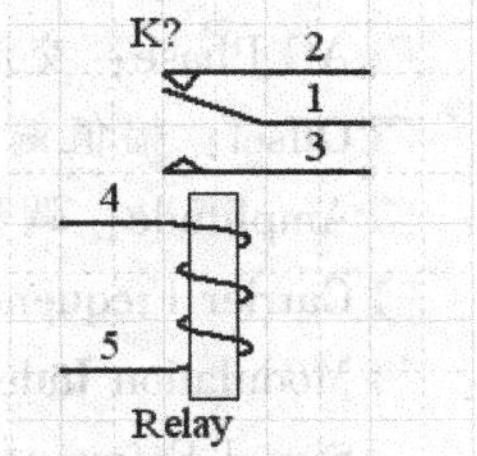

图 7-6　继电器

7.3　仿真信号源

仿真信号源可以分为电压信号源和电流信号源两类。这些信号源都放在 C:\Program Files\Altium2004\Library\Simulation\Simulation Sources. IntLib 元器件库中。

1. 电压信号源

在 Simulation Sources. IntLib 信号源目录中，包含了如下 9 种电压信号源。

（1）直流电压源（VSRC）：该电压源用于给电路提供一个直流电压信号。须要设置的仿真参数如下所述。

❐ Value：直流电源电压值。

❐ AC Magnitude：交流小信号分析的电压值。

❐ AC Phase：交流小信号分析的相位值。

（2）电流控制电压源（HSRC）：该电压源输出的电压信号是输入控制电流的线性函数，输出电压的大小依赖于电源的传递函数。须要设置的仿真参数只有 Gain（增益）。

（3）电压控制电压源（ESRC）：该电压源输出的电压信号是输入控制电压的线性函数，输出电压的大小依赖于电源的增益。须要设置的仿真参数只有 Gain（增益）。

（4）指数电压源（VEXP）：该电压源可以输出带有指数上升沿和（或）指数下降沿的脉冲波形。须要设置的仿真参数如下所述。

❐ DC Magnitude：信号源的直流参数。

❐ AC Magnitude：交流小信号分析电压值。

❐ AC Phase：交流小信号分析的电压初始相位。

❐ Initial Value：指数电压信号的初始电压值。

❐ Pulsed Value：指数电压信号的跳变电压值。

❐ Rise Delay Time：指数电压信号的上升延迟时间。

❐ Rise Time Constant：指数电压信号的上升时间。

❒ Fall Delay Time：指数电压信号的下降延迟时间。

❒ Fall Time Constant：指数电压信号的下降时间。

（5）调频正弦电压源（VSFFM）：该电压源可以输出一个调频正弦电压信号。须要设置的仿真参数如下所述。

❒ DC Magnitude：信号源的直流参数。

❒ AC Magnitude：交流小信号分析电压值。

❒ AC Phase：交流小信号分析的电压初始相位。

❒ Offset：幅值偏移量，即在调频正弦电压信号上叠加的直流分量。

❒ Amplitude：调频正弦电压信号的载波幅值。

❒ Carrier Frequency：载波频率。

❒ Modulation Index：调制系数。

❒ Signal Frequency：调制信号的频率。

（6）非线性受控电压源（BVSRC）：它是标准 SPICE 非线性受控电压源，有时又称方程定义源，它的输出由用户自定义的方程式决定，并且经常引用该电路中其他节点的电压值。须要设置的仿真参数只有 Equation（方程式）。

（7）分段线性电压源（VPWL）：仿真库中提供的分段线性电压源（VPWL）的【Sim Model】对话框【参数】选项卡如图 7-7 所示。利用分段线性电压源，可以根据不同时间点上的一系列电压值来创建任意形状的电压波形。须要设置的仿真参数如下所述。

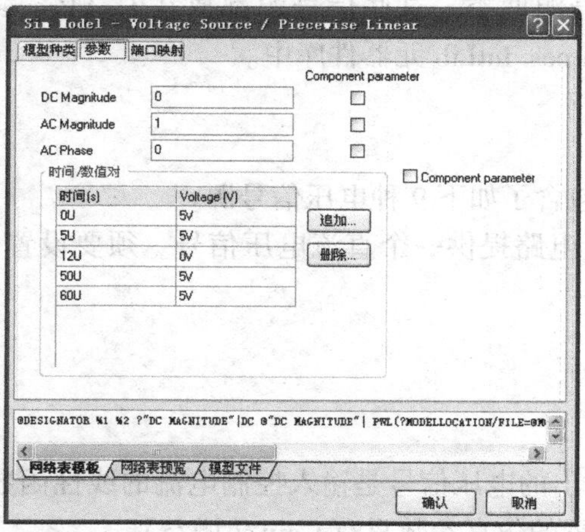

图 7-7　VPWL 的参数设置

❒ DC Magnitude：信号源的直流参数。

❒ AC Magnitude：交流小信号分析电压值。

❒ AC Phase：交流小信号分析的电压初始相位。

❒ 时间/数值对：分段线性电压信号在分段点处的时间值及电压值。其中，横坐标为时间，纵坐标为电压值。单击按钮【追加...】，可以添加一个分段点；单击按钮【删除...】，可以删除一个分段点。

（8）脉冲电压源（VPULSE）：该电压源可以输出周期性的连续脉冲。须要设置的仿真参数如下所述。

❒ DC Magnitude：信号源的直流参数。

❒ AC Magnitude：交流小信号分析电压值。

❒ AC Phase：交流小信号分析的电压初始相位。

❒ Initial Value：脉冲电压信号的初始电压值。

❒ Pulsed Value：脉冲电压信号的电压幅值。

❒ Time Delay：脉冲电压信号的初始时刻的延迟时间。

❒ Rise Time：脉冲电压信号的上升时间。

❒ Fall Time：脉冲电压信号的下降时间。

❒ Pulse Width：脉冲电压信号的高电平宽度。

❒ Period：脉冲电压信号的周期。

❒ Phase：脉冲电压信号的初始相位。

（9）正弦电压源（VSIN）：该电压源可以输出正弦波电压。须要设置的仿真参数如下所述。

❒ DC Magnitude：信号源的直流参数。

❒ AC Magnitude：交流小信号分析电压值。

❒ AC Phase：交流小信号分析的电压初始相位。

❒ Offset：幅值偏移量，即在正弦电压信号上叠加的直流分量。

❒ Amplitude：正弦电压信号的幅值。

❒ Frequency：正弦电压信号的频率。

❒ Delay：正弦电压信号初始的延迟时间。

❒ Damping Factor：正弦电压信号的阻尼因子。

❒ Phase：正弦电压信号的初始相位。

2. 电流信号源

在 Simulation Sources. IntLib 信号源目录中，包含了如下 9 种电流信号源。这些信号的仿真参数设置和相应的电压信号源的设置类似，这里不做赘述。

（1）电流控制电流源（FSRC）：该电流源输出的电流是输入控制电流的线性函数，传递函数取决于电源的增益。

（2）直流电流源（ISRC）：该电流源给电路提供一个直流电流源。

（3）指数电流源（IEXP）：该电流源可以输出带有指数上升沿和（或）指数下降沿的电流波形。

（4）频率调制正弦电流源（ISFFM）：该电流源可以输出频率调制正弦电流信号。

（5）非线性受控电流源（BISRC）：它是标准 SPICE 非线性受控电流源，有时又称方程定义源，它的输出由用户自定义的方程式决定，并且经常引用该电路中其他节点的电流值。

（6）分段线性电流源（IPWL）：使用分段线性电流源可以根据不同时间点上的一系列电流值创建任意形状的电流波形。

（7）脉冲电流源（IPULSE）：该电流源可以输出脉冲电流信号。

（8）正弦电流源（ISIN）：该电流源可以输出正弦电流信号。

（9）电压控制电流源（GSRC）：该电流源输出的电流信号是输入电压的线性函数，输出电流值依赖于电源的传递函数。

7.4　仿真传输线库

仿真传输线库的名称为 Simulation Transmission Line. IntLib，该库位于 C:\ Program Files \ Altium2004 \ Library \ Simulation \目录中。传输线库中包含 3 个信号仿真传输线元件，即无损传输线（LLTRA）、有损传输线（LTRA）和均匀分布传输线（URC）。

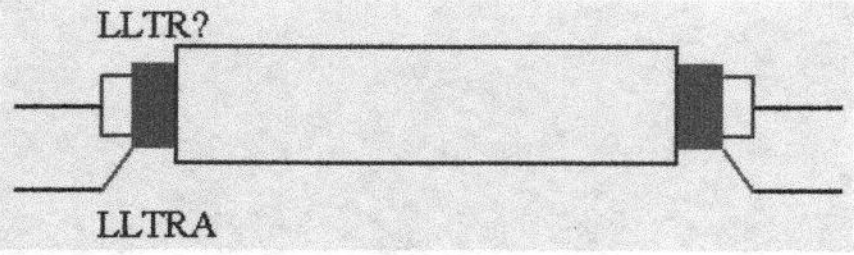

图 7-8　LLTRA 的符号

1）**LLTRA**　LLTRA 是一个双向的理想延迟线，有两个端口，其符号如图 7-8 所示。

LLTRA 的线长必须按照下述两种方法之一进行描述：①直接指定传输延迟（如 TD = 10ns）；②指定频率值和正规化长度。如果仅指定了频率值而忽略了正规化长度，则正规化长度默认为频率值的 1/4。只有在选择了【分析设定】对话框的【Transient/Fourier Analysis】选项中的【Use Initial Conditions】的条件下，Port1 和 Port2 才会使用电压和电流初始值，如图 7-9 所示。

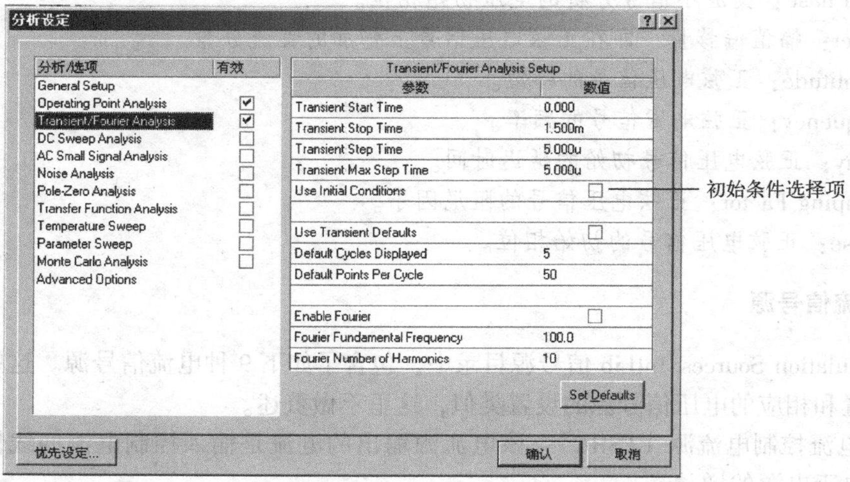

图 7-9　【分析设定】对话框

2）**LTRA**　LTRA 的符号如图 7-10 所示。相关操作是建立在传输线的脉冲响应与其输入信号的卷积基础上的，在使用时必须指定传输线的长度。

3）**URC**　URC 的符号如图 7-11 所示。该模型由 L. Gertzberrg 提出，由 URC 的子电路类型扩展到内部产生节点的集中 RC 分段网络而得到。RC 分段在几何上是按照比例常数 K 向着线的中间递增的。如果在线模型中用到的集中段的数量未被指定，则将按照下式自动计算：

N=(log[FMAX∗(R/L)∗(C/L)∗2∗Pi∗L2∗((K-1)/K)2])/logK

式中，K 为传播常数，默认值为 2；FMAX 为最大感兴趣频率，默认值为 1.0GHz。URC 仅由电阻和电容段组成，除非将一个非零值赋给参数 ISPERL。在这种情况下，电容可以被反向偏压的二极管替代。

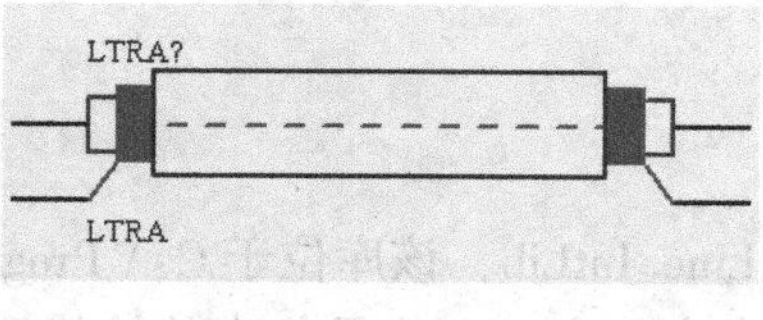

图 7-10　LTRA 的符号

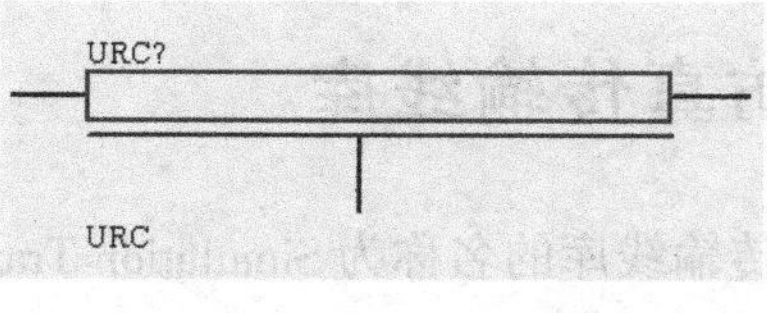

图 7-11　URC 的符号

7.5　仿真数学函数库

仿真数学函数库名称为“Simulation Math Function. IntLib”，该库位于 C:\Program Files\Altium2004\Library\Simulation\目录中。该库提供了丰富的仿真数学函数元件，如绝对值、正弦、余弦、正切、求和等数学函数。利用这些函数可以对仿真电路中的信号进行数学计算，从而得到自己需要的仿真信号。

7.6　初始状态的设置

初始状态的设置是指为了计算偏置点而设定的一个或多个电压值（或电流值）。在进行非线性电路、振荡电路、触发器电路的直流或瞬态特性模拟分析时，常出现结果不收敛的现象（当然实际电路是有结果的），其原因是偏置点发散或收敛的偏置点不能适应多种情况。设置初始状态的目的就是在两个或多个稳定的工作点中选择一个，以保证对电路进行正确仿真。

1. 初始条件设置

初始条件元件“. IC”的符号如图 7-12 所示。该元件位于集成库 Simulation Sources. IntLib 中。该元件须要设置的仿真参数如下所述。

❐ Initial Value：设置节点电压的初始值。

> 这是用于设置瞬态初始条件的。如果指定了元器件的初始条件，则初始条件将忽略“. IC”中设置的值。

例如，初始条件电路图如图 7-13 所示，它具有如下 3 个特性。

（1）初始条件元件连接到网络 OUT 上。

（2）初始条件元件的标识为“IC1”。

（3）初始电压为 10V。

2. 节点电压

在对双稳态或单稳态电路进行瞬态特性分析时，节点电压元件用于设定某个节点的电压预收敛值。如果仿真程序计算出该节点的电压小于设定的预收敛值，则去掉设定的预收敛值，继续计算，直到计算出真正的收敛值。该元件是计算节点收敛电压的一个辅助手段。

节点电压元件“. NS”的符号如图 7-14 所示。该元件位于集成库 Simulation Sources. IntLib 中。该元件需要设置的仿真参数如下所述。

❐ Initial Value：设置节点电压的预收敛值。

> 节点电压元件用于指定电路静态工作点分析时的初始节点电压。一般情况下，该设置不是必要的；但对双稳态或非稳态电路的计算结果的收敛，该设置可能是非常有帮助的。如果在某个节点上同时放置了“. IC”元件和“. NS”元件，仿真时，“. IC”元件的优先级高于“. NS”元件的优先级。

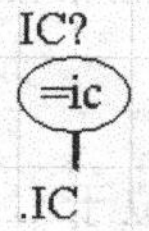

图 7-12　初始条件元件“. IC”的符号

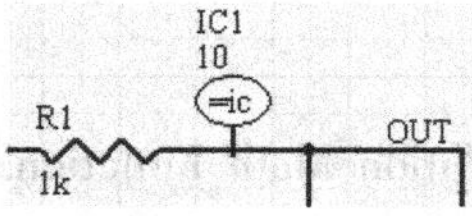

图 7-13　初始条件电路实例

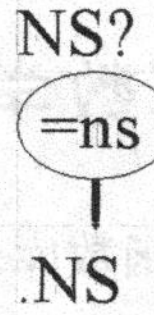

图 7-14　节点电压元件“. NS”的符号

7.7　仿真方式设置

打开要仿真的电路原理图，在设置好各个仿真元件的参数后，若经过 ERC 检查没有发现错误，就可以进行电路仿真了。在仿真前，还应对仿真方式进行设置。执行菜单命令【设计】\【仿真】\【Mixed Sim】，打开【分析设定】对话框，如图 7-15 所示。

1. 通用参数设置

单击【分析设定】对话框【分析/选项】列表栏的“General Setup”选项，在【分析设定】对话框的右侧可以看到通用参数设置选项卡，如图 7-15 所示。

1)【为此收集数据】栏　单击该栏右侧的按钮▼，可选择仿真程序需要计算的数据类型，如图 7-16 所示。

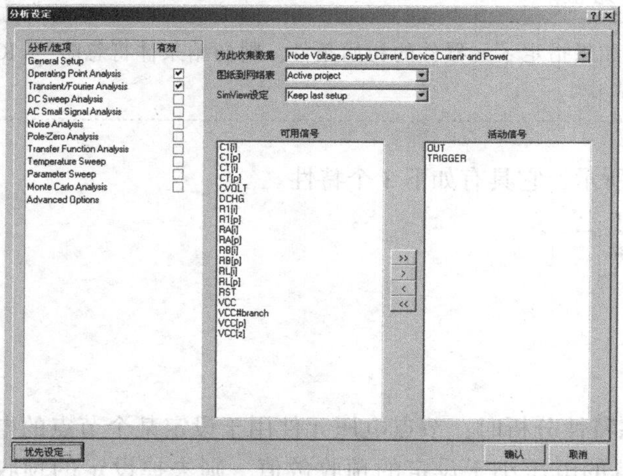

图 7-15　【分析设定】对话框

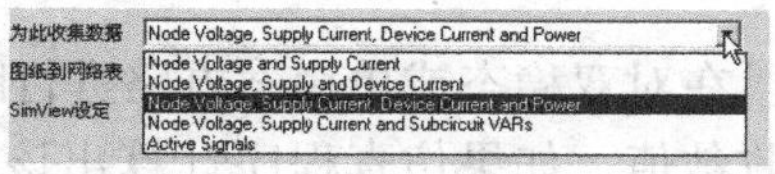

图 7-16　【为此收集数据】栏

- ❒ Node Voltage and Supply Current：节点电压和供电电流。
- ❒ Node Voltage，Supply and Device Current：节点电压、供电电流和设备电流。
- ❒ Node Voltage，Supply Current，Device Current and Power：节点电压、供电电流、设备电流和功率。
- ❒ Node Voltage，Supply Current and Subcircuit VARs：节点电压、供电电流和子电路变量。
- ❒ Active Signals：激活的信号。

2）【图纸到网络表】栏 单击该栏右侧的按钮▼，可选择仿真程序的作用范围，如图 7-17 所示。

❒ Active sheet：激活的原理图。

❒ Active project：激活的项目。

3）【SimView 设定】栏 单击该栏右侧的按钮▼，可以选择仿真输出波形的显示方式，如图 7-18 所示。

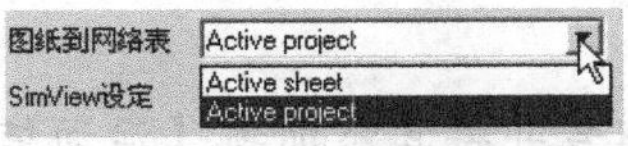

图 7-17 【图纸到网络表】栏

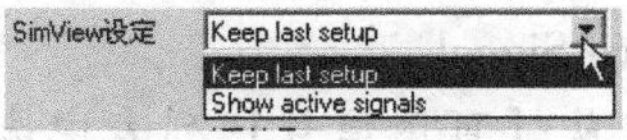

图 7-18 【SimView 设定】栏

❒ Keep last setup：保持最近的设置。按上一次仿真操作的设置显示相应的波形，而不管当前激活的信号列表设置的情况。

❒ Show active signals：显示当前激活的信号。

4）【可用信号】和【活动信号】列表 【可用信号】列表列出了当前可选的信号，【活动信号】列表列出了当前已选择的信号。可以通过单击按钮 >> 将当前的可用信号全部添加到活动信号列表中；也可以在【可用信号】中选择某一信号后，单击按钮 > 将该信号添加到【活动信号】列表中。按钮 < 的作用是将选中的信号从【活动信号】列表中移除；按钮 << 的作用是移除【活动信号】列表中的全部信号。

2. 仿真分析类型

【分析设定】对话框【分析/选项】列表栏中列出了 Protel DXP 2004 提供的仿真分析类型。

❒ Operating Point Analysis（工作点分析）：分析电路的直流工作点，此时电容被开路，电感被短路。

❒ Transient/Fourier Analysis（瞬态/傅里叶分析）：瞬态分析类似于一个真实的示波器，可显示输出波形，在指定的时间间隔内，处理随时间变化的变量（电压或电流）的瞬时输出。在进行瞬态分析前，除使用初始条件参数外，系统会自动完成对静态工作点的分析以确定电路中的直流偏压。傅里叶分析是建立在最后一个周期的瞬态分析数据基础上的一种分析。例如，假定基本频率为 1.0kHz，则最后 1ms 内（周期）的瞬态分析数据将用于傅里叶分析。

❒ DC Sweep Analysis（直流扫描分析）：其输出如同绘制曲线一样，它利用一系列的静态工作点进行分析。在预先设定的步长下自动改变选定的信号源电压，最后给出一个直流传递曲线。另外，也可以指定一个可选择的第二信号源进行分析。

❒ AC Small Signal Analysis（交流小信号分析）：可以输出电路的频率响应，即输出的信号是频率的函数。它首先执行静态工作点分析，以确定电路的直流偏压，并以一个固定振幅的正弦波发生器替代信号源，然后在指定的频率范围内分析电路。理想的交流小信号输出通常是一个传递函数，如电压增益、跨导倒数等。

❐ Impedance Plot Analysis（区阻抗分析）：用于分析电路中任意两个接线点间的阻抗。需要说明的是，在【分析/选项】列表栏中没有该项的设定页面，该分析通常作为交流小信号分析的一部分进行分析。在进行分析时，为使区阻抗分析能够运行，要确保在通用参数选项中将【为此收集数据】栏设置为以下 4 种之一：

◇ Node Voltage, Supply and Device Current

◇ Node Voltage, Supply Current, Device Current and Power

◇ Node Voltage, Supply Current and Subcircuit VARs

◇ Active Signals

同时，从【可用信号】列表中选择要分析的信号并将其添加到【活动信号】列表中，（信号下标为“[z]”的，表示该信号是基于阻抗的信号）。

❐ Noise Analysis（噪声分析）：通过测绘噪声谱密度来测量电阻和半导体器件的噪声（单位为 V^2/Hz）。电容和电感经过处理后，可以认为是没有噪声的元件。噪声分析可以分析输入噪声、输出噪声和元器件噪声。

❐ Pole-Zero Analysis（极点-零点分析）：通过计算电路的交流小信号传递函数完成分析。可以通过极点-零点分析来确定单输入、单输出线性系统的稳定性。

❐ Transfer Function Analysis（传递函数分析）：又称直流小信号分析，主要用于分析电路中每个电压节点上的 DC 输入阻抗、DC 输出阻抗及 DC 增益。

❐ Monte Carlo Analysis（蒙特卡罗分析）：这是一种统计模拟分析。它是在给定电路元器件参数容差的统计分布规律条件下，用一组伪随机数求得元器件参数的随机抽样序列；然后对这些随机抽样的电路进行直流、交流小信号、瞬态分析，并通过多次分析的结果估算出电路性能的统计分布规律，以及电路的合格率、成本等。

❐ Parameter Sweep（参数扫描分析）：在指定的元器件参数范围内，按照指定的参数增量进行扫描，分析电路的性能。这种分析方法在电路设计中非常有用，可以帮助设计人员分析电路达到最佳性能时元器件的参数值。

❐ Temperature Sweep（温度扫描分析）：用于分析在指定的温度范围内每个温度点的电路特性，输出一系列曲线，每条曲线对应一个温度点。在其他的分析中（如交流小信号分析、直流扫描分析、传递函数分析、噪声分析等）都可以进行温度扫描分析。

7.8 电路仿真实例

本节通过电路仿真实例来介绍电路的仿真过程和仿真方法。

> 静态工作点分析可用于直流稳态电路和交流放大电路。在分析静态工作点时，电感被短路，电容被开路。在分析电路的静态工作点时，无须设置参数，只要在【分析设定】对话框的【分析/选项】栏中选中“Operating Point Analysis”选项即可。

【实例 7-1】共射极放大电路的静态工作点分析。

本例中，要求对图 7-19 所示的共射极放大电路进行静态工作点分析。

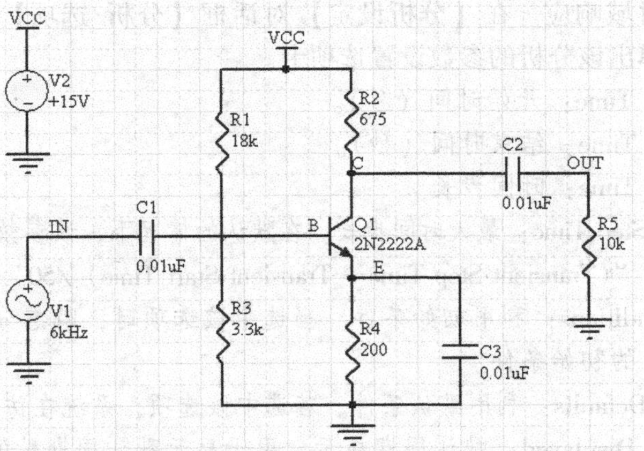

图 7-19　静态工作点分析电路

设计步骤

[1]　创建一个PCB项目，并追加一个原理图文档Common-Emmiter Amplifier. SchDoc。按图7-19所示绘制电路原理图并保存。

[2]　设置正弦电压源V1的参数，如图7-20所示。

[3]　执行菜单命令【设计】\【仿真】\【Mixed Sim】，弹出【分析设定】对话框，选择仿真类型为“Operating Point Analysis”，并且设置活动信号为“C”“IN”和“OUT”，如图7-21所示。

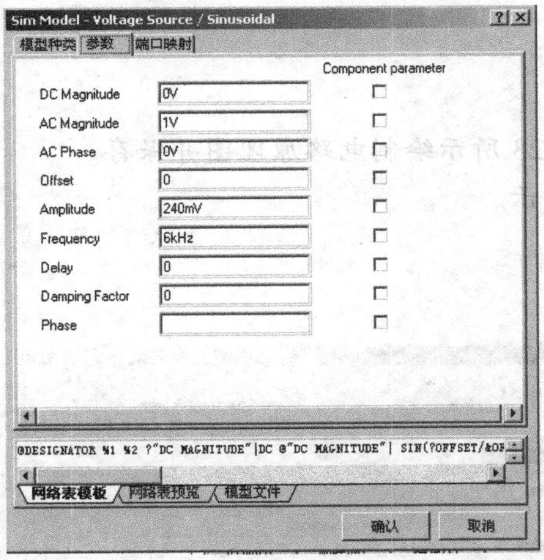

图 7-20　设置正弦电压源V1的参数

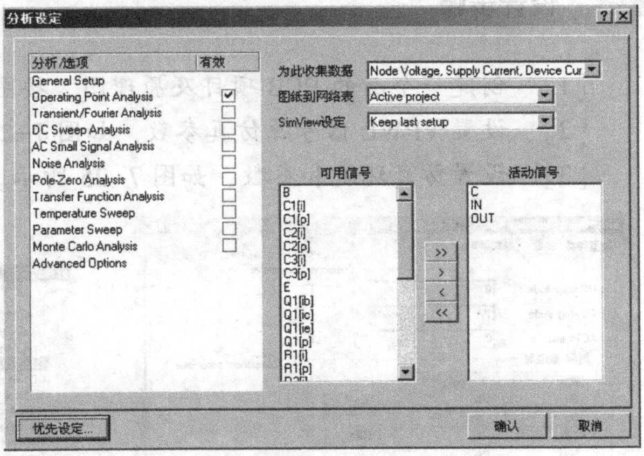

图 7-21　【分析设定】对话框

[4]　单击按钮 确认，对电路进行静态工作点分析，分析结果如图7-22所示。

图 7-22　静态工作点分析结果

【实例7-2】电路的瞬态分析。

瞬态分析是一种非线性的时域分析方法，它可以在给定信号的激励下计算电路的时域响应。在【分析设定】对话框【分析/选项】栏中选择“Transient/Fourier Analysis”，弹出该分析的参数设置选项卡。

- ❒ Transient Start Time：开始时间（秒）。
- ❒ Transient Stop Time：结束时间（秒）。
- ❒ Transient Step Time：时间步长。
- ❒ Transient Max Step Time：最大时间步长。在默认的情况下，该参数取两个参数“Transient Step Time”和“(Transient Stop Time − Transient Start Time) /50”之中的最小值。
- ❒ Use Initial Conditions：利用初始条件。当选中该选项时，瞬态分析的初始条件为电路原理图中设置的初始条件。
- ❒ Use Transient Defaults：利用默认条件。若选中该选项，系统在仿真前会自动计算参数。
- ❒ Default Cycles Displayed：默认周期显示，用于显示默认周期数的仿真波形。
- ❒ Default Points Per Cycle：仿真波形中，每个周期默认的点数设置。

本例中，要求对图 7-23 所示的电路中的节点 IN、X 和 OUT 进行瞬态分析。

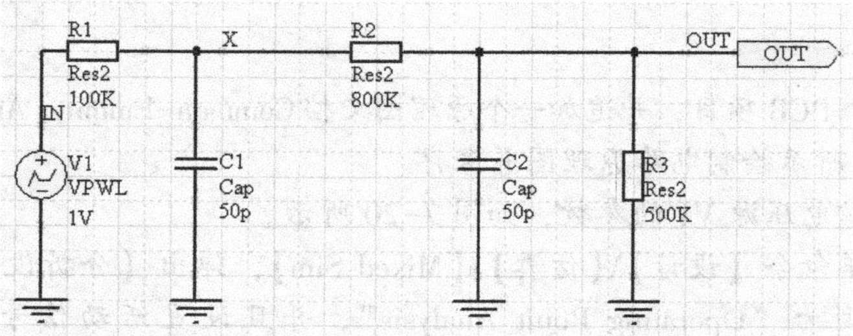

图 7-23　瞬态分析电路

设计步骤

[1]　创建一个新的 PCB 项目及原理图，按图 7-23 所示绘制电路原理图并保存。

[2]　设置 VPWL 信号源仿真参数，如图 7-24 所示。

[3]　设置仿真环境和参数，如图 7-25 所示。

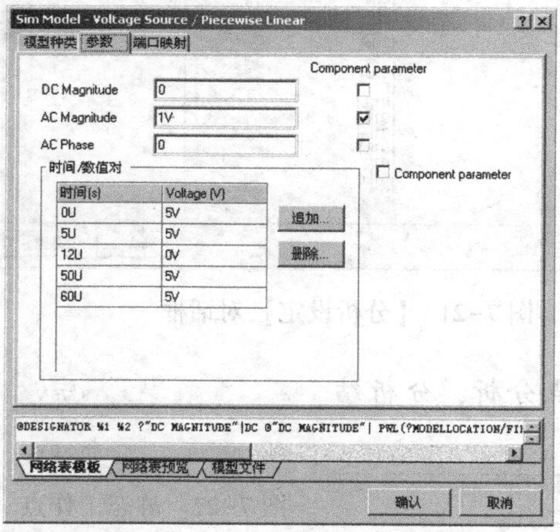

图 7-24　设置 VPWL 信号源仿真参数

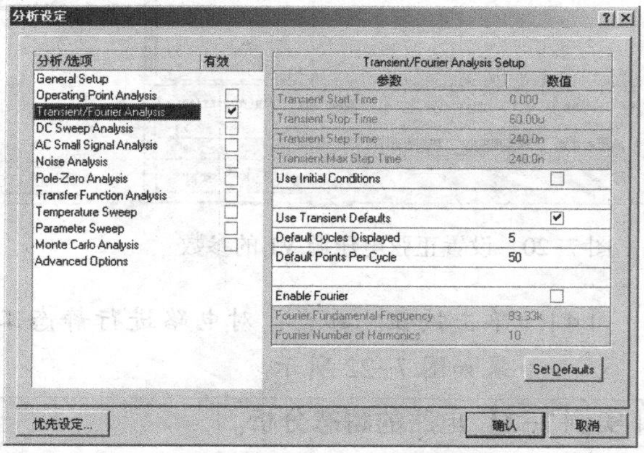

图 7-25　设置仿真环境和参数

［4］　对电路进行仿真，仿真结果如图 7-26 所示。

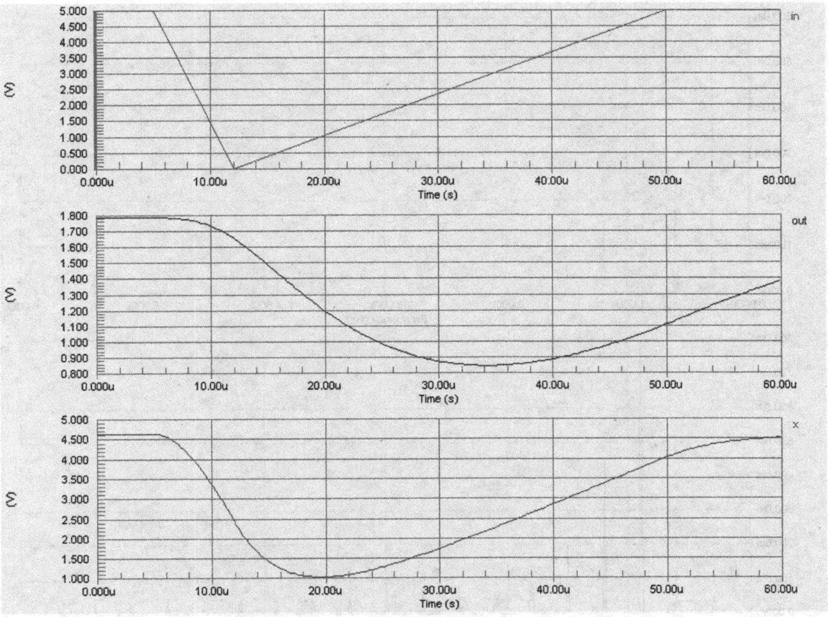

图 7-26　电路瞬态仿真结果

【实例 7-3】傅里叶分析。

在进行傅里叶分析时，须要设置如下参数。

❒ Enable Fourier：用于设定傅里叶分析有效。

❒ Fourier Fundamental Frequency：傅里叶分析基本频率。

❒ Fourier Number of Harmonics：傅里叶谐波次数。

本例中，要求对图 7-27 所示的电路进行傅里叶分析。

设计步骤

［1］　创建一个新的 PCB 项目及原理图，按图 7-27 所示绘制电路原理图。

［2］　设置仿真环境和参数，如图 7-28 所示。

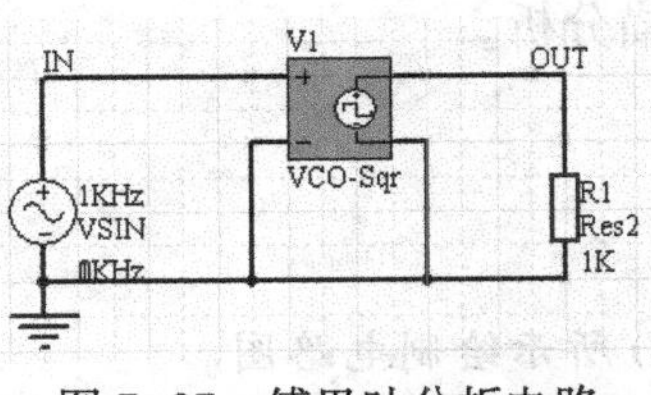

图 7-27　傅里叶分析电路

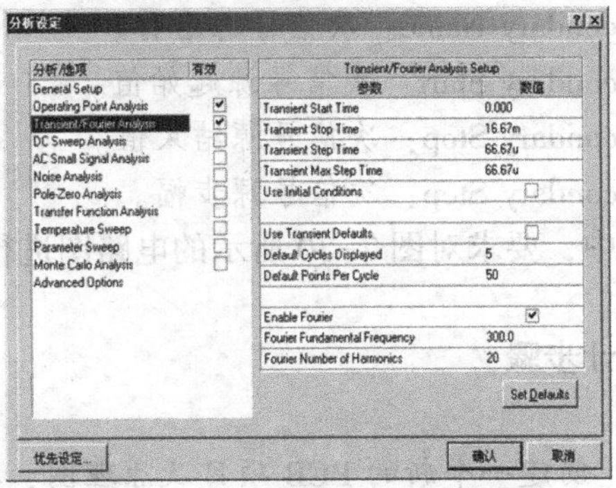

图 7-28　傅里叶分析参数的设置

[3] 对电路进行傅里叶分析，分析结果如图 7-29 所示。

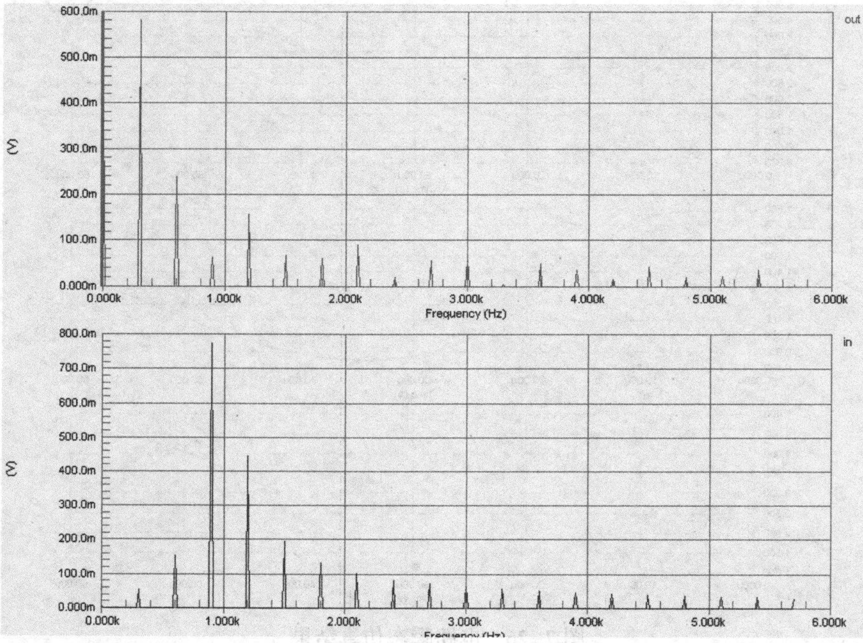

图 7-29 傅里叶分析结果

【实例 7-4】直流扫描分析。

直流扫描分析的输出如同绘制曲线一样，它利用一系列的静态工作点分析，在预先设定的步长下修改、选择信号源的电压，给出一个直流传递曲线。另外，还可以指定第二个信号源进行分析。

在对电路进行直流扫描分析时，须要设置如下参数。

- Primary Source：主信号源。
- Primary Start：主信号源起始值。
- Primary Stop：主信号源结束值。
- Primary Step：主信号源步幅。
- Enable Secondary：次信号源有效。
- Secondary Name：次信号源名称。
- Secondary Start：次信号源起始值。
- Secondary Stop：次信号源结束值。
- Secondary Step：次信号源步幅。

本例中，要求对图 7-30 所示的电路图进行直流扫描分析。

设计步骤

[1] 创建一个新的 PCB 项目及原理图，按图 7-30 所示绘制电路图。

[2] 设置直流扫描分析参数，如图 7-31 所示。

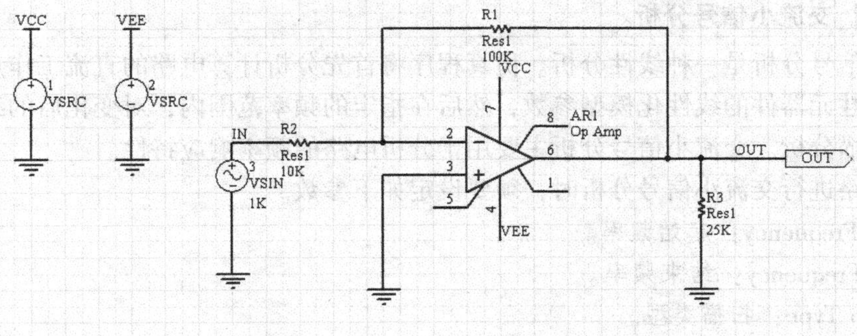

图 7-30 直流扫描分析电路

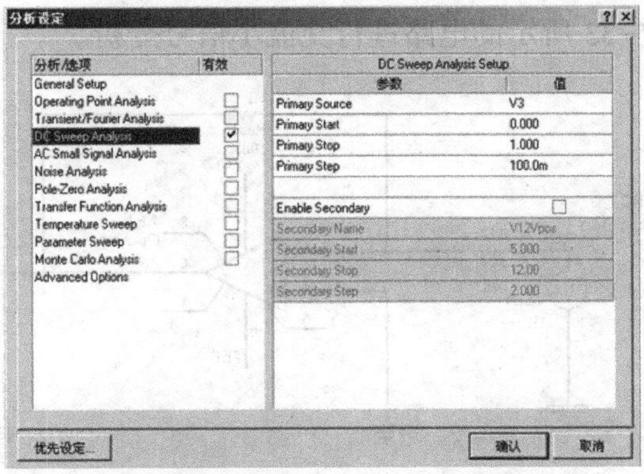

图 7-31 直流扫描分析参数设置

[3] 对电路进行直流扫描分析，分析结果如图 7-32 所示。

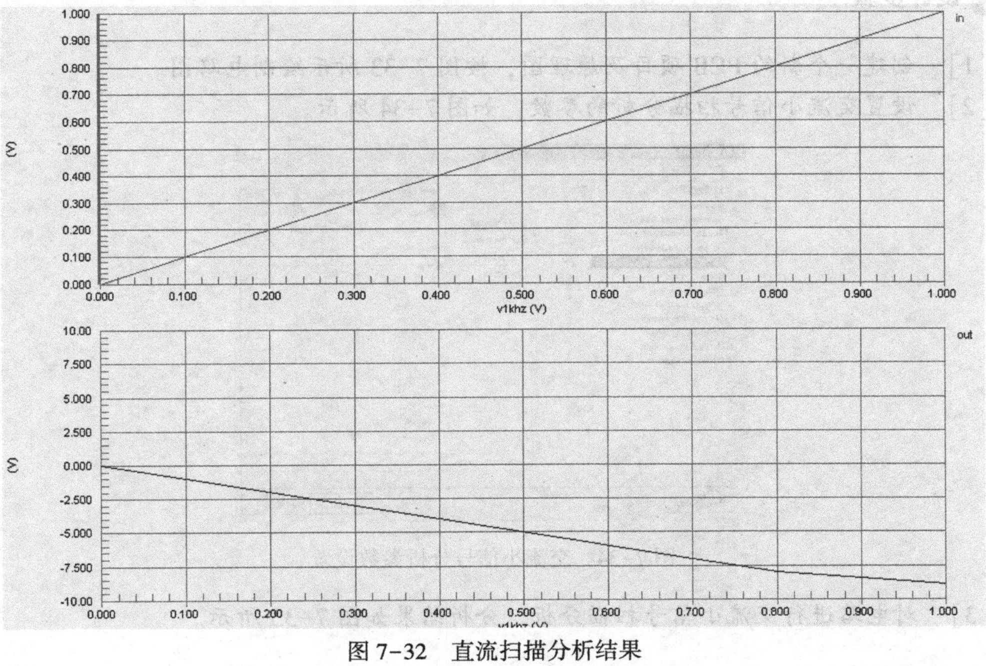

图 7-32 直流扫描分析结果

【实例 7-5】交流小信号分析。

交流小信号分析是一种线性分析。仿真程序将首先分析计算电路的直流工作点，以确定电路中非线性元器件的线性化模型参数，然后在指定的频率范围内，对变化后的线性化电路进行频率扫描分析。交流小信号分析主要用于分析电路的频率响应特性。

在对电路进行交流小信号分析时，须要设定如下参数。

- ❒ Start Frequency：起始频率。
- ❒ Stop Frequency：结束频率。
- ❒ Sweep Type：扫描类型。
- ❒ Test Points：测试点数。
- ❒ Total Test Points：总的测试点数。

本例中，要求对图 7-33 所示的电路进行交流小信号分析。

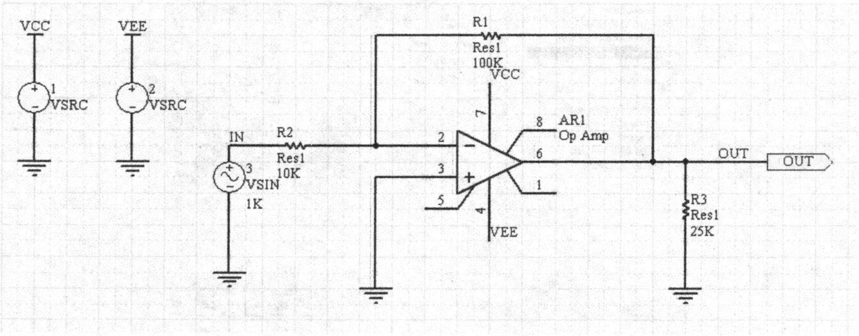

图 7-33　交流小信号分析电路

设计步骤

[1]　创建一个新的 PCB 项目及原理图，按图 7-33 所示绘制电路图。

[2]　设置交流小信号扫描分析的参数，如图 7-34 所示。

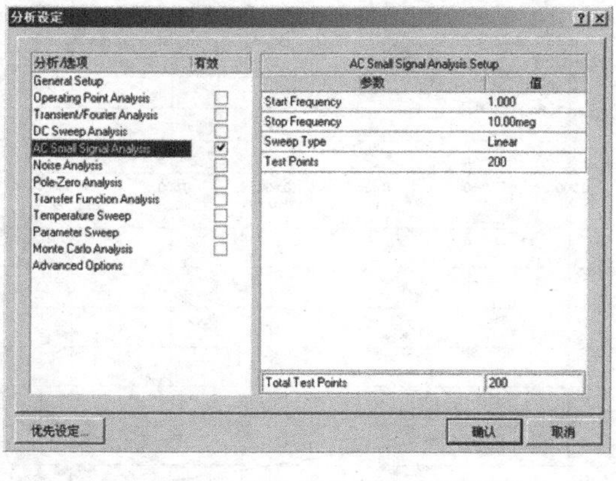

图 7-34　交流小信号分析参数设置

[3]　对电路进行交流小信号扫描分析，分析结果如图 7-35 所示。

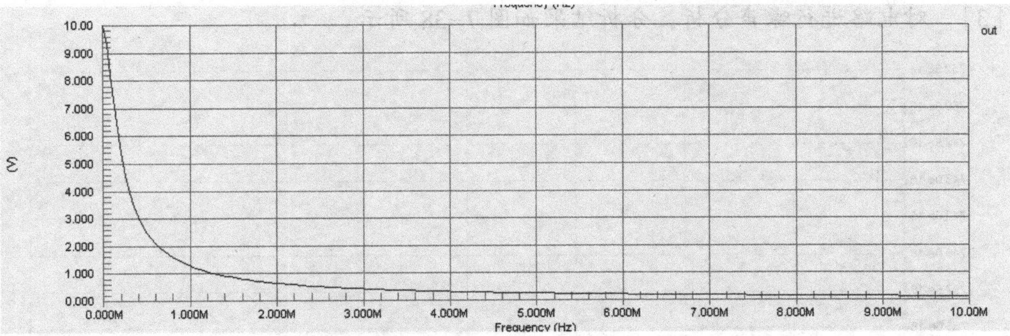

图 7-35 交流小信号扫描分析

【实例 7-6】噪声分析。

噪声分析主要是通过绘制噪声的频谱密度图来确定电阻噪声和半导体噪声对电路噪声特性的影响。进行噪声分析时，须要设置如下参数。

- Noise Source：噪声源。
- Start Frequency：噪声的起始频率。
- Stop Frequency：噪声的结束频率。
- Sweep Type：扫描类型。
- Test Points：测试点数。
- Points Per Summary：指定噪声范围。若为 0，则只计算输入噪声和输出噪声；若为 1，则计算各个元器件的噪声。
- Output Node：输出节点。
- Reference Node：参考节点。
- Total Test Points：总的测试点数。

本例中，要求对图 7-36 所示的电路进行噪声分析。

设计步骤

[1] 创建一个新的 PCB 项目及原理图，按图 7-36 所示绘制电路图。

[2] 设置噪声分析的参数，如图 7-37 所示。

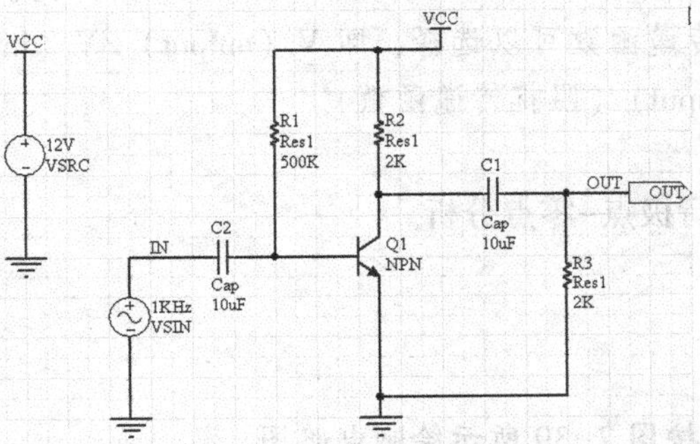

图 7-36 噪声分析电路

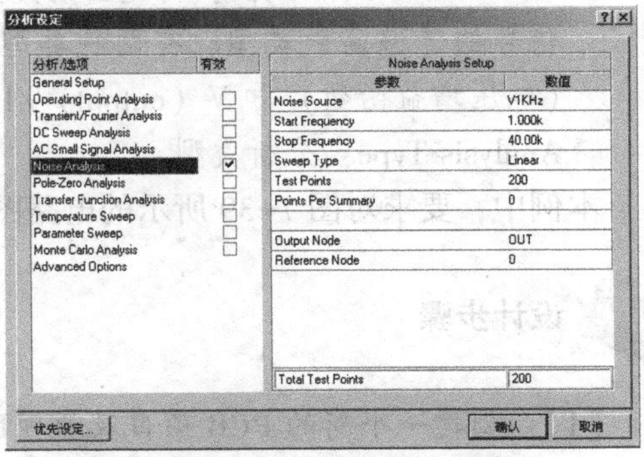

图 7-37 噪声分析参数设置

[3] 对电路进行噪声分析，分析结果如图 7-38 所示。

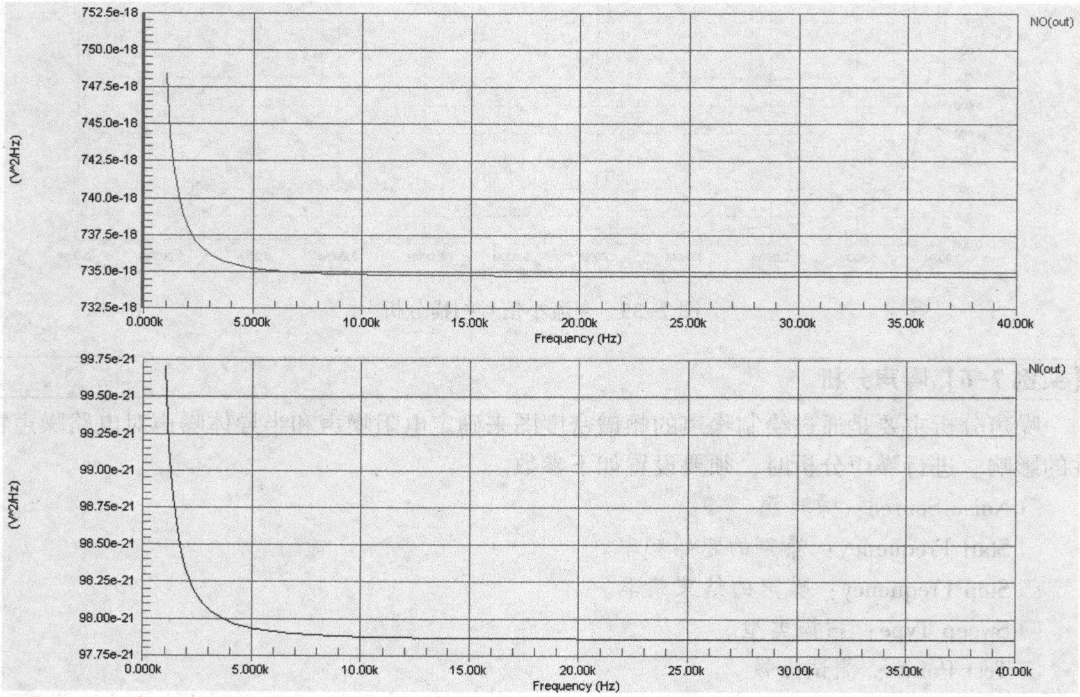

图 7-38 噪声分析结果

【实例 7-7】极点-零点分析。

极点-零点分析是一种对电路稳定性分析相当有用的工具。通过计算电路的交流小信号传递函数，极点-零点分析可以确定单输入、单输出线性系统的稳定性。

在进行极点-零点分析时，须要设置如下参数。

- ❒ Input Node：输入节点。
- ❒ Input Reference Node：输入参考节点。
- ❒ Output Node：输出节点。
- ❒ Output Reference Node：输出参考节点。
- ❒ Transfer Function Type：传递函数类型。用于指定在计算电路的极点或/和零点时交流小信号的传递函数类型。有两种类型的传递函数可以选择，即 V（output）/V（input）（电压增益函数）和 V（output）/I（input）（阻抗传递函数）。
- ❒ Analysis Type：分析类型。

本例中，要求对图 7-39 所示的电路图进行极点-零点分析。

设计步骤

[1] 创建一个新的 PCB 项目及原理图，按图 7-39 所示绘制电路图。

[2] 设置噪声分析的参数，如图 7-40 所示。

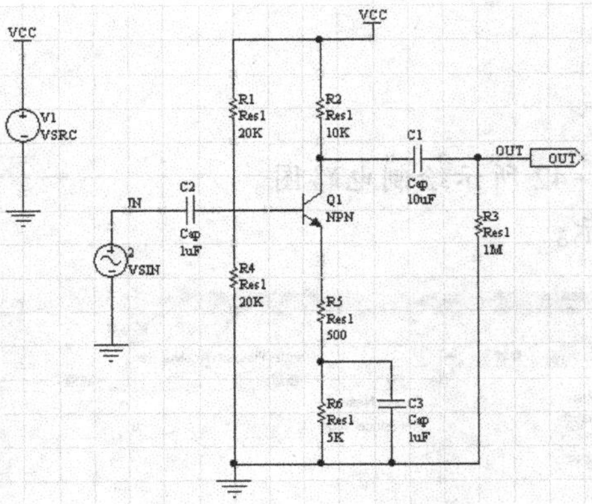

图 7-39　极点-零点分析电路

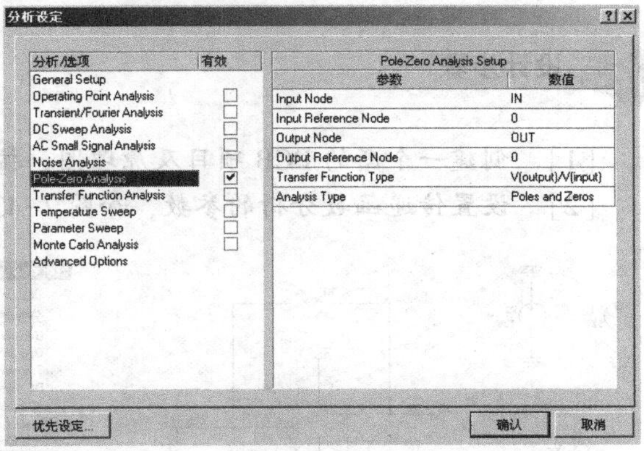

图 7-40　噪声分析参数设置

［3］　对电路进行噪声分析，分析结果如图 7-41 所示。

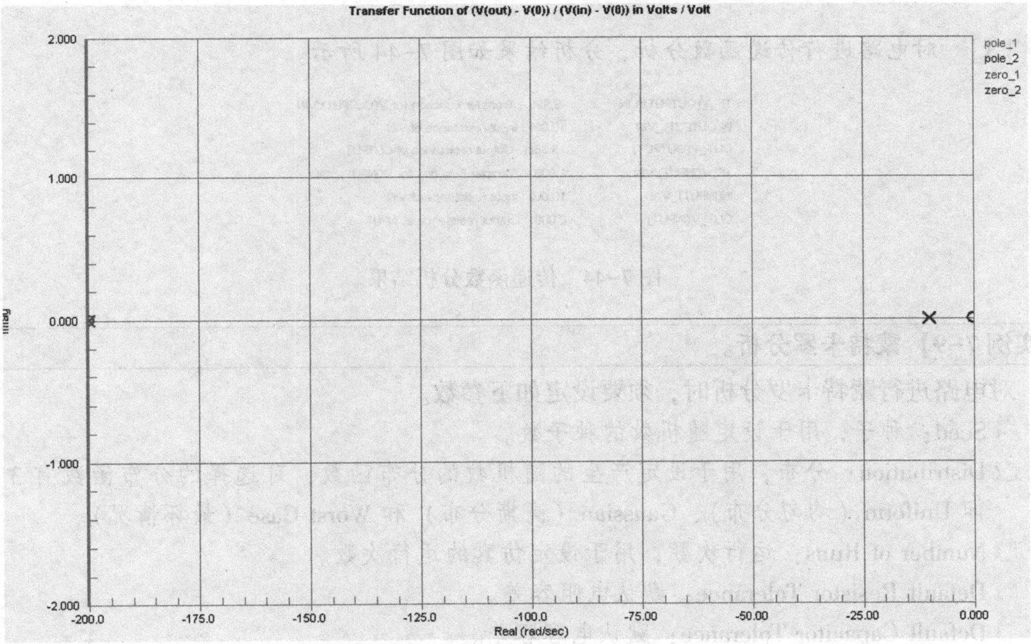

图 7-41　噪声分析结果

【实例 7-8】传递函数分析。

传递函数分析是在直流工作点分析的基础上，在电路直流偏置附近将电路线性化，从而计算电路的输入阻抗、输出阻抗及直流增益。进行传递函数分析时，须要设置如下参数。

❒ Source Name：信号源名称。

❒ Reference Node：参考节点。

本例中，要求对图 7-42 所示的电路图进行传递函数分析。

设计步骤

[1] 创建一个新的 PCB 项目及原理图，按图 7-42 所示绘制电路图。

[2] 设置传递函数分析的参数，如图 7-43 所示。

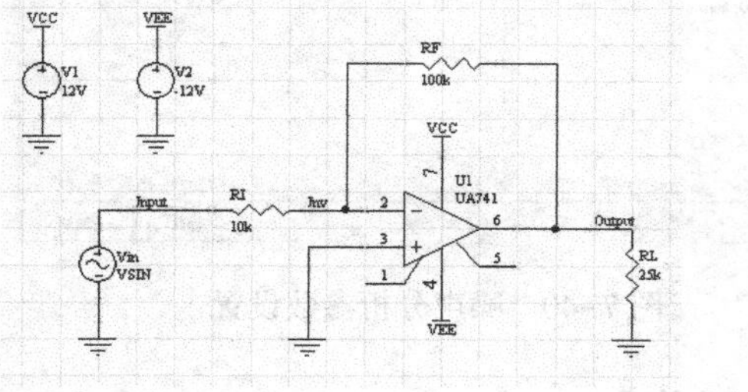

图 7-42 传递函数分析电路

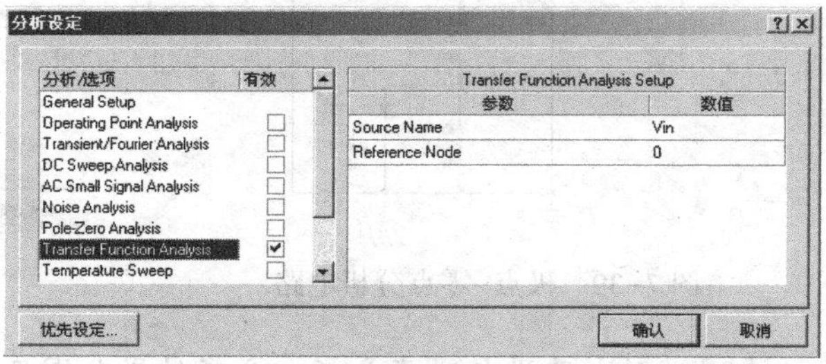

图 7-43 传递函数分析参数设置

[3] 对电路进行传递函数分析，分析结果如图 7-44 所示。

TF_V(OUTPUT)/VIN	-9.999 : Transfer Function for V(OUTPUT)/VIN
IN(OUTPUT)_VIN	10.00k : Input resistance at VIN
OUT_V(OUTPUT)	15.38m : Output resistance at OUTPUT
TF_V(INPUT)/VIN	1.000 : Transfer Function for V(INPUT)/VIN
IN(INPUT)_VIN	10.00k : Input resistance at VIN
OUT_V(INPUT)	0.000 : Output resistance at INPUT

图 7-44 传递函数分析结果

【实例 7-9】蒙特卡罗分析。

对电路进行蒙特卡罗分析时，须要设定如下参数。

- ❐ Seed：种子，用于设定随机数的种子数。
- ❐ Distribution：分布，用于设定产生的随机数的分布函数，可选择的分布函数有 3 种，即 Uniform（均匀分布）、Gaussian（高斯分布）和 Worst Case（最坏情况）。
- ❐ Number of Runs：运行次数，用于设定仿真的运行次数。
- ❐ Default Resistor Tolerance：默认电阻容差。
- ❐ Default Capacitor Tolerance：默认电容容差。
- ❐ Default Inductor Tolerance：默认电感容差。
- ❐ Default Transistor Tolerance：默认晶体管容差。
- ❐ Default DC Source Tolerance：默认直流源容差。
- ❐ Default Digital Tp Tolerance：默认数字器件传输延迟容差。
- ❐ Specific Tolerances：特殊容差，用于电路中指定器件的某参数容差。

本例中，要求对图 7-45 所示的电路进行蒙特卡罗分析。

设计步骤

[1] 创建一个新的 PCB 项目及原理图，按图 7-45 所示绘制电路图。

[2]　设置蒙特卡罗分析的参数，如图 7-46 所示。

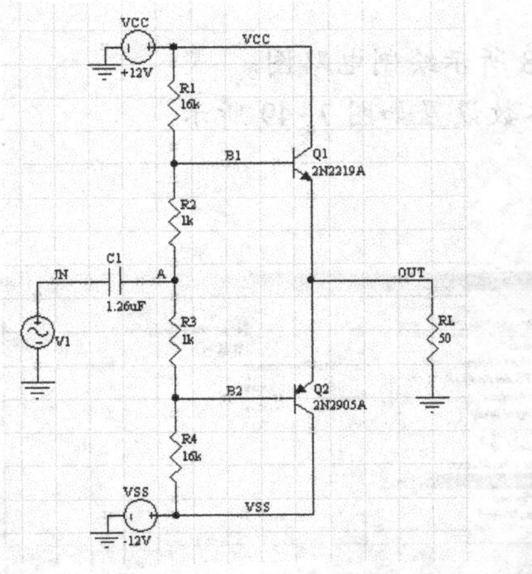

图 7-45　蒙特卡罗分析电路

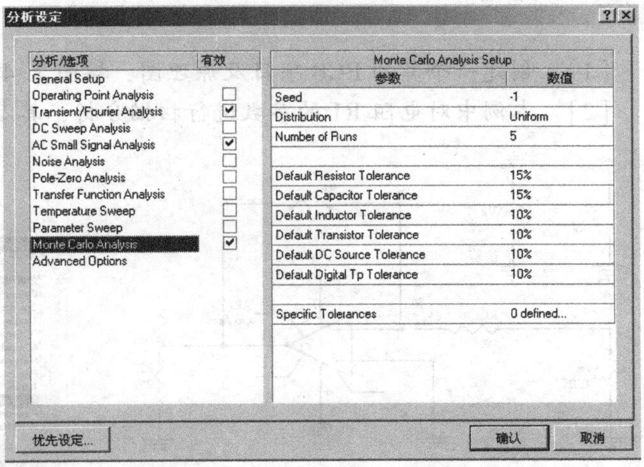

图 7-46　蒙特卡罗分析参数设置

[3]　设置好蒙特卡罗分析后，进行交流小信号的蒙特卡罗分析，分析结果如图 7-47 所示。

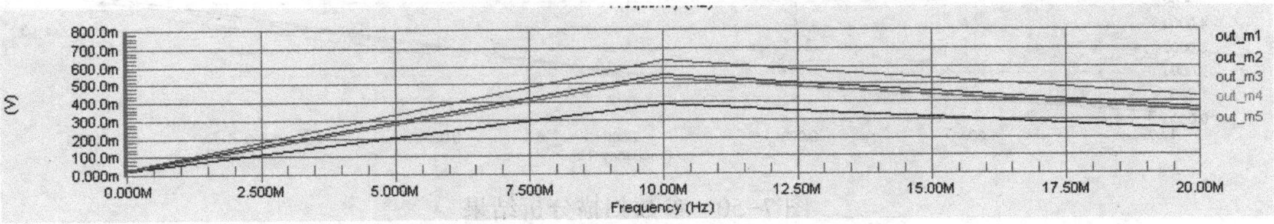

图 7-47　蒙特卡罗分析结果

【实例 7-10】参数扫描分析。

参数扫描分析是在指定的元器件参数范围内，按照指定的参数增量进行扫描，以分析电路的性能。对电路进行参数扫描分析时，须要设置如下参数。

- Primary Sweep Variable：基本扫描变量。
- Primary Start Value：基本扫描初始值。
- Primary Stop Value：基本扫描结束值。
- Primary Step Value：基本扫描步长值。
- Primary Sweep Type：基本扫描类型。
- Secondary Sweep Variable：第二扫描变量。
- Secondary Start Value：第二扫描初始值。
- Secondary Stop Value：第二扫描结束值。
- Secondary Step Value：第二扫描步长值。
- Secondary Sweep Type：第二扫描类型。

本例中，要求对图 7-48 所示的电路进行参数扫描分析。

设计步骤

[1]　创建一个新的 PCB 项目及原理图，按图 7-48 所示绘制电路图。

[2]　本例中对电阻 R1 的参数进行扫描分析，其参数设置如图 7-49 所示。

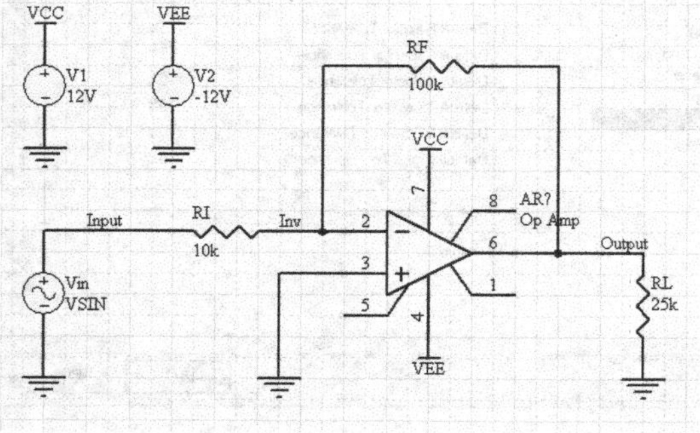

图 7-48　参数扫描分析电路

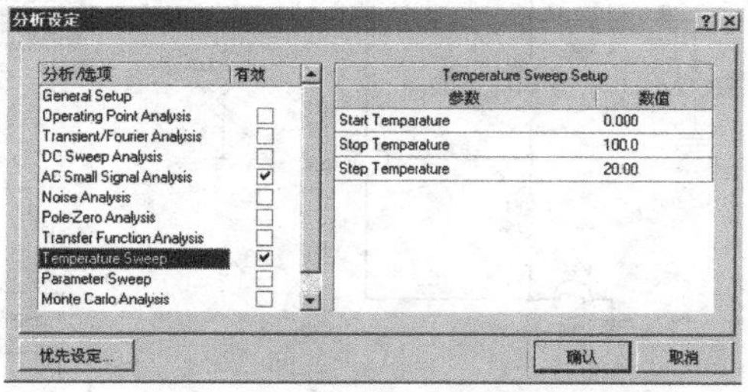

图 7-49　参数扫描分析参数设置

[3]　对电路进行参数扫描分析，分析结果如图 7-50 所示。

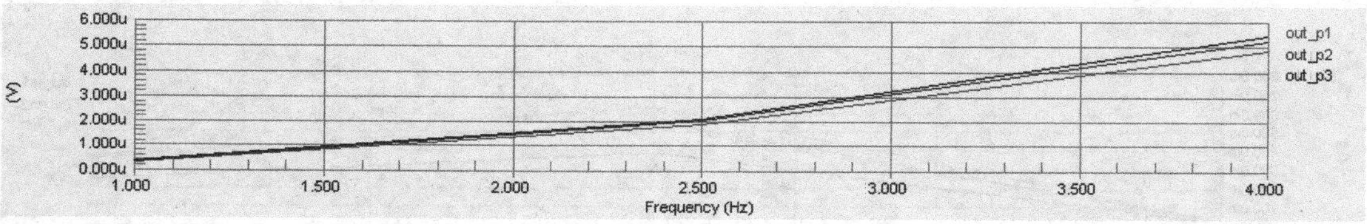

图 7-50　参数扫描分析结果

【实例 7-11】温度扫描分析。

温度扫描分析是在一定温度范围内进行电路参数的计算，从而确定电路的温度漂移等性能的一种分析。温度扫描分析不能单独进行，必须在瞬态分析、直流扫描分析或交流小信号分析时，才允许使用温度扫描分析。在进行温度扫描分析时，须要设置如下参数。

❒ Start Temperature：初始温度。

❒ Stop Temperature：结束温度。

❒ Step Temperature：温度步长。

本例中，要求对图 7-51 所示的电路进行交流小信号分析的温度扫描分析。

设计步骤

[1]　创建一个新的 PCB 项目及原理图，按图 7-51 所示绘制电路原理图。

[2]　选择交流小信号分析并设置其参数，选择温度扫描并设置其参数，如图 7-52 所示。

[3]　对电路的交流小信号进行温度扫描分析，分析结果如图 7-53 所示。

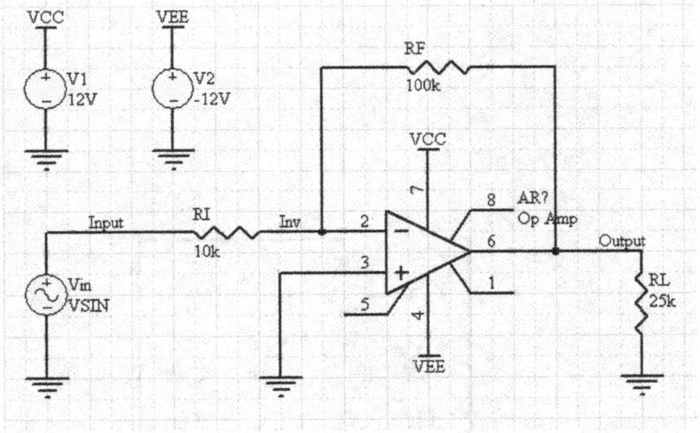

图 7-51　温度扫描分析电路

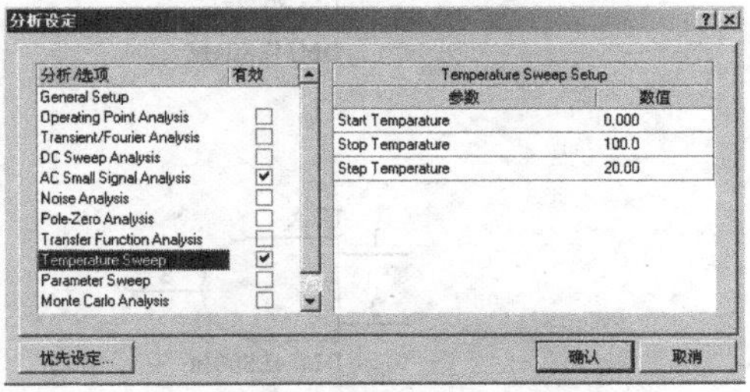

图 7-52　温度扫描分析参数设置

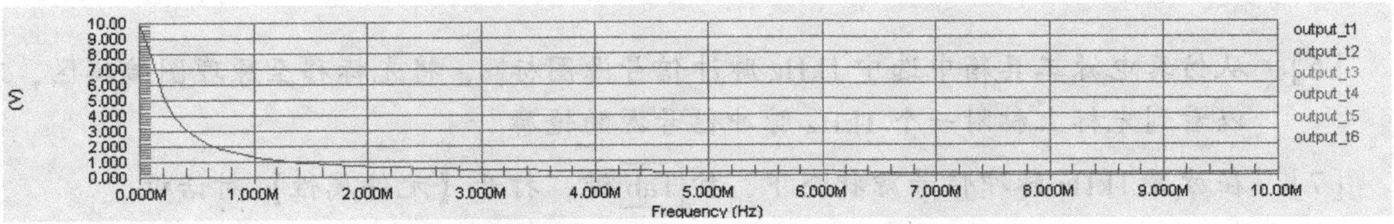

图 7-53　温度扫描分析结果

【实例 7-12】简单逻辑门电路仿真。

本例对简单逻辑门电路进行仿真，以了解数字电路的仿真方法。待仿真的逻辑门电路如图 7-54 所示。

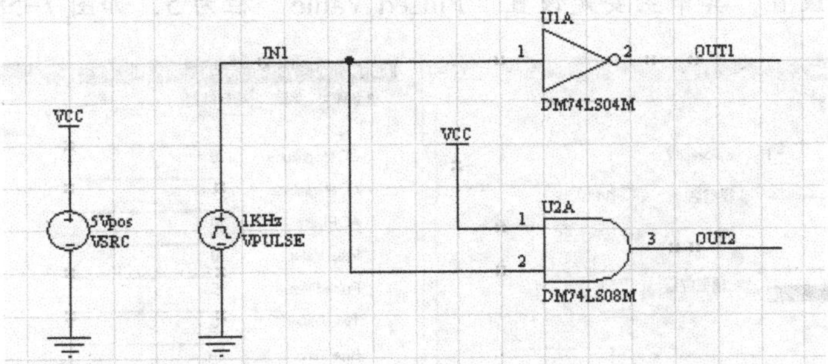

图 7-54　简单逻辑门电路

设计步骤

[1]　创建一个新的 PCB 项目，将其命名为“gate. PrjPCB”并保存。

[2]　在项目中创建一个新的原理图，将其命名为“gate. SchDoc”并保存。

[3]　对于本原理图中的门电路元器件，须要安装集成元器件库 C:\Program Files\ Altium 2004\Library\National Semiconductor\NSC Logical Gate. IntLib。

[4]　放置门电路元器件 DM74LS04M 和 DM74LS08M，如图 7-55 所示。

[5]　单击工具栏上仿真电源工具箱按钮，打开仿真电源工具箱，如图 7-56 所示。

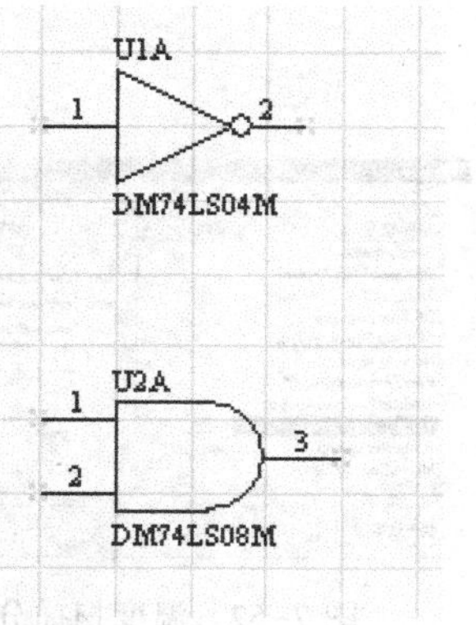

图 7-55　放置门电路元器件后的原理图

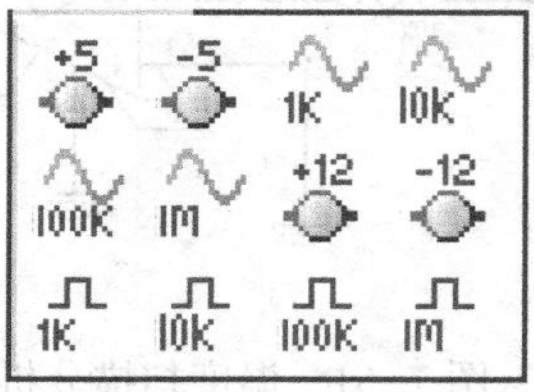

图 7-56　仿真电源工具箱

[6]　从仿真电源工具箱中选中 1kHz 脉冲信号源图标，将光标移至原理图编辑区，可以看到光标上黏附一个 1kHz 脉冲信号源的轮廓。

[7]　在放置 1kHz 脉冲信号源状态下，按 Tab 键，打开【元件属性】对话框。

[8]　移动光标到【元件属性】对话框的【Models for 1kHz-VPULSE】栏内的【类型】一栏的“Simulation”上，双击鼠标左键，打开【Sim Model－Voltage Source/Pulse】对话框，选择【模型种类】选项卡，设置【模型种类】栏为“Voltage Source”，在【模型子种类】列表框中选择“Pulse”，如图 7-57 所示。

[9]　打开【Sim Model-Voltage Source/Pulse】对话框的【参数】选项卡，对信号源的参数进行设置，其中主要是设置“Pulsed Value”栏为 5，如图 7-58 所示。

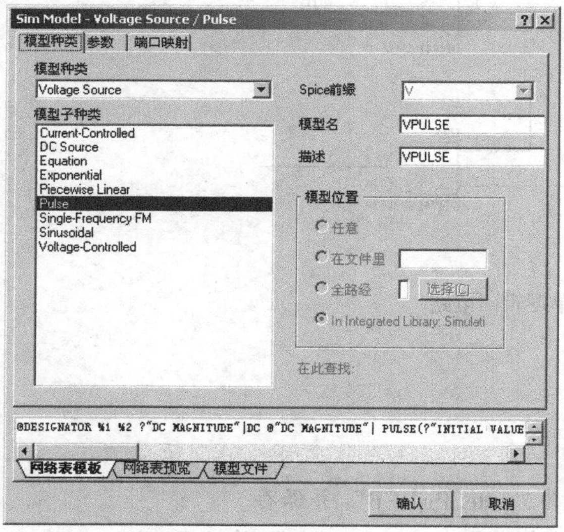

图 7-57　【Sim Model-Voltage Source/Pulse】对话框（【模型种类】选项卡）

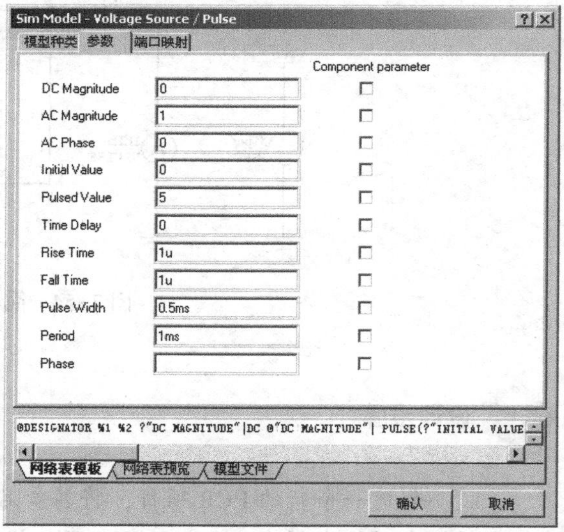

图 7-58　【Sim Model-Voltage Source/Pulse】对话框（【参数】选项卡）

[10]　设置完成后，单击按钮，关闭【Sim Model-Voltage Source/Pulse】对话框并返回到【元件属性】对话框；单击【元件属性】对话框中的按钮，关闭该

对话框，回到放置1kHz脉冲信号源状态，将光标移至适当的位置，单击鼠标左键放置该信号源。

[11] 用同样的方法从仿真电源工具箱中选中图标，并在电路中放置+5V直流电源，完成电路元器件的放置。放置好元器件的电路原理图如图7-59所示。

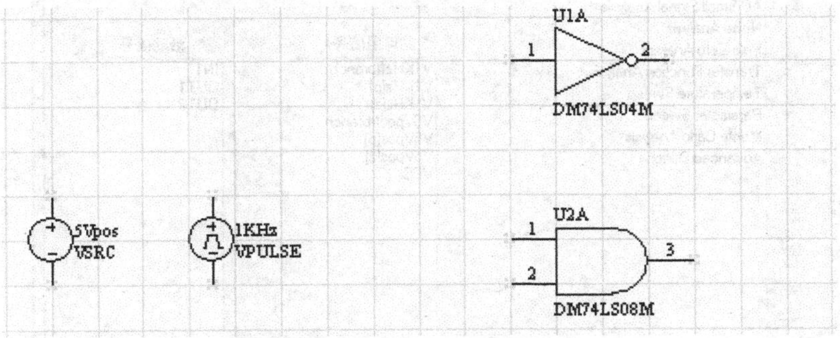

图7-59 放置好元器件的电路原理图

[12] 按照图7-60所示在原理图中放置接地和电源端口，以及网络标签，并进行电路连接，完成电路仿真原理图的设计。

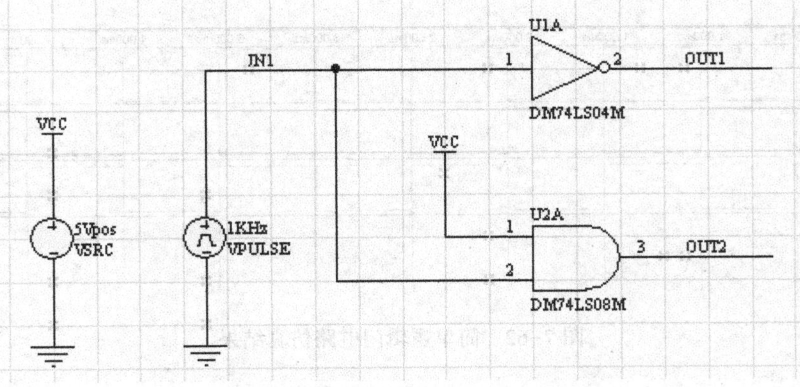

图7-60 简单逻辑门电路仿真原理图

[13] 接下来就可以对该简单门电路进行仿真了。与模拟电路仿真不同，数字电路仿真无须进行静态工作点的分析，仿真时一般只选择瞬态分析即可。执行菜单命令【设计】\【仿真】\【Mixed Sim】，打开【分析设定】对话框，在【分析/选项】列表框中选中“Transient/Fourier Analysis”选项，同时设定活动信号为“IN1”“OUT1”“OUT2”，如图7-61所示。

[14] 设置完成后，单击按钮，开始仿真。仿真结束后，系统弹出【Message】窗口，该窗口显示了仿真过程等信息。

[15] 关闭【Message】窗口，可以看到系统自动生成的仿真波形文件gate.sdf，其内容即为仿真结果，如图7-62所示。

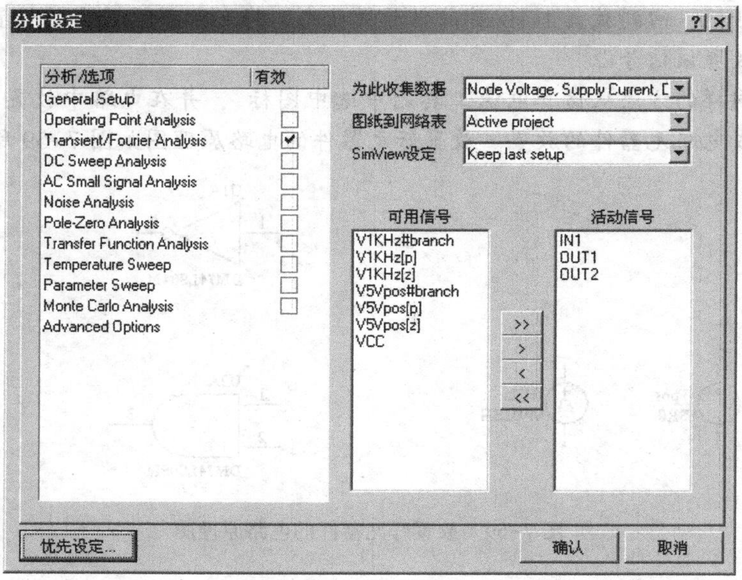

图 7-61 【分析设定】对话框

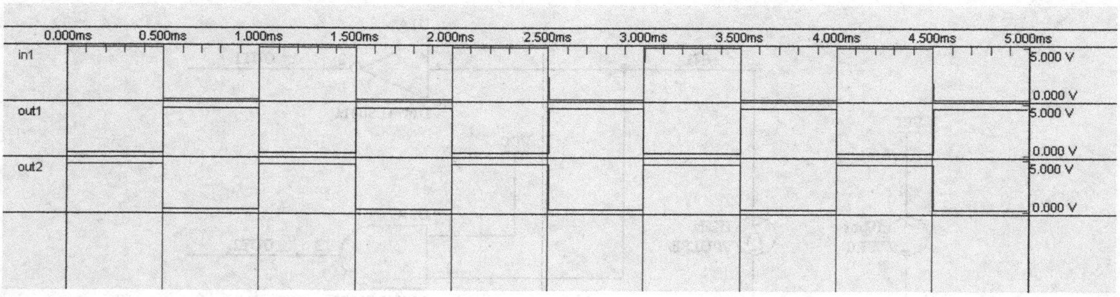

图 7-62 简单逻辑门电路仿真结果

7.9 思考与练习

1. 简答题

（1）简要回答电路仿真的一般过程。

（2）Protel DXP 2004 中的电压仿真源有哪些？

（3）简要回答 Protel DXP 2004 中常用的电路仿真类型。

2. 练习题

（1）上机练习熟悉仿真环境参数的设置。

（2）对本章的电路仿真案例，试改变仿真参数进行电路的仿真练习。

（3）创建 PCB 项目及原理图文件，并按图 7-63 所示绘制电路原理图，练习对该电路进行仿真。

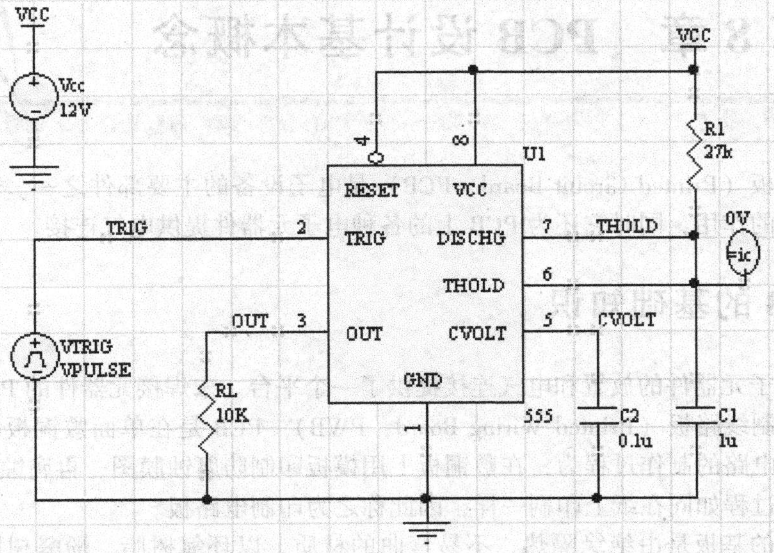

图 7-63　原理图文件 555 Monostable Multivibrator. SchDoc

第 8 章　PCB 设计基本概念

印制电路板（Printed Circuit Board，PCB）是电子设备的主要部件之一。PCB 起到了搭载电子元器件的作用，同时它还为 PCB 上的各种电子元器件提供电气连接。

8.1　PCB 的基础知识

PCB 为电子元器件的放置和电气连接提供了一个平台。未焊接元器件的 PCB 称为裸板，也常被称为印制线路板（Printed Wiring Board，PWB）。PCB 是在单面敷铜板的基础上发展起来的。印制电路的制作过程为，在敷铜板上用模板印制防腐蚀膜图，再腐蚀导线，形成导电图形，这个过程如同在纸上印刷一样，因此称之为印制电路板。

PCB 本身的基板是由绝缘隔热、不易弯曲的材质，以环氧树脂、酚醛树脂、聚四氟乙烯等为黏合剂，以纸或玻璃纤维为增强材料而组成的复合材料板。随着电子元器件组装密度的日益增加，现在多使用双层或多层 PCB，大都以玻璃纤维环氧树脂板（FR-4）和其他具有较好热稳定性作为基板材料。在 PCB 的表面，均匀地覆盖着红褐色的铜箔。原本铜箔是覆盖在整个 PCB 表面的，而在制造过程中部分被蚀刻处理掉，留下来的部分就变成网状的细小线路。这些线路被称为布线，用于提供 PCB 上元器件的电气连接。

为了将元器件固定在 PCB 上，要把元器件的引脚直接焊接在布线上。在最基本的 PCB（单面板）上，元器件都集中在其中一面，而布线则都集中在另一面，这样就需要在 PCB 上打孔，以便插装元器件的引脚穿过 PCB 到达另一面，也就是布线（有铜箔导线）的一面，然后进行焊接固定。因此，PCB 的正、反两面分别称为零件面（Component Side）与焊接面（Solder Side）。在 PCB 上，还有一些元器件需要在 PCB 制作完成后可以方便地拿掉或进行替换，这就要用到与该元器件相对应的插座（Socket）。为此，只要将插座直接焊接在 PCB 上，就可以方便地拆装相应的元器件了。在电子系统（如计算机）的 PCB 上，经常会看到导线呈现绿色或棕色而不是铜箔的本来颜色，这是因为 PCB 表面涂了阻焊漆（Solder Mask）的缘故，我们看到的实际是阻焊漆的颜色，它是绝缘的防护层，可以保护铜箔布线，也可以防止元器件被焊到不正确的地方。另外，在阻焊层上还会有一层丝网印刷面（Silk Screen），通常在这上面会印上文字与符号（大多是白色的），以标识出各元器件的类型，以及在 PCB 上的位置。丝网印刷面也称图标面（Legend）。

由此可知，PCB 的主要功能如下。

- 用于固定或支撑集成电路等各种元器件。
- 用于实现集成电路等各种电子元器件间的布线和电气连接，提供所要求的电气特性。
- 实现各导电图形之间的电绝缘，并为自动焊接提供阻焊图形，便于实现自动化生产。
- 为元器件插装、维修提供识别字符与图形。

根据所使用电化学过程，PCB 的制造技术可分为 3 种，即减成法技术、半加成法技术和加成法技术。在减成法技术中，除图形之外的表面压合的金属被去除；而在加成法技术中，聚合物表面起初没有金属层，只在想要图形的区域沉积金属；半加成法技术介于这二者之间，但从制造过程看，更接近减成法技术。根据这 3 项技术发展出多种工艺，其中应用最广泛的是通过蚀刻实现的减成法技术。

8.2　PCB 设计中的术语

1. “层”的概念

PCB 设计中的层，是指 PCB 材料本身实际存在的多个铜箔层。

PCB 常见的板层结构有单层板（Single Layer PCB）、双层板（Double Layer PCB）和多层板（Multi Layer PCB）三种。

1）单层板　即只有一面敷铜而另一面没有敷铜的 PCB。敷铜的一面主要用于布线和焊接，而元器件放置在没有敷铜的一面，插装元器件的引脚穿过 PCB 在敷铜面进行焊接固定。

2）双层板　即两面均敷铜的 PCB，两个敷铜面分别称为顶层（Top Layer）和底层（Bottom Layer）。双层板两面都可以布线，一般将顶层作为放置元器件的面，底层作为元器件焊接面。而对于表贴元器件，则将其放置面和焊接面放在同一侧。两层之间的布线可以通过过孔来连接，这样使得电路布线比单层板要自由得多。

3）多层板　多层板即包含多个工作层面的 PCB，除顶层和底层外，还包含若干个中间层（Mid Layer），通常中间层可作为导线层、信号层、电源层、接地层等。层与层之间相互绝缘，层与层的连接通常通过过孔来实现。较为常用的多层板是 4 层板和 6 层板，通常 4 层板是在双面板的基础上，加上“电源”和“接地”两个板层，而 6 层板则是再加上两个布线层。随着电子产品小型化、精密化和集成化程度的提高，多层板的应用日益广泛。

2. PCB 的层面

PCB 包括许多类型的层面，如信号层、内部电源/接地层、机械层、防护层、丝印层等。各种层面的作用简要介绍如下。

1）信号层（Signal Layers）　主要用于放置元器件或布线。在 Protel DXP 2004 中，最多可设 32 个信号层，包括顶层、底层和 30 个中间层。通常中间层用于布置信号线，顶层和底层用于放置元器件或敷铜。在 PCB 设计过程中，可以设置每个层的颜色，以便于区分，如图 8-1 所示。

2）内部电源/接地层（Internal Planes）　又称内部电源层，主要用于敷设电源和地，以提高电路的抗电磁干扰（EMI）特性和稳定性。Protel DXP 2004 中最多可设 16 个内部电源层，同样可以用不同的颜色进行区分，如图 8-2 所示。

3）机械层（Mechanical Layers）　一般用于放置有关制板和装配方法的指示性信息，如 PCB 物理尺寸线、尺寸标注、数据资料、过孔信息、装配说明等。Protel DXP 2004 中最多可设 16 个机械层，用不同的颜色进行区分，如图 8-3 所示。

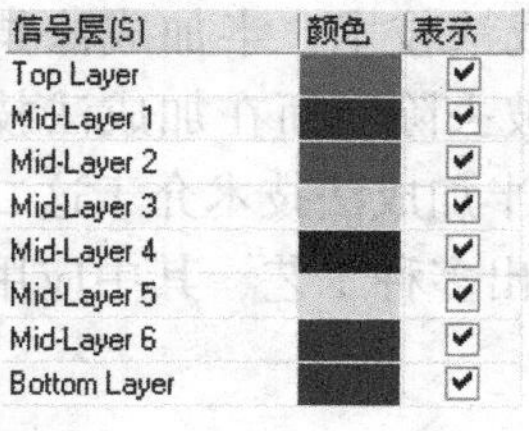

图 8-1　信号层区分

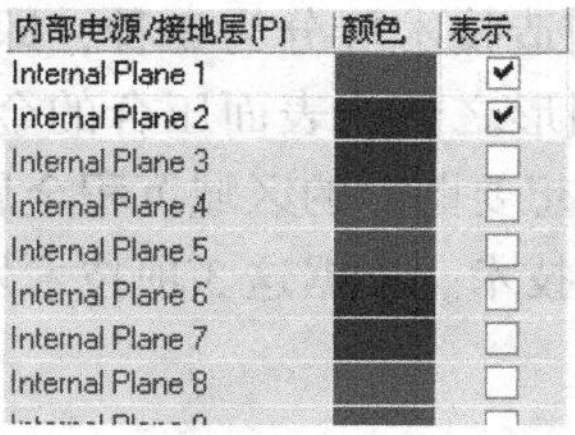

图 8-2　内部电源层区分

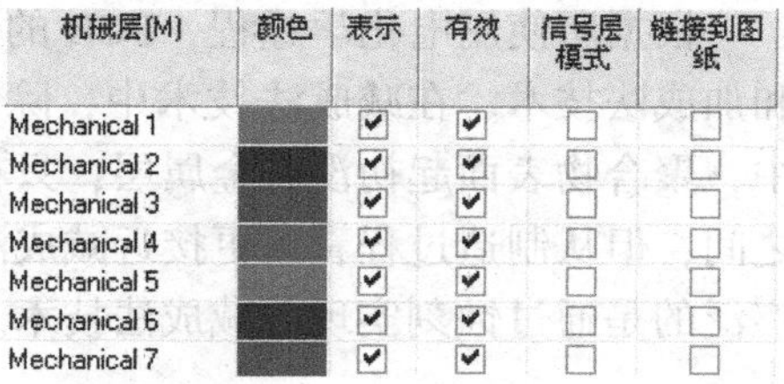

图 8-3　机械层区分

4）屏蔽层（Mask Layers）　主要用于确保 PCB 上不需要镀锡的地方不被镀锡。屏蔽层是阻焊层和锡膏防护层的总称，如图 8-4 所示。

阻焊层包括顶层阻焊层（Top Solder）和底层阻焊层（Bottom Solder）。阻焊层是指在焊盘以外的各部位涂覆一层涂料，如防焊漆，用于阻止这些部位上锡，这样可以防止焊接时焊锡溢出到不希望着锡的部位而造成信号短路。

锡膏防护层包括顶层锡膏防护层（Top Paste）和底层锡膏防护层（Bottom Paste），该层的主要作用是在需要焊接的地方涂一层助焊剂，以增强焊盘的着锡能力。一般 SMD（表贴元器件）的焊盘都有这个层。

5）丝印层（Silkscreen Layers）　主要用于在 PCB 上印刷上元器件的流水号、生产编号、公司名称等，以对 PCB 进行注释。丝印层包括顶层丝印层（Top Overlay）和底层丝印层（Bottom Overlay），可以用不同颜色区分，如图 8-5 所示。

6）其他层（Other Layers）　除上述介绍的层外，Protel DXP 2004 中的 PCB 还包括如图 8-6 所示的其他层。

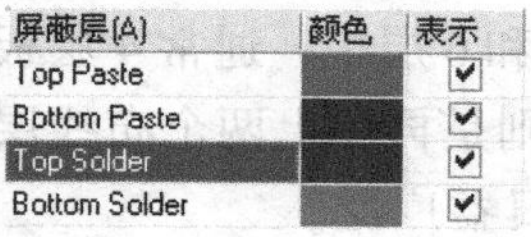

图 8-4　屏蔽层

图 8-5　丝印层

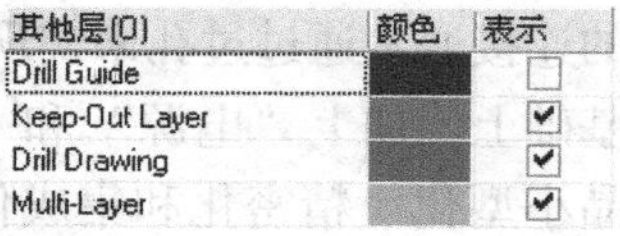

图 8-6　其他层

- Drill Guide（钻孔方位层）：主要用于标识 PCB 上钻孔的位置。
- Keep-Out Layer（禁止布线层）：用于定义元器件和导线的放置范围，定义了 PCB 的电气边框。通常在该层上放置线段（Track）或弧线（Arc）来构成一个闭合区域，仅在这个闭合区域内允许进行元器件的自动布局和布线，也有很多设计师用该层来设计 PCB 的机械外形，但建议使用机械层绘制 PCB 的外形。
- Drill Drawing（钻孔绘图层）：主要用于设定钻孔形状。
- Multi-Layer（多层）：该层代表所有的信号层，在它上面放置的元器件会自动地放到所有的信号层上。可以通过该层将焊盘或通孔快速地放置到所有的信号层上。

3. 过孔

为了连接各层之间的线路，在各层需要连通的导线交汇处钻上一个公共孔，这就是过孔（Via）。通常，钻孔的费用占到 PCB 制板费用的 30%~40%。一般工艺上要求在过孔的孔壁圆柱面上用化学沉积的方法镀上一层金属，用以连通中间各层需要连通的铜箔，而过孔的上、下两面则做成普通的焊盘形状。根据电气特性，过孔可以与上、下两面的线路相连，也可以不连。

从制造工艺上来说，过孔可分为 3 类，即盲孔（Blind Via）、埋孔（Buried Via）和通孔（Through Via），如图 8-7 所示。盲孔位于 PCB 的顶层或底层的表面，具有一定的深度，用于表层线路与下面的内层线路的连接。埋孔是指位于 PCB 内层的连接孔。上述两类孔都涉及 PCB 的内层，层压前利用通孔成型工艺完成，在孔的形成过程中可能还会重叠数个内层。通孔则穿过整个 PCB，除实现内部的互连外，还可以作为安装元器件的安装定位孔。

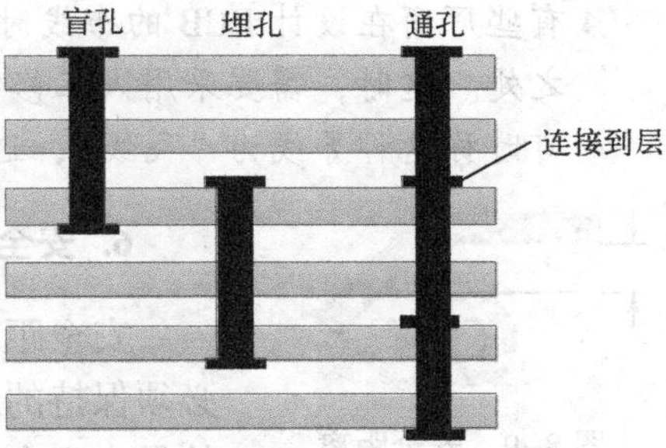

图 8-7　过孔类型

一般而言，设计 PCB 时，对过孔的处理遵循如下原则。

- 尽量减少盲孔和埋孔的使用。
- 从成本和信号质量两方面考虑，合理选择过孔的尺寸。
- PCB 上的信号线尽量不要换层，也就是说尽量不要使用不必要的过孔。
- 电源和地的引脚要就近打过孔，过孔与引脚之间的引线越短越好。同时，可以根据需要的载流量大小，适当加大过孔的尺寸。
- 在信号线换层的过孔附近尽量放置一些接地过孔，用于为信号提供最近的回路。

4. 焊盘

焊盘（Pad）是 PCB 设计中最常接触也是最重要的概念之一。初学者在设计中往往忽略它的选择和修正，而千篇一律地使用圆形焊盘。选择元器件的焊盘类型时应综合考虑该元器件的大小、形状、布置形式、振动，以及受热、受力方向等因素。Protel DXP 2004 提供了一系列不同大小和形状的焊盘供选择。另外，还可以根据自己的实际需求对焊盘的大小和形状进行编辑。例如，对于发热和受力较大，以及通过电流较大的焊盘，可以自行设计焊盘的形状为“泪滴状”。常见的焊盘形状如图 8-8 所示。

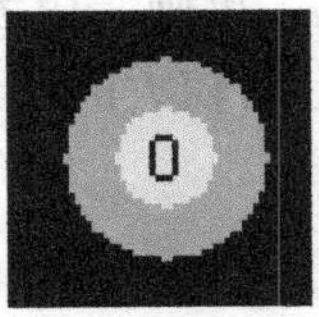

（a）圆形

（b）矩形

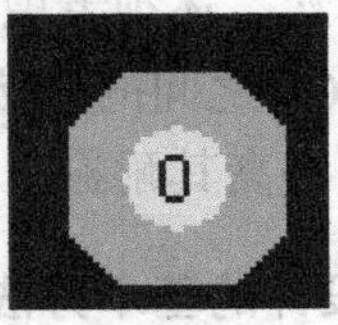

（c）八边形

图 8-8　常见焊盘形状

5. 飞线

在电路系统设计中，飞线具有如下两重含义。

- 飞线是在引入网络表后自动布线时，供观察用的类似“橡皮筋”的网络连线，是由系统根据规则生成的，用于指引布线的一种连线。飞线与导线有着本质的区别。飞线只是一种形式上的连线，它只是形式上表示出各个焊点间的连接关系，没有电气的连接意义。导线则是根据飞线指示的焊点间连接关系布置的、具有电气连接意义的连接线路。

- 有些厂商在设计 PCB 的布线时，由于技术实力原因往往会导致最后的 PCB 存在不足之处。这时，需要采用人工修补的方法来解决问题，就是用导线连通一些电气网络，有时称这种导线为“飞线”，这就是飞线的第二重含义。

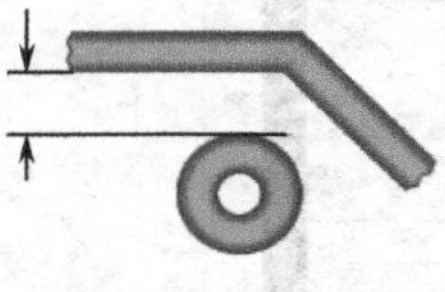

图 8-9　安全距离

6. 安全距离

安全距离规定了 PCB 上不同网络的布线、焊盘、过孔等之间必须保持的最小距离，如图 8-9 所示。Protel DXP 2004 系统默认的最小安全距离为 10mil。

7. 敷铜

敷铜就是在 PCB 布线结束后，在无导线布线的区域内敷设铜膜。大面积使用敷铜可以加大系统的接地面积，提升系统的抗干扰能力，提高电源效率，增强散热效果。敷铜可以独立存在，也可以与网络相连。不同区域的敷铜可以连接到不同的网络，多数情况下，敷铜是和地连接的，数字地和模拟地要分开敷铜。

8.3　PCB 设计的基本原则

一个性能优良的电路系统，除了要合理设计电路原理图和选择高质量的元器件，能否正确设计 PCB 的元器件布局及电气连接方向，也是决定该电路系统可靠工作的关键。对于由相同元器件和参数构成的电路，不同的元器件布局和电气连接方向会产生不同的结果，其结果可能存在很大的差异。因此，必须把正确设计 PCB 组件布局结构和正确选择布线方向，以及整体仪器的工艺结构三方面联合起来考虑。合理的工艺结构既可消除因布线不当而产生的噪声干扰，同时也便于生产中的安装、调试与检修等。

在设置 PCB 的尺寸时，首先应充分考虑放置 PCB 的机箱内部空间的大小，以能恰好放入箱内为宜；其次，还须考虑能够充分散热和满足受力等情况；再则，应考虑 PCB 与外接元器件及其他 PCB 之间的连接方式；最后，对于安装在 PCB 上的较大的元器件，要加装金属固定附件，以提高其耐振、耐冲击性能。

1. 布线图设计的基本方法

在对 PCB 进行布线时，首先应对所选用元器件及各种插座的规格、尺寸等完全了解，并且充分考虑系统的电磁兼容性、抗干扰的角度、布线、去耦等方面，以便合理地安排各部件的位置。各部件位置确定后，接下来就是按照电路图连接有关引脚，也就是布线。PCB 的布线一般有自动布线和手工布线两种方式，也可以结合这两种方式进行综合布线。

PCB 中各元器件之间的接线方式一般遵循如下规则。

- PCB 中不允许有交叉电路，对于可能交叉的线条，可以用“钻”和“绕”两种办法来解决，即让某引线从电阻、电容、晶体管等元器件的引脚下的空隙处“钻”过去，或者从可能交叉的某条引线的一端“绕”过去。在特殊情况下，如果电路很复杂，为简化设计，也允许用导线跨接，即采用飞线的方法，解决交叉电路的问题。

- 电阻、二极管、管状电容器等元器件有立式、卧式两种安装方式。立式指的是元器件体垂直于 PCB 安装、焊接，其优点是节省空间；卧式指的是元器件体平行并紧贴于 PCB 安装、焊接，其优点是元器件安装的机械强度较好。这两种方法在 PCB 上的元器件孔距一般是不一样的。
- 同一级电路的接地点应尽量靠近，并且本级电路的电源滤波电容也应接在该级接地点上。特别是本级晶体管基极、发射极的接地点不能离得太远，否则会因两个接地点间的铜箔太长而引起干扰与自激，采用“一点接地法”的电路，工作较稳定，不易自激。
- 总地线必须严格按高频—中频—低频逐级地从弱电到强电顺序排列，不可随便乱接。级与级之间宁肯接线长一些，也要严格遵守这一规定。特别是变频头、再生头、调频头的接地线，安排要求更为严格，如有不当就会产生自激，以致无法正常工作。调频头等高频电路常采用大面积包围式地线，以保证其有良好的屏蔽效果。
- 强电流引线（如公共地线、功放电源引线等）应尽可能宽一些，以降低布线电阻及其电压降，还可减小因寄生耦合而产生的自激。
- 阻抗高的布线尽量短，阻抗低的布线可长一些。因为阻抗高的布线容易发射和吸收信号，引起电路工作不稳定。电源线、地线、无反馈元器件的基极布线、发射极引线等均属低阻抗布线；射极跟随器的基极布线、收录机两个声道之间的地线必须分开，各自成一路，一直到功放末端再合起来；若两路地线不分开，极易产生串音，使分离度下降。
- 印制导线间的距离将直接影响电路的电气性能（如绝缘强度、分布电容等）。当频率不同时，即使印制导线的间距相同，其绝缘强度也是不同的。频率高时，相对绝缘强度就会下降，导线间距越小，分布电容就越大，电路稳定性就差。特别是对高频状态下的电路，影响更大。
- PCB 同一层上不应连接的印制导线不能交叉。高频电路中的高频引线、晶体管引线、I/O 线要短而直，避免相互平行。一般情况下，双面板两面布线要垂直。布线要均匀，并注意合理选择印制导线宽度，因为印制导线具有一定的电阻，当有电流通过时，要产生电压降和热量；导线宽度不同，允许通过的电流也不同。
- 元器件在 PCB 上布局时，应使热敏元器件远离发热源。当热敏元器件距发热源较近时，热敏元器件周围的环境温度变化会对热敏元器件的电气参数产生不利影响；发热源尽量布置在易散热的部位，并考虑加装散热片或散热风扇。

2. PCB 设计中的注意事项

在 PCB 的设计中，还应注意如下事项。

- 布线方向：从焊接面看，元器件的排列应尽可能与原理图中的排列一致，在满足电路性能及整机安装与面板布局要求的前提下，PCB 布线方向最好与电路图布线方向一致。在生产过程中，通常需要在焊接面进行各种参数的检测，因此这样做便于生产中的检查、调试及检修。
- 各元器件排列、分布要合理和均匀，力求达到整齐、美观、结构严谨的工艺要求。

❒ 在保证电路性能要求的前提下，设计时应力求布线合理，少用外接跨线，并按一定顺序要求布线，力求直观，便于安装和检修。

8.4 PCB 设计流程

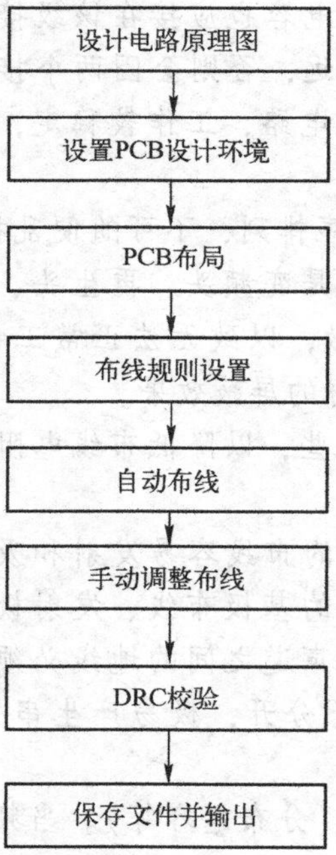

图 8-10　PCB 设计流程

与电路原理图的设计类似，在利用 Protel DXP 2004 进行 PCB 设计时也有其工作流程。一般而言，PCB 设计流程如图 8-10 所示。

（1）设计电路原理图：电路原理图的设计是进行 PCB 设计的先期准备工作，是实现 PCB 设计的基础步骤。

（2）设置 PCB 设计环境：这是 PCB 设计中的重要步骤。在该步骤中，主要设置 PCB 的结构尺寸、板层参数、格点大小和形状，以及布局参数等。

（3）PCB 布局：PCB 布局是进行 PCB 布线前的准备工作，主要工作是合理安排各元器件的位置。

（4）布线规则设置：主要设置 PCB 布线时应遵循的各种规则。

（5）自动布线：自动布线采用无网格设计，如果设计合理且布局恰当，系统会自动完成布线。对于简单的电路，系统的自动布线一般也可以满足用户的需求。

（6）手动调整布线：主要调整自动布线产生的不合理之处。

（7）DRC 校验：PCB 布线完毕，须要经过设计规则检查（DRC）校验，根据校验结果对 PCB 设计进行完善。

（8）保存文件并输出：保存并打印各种报表文件，以及输出 PCB 文件。

8.5 思考与练习

（1）PCB 的主要功能是什么？

（2）过孔有哪几类？

（3）PCB 有哪些层面？各有什么作用？

第 9 章　PCB 设计基础

9.1　PCB 文档的基本操作

1. PCB 文档的创建

Protel DXP 2004 有 3 种创建 PCB 文档的方式。

1）根据菜单创建 PCB 文档　执行菜单命令【文件】\【创建】\【PCB 文件】，此时系统会自动生成一个空白的 PCB 文档，且自动将其命名为“PCB1. PcbDoc”，如图 9-1 所示。

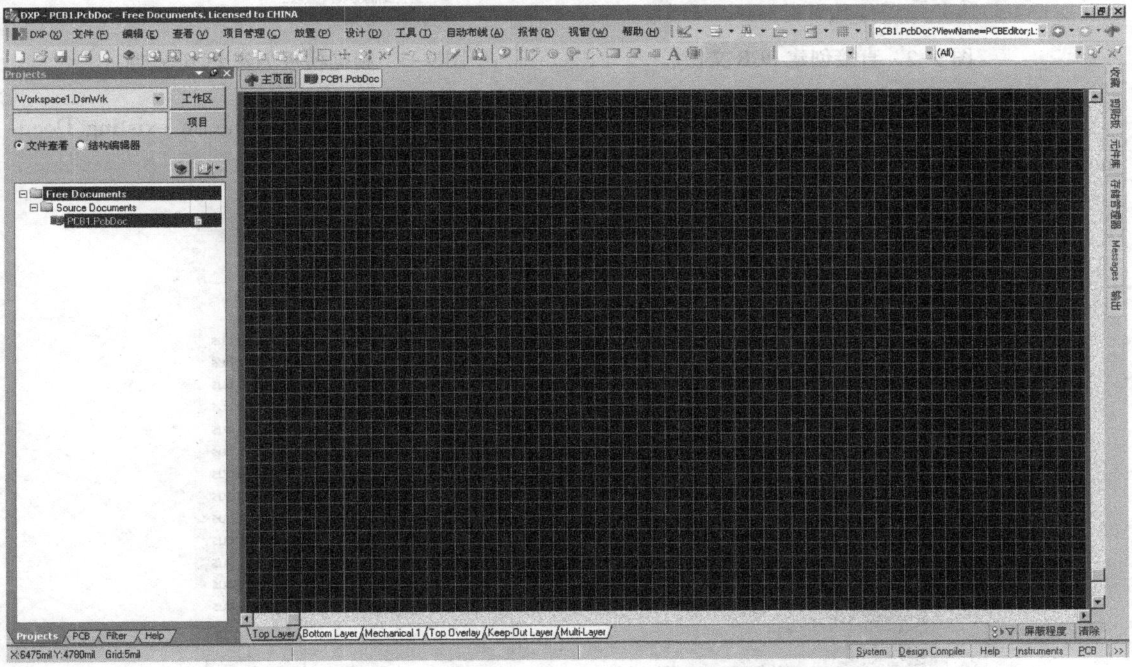

图 9-1　新建的 PCB 文档

2）通过工作区面板创建 PCB 文档　通过工作区面板创建 PCB 文档的方法可以分为两种，即直接创建 PCB 文档和根据模板创建 PCB 文档。

（1）直接创建 PCB 文档。

① 单击工作区面板的【Files】选项卡。

② 如图 9-2 所示，在【新建】选项中单击【PCB File】，系统自动创建一个文件名为

“PCB1. PcbDoc”的空白 PCB 文档。

（2）根据模板创建 PCB 文档。

① 单击工作区面板的【Files】选项卡，出现如图 9-3 所示的选项。

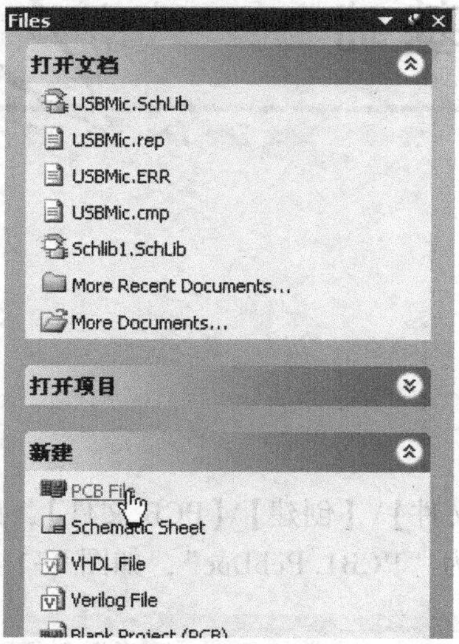

图 9-2　直接创建 PCB 文档

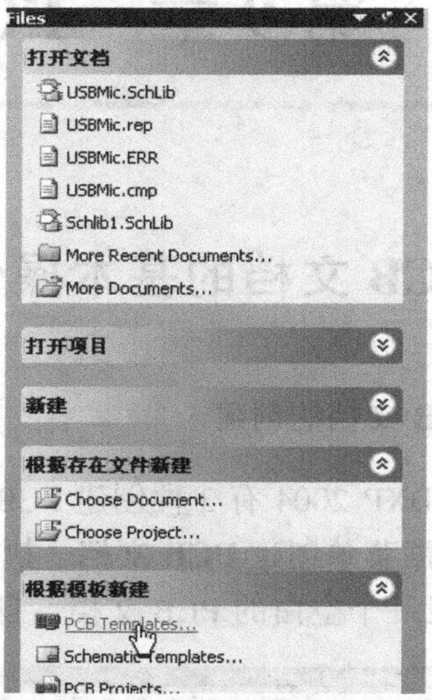

图 9-3　根据模板创建 PCB 文档

② 在【根据模板新建】选项中单击【PCB Template…】，弹出【Choose existing Document】对话框，如图 9-4 所示。

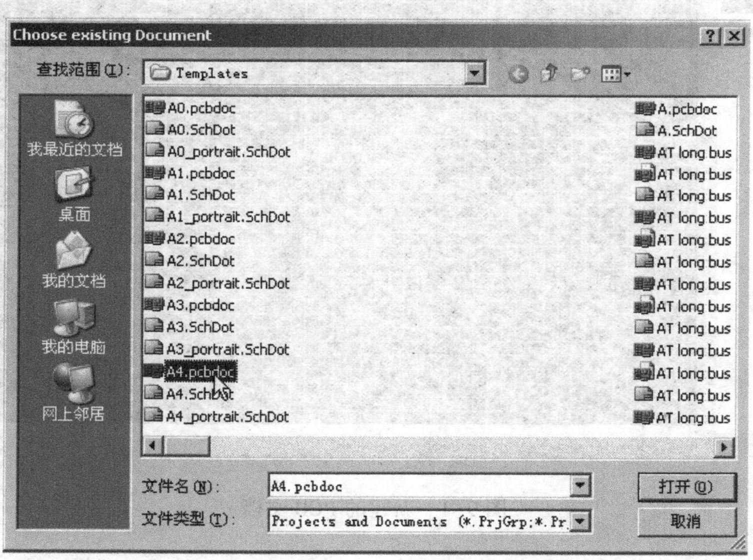

图 9-4　【Choose existing Document】对话框

③ 选择一个模板（如 A4. pcbdoc），单击按钮 打开(O)，系统会自动创建一个名为“PCB1. PcbDoc”的空白 PCB 文档，并切换到 PCB 设计界面。这个模板文件右下方包含了图纸尺寸和一些文字图片参考信息，如图 9-5 所示。

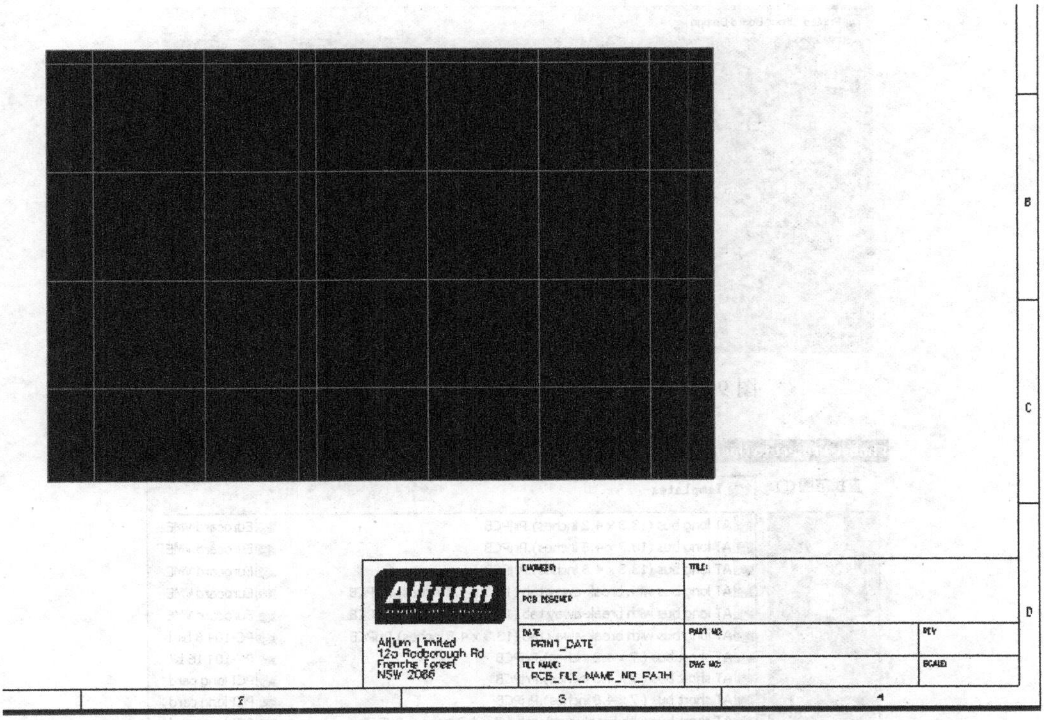

图 9-5 根据模板新建的 PCB 文档

3）通过 DXP 主页面新建 PCB 文档 如图 9-6 所示，在【主页面】上单击【Printed Circuit Board Design】，系统弹出【Printed Circuit Board Design】对话框，如图 9-7 所示。

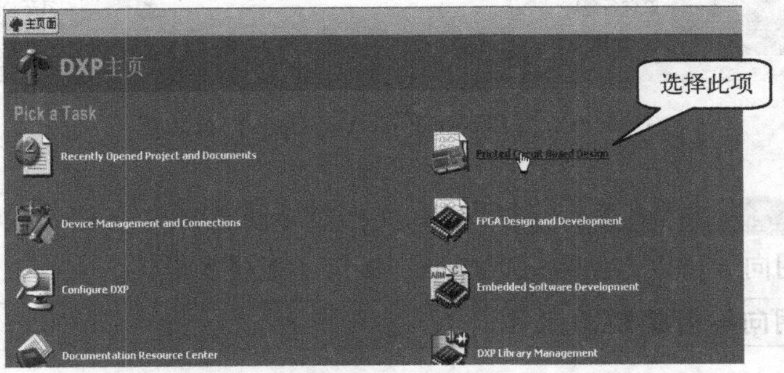

图 9-6 单击【Printed Circuit Board Design】

该对话框中提供了 4 种创建 PCB 文档的方法。

（1）New Blank PCB Document：创建一个空白的 PCB 文档。

（2）Create PCB From Template：根据现有的模板创建 PCB 文档。

（3）Create PCB From Existing PCB：根据现有的 PCB 文档创建 PCB 文档。单击该选项，会弹出【Choose Project to Open】对话框，如图 9-8 所示。该对话框中的文档是一些常用 PCB（如 PCI 板卡等）文档，这为设计类似的 PCB 提供了方便。

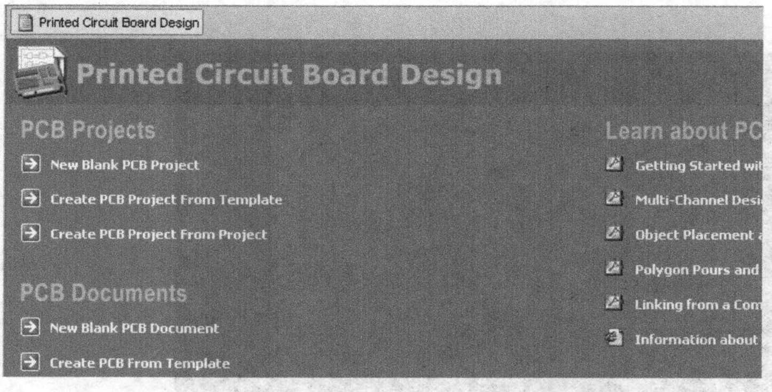

图 9-7 【Printed Circuit Board Design】对话框

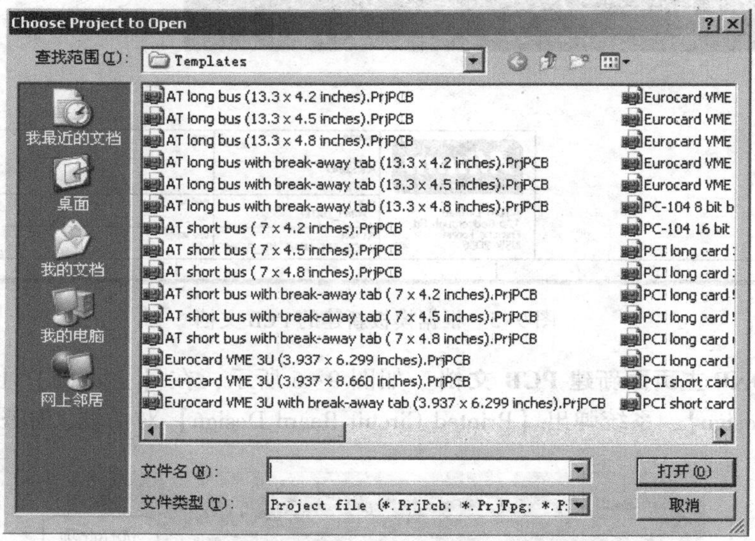

图 9-8 【Choose Project to Open】对话框

（4）PCB Document Wizard：利用 PCB 文档向导创建 PCB 文档。在设计一些通用的标准接口板时，利用向导可以方便地完成外形、接口、板层等设计。

【实例 9-1】利用向导创建 PCB 文档。

设计步骤

[1] 单击 PCB Document Wizard，弹出【PCB 板向导】对话框，如图 9-9 所示。

[2] 单击按钮 下一步(N)>，弹出【PCB 板向导—选择电路板单位】对话框，如图 9-10 所示。

如果手头的资料如 PCB 尺寸、封装尺寸等是以公制标注的，就选【公制】，否则选择【英制】。提示：1mil＝0.0254mm。

图 9-9 【PCB 板向导】对话框

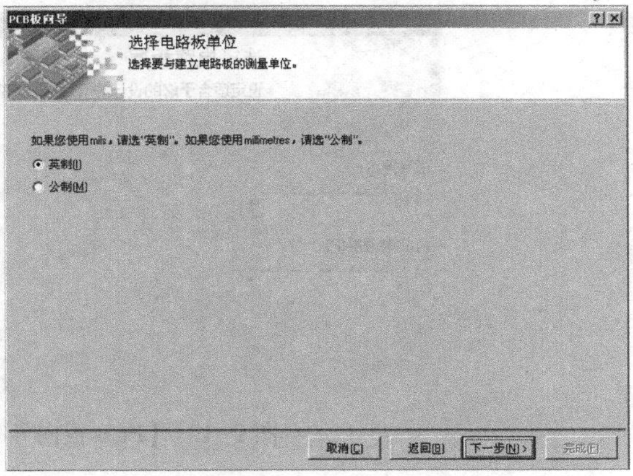

图 9-10 【PCB 板向导—选择电路板单位】对话框

[3] 单击按钮下一步(N)>，弹出【PCB 板向导—选择电路板配置文件】对话框，如图 9-11 所示。

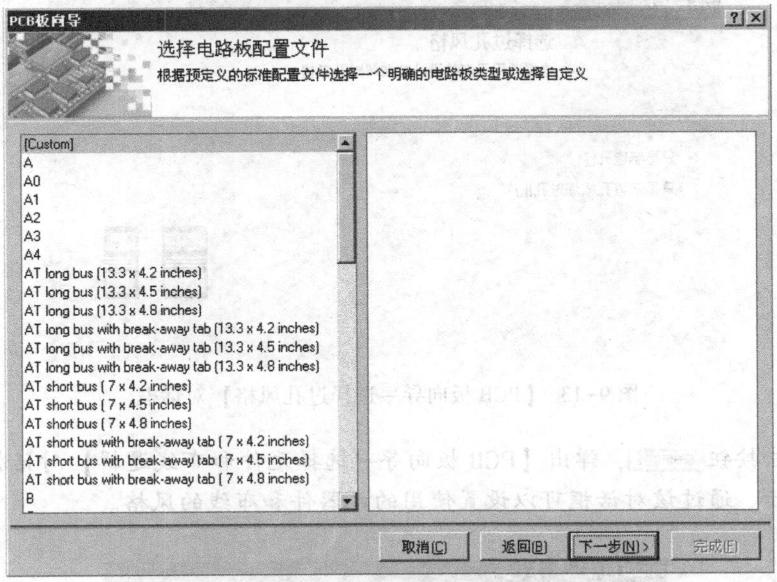

图 9-11 【PCB 板向导—选择电路板配置文件】对话框

> 可以根据自己设计的 PCB 的大小，从列表中选择一个标准的 PCB 尺寸。如果系统提供的这些选择都不符合要求，可以选择【Custom】，即自定义 PCB 尺寸。

[4] 选择一个标准的 PCB 尺寸后，单击按钮下一步(N)>，弹出【PCB 板向导—选择电路板层】对话框，如图 9-12 所示。

> 信号层最少为 2 层，最多为 32 层；内部电源层最少为 0 层，最多为 16 层。如果是单层板或双层板，信号层数一般设置为 2、内部电源层数设置为 0；对于多层板，可以按照实际需要进行相应的层数设置。例如，6 层板可以设置信号层数为 4，内部电源层数为 2。

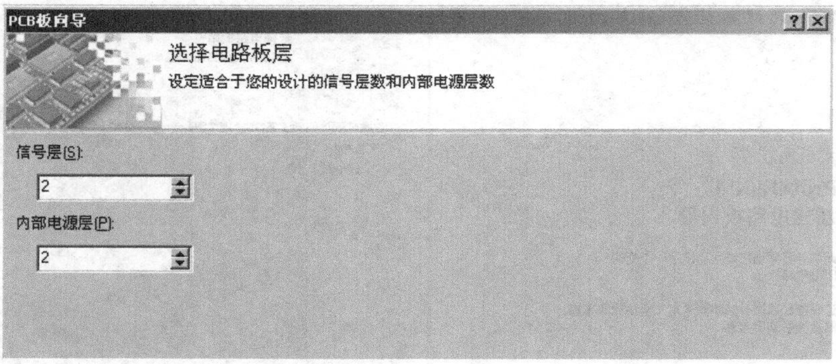

图 9-12 【PCB 板向导—选择电路板层】对话框

[5] 设置好信号层和内部电源层后，单击按钮下一步(N)>，弹出【PCB 板向导—选择过孔风格】对话框，如图 9-13 所示。通过该对话框设置 PCB 设计的布线过孔风格，可以选择“只显示通孔”或“只显示盲孔或埋过孔”。

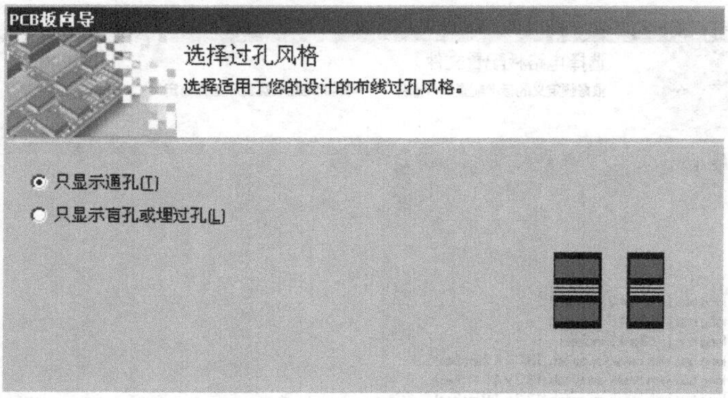

图 9-13 【PCB 板向导—选择过孔风格】对话框

[6] 单击按钮下一步(N)>，弹出【PCB 板向导—选择元件和布线逻辑】对话框，如图 9-14 所示。通过该对话框可以设置使用的元器件和布线的风格。

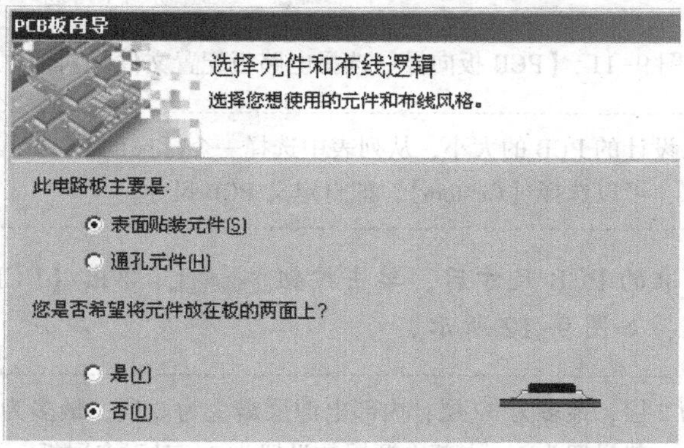

图 9-14 【PCB 板向导—选择元件和布线逻辑】对话框

[7] 单击按钮 下一步(N)>，弹出【PCB板向导—选择默认导线和过孔尺寸】对话框，如图9-15所示。通过该对话框可以设置PCB设计的最小导线尺寸、最小过孔宽度、最小过孔孔径和导线的最小间隔等参数。

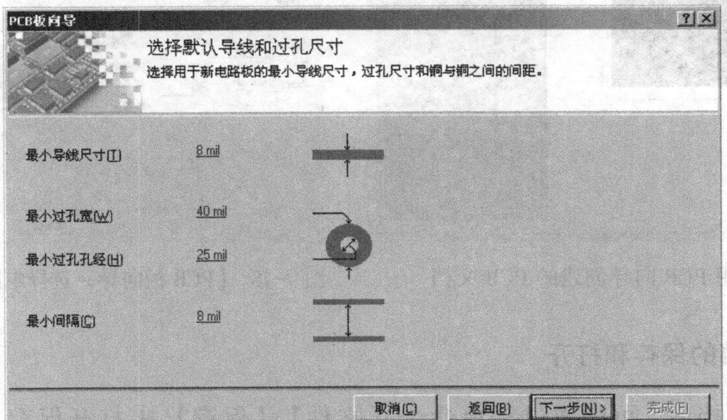

图9-15 【PCB板向导—选择默认导线和过孔尺寸】对话框

[8] 单击按钮 下一步(N)>，弹出【PCB板向导—Protel 2004电路板向导完成】对话框，如图9-16所示。

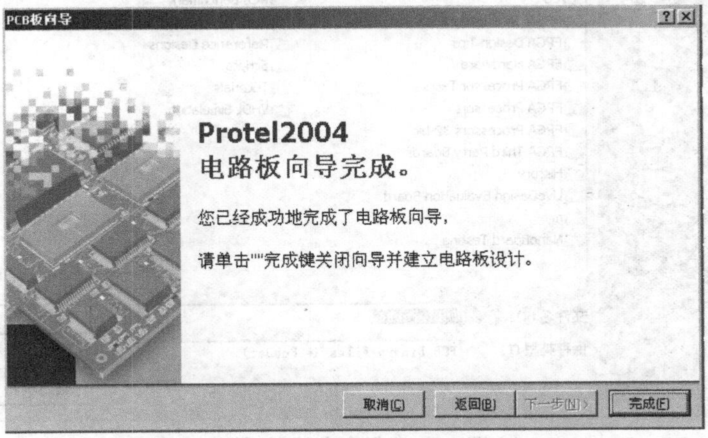

图9-16 【PCB板向导—Protel 2004电路板向导完成】对话框

[9] 单击按钮 完成(F)，关闭向导，系统会自动创建PCB文档，如图9-17所示。新建的PCB文档默认名称为“PCB1. PcbDoc”。

如果在图9-11所示的【PCB板向导—选择电路板配置文件】对话框中选择了【Custom】，单击按钮 下一步(N)> 后，会弹出【PCB板向导—选择电路板详情】对话框，如图9-18所示。可以通过该对话框设置PCB的形状、轮廓尺寸等参数。根据选择的轮廓的不同，单击按钮 下一步(N)> 后，系统弹出的对话框也不相同，其不同之处主要是设置PCB形状的一些参数。设置好后，继续单击按钮 下一步(N)>，系统也会弹出图9-12所示的【PCB板向导—选择电路板层】对话框，可以通过该对话框设置PCB中信号层和内部电源层的层数。

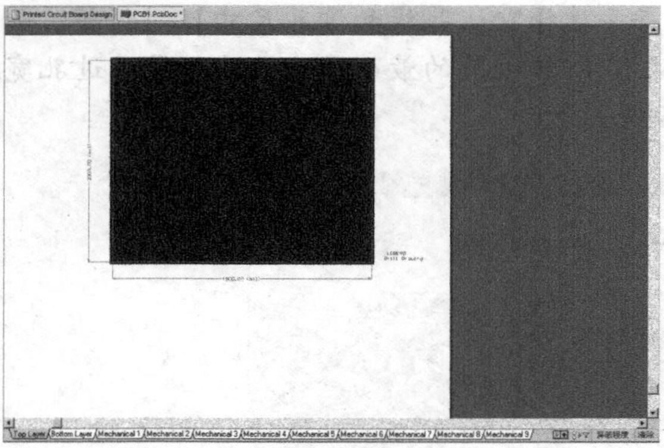

图 9-17　利用 PCB 向导创建的 PCB 文档

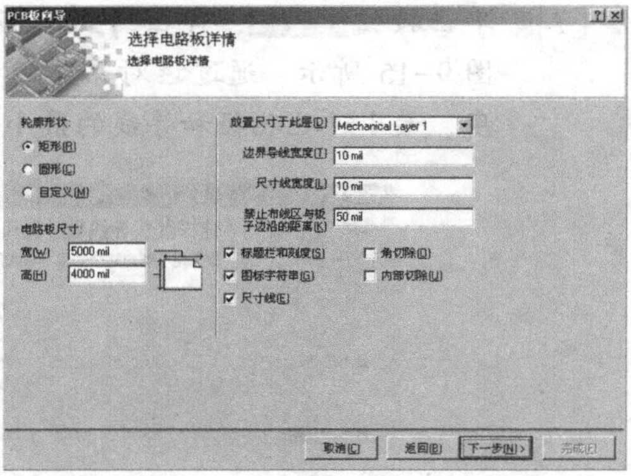

图 9-18　【PCB 板向导—选择电路板详情】对话框

2. PCB 文档的保存和打开

新建 PCB 文档后，可以通过菜单命令【文件】\【保存】来打开保存文档对话框，如图 9-19 所示；也可以通过菜单命令【文件】\【另存为】来打开保存文档对话框。

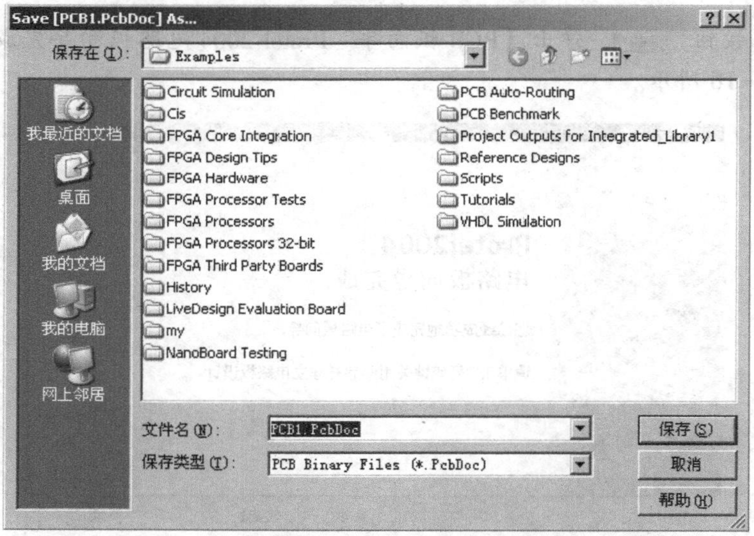

图 9-19　保存文档对话框

执行菜单命令【文件】\【打开】，弹出【打开文件】对话框，通过该对话框可以打开一个已有的 PCB 文档。

3. PCB 设计界面

PCB 设计界面如图 9-20 所示。PCB 设计界面与原理图设计界面不同，PCB 设计界面的背景底色为黑色。

PCB 设计界面主要由主菜单、工具栏、工作区面板和工作窗口组成。

❑ 主菜单：与原理图编辑界面的主菜单类似，但多了【自动布线】菜单选项。

❑ 工具栏：主要提供一些常用命令的快捷方式，以方便用户的设计。

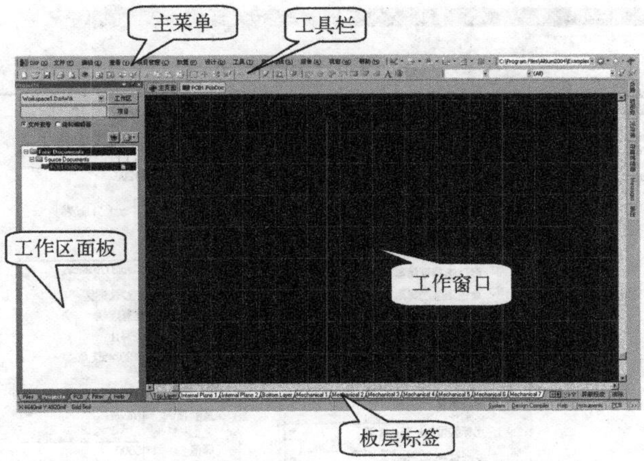

图9-20 PCB设计界面

- 工作区面板：与原理图设计的工作区面板类似，可以通过工作区面板查看打开的文件及打开文件的属性等信息。
- 工作窗口：是设计PCB的主要窗口，所有的PCB设计都是在该窗口下完成的。

9.2 PCB环境参数的设置

1. PCB优先设定

执行菜单命令【工具】\【优先设定】，弹出【优先设定】对话框，如图9-21所示。在该对话框左侧的设置栏中选择【Protel PCB】选项，可以对Protel DXP2004的【General】【Display】【Show/Hide】【Defaults】【PCB 3D】各选项卡进行设置。

1)【General】选项卡 如图9-21所示，主要设置各种编辑功能。

(1)【编辑选项】区域。

- 在线DRC：用于设置是否在手动布线过程中实时进行设计规则检查，以便对违反设计规则的布线操作及时给出警示或禁止其实施。
- 对准中心：当选中该选项时，【聪明的元件捕获】选项有效。若选中【聪明的元件捕获】选项，用光标选取元器件时，光标会自动跳转到距离选取点最近的图元中心；否则，光标会自动跳转到元器件的中心。如果不选中【对准中心】选项，用光标选取元器件时，其基点在光标的点取处。
- 双击运行检查器：若选中该选项，在PCB图中双击元器件时会弹出【检查器】对话框；否则，会弹出元器件的【属性】对话框。本书中建议不选中该选项。
- 删除重复：选中该选项时，会自动删除标号重复的图元。
- 确认全局编辑：若选中该选项，在PCB编辑器中进行全局编辑时，系统会给出确认全局编辑的信息。
- 保护被锁对象：若选中该选项，在编辑被锁定的图元时，会给出警示信息。
- 确认选择存储器清除：若选中该选项，在清除选择存储器时，系统会给出确认信息，提示正在进行清除操作。

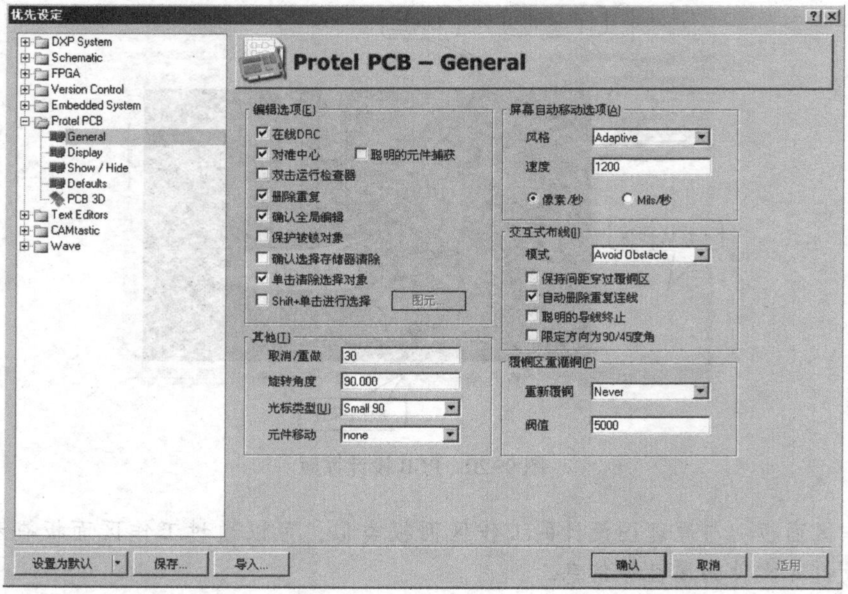

图 9-21 【优先设定】对话框（【General】选项卡）

❒ 单击清除选择对象：若选中该选项，在 PCB 空白区域或其他元器件上进行单击操作时，原已被选中的元器件将被清除选中状态。

图 9-22 屏幕移动风格类型

❒ Shift+单击进行选择：选中该选项，按 Shift 键加单击操作可以选择元器件。选择图元时，可以单击按钮 图元... ，从弹出的图元列表中进行选择。

（2）【屏幕自动移动选项】区域：用于设置屏幕移动格式。

❒ 风格：用于设置屏幕自动移动的风格，单击【风格】栏右侧的下拉按钮，可以从中选择不同的风格类型，如图 9-22 所示。对于每种不同的风格，在【风格】栏下方会给出不同的设置参数。

◇ Disable：禁止画面移动。

◇ Re-Center：当光标移至 PCB 画面边界时，以光标处为中心重构显示画面。

◇ Fixed Size Jump：按固定速度移动画面。选中该选项时，需要设置步长和移步两个参数。

◇ Shift Accelerate：按 Shift 键可加快移动速度。

◇ Shift Decelerate：按 Shift 键可降低移动速度。

◇ Ballistic：根据光标偏离工作区画面的边界距离，决定移动的速度，偏离越小，移动越慢。

◇ Adaptive：自适应方式，需要设置速度参数，该参数用于描述当光标移动到 PCB 画面边界时，画面移动的速度。速度单位有两种，即像素/秒和 Mils/s。

（3）【交互式布线】区域：用于设置交互式布线的布线方式。

❒ 模式：用于选择交互式布线的模式。单击【模式】栏右侧的下拉按钮，从弹出模式选项中选择所需的模式。

◇ Ignore Obstacle：忽略阻碍模式。

◇ Avoid Obstacle：避开阻碍模式。

◇ Push Obstacle：推挤阻碍模式。

(4)【覆铜区重灌铜】区域：用于设置敷铜区重新灌铜的模式，可以实现敷铜区敷铜类型的转换。

(5)【其他】区域。

❐ 取消/重做：用于设置取消/重做的次数。

❐ 旋转角度：用于设置对元器件进行旋转操作时，元器件每次旋转的角度。

❐ 光标类型：用于设置编辑状态下光标的类型。

❐ 元件移动：用于设置元器件移动的方式，可以选择“none”或“Connected Tracks”。选择“none”时，连接的导线不跟随元器件移动；选择“Connected Tracks”时，连接的导线会随元器件移动。

2)【Display】选项卡　如图 9-23 所示，用于显示模式的设置。

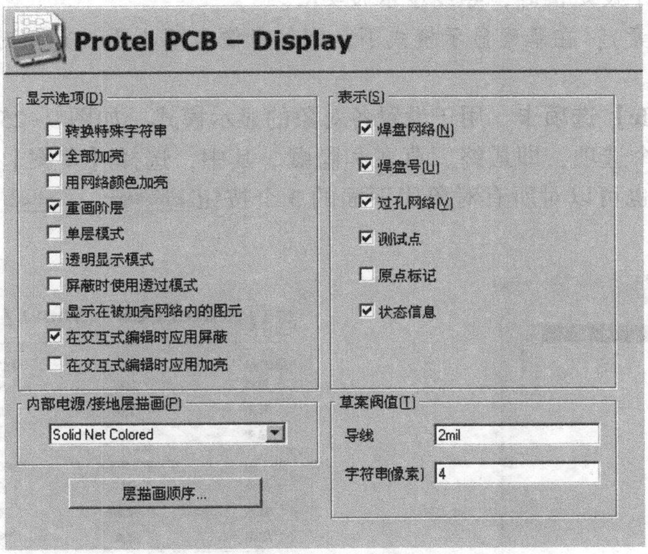

图 9-23 【Display】选项卡

(1)【显示选项】区域。

❐ 转换特殊字符串：选中该选项时，会显示特殊字符串代表的具体内容；不选中该选项时，仅显示字符串本身。

❐ 全部加亮：若选中该选项，当选中对象时，对象会完全加亮显示；若不选中该选项，则仅高亮显示元器件轮廓。

❐ 用网络颜色加亮：若选中该选项，当执行菜单命令【编辑】\【选择】\【元件网络】选中某个网络时，网络内的图元将按指定颜色高亮显示。

❐ 重画阶层：若选中该选项，当更换层面时，系统能够自动刷新显示当前的层面。

❐ 单层模式：选中该选项时，画面只显示当前层。

- 透明显示模式：选中该选项时，则图元会被透明显示。
- 屏蔽时使用透过模式：若选中该选项，当应用过滤器时，被屏蔽的图元会透明显示。
- 显示在被加亮网络内的图元：选中该选项时，被加亮该网络内的隐藏层和当前层图元都会显示出来；不选中该选项时，则只显示当前层上的图元。该选项仅对单层模式有效。
- 在交互式编辑时应用屏蔽：若选中该选项，当进行交互式编辑时，会采用屏蔽模式，突出本次操作的相关图元。
- 在交互式编辑时应用加亮：若选中该选项，当进行交互式编辑时，会采用高亮模式，突出本次操作的相关图元。

（2）【表示】区域：用于设置是否在工作区画面中显示栏中所列图元。

（3）【内部电源/接地层描画】区域：用于设置内部电源层的显示模式。

（4）按钮［层描画顺序...］：单击该按钮，弹出【层描画顺序】对话框，如图 9-24 所示。在此对话框中可以设定 PCB 中显示层面的顺序。

（5）【草案阀值】区域。

- 导线：在草案显示模式下，当导线宽度不小于设定值时，导线显示为空心轮廓；当导线宽度小于设定值时，导线显示为实心。
- 字符串（像素）：在草案显示模式下，字符串像素不小于设定值时，显示字符串，否则显示轮廓。

3）【Show/Hide】选项卡　用于设置各对象的显示模式，如图 9-25 所示。对应每个电气对象下面都有 3 个选项，即最终、草案和隐藏。其中，选择【草案】模式时，有利于提高系统刷新速度。也可以对所有对象用下面的 3 个按钮［全为最终(F)］、［全为草案(D)］和［全部隐藏(H)］一次性完成相同的设置。

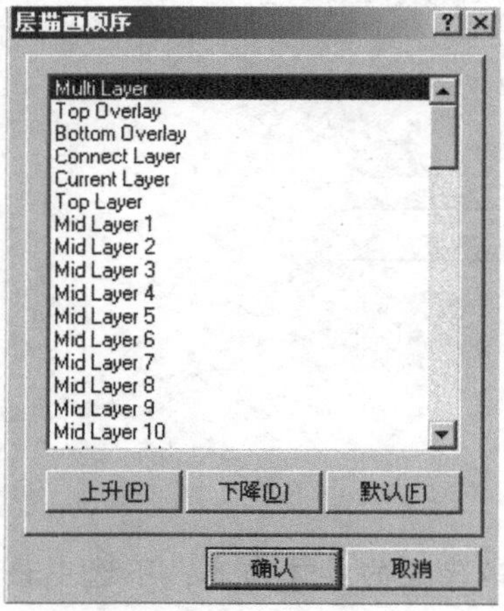

图 9-24 【层描画顺序】对话框

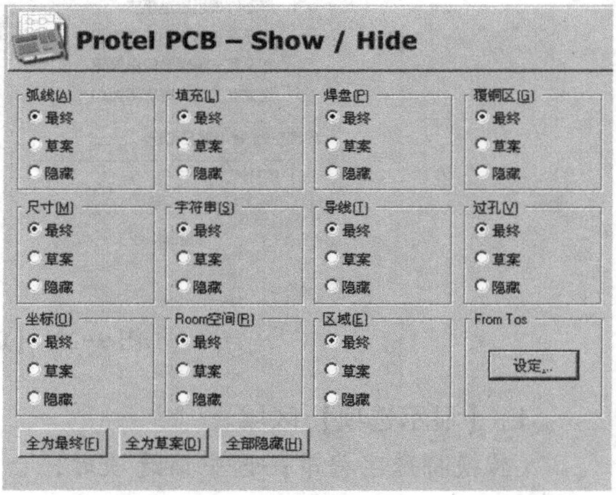

图 9-25 【Show/Hide】选项卡

4）【Defaults】选项卡　如图 9-26 所示，可以在【图元类型】区域选择相应的图元，然后单击按钮［编辑值(V)...］定义该图元的默认值。例如，选择图元类型为“Arc”，则单击按钮［编辑值(V)...］后，弹出【圆弧】对话框，通过该对话框可以详细设置圆弧的默认值，如图 9-27 所示。

Protel DXP 2004 系统将全部元器件的默认值都保存在计算机的配置文件目录下的 ADVPCB. DFT文件中。在进行 PCB 的设置时，启动放置图元命令后，可以按 Tab 键改变该图元域的值，也可以改变默认域的值。但是，当【永久】复选框被选中时，若通过 Tab 键修改图元的属性，只能修改当前放置的图元的属性，而系统默认域的值则不会发生改变。

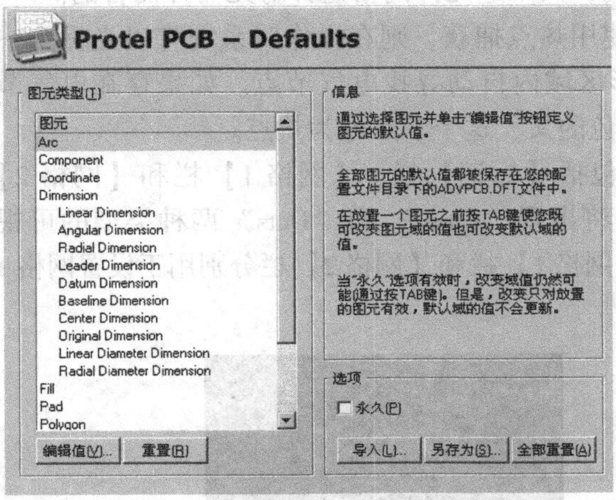

图 9-26 【Default】选项卡

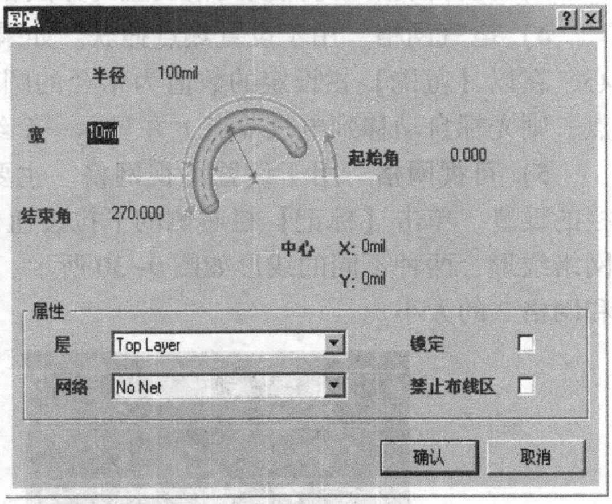

图 9-27 【圆弧】对话框

5)【PCB 3D】选项卡　主要用于设置 PCB 3D 模型的【高亮】及【打印质量】等属性，如图 9-28 所示。该对话框内参数一般不用修改，保留默认的设置即可。

2. 图纸参数设置

正确地设置图纸参数是 PCB 设计的重要步骤。在 PCB 设计环境下，执行菜单命令【设计】\【PCB 板选择项】，弹出【PCB 板选择项】对话框，如图 9-29 所示。通过该对话框可以完成与图纸参数有关的设置。

1）测量单位　单击【单位】栏右侧的下拉按钮，可以弹出单位类型以供选择。系统提供了两种单位，即英制（Imperial）和公制（Metric）。在 PCB 设计中，一般采用英制单位。也可以根据自己的资料及习惯设置为公制单位。

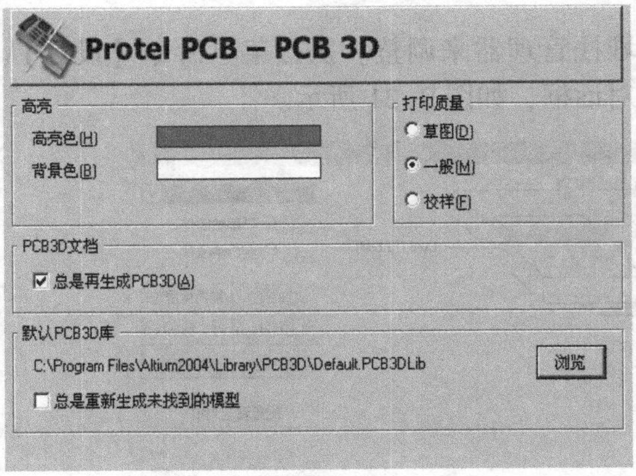

图 9-28 【PCB 3D】选项卡

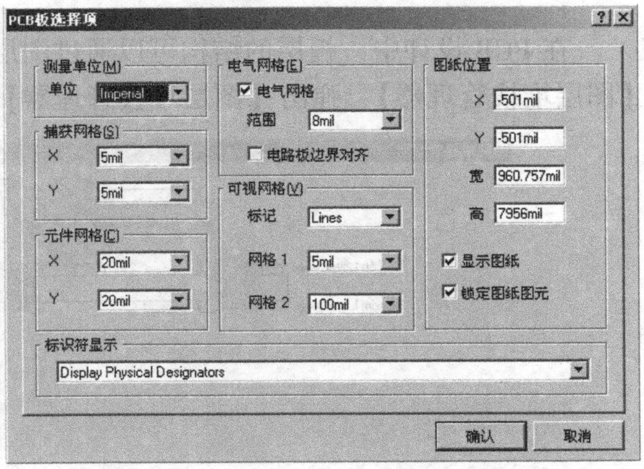

图 9-29 【PCB 板选择项】对话框

2）捕获网格　用于设置系统可以捕获到的网格的大小，其中【X】栏和【Y】栏分别用于设置在 X 轴和 Y 轴的捕获网格的大小。在设计 PCB 时，元器件的移动是以设置的网格的大小为单位进行移动的。可以通过单击【X】栏和【Y】栏右侧的下拉按钮选择捕获网格的大小，也可以直接输入数值进行设置。

3）元件网格 与捕获网格设置的方法相同，只不过元件网格是针对元器件而言的。

4）电气网格 用于设置热点捕获。如果使用热点捕获，则在操作时系统将以光标为中心，在以【范围】栏设定的数值为半径的圆形区域内自动寻找电气节点。如果存在电气节点，则光标自动移到电气节点上并显示一个红色的叉，这个节点称为热点。

5）可视网格 用于设置可视网格。主要包括【标记】栏、【网格 1】栏和【网格 2】栏的设置。单击【标记】栏右侧的下拉按钮，将出现“Lines”和“Dots”两种类型的可视网络线形，两种不同的线形如图 9-30 所示。【网格 1】栏和【网格 2】栏分别用于设置网格 1 和网格 2 的大小。

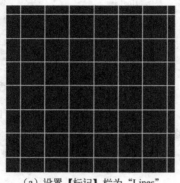

（a）设置【标记】栏为“Lines” （b）设置【标记】栏为“Dots”

图 9-30 不同可视网格线形的比较

6）图纸位置 用于设置图纸的位置。【X】栏和【Y】栏用于设置起始点的 X 轴坐标和 Y 轴坐标；【宽】栏和【高】栏用于设置图纸的宽度和高度；【显示图纸】复选框用于设定是否显示图纸；【锁定图纸图元】复选框用于设定是否锁定图纸的起始点。

3. 图层堆栈管理器

在 PCB 设计中，板层的结构可以通过图层堆栈管理器来调整。执行菜单命令【设计】\【图层堆栈管理器】，弹出【图层堆栈管理器】对话框，如图 9-31 所示。

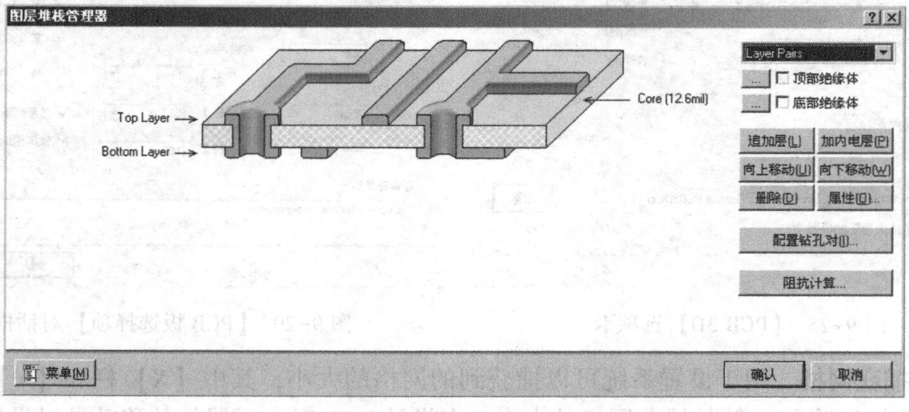

图 9-31 【图层堆栈管理器】对话框

1）板层范例 单击按钮[菜单(M)]，或者在对话框上单击鼠标右键，均可打开相同的菜单，如图 9-32 所示。该菜单的功能和对话框上右侧按钮的功能基本相同。

单击菜单命令【图层堆栈范例】，弹出图层堆栈的一些常用标准范例，可以根据需要选择其中的一种，如图 9-33 所示。当选择某种范例时，对话框的预览栏中会给出板层的结构预览，如当选择四层 PCB 范例时，其结构如图 9-34 所示。

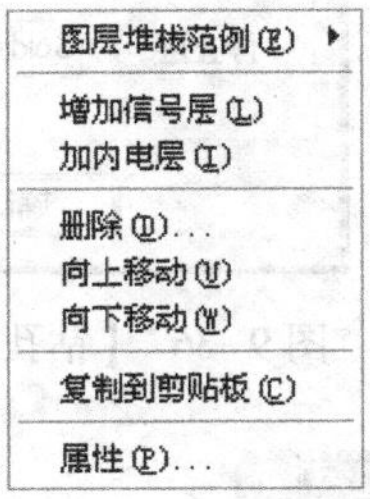

图 9-32 菜单

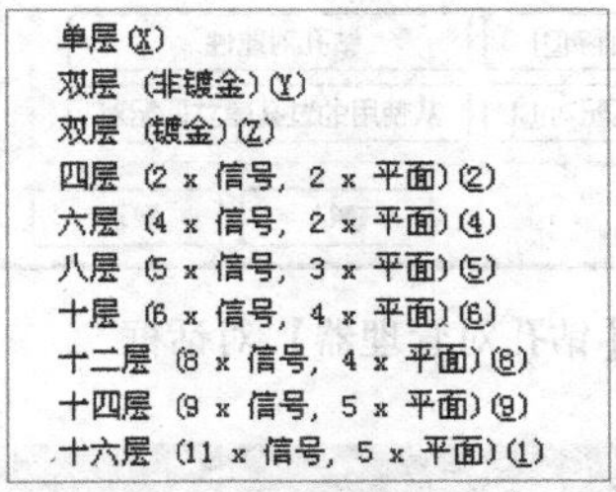

图 9-33 板层范例

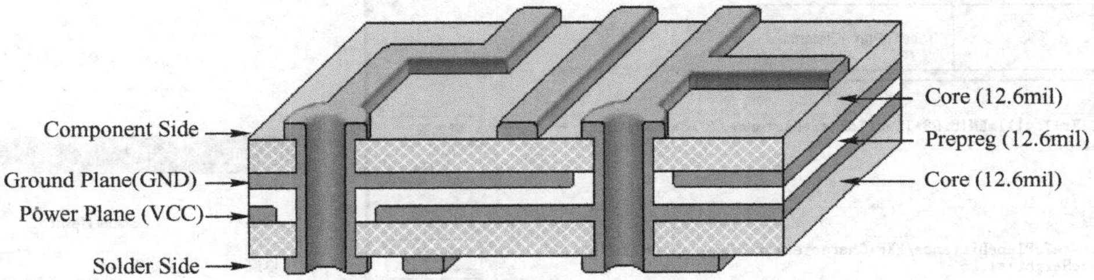

图 9-34 四层 PCB 范例结构

2）板层调整 如果系统提供的范例不能满足需求，可以自行调整板层的结构。

- [追加层(L)]：用于添加信号层。首先从对话框中的层次图中选择一个层，然后单击此按钮，在选择的层下添加一个信号层。
- [加内电层(P)]：用于添加内电源层，方法同上。
- [向上移动(U)]和[向下移动(W)]：用于将所选择的层上移或下移一层。
- [删除(D)]：用于删除选中的内层。
- [属性(O)...]：在对话框中选择某层，单击该按钮，弹出【编辑层】对话框，然后对该层的属性进行设置。
- [配置钻孔对(I)...]：单击该按钮，弹出【钻孔对管理器】对话框，如图 9-35 所示。该对话框用于增加或删除钻孔对，钻孔对的类型决定了 PCB 上可以添加的钻孔类型。单击按钮[追加(A)...]，弹出【钻孔对属性】对话框，在此设定钻孔对的起始层和终止层，如图 9-36 所示。可以增加新的钻孔对。通过该对话框还可以对钻孔对完成删除、属性设置等操作。
- [阻抗计算...]：单击该按钮，弹出【阻抗公式编辑器】对话框，如图 9-37 所示。通过该对话框，可以根据导线宽度、高度、距离电源层距离等参数来计算 PCB 的阻抗。单击按钮[帮助器...]，可以从弹出的对话框中修改计算公式。
- 【顶部绝缘体】和【底部绝缘体】复选框：用于在顶层和底层外部添加绝缘体。单击按钮[...]，弹出【介电性能】对话框，在此设置绝缘体的材料、厚度和介电常数，如图 9-38 所示。

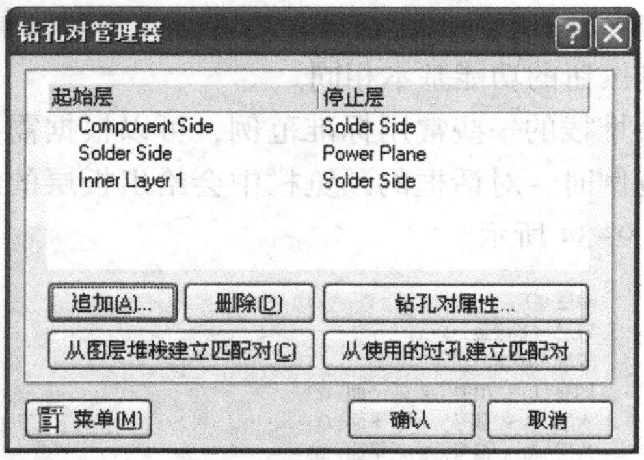

图 9-35 【钻孔对管理器】对话框

图 9-36 【钻孔对属性】对话框

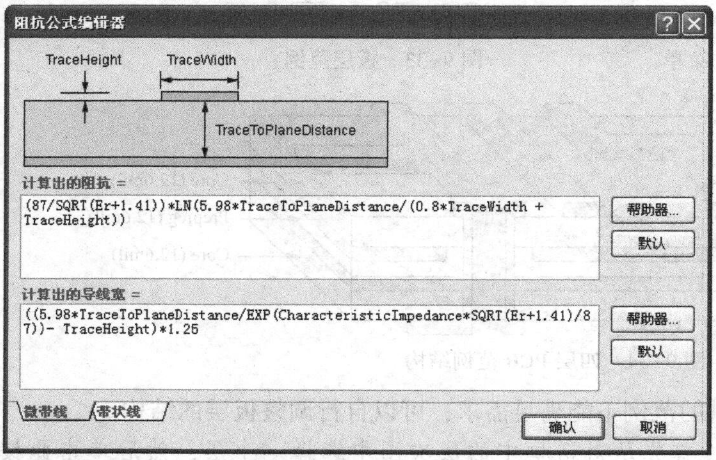

图 9-37 【阻抗公式编辑器】对话框

图 9-38 【介电性能】对话框

4. 板层和系统颜色设置

执行菜单命令【设计】\【PCB 板层颜色】，打开【板层和颜色】对话框，如图 9-39 所示。

通过【板层和颜色】对话框，可以设置板层的颜色和系统颜色。单击要设置的板层颜色块，从弹出的【选择颜色】对话框中设置新的颜色。

- Connections and From Tos：连接与 From-To 飞线的颜色。
- DRC Error Makers：DRC 错误标记颜色。
- Selections：图元对象被选中时的颜色。
- Visible Grid 1：可视网格 1 的颜色。
- Visible Grid 2：可视网格 2 的颜色。
- Pad Holes：焊盘孔的颜色。
- Via Holes：过孔的颜色。
- Highlight Color：高亮显示颜色。
- Board Line Color：PCB 边界线的颜色。

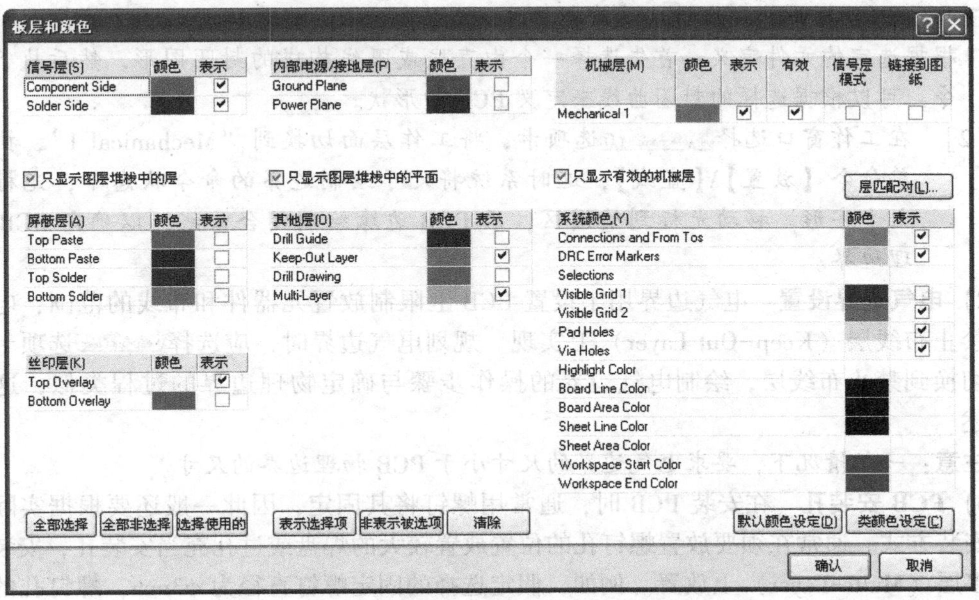

图 9-39 【板层和颜色】对话框

❑ Board Area Color：PCB 板面颜色。
❑ Sheet Line Color：图纸边界线颜色。
❑ Sheet Area Color：图纸页面颜色。
❑ Workspace Start Color：工作区起始端颜色。
❑ Workspace End Color：工作区结束端颜色。

5. PCB 规划

在设定好 PCB 的板层等参数后，可以进一步对 PCB 进行规划，主要包括 PCB 的物理边界、电气边界和安装方式等。一般来说，PCB 的物理边界用于限制 PCB 的外形、外部尺寸及安装孔位置等，而电气边界则用于限制放置元器件和布线的范围。通常，PCB 的电气边界要小于 PCB 的物理边界。

1) PCB 外形和物理边界 PCB 的物理边界定义了 PCB 的形状，PCB 的物理边界通常在机械层（Mechanical Layer）上绘制，其操作步骤如下所述。

设计步骤

[1] 执行菜单命令【设计】\【PCB 板形状】，弹出如图 9-40 所示的子菜单选项。

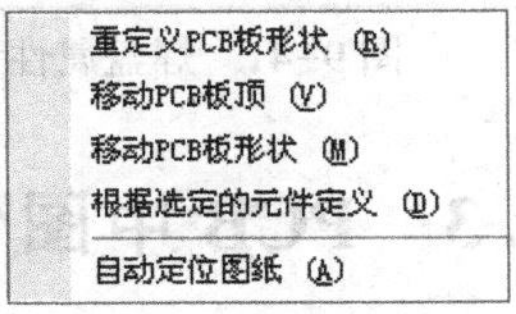

图 9-40 【PCB 板形状】子菜单选项

❑ 重定义 PCB 板形状：用于重新定义 PCB 的形状。
❑ 移动 PCB 板顶：启动该菜单命令后，PCB 的轮廓线上出现一些调整形状的拖动点，利用这些拖动点可以调整 PCB 的形状。

- ❒ 移动 PCB 板形状：启动该菜单命令后，可以在图纸上移动 PCB 工作区的位置。
- ❒ 根据选定的元件定义：首先选择一个由直线或弧线构成的封闭图形，然后执行此命令，可以根据选择的封闭曲线来定义 PCB 的形状。

[2]　在工作窗口选择 Mechanical 1 选项卡，将工作层面切换到“Mechanical 1”，执行菜单命令【放置】\【直线】，这时系统将处于绘制边界的命令状态下，光标变成大十字形。移动光标到绘图区，沿 PCB 边缘绘制闭合曲线，以确定 PCB 的物理边界。

2）电气边界设置　电气边界用于设置 PCB 上限制放置元器件和布线的范围，电气边界在禁止布线层（Keep-Out Layer）上实现。规划电气边界时，应选择 Keep-Out Layer 选项卡，将板层切换到禁止布线层，绘制电气边界的操作步骤与确定物理边界的过程类似，这里不再赘述。

注意：一般情况下，要求电气边界的尺寸小于 PCB 物理边界的尺寸。

3）PCB 安装孔　在安装 PCB 时，通常用螺钉将其固定，因此一般还要根据实际情况设计安装方式。通常在须要放置螺钉孔的位置放置较大的焊盘或过孔充当安装孔，安装孔一般在多层（Multi-Layer）上放置。例如，假定选择的固定螺钉直径为 ϕ3mm，螺钉孔的直径可以设置为 ϕ4mm，采用 160mil（约 4.1mm）的焊盘即可。此外，也可以在禁止布线层上绘制孔，还可以在机械层 1 上完成。

在多层上放置时，选择 Multi-Layer 选项卡，执行菜单命令【放置】\【焊盘】，在 PCB 上需要固定的位置放置 4 个焊盘，在放置状态下按 Tab 键，弹出【焊盘】对话框，如果仅为了匹配螺钉而不在乎表面层是否有铜箔，则可按图 9-41 所示设置焊盘属性。设置完毕后，单击按钮 确认 进行确认，返回到放置焊盘状态，在需要固定的位置放置焊盘即可。示例如图 9-42 所示。

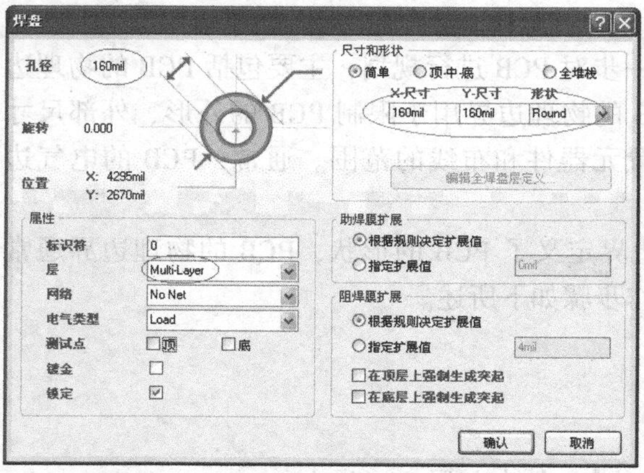

图 9-41　焊盘属性设置（螺钉孔设置）

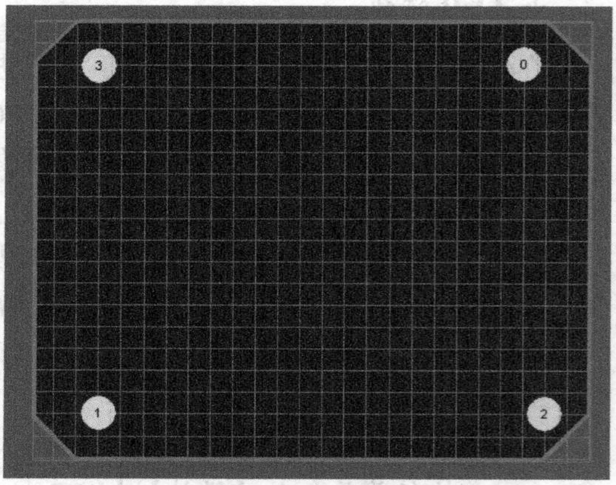

图 9-42　放置安装孔

9.3　PCB 中图件的放置

所谓图件，就是指构成 PCB 的所有元素，包括各种元器件、导线、过孔及标识等。在 PCB 设计中，可以通过菜单命令【放置】来启动各种图件的放置命令，如图 9-43 所示。

1. 放置圆弧

可以通过启动不同的放置圆弧命令完成圆弧的放置。

【实例 9-2】中心法绘制圆弧。

执行菜单命令【放置】\【圆弧（中心）】，即可启动中心法绘制圆弧命令。如图 9-44 所示，要求通过中心法绘制圆弧的方法绘制该圆弧。该圆弧的属性为：半径为 150mil，圆弧宽为 10mil，起始角为 60°，结束角为 270°，中心位置坐标为（3400mil，3100mil）。

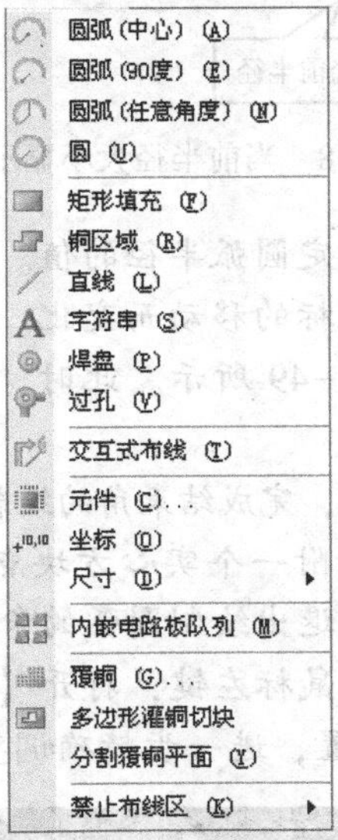

图 9-43　【放置】菜单

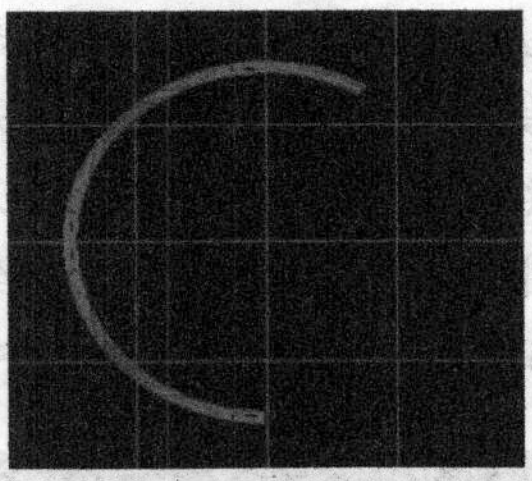

图 9-44　中心法绘制圆弧

设计步骤

[1]　启动中心法绘制圆弧命令，移动光标到绘图区，可以看到光标变成十字形，并且在光标的中心黏附一个红色小实心方块点，如图 9-45 所示。

[2]　移动光标时，当前的坐标位置会在系统窗口左下角的状态栏中显示，如图 9-46 所示。移动光标到位置（3400，3100）上。

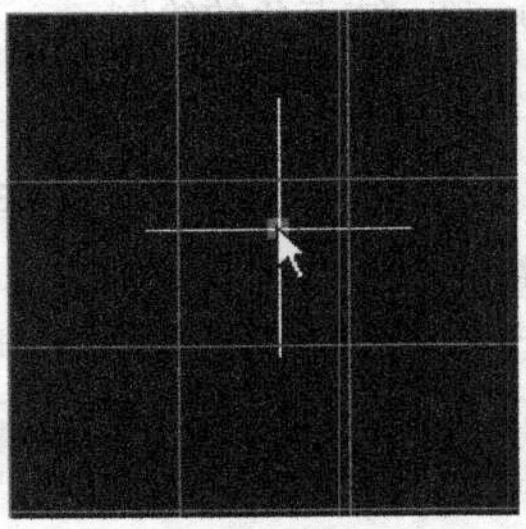

图 9-45　启动中心法绘制圆弧命令后的光标形状

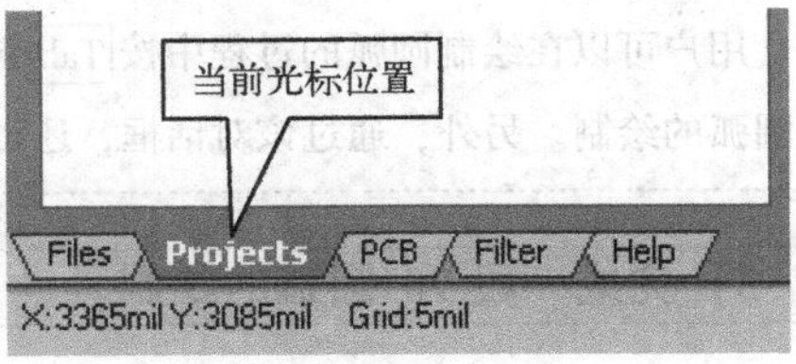

图 9-46　当前光标的实时显示

[3]　单击鼠标左键确定圆弧的中心位置，然后移动光标，此时可以看到在移动光标时，以刚才确定的中心为圆心，以光标移动的位置为半径绘制出一个圆，如

图 9-47 所示。在移动光标时，可以从状态栏上查看当前半径的大小，如图 9-48 所示。同时，该状态栏上还显示当前绘制圆弧的起始角度（A1）和结束角度（A2）的值。

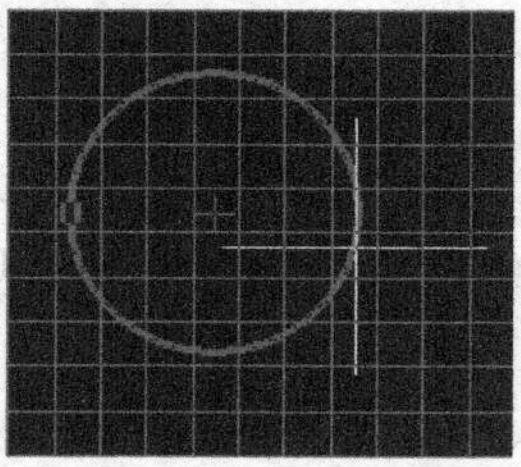

图 9-47　移动光标画面

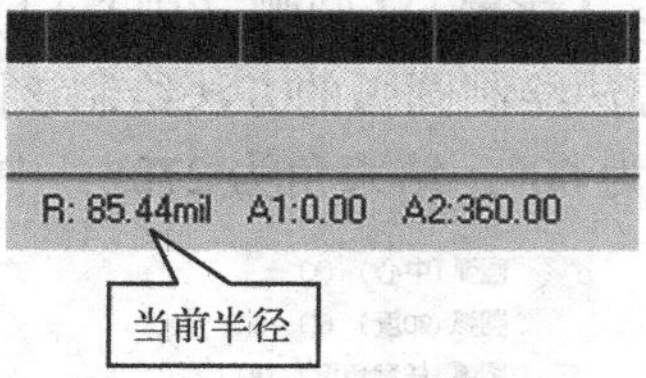

图 9-48　当前半径大小显示

[4]　移动光标使半径为 150mil，单击鼠标左键确定圆弧半径的值。

[5]　移动光标，可以看到圆弧起始角的值随着光标的移动而变化。调整起始角为 60°，单击鼠标左键，完成起始角的绘制，如图 9-49 所示。此时，光标自动跳到结束角的位置。

[6]　移动光标，调整结束角为 270°，单击鼠标左键，完成结束角的绘制，如图 9-50 所示。

[7]　完成结束角的绘制后，可以看到光标上仍黏附一个实心方块点，可以用同样的方法继续绘制下一个圆弧，或者单击鼠标右键退出绘制圆弧的命令。

[8]　在绘制完圆弧后，移动光标到圆弧上，双击鼠标左键，打开【圆弧】对话框，如图 9-51 所示。通过对话框中相应参数的设置，进一步精确调整圆弧的参数。

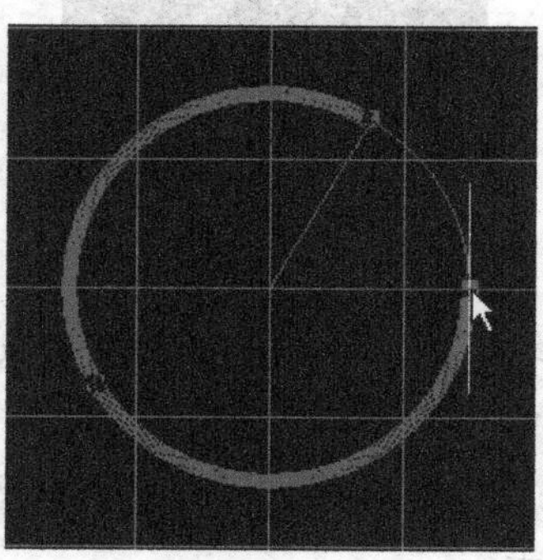

图 9-49　起始角的绘制

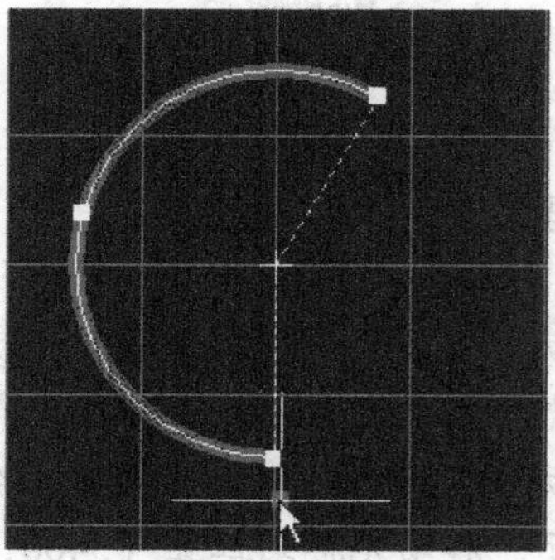

图 9-50　结束角的绘制

用户可以在绘制圆弧的过程中按 Tab 键打开【圆弧】对话框，设置圆弧的属性参数，从而完成圆弧的绘制。另外，通过该对话框，还可以设定圆弧放置的层次及网格等属性。

【实例 9-3】完成一段 90°圆弧的绘制。

设计步骤

[1]　执行菜单命令【放置】\【圆弧（90 度）】，启动边缘法绘制 90°圆弧命令。

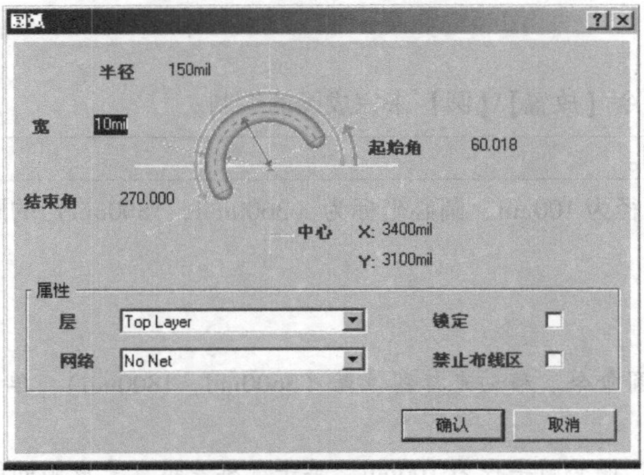

图 9-51 【圆弧】对话框

[2] 移动光标到适当的位置，单击鼠标左键确定第一个边缘点的位置（注意与中心法绘制圆弧的区别），然后移动光标调整半径和圆心位置，或者按 Tab 键打开【圆弧】对话框设置圆弧的各种属性参数。

[3] 设置好圆弧的大小和圆心的位置，单击鼠标左键完成 90° 圆弧的绘制，如图 9-52 所示。

【实例 9-4】完成一段圆弧的绘制（边缘法绘制圆弧）。

设计步骤

[1] 执行菜单命令【放置】\【圆弧（任意角度）】，启动边缘法绘制任意角度圆弧的命令。

[2] 移动光标到绘图区，光标变成十字形且中心黏附一个红色小实心方块点。

[3] 移动光标到适当的位置，单击鼠标左键确定第一个边缘点的位置。

[4] 光标自动跳到圆弧圆心位置上。移动光标调整圆弧半径大小和圆心位置到合适位置，单击鼠标左键确定圆心的位置，如图 9-53 所示。

[5] 光标会自动跳到结束角的位置上，移动光标调整结束角，单击鼠标左键完成结束角的绘制，如图 9-54 所示。

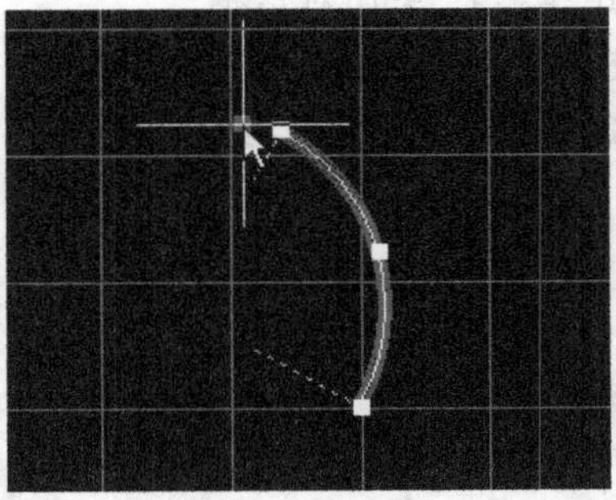

图 9-52 90°圆弧的绘制

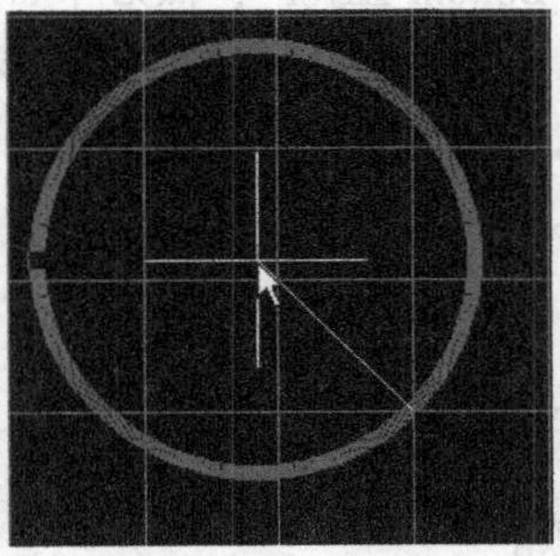

图 9-53 圆心位置的确定

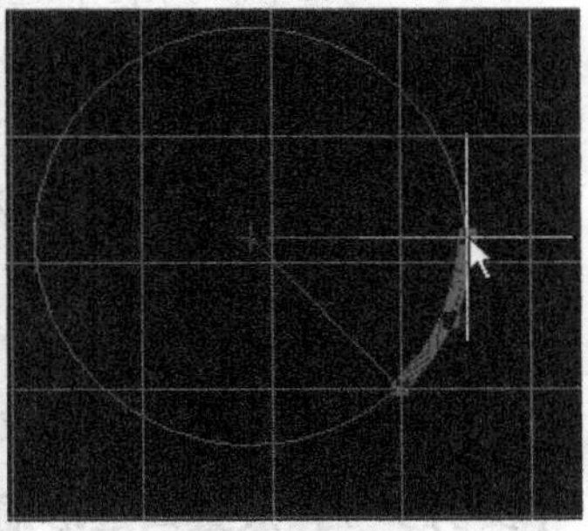

图 9-54 结束角的绘制

2. 放置圆

可以通过菜单命令【放置】\【圆】来完成圆的绘制。

【实例 9-5】绘制圆。

本例要求绘制半径为 100mil、圆心坐标为（3600mil，1800mil）的圆。

设计步骤

[1] 启动绘制圆命令。移动光标到位置（3600mil，1800mil），单击鼠标左键确定圆心位置。

[2] 移动光标，调整圆半径为 100mil，单击鼠标左键，完成圆的绘制。

> 在完成圆的绘制后，移动光标到圆上，双击鼠标左键或在绘制过程中按 Tab 键，打开【圆弧】对话框，可以在此设置圆的各种参数。

3. 放置矩形填充

矩形填充通常放置在顶层、底层，或者在内部电源层及接地层上。

【实例 9-6】放置矩形填充。

本例要求在 PCB 的底层放置一个矩形填充，且要求旋转 60°，大小自行设定。

设计步骤

[1] 执行菜单命令【放置】\【矩形填充】。

[2] 移动光标到绘图区，此时光标变为十字形且在中心有一个小圆圈。按 Tab 键，打开【矩形填充】对话框，如图 9-55 所示。

[3] 在该对话框中，可以对矩形填充的两个拐角的坐标、旋转角度及放置层等属性进行设置。根据题目要求，设置【旋转】为 60°；单击【层】栏右侧的下拉按钮，从下拉列表中选择“Bottom Layer”，然后单击按钮 确认 ，关闭对话框。

[4] 移动光标到适当位置，单击鼠标左键确定矩形填充的第 1 个顶点，然后移动光标到适当位置，单击鼠标左键确定矩形填充第 2 个顶点的位置，完成矩形填充的绘制，如图 9-56 所示。

4. 放置铜区域

放置铜区域主要用于设置大面积的电源和接地区域，以提高系统的抗干扰性能。

【实例 9-7】放置四边形铜区域。

本例要求在顶层放置一个四边形铜区域。

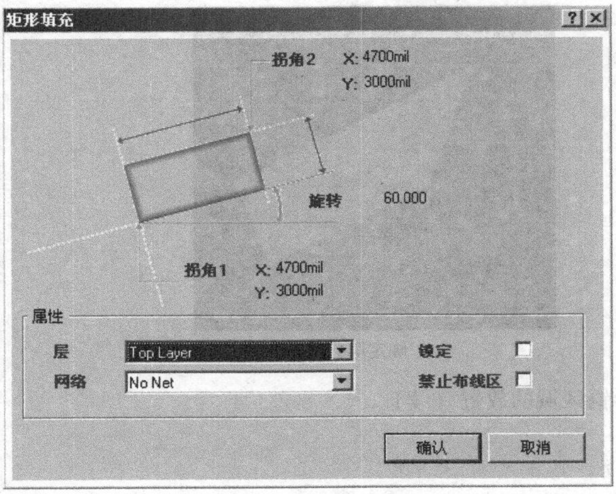

图 9-55 【矩形填充】对话框

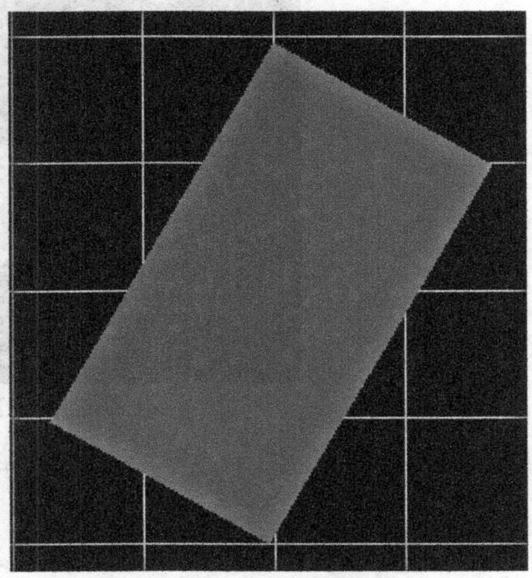

图 9-56　绘制好的矩形填充

设计步骤

[1]　执行菜单命令【放置】\【铜区域】，移动光标到绘图区，光标变为十字形。

[2]　按 Tab 键，打开【区域】对话框，根据题目要求设置【层】栏为“Top Layer”。单击按钮 确认 ，关闭该对话框。

[3]　移动光标到绘图区适当位置，单击鼠标左键确定铜区域的第 1 个顶点位置，如图 9-57 (a) 所示。

[4]　移动光标到适当位置，可以看到在第 1 个顶点与光标位置之间绘制了一条线，在适当位置单击鼠标左键确定第 2 个顶点的位置，如图 9-57 (b) 所示。

[5]　移动光标到适当位置，可以看到第 2 个顶点与光标位置之间绘制了一条线，单击鼠标左键，确定第 3 个顶点，此时可以发现，绘制了一个以确定的 3 个点为顶点的填充的三角形，如图 9-57 (c) 所示。

[6]　移动光标到适当位置绘制填充区域的第 4 个顶点，如图 9-57 (d) 所示。单击鼠标右键，完成该四边形铜区域的绘制。

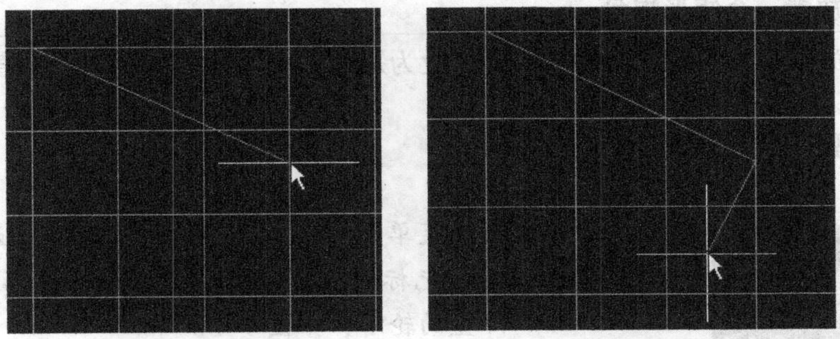

(a) 确定第1个顶点　　(b) 确定第2个顶点

图 9-57　四边形铜区域的放置

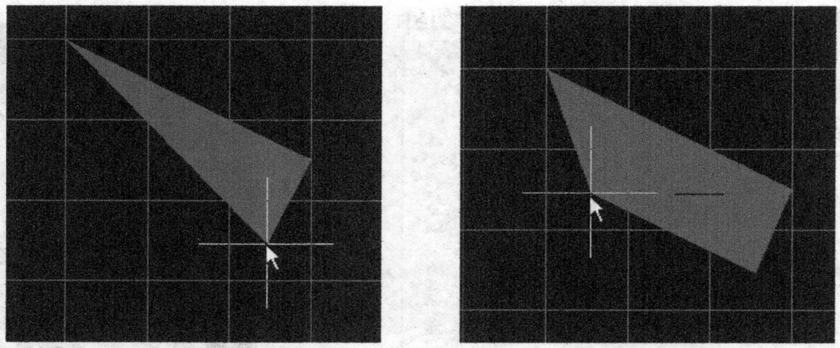

（c）确定第3个顶点　　（c）确定第4个顶点

图 9-57　四边形铜区域的放置（续）

5. 放置字符串

字符串一般放置在丝印层上，多用于对 PCB 进行注释。

【实例 9-8】放置字符串。

本例要求在顶层丝印层（Top Overlay）上放置一个字符串。

设计步骤

［1］　切换到顶层丝印层，执行菜单命令【放置】\【字符串】。

［2］　移动光标到绘图区，光标变为十字形，并且在上面黏附一个字符串“String”。在放置字符串状态下按 Tab 键，弹出【字符串】对话框。

［3］　通过该对话框，设置字符串的高、宽、文本、旋转、字体及放置的层等属性。

［4］　移动光标到需要放置字符串的位置，单击鼠标左键放置字符串。

6. 放置焊盘

焊盘用于焊接 PCB 中的元器件。焊盘的中间是一个内孔，孔外是敷铜区。焊盘的形状有 3 种，分别是圆形（Round）、矩形（Rectangle）和八边形（Octagonal）。

1）实例操作

【实例 9-9】放置一个矩形焊盘。

本例要求放置一个焊盘，将焊盘的形状设为矩形，其他属性为系统默认值。

设计步骤

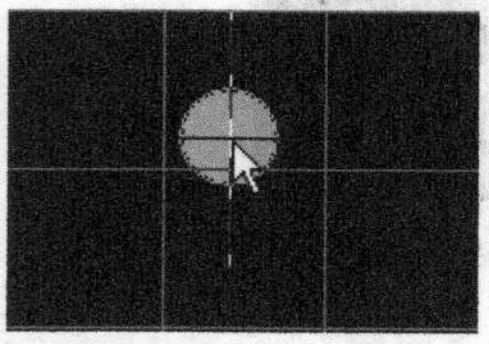

图 9-58　执行命令后光标形状

［1］　执行菜单命令【放置】\【焊盘】，启动放置焊盘命令。

［2］　移动光标到绘图区，光标变为十字形，且黏附一个焊盘的轮廓，如图 9-58 所示。

［3］　按 Tab 键，打开【焊盘】对话框，如图 9-59 所示。

［4］　可以通过该对话框设置焊盘的属性。单击【形状】

栏右侧的下拉按钮，选择“Rectangle”（矩形），其他采用默认值，然后单击按钮。

[5] 移动光标到适当位置，单击鼠标左键放置焊盘。

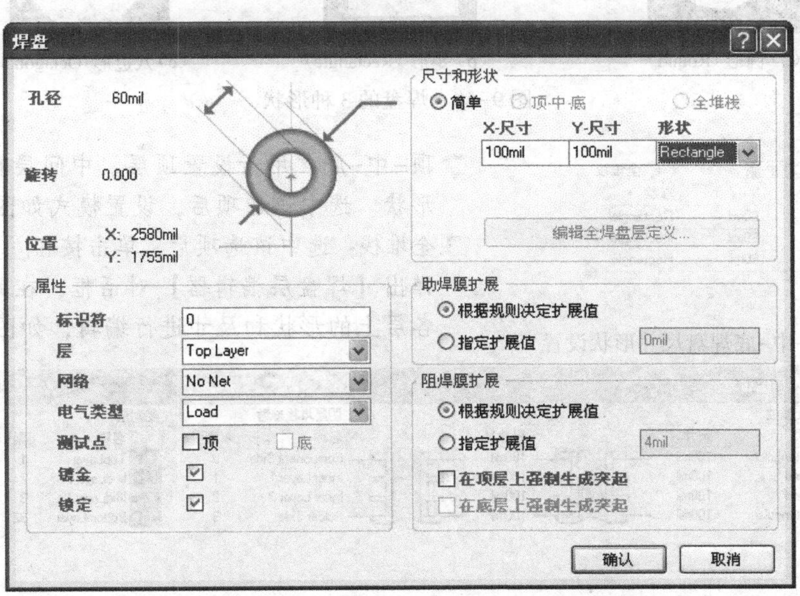

图 9-59 【焊盘】对话框

2）焊盘属性

（1）孔径：焊盘内孔孔径。

（2）旋转：焊盘的旋转角度。

（3）位置：焊盘中心点的坐标。

（4）属性。

❒ 标识符：焊盘的标识符。

❒ 层：焊盘要放置的 PCB 板层，对于插装式焊盘，要放置在多层（Multi-Layer）；对于表贴式焊盘，应根据元器件放置的面，选择顶层或底层。

❒ 网络：用于设置焊盘所属的网络。

❒ 电气类型：设置焊盘的电气类型，可选类型为负载点（Load）、源点（Source）、终止点（Terminator）。

❒ 测试点：设置是否为网络加测试点，并设置测试点在顶层或底层。

❒ 镀金：选择该复选框，则焊盘孔内将镀铜，使上、下焊盘导通。

❒ 锁定：锁定焊盘，避免其被意外移动或编辑等。

（5）尺寸和形状：提供了 3 种不同的模式，用于对焊盘形状进行定义。

❒ 简单：焊盘在所有层面采用相同的形状。【X-尺寸】栏和【Y-尺寸】栏用于定义焊盘在 X 方向和 Y 方向的尺寸，单击【形状】栏右侧的下拉按钮，可以从下拉选项中选择一种焊盘形状。焊盘的形状有 3 种，分别是圆形（Round）、矩形（Rectangle）和八边形（Octagonal），如图 9-60 所示。

（a）圆形（Round）　（b）矩形（Rectangle）　（c）八边形（Octagonal）

图 9-60　焊盘的 3 种形状

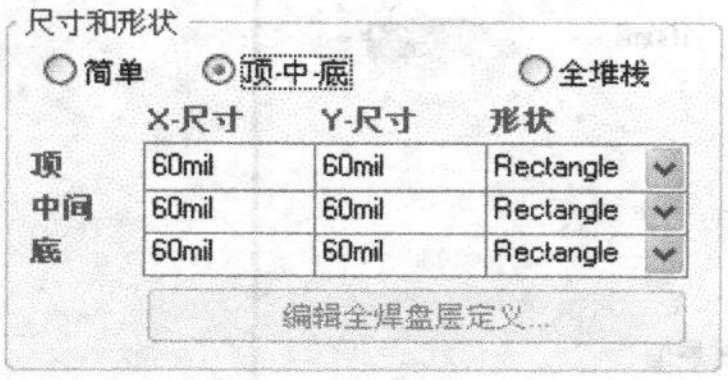

图 9-61　顶-中-底焊盘尺寸形状设置

❒ 顶-中-底：用于设置顶层、中间层和底层的焊盘形状。选中该选项后，设置模式如图 9-61 所示。

❒ 全堆栈：选中该选项后，单击按钮【编辑全焊盘层定义...】，弹出【焊盘层编辑器】对话框，在此可对焊盘在各层上的形状和尺寸进行编辑，如图 9-62 所示。

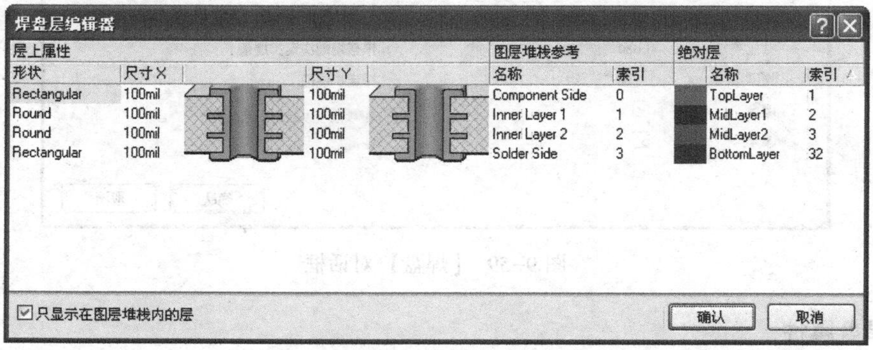

图 9-62　【焊盘层编辑器】对话框

（6）助焊膜扩展：设置助焊膜离焊盘外缘的距离。

（7）阻焊膜扩展：设置阻焊膜离焊盘外缘的距离。

❒ 在顶层上强制生成突起：设置焊盘在 PCB 顶层上有突起，便于焊接。

❒ 在底层上强制生成突起：设置焊盘在 PCB 底层上有突起，便于焊接。

7. 放置过孔

过孔在 PCB 中用于连接各工作层的布线。过孔有以下 3 种类型。

❒ 通孔：这种类型的过孔穿过顶层到底层，允许接所有的内层信号。

❒ 盲孔：这种类型的过孔从 PCB 的表层连接到一个内部信号层。

❒ 埋孔：这种类型的孔从一个内部信号层连接到另一个内部信号层。

可以通过执行菜单命令【放置】\【过孔】，启动放置过孔命令。在放置过程中或放置好过孔后，双击过孔，可以弹出【过孔】对话框，在此设置过孔的属性，如图 9-63 所示。

须要设置的过孔参数如下所述。

（1）孔径：过孔的内径。

（2）直径：过孔的外径。

（3）位置：过孔圆心的坐标。

（4）属性。

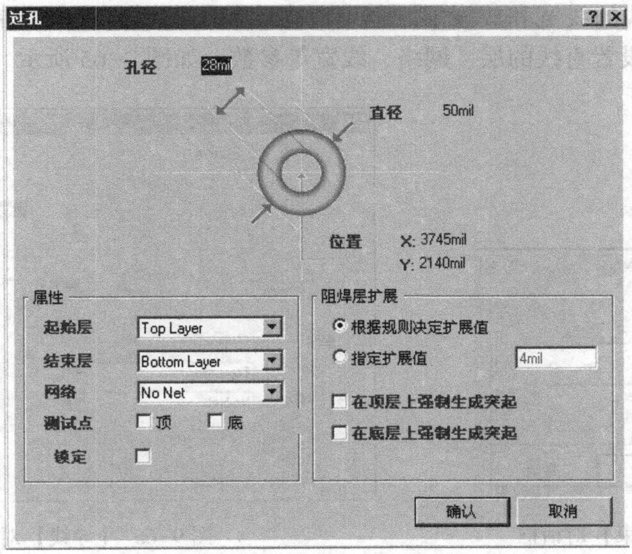

图 9-63 【过孔】对话框

- 起始层：过孔的起始层。
- 结束层：过孔的结束层。
- 网络：过孔所属的网络。
- 测试点：设置是否为网络加测试点，并设置测试点在顶层或底层。
- 锁定：锁定焊盘，避免其被意外移动或编辑等。

(5) 阻焊膜扩展：设置阻焊膜离过孔外缘的距离。

- 在顶层上强制生成突起：设置过孔在 PCB 顶层上有突起，便于焊接。
- 在底层上强制生成突起：设置过孔在 PCB 底层上有突起，便于焊接。

8. 放置直线

直线可以在不同的 PCB 板层上放置。例如，可以在机械层上绘制标题栏。

【实例 9-10】放置直线。

设计步骤

[1] 执行菜单命令【放置】\【直线】（或按快捷键 P + L），启动放置直线命令。

[2] 移动光标到绘图区，光标变成十字形；移动光标到适当位置，单击鼠标左键确定直线的第 1 个顶点。

[3] 移动光标到拐点处，单击鼠标左键确定直线的第 2 个顶点，也就是下一线段的起始点。

[4] 用同样方法绘制下一线段。

[5] 单击鼠标右键或按 ESC 键结束直线的绘制。

在绘制直线的过程中，可以按 Tab 键打开【线约束】对话框，如图 9-64 所示。通过该对话框可以设置直线的线宽和放置层。也可以在绘制结束后，双击绘制的直线，弹出【导线】对话框，在此设置直线的层、网络、线宽等参数，如图 9-65 所示。

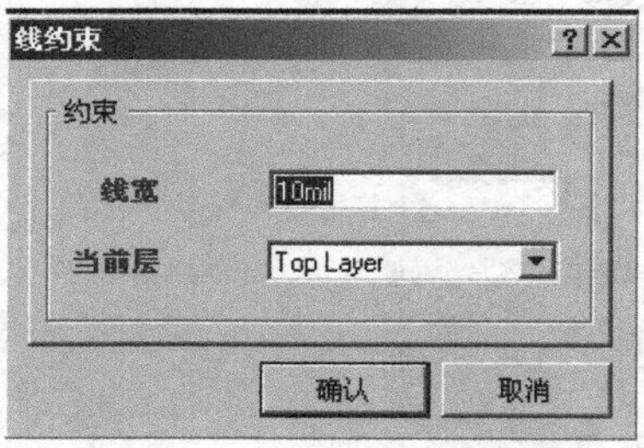

图 9-64 【线约束】对话框

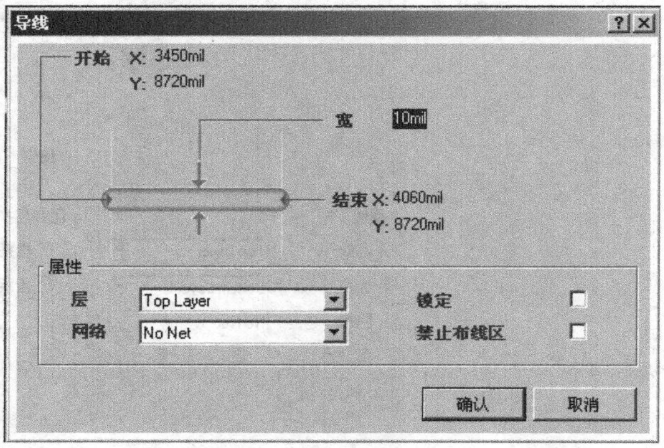

图 9-65 【导线】对话框

9. 交互式布线

交互式布线主要用于手动放置铜膜导线。铜膜导线一般放置在信号层，用于不同元器件之间的电气连接。

【实例 9-11】交互式布线。

本例要求在顶层放置交互式布线，并进行层布线的转换。

设计步骤

[1] 单击层选项卡，选择顶层 TopLayer。

[2] 执行菜单命令【放置】\【交互式布线】（或按快捷键 P+T），启动交互式布线命令。

[3] 移动光标到绘图区，光标变成十字形，移动光标到适当位置，单击鼠标左键确定导线的起始点。当起始点在焊盘上、导线端等时，光标会变成八角形加十字形，表明光标处于焊盘中心或导线端点上，如图 9-66 所示。单击鼠标左键确定导线起始点。

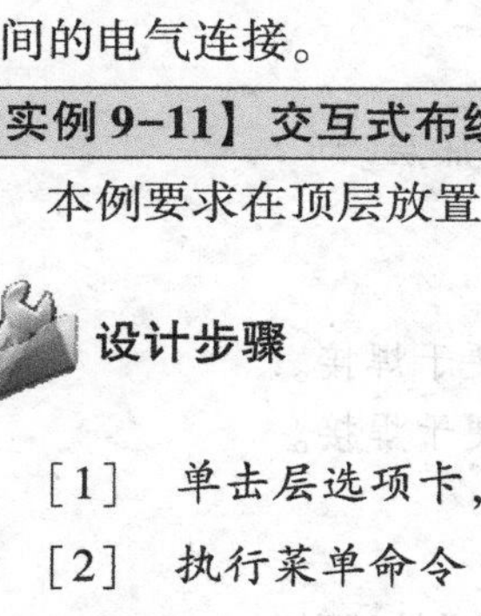

图 9-66 光标形状

[4] 移动光标到拐点处，单击鼠标左键确定第 2 个顶点。

[5] 在绘制导线过程中，如果需要在某点处改变导线的 PCB 层，可单击鼠标左键确定该点位置，然后按 Tab 键，弹出【交互式布线】对话框，如图 9-67 所示。在【层】栏中选择需要过渡的层，单击按钮 确认 ，此时在该点处自动放置一个过孔，然后切换到指定的 PCB 层上继续进行导线绘制，如图 9-68 所示。

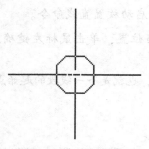

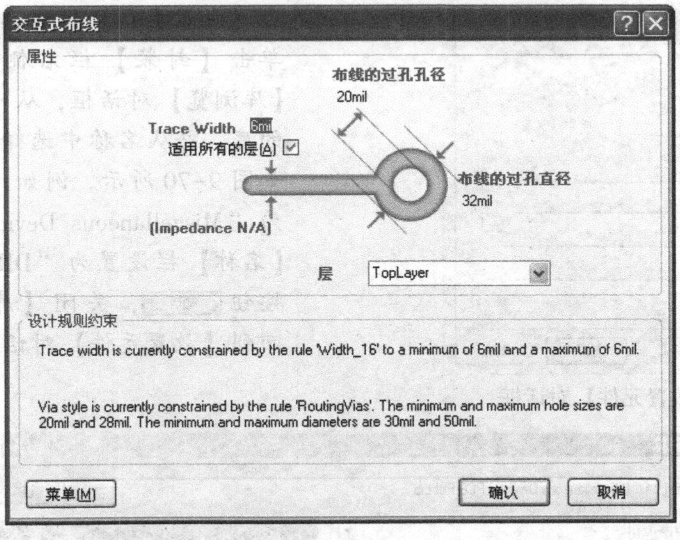

图 9-67　【交互式布线】对话框

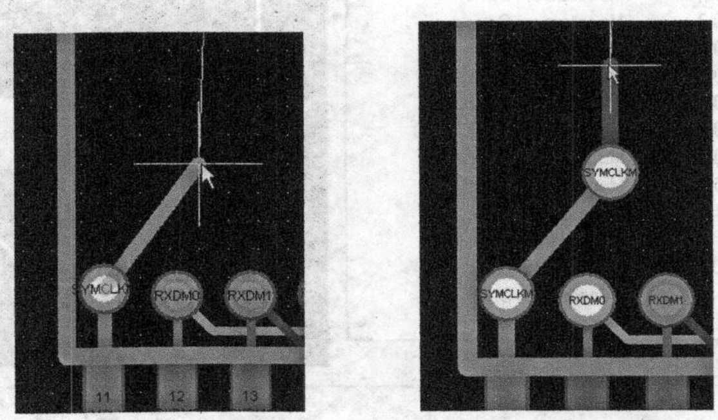

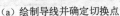

（a）绘制导线并确定切换点　　（b）PCB板层切换

图 9-68　PCB 布线层切换过程

[6]　绘制导线结束后，单击鼠标右键退出绘制导线状态。

> 单击【交互式布线】对话框中的按钮 菜单(M) ，可以对导线和过孔的规则进行设置。

10. 放置元器件

在 PCB 中放置元器件，指的是放置元器件封装并修改其属性。

【实例 9-12】放置元器件。

设计步骤

[1]　执行菜单命令【放置】\【元件】，启动放置元器件命令，打开【放置元件】对话框，如图 9-69 所示。该对话框用于设置输入元器件的封装形式、序号及注释等参数。

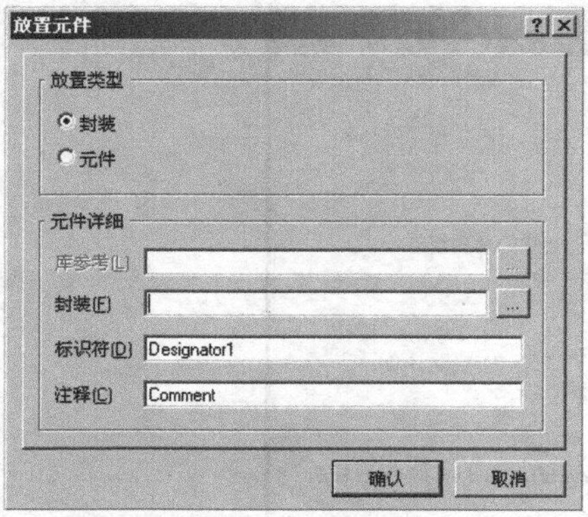

图 9-69 【放置元件】对话框

[2] 在【放置类型】区域选中【封装】选项，单击【封装】栏右侧的按钮，打开【库浏览】对话框，从中选择元器件所在的库，并从名称中选择放置的封装形式，如图 9-70 所示。例如，将【库】栏设置为“Miscellaneous Devices PCB. PcbLib”，【名称】栏设置为“DIP-12/SW”。单击按钮确认，关闭【库浏览】对话框，回到【放置元件】对话框。

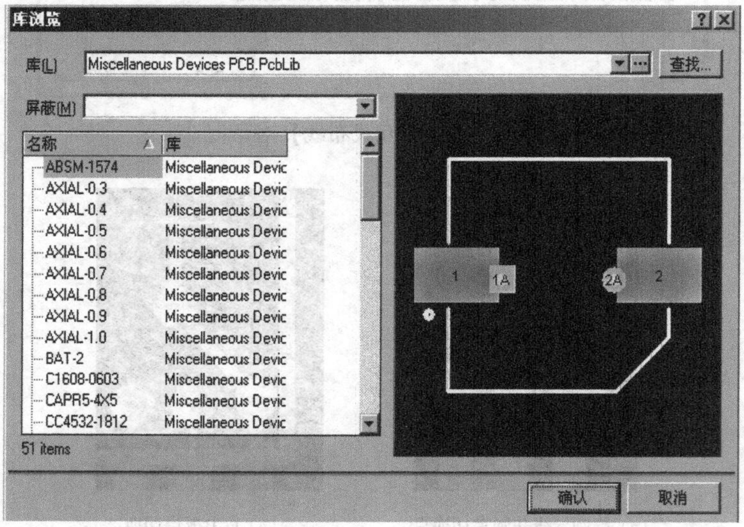

图 9-70 【库浏览】对话框

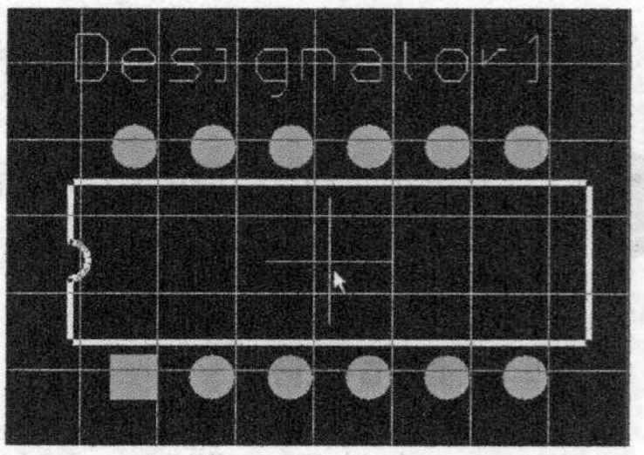

图 9-71 光标上黏附元器件轮廓

[3] 单击按钮确认，关闭【放置元件】对话框。此时，光标上黏附一个封装为“DIP-12/SW”的元器件轮廓，如图 9-71 所示。

[4] 按 Tab 键，打开【元件】对话框，如图 9-72 所示。在该对话框中可以对元器件的封装形式、序号、注释，以及放置元器件的工作层、方向和位置等属性进行设置。本例采用默认设置。

[5] 设置元器件的属性后，单击【元件】对话框中的按钮确认，移动元器件到需要放置的位置，单击鼠标左键，即可完成该元器件的放置。此时，光标上还黏附刚才放置的元器件的轮廓，只不过元器件的标识自动变成了“Designator2”，可以移动光标到适当位置，用同样的方法继续放置该元器件；也可以单击鼠标右键退出放置元器件命令。

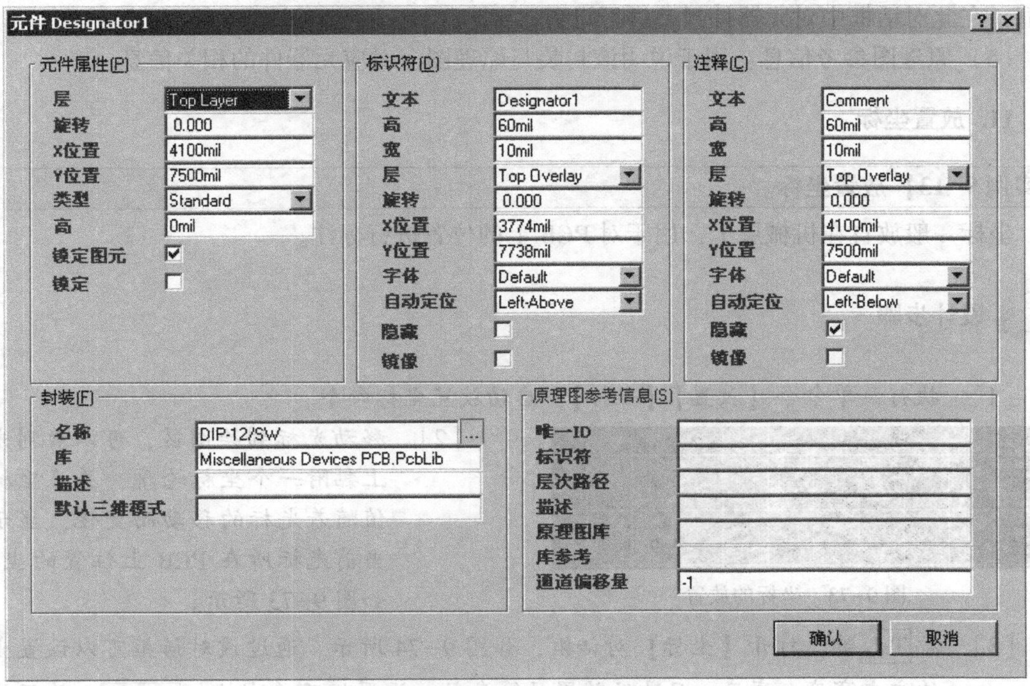

图 9-72 【元件】对话框

> 也可以在放置该元器件后，移动光标到元器件上，双击鼠标左键打开【元件】对话框。

在【元件】对话框中，主要设置参数如下所述。

(1) 元件属性。

- ❐ 层：设置元器件放置的 PCB 层，可选顶层或底层。
- ❐ 旋转：元器件放置时的旋转角度。
- ❐ X 位置、Y 位置：元器件放置在 PCB 上的坐标位置。
- ❐ 类型：元器件的类型。
  - ◇ Standard：标准电气元器件，参与同步仿真，且会列在材料清单中。
  - ◇ Mechanical：机械件及非电气元件，如器件支架、散热片等。
  - ◇ Graphical：图形元件，为非电气元件，不参与同步仿真，一般用于说明，如公司的 LOGO。
  - ◇ Net tie（in Bom）：在布线中，端接两个或多个不同网络的元器件，参与同步仿真，且会列在材料清单中。
  - ◇ Net tie：在布线中，端接两个或多个不同网络的器件，参与同步仿真，但不会列在材料清单中。
  - ◇ Standard（no Bom）：标准电气元器件，参与同步仿真，但不会列在材料清单中。

(2) 标识符：用于设置标识符的文本、高、宽、放置的层、坐标位置等属性。

(3) 注释：用于设置标注的文本、高、宽、放置的层、坐标位置等属性。

(4) 封装：显示当前封装的名称、库文件名等信息。单击按钮▭，弹出【库浏览】对话框，在此对话框中对元器件封装进行设置。

（5）原理图参考信息：用于说明该封装与原理图上对应元器件的相关信息。

11. 放置坐标

【实例 9-13】放置坐标。

坐标一般放置在机械层上，用于对 PCB 上的位置进行标注。

设计步骤

[1] 执行菜单命令【放置】\【坐标】，启动放置坐标命令。

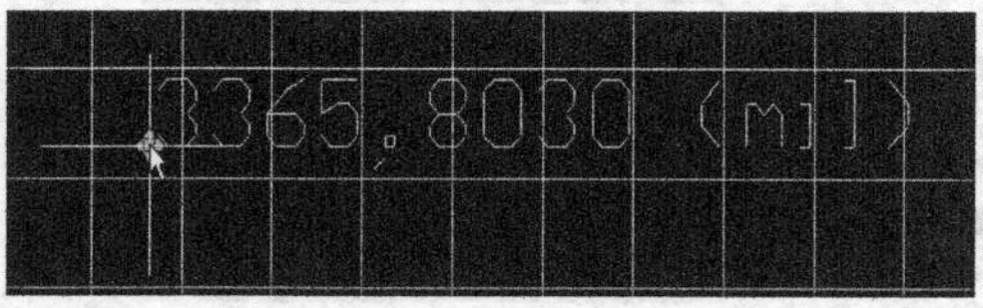

图 9-73 坐标的放置

[2] 移动光标到绘图区，可以看到光标上黏附一个坐标轮廓，并且坐标的值随着光标的移动而变化，显示出当前光标所在 PCB 上位置的坐标，如图 9-73 所示。

[3] 按 Tab 键，打开【坐标】对话框，如图 9-74 所示。通过该对话框可以设置坐标的文本宽度、高度、尺寸及放置层等参数，设置好后单击按钮 确认 ，关闭该对话框。

[4] 移动光标到适当位置，单击鼠标左键放置该坐标。可以看到，光标上还黏附一个坐标的轮廓，可以继续放置下一个坐标；也可以单击鼠标右键退出坐标的放置命令。

12. 放置尺寸

尺寸通常放置在机械层上，由带箭头的线和字符串组成。

执行菜单命令【放置】\【尺寸】，可以看到放置尺寸的子命令，如图 9-75 所示。常用的尺寸标注类型、方法和应用场合列在表 9-1 中，供读者参考。

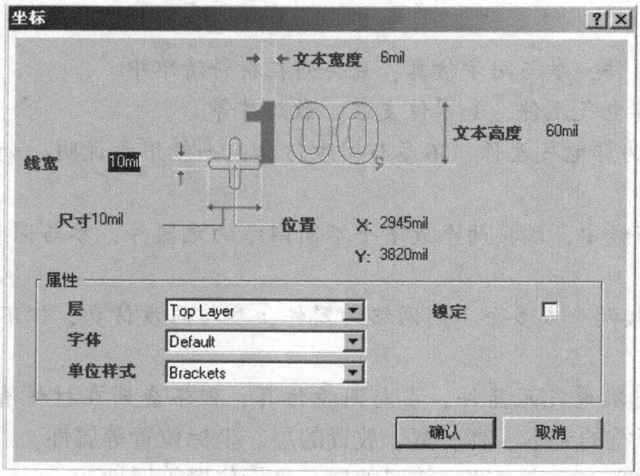

图 9-74 【坐标】对话框

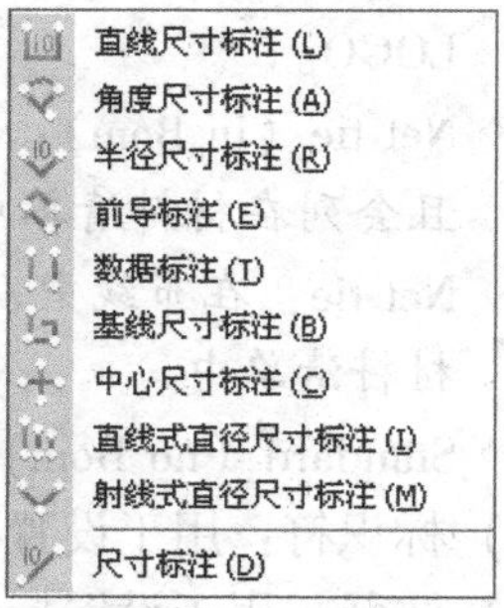

图 9-75 【尺寸】子命令

表 9-1 常用的尺寸标注类型、方法和应用场合

标注类型	标注方法	应用场合
直线尺寸标注	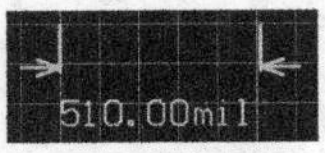	PCB 上两个点在水平或垂直方向上的距离测量与标注
角度尺寸标注	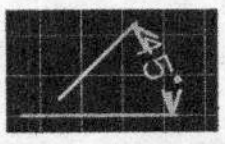	用于 PCB 上角度的测量与标注
半径尺寸标注	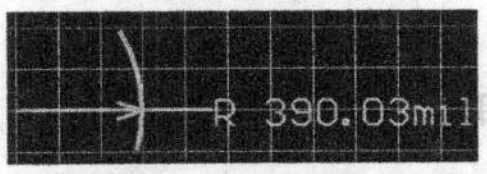	用于圆弧或圆周的半径尺寸的测量与标注
前导标注	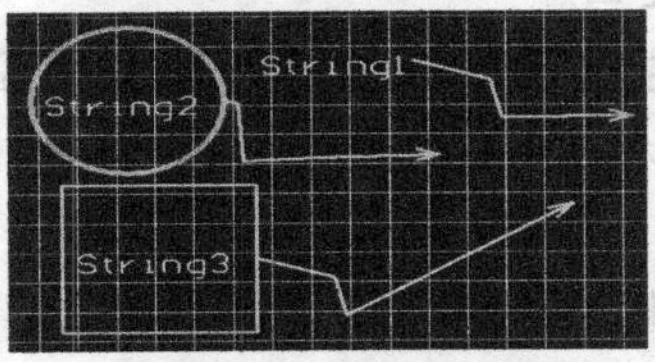	用于对某一对象进行说明。前导头是一个箭头或点。标注的文字可选不带框、带圆形框或带正方形框
数据标注	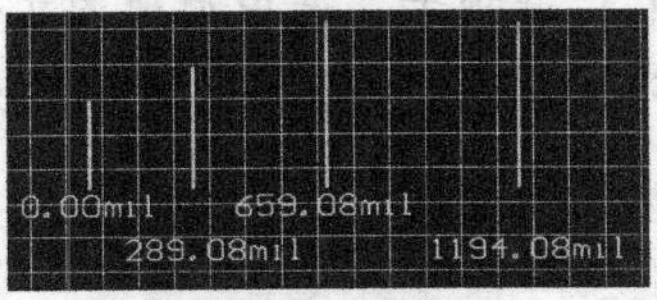	是指以第一个测量点为尺寸的基点，以后的测量所标注的数值是相对基点的距离
基线尺寸标注	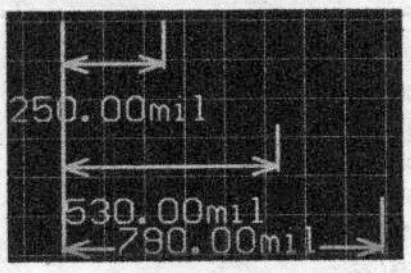	基线尺寸标注与数据标注类似，不过它标注的是带箭头直线的尺寸
中心尺寸标注	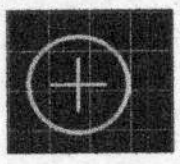	是指在圆弧或圆周的中心作十字形标识
直线式直径尺寸标注		用于圆弧或圆周的直线式直径尺寸的测量与标注
射线式直径尺寸标注		与直线式直径尺寸标注类似，不过它是射线状的
尺寸标注		用于任何起点和终点之间的测量与标注

9.4 载入网络表和元器件

自动放置元器件是指从原理图文件中导入网络表及元器件封装。本节介绍自动放置元器件的方法，这也是 PCB 设计中最常用的方法。

【实例 9-14】网络表和元器件的载入。

本例中，以“E:\chapter9\9_14\”目录下的项目文件“FM. PRJPCB”为例，学习网络表和元器件的载入方法。

设计步骤

[1] 打开项目文件 FM. PRJPCB。

[2] 根据电路原理图的要求，设置相应元器件的封装，然后对项目编译并生成网络表，查找存在的错误并进行改正。

[3] 执行菜单命令【文件】\【创建】\【PCB 文件】，在工作区面板的【Projects】选项卡上可以看到，项目中增加了一个新的文件 PCB1. PcbDoc，将其更名为“FM. PcbDoc”并保存。

[4] 在 PCB 中绘制其物理边界和电气边界。

[5] 在工作区面板中选择【Projects】选项卡，选中原理图文件 FM. SchDoc，切换到原理图编辑界面，执行菜单命令【设计】\【Update PCB Document FM. PcbDoc】，弹出【工程变化订单（ECO）】对话框，如图 9-76 所示。

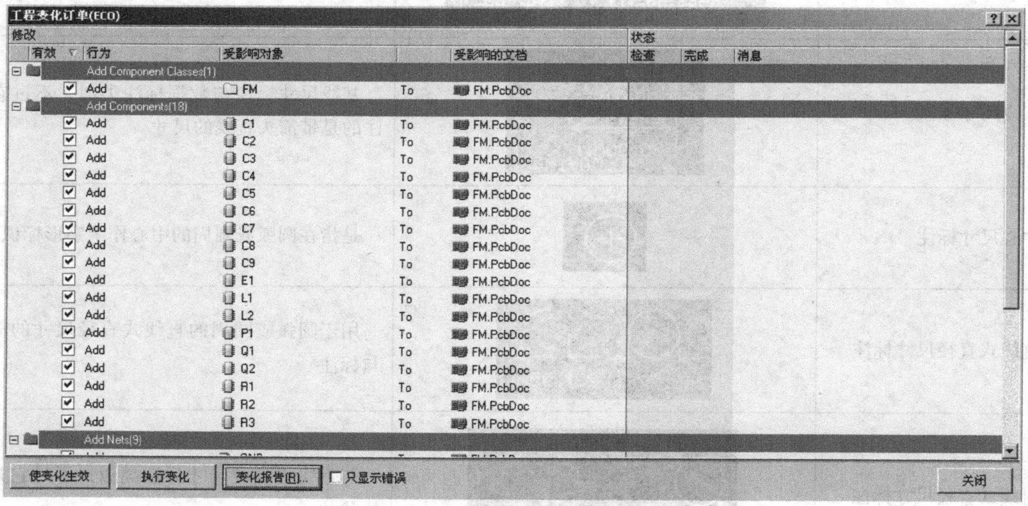

图 9-76 【工程变化订单（ECO）】对话框

[6] 单击按钮 使变化生效，对原理图进行检查。如果原理图中没有错误，在检查状态中将显示标记✓；如果有错误，将显示标记⊗。完成检查后，将提示错误的地方改正，直至没有错误为止。

[7] 单击按钮 执行变化，将变化发送到 PCB。加载完成后，单击按钮 关闭，关闭对话框。

[8] 系统自动转到 PCB 编辑界面，可以看到，网络表和元器件加载到了 PCB 文件中，如图 9-77 所示。

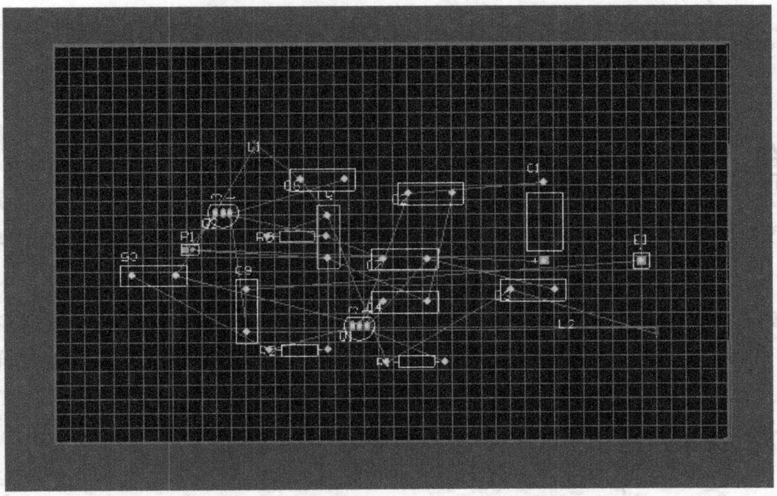

图 9–77　网络表和元器件的载入

9.5　思考与练习

1. 上机练习

(1) 练习 PCB 文档的建立、保存和打开。
(2) 练习在 PCB 上放置图件。
(3) 练习网络表和元器件的载入。

2. 填空题

(1) PCB 的丝印层包含________和________两部分。
(2) PCB 的物理边界要绘制在________层上。
(3) PCB 最多可以有________个信号层。
(4) 过孔的类型有________种，分别是________、________和________。

第 10 章　PCB 布局与布线

在 PCB 上合理布局元器件非常重要。元器件布局是否合理不仅会影响自动布线的成功率，还会影响系统能否正常、稳定地工作。本章主要对 PCB 的布局和布线做详细的介绍。

10.1　设计规则

Protel DXP 2004 为布局、布线提供了众多设计规则。为了有效地进行 PCB 设计，在布局、布线前，应对这些规则进行设置。

执行菜单命令【设计】\【规则】，打开【PCB 规则和约束编辑器】对话框，如图 10-1 所示。

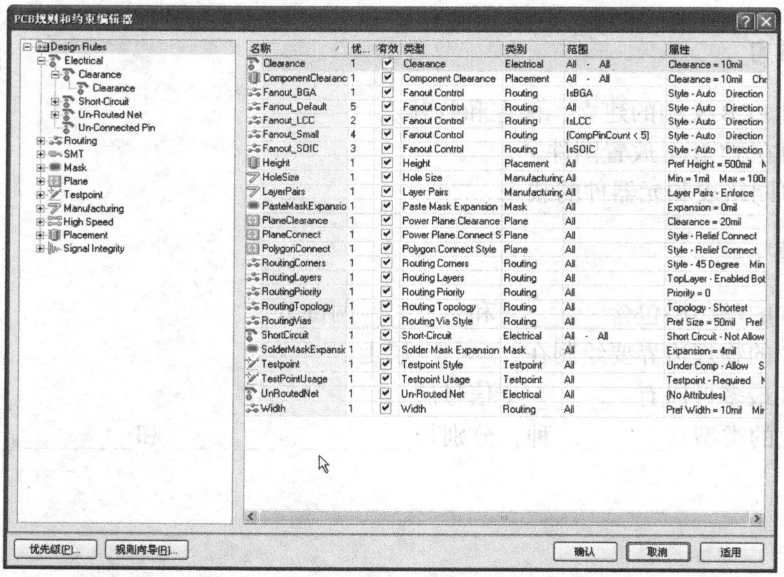

图 10-1　【PCB 规则和约束编辑器】对话框

该对话框包含的内容非常丰富，涉及的设计规则如下所述。

- ❐ Electrical：电气规则
- ❐ Routing：布线规则
- ❐ SMT：表贴式焊盘规则
- ❐ Mask：阻焊层规则
- ❐ Plane：电源层规则
- ❐ Testpoint：测试点规则
- ❐ Manufacturing：PCB 制作规则
- ❐ High Speed：高速电路规则
- ❐ Placement：布局规则
- ❐ Signal Integrity：信号完整性规则

可以从对话框右侧列中选中相应的规则，单击规则前的按钮⊞，打开该规则包含的选项，选中相应的选项，从对话框左侧的参数列中进行参数的设置。

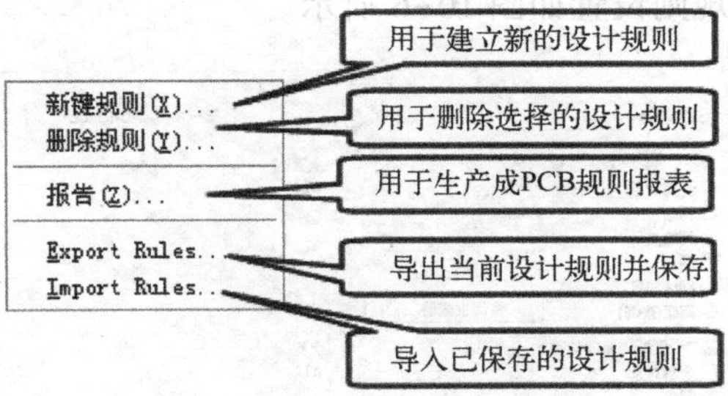

图 10-2　右键菜单选项

在【PCB 规则和约束编辑器】对话框右侧列中单击鼠标右键，弹出如图 10-2 所示的菜单。

单击按钮优先级(P)...，弹出【编辑规则优先级】对话框，通过该对话框可以设置每一类规则中子规则的优先级别。

单击按钮规则向导(R)...，可以启动设计规则向导，为 PCB 设计添加新的规则。执行菜单命令【设计】\【规则向导】，同样可以启动设计规则向导。

1. 电气规则

单击“Electrical”前的⊞，展开电气规则选项。

1）Clearance（安全间距规则） 用于设置图元间距的最小值，避免图元之间因为距离过小而产生相互干扰，通常包括导线与导线之间，导线与过孔之间，过孔与过孔之间，导线与焊盘之间，焊盘与焊盘之间，以及焊盘与过孔之间的最小距离的设置。间距设置不宜过小，以免被高压击穿造成短路；也不能太大，这样会增加 PCB 的尺寸。一般将其设置为 8~12mil，强电电路可根据具体情况设置得大一些。安全间距规则设置如图 10-3 所示。

（1）名称：规则的名称。

（2）注释：规则的简单注释。

（3）匹配对象的位置。

❒ 全部对象：当前设定规则适用于全部对象，即在整个 PCB 上有效。

❒ 网络：当前设定的规则在选定的网络上有效。

❒ 网络类：当前设定的规则在选定的网络类上有效。

❒ 层：当前设定的规则在选定的层上有效。

❒ 网络和层：当前设定的规则在选定的网络和层上有效。

❒ 高级（查询）：利用条件设定器，自定义规则有效范围。

2）Short-Circuit（短路规则） 用于设置是否允许两个图元短路。在 PCB 设计中，要尽量避免两个图元之间短路，但有时须要将不通网络端接起来，如多个接地网络。短路规则设置如图 10-4 所示。

如果允许一些网络短路，须要选中【约束】区域中的【允许短回路】选项，然后在匹配对象中选择规则的使用范围。

3）Un-Routed Net（未布线网络规则） 用于检查指定网络范围内的网络布线是否完整。对于未布线的网络，使其仍保持飞线状态。未布线网络规则设置如图 10-5 所示。

4）Un-connected Pins（未连接引脚规则） 用于检查指定范围内的元器件引脚是否均已连接到网络，即检查是否存在引脚悬空的现象。由于实际电路中往往会存在一些悬空的引脚，因此该规则一般可以不进行设置，由设计者自己检查保证引脚连接的正确性。未连接引脚规则设置如图 10-6 所示。

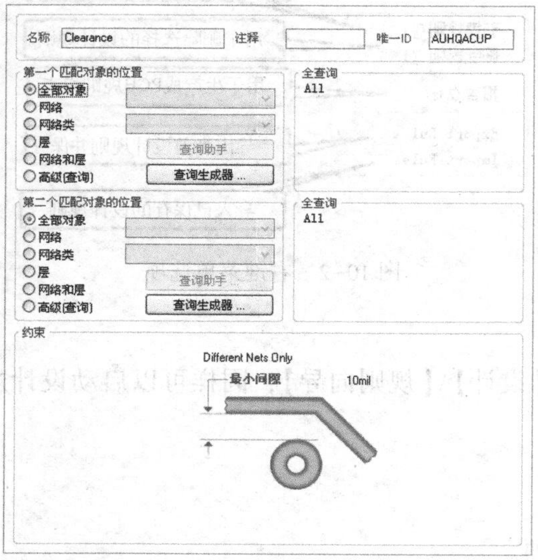

图 10-3　安全间距规则设置

图 10-4　短路规则设置

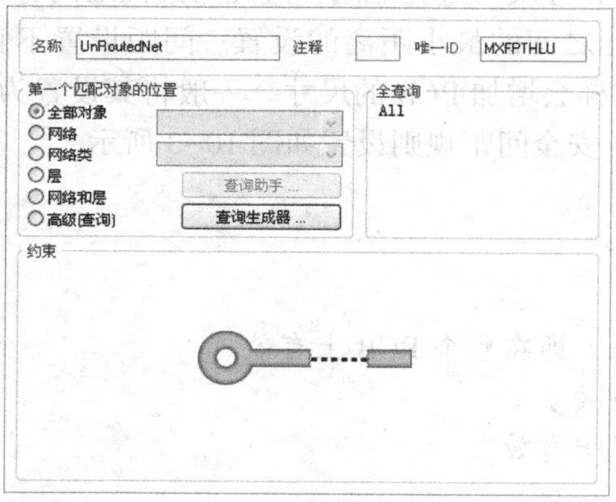

图 10-5　未布线网络规则设置

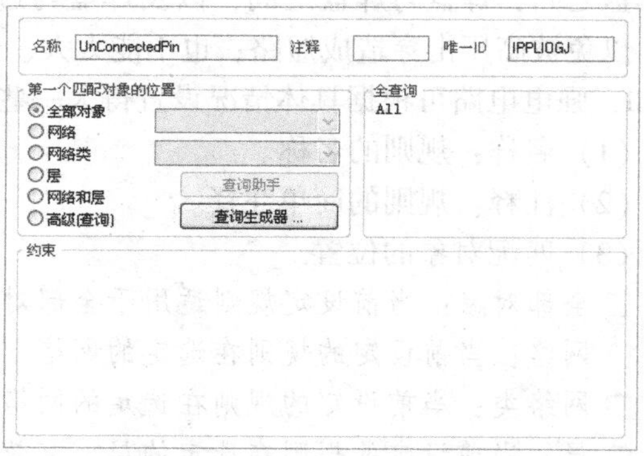

图 10-6　未连接引脚规则设置

2. 布线规则

1）Width（布线宽度）　用于设置自动布线时，允许采用的导线宽度。布线宽度设置如图 10-7 所示。

【约束】区域主要用于设置布线的宽度约束条件。其中，“Min Width”为最小宽度值，“Preferred Width”为推荐宽度值，“Max Width”为最大宽度值。

选中【特征阻抗驱动宽度】选项，会进入阻抗特性驱动宽度设置界面，它用于设置最小阻抗值、最大阻抗值和推荐阻抗值。

选中【只有图层堆栈中的层】选项，则【约束】区域下面的列表中只列出图层堆栈中的层，否则会列出所有的信号层。

2）Routing Topology（布线拓扑结构）　主要设置自动布线时布线的拓扑结构规则，如

图 10-8 所示。

图 10-7　布线宽度设置

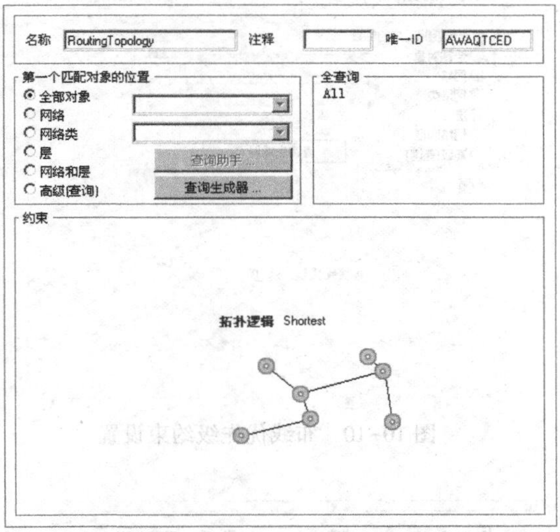

图 10-8　布线拓扑结构约束设置

【约束】区域用于设置自动布线的约束类型。单击【拓扑逻辑】栏，弹出可选的拓扑结构类型，可以根据实际需要选择布线时采用的拓扑结构类型。可选的各种拓扑结构类型如图 10-9 所示。默认情况下，一般选择“Shortest”（优先连接线最短）。

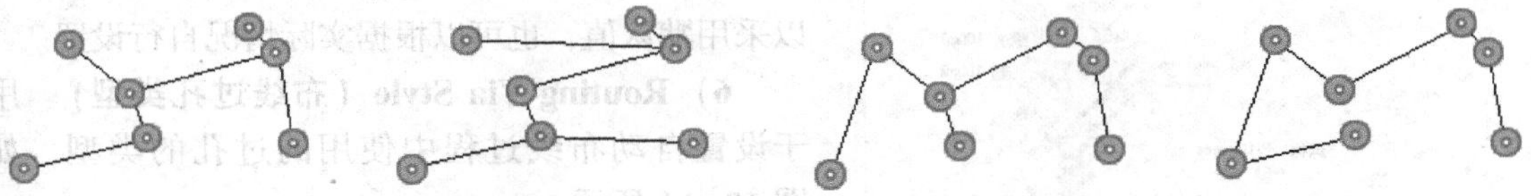

（a）Shortest（优先连接线最短）（b）Horizontal（优先水平布线）（c）Vertical（优先垂直布线）（d）Daisy-Simple（简单链状布线）

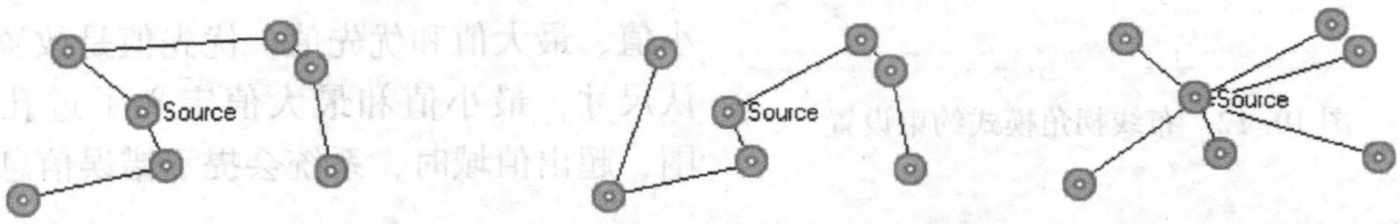

（e）Daisy-MidDriven（中间驱动链状布线）　（f）Daisy-Balanced（平衡式链状布线）　（g）Starburst（放射状布线）

图 10-9　可选的布线拓扑结构类型

3）Routing Priority（布线优先级）　用于设置布线的优先级，即布线的先后顺序。布线优先级约束设置如图 10-10 所示。

【约束】区域用于设置指定布线优先级约束的级别。可以在【布线优先级】栏中输入一个 0~100 之间的整数，以此来设置布线的优先级。也可以通过按钮来调整布线的优先级。其中，数字“0”代表的优先级最低，数字“100”代表的优先级最高。

4）Routing Layers（布线层）　用于设置在自动布线过程中，哪些信号层可以用于布线。布线层约束设置如图 10-11 所示。可以在【约束】区域的有效层中（具体显示的有效层与规划的 PCB 层有关），选中需要布线的层。

图 10-10　布线优先级约束设置

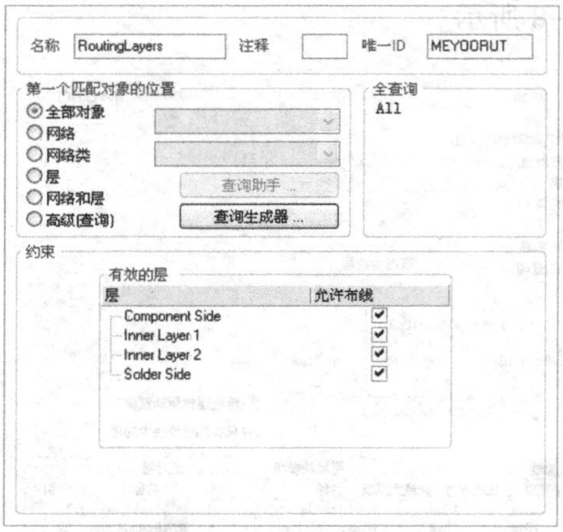

图 10-11　布线层约束设置

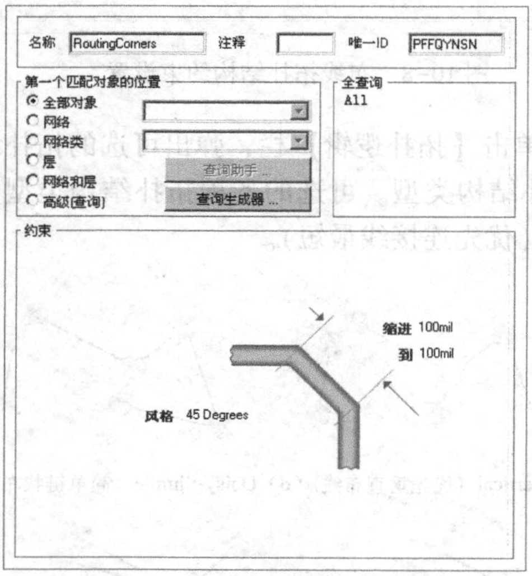

图 10-12　布线拐角模式约束设置

5）**Routing Corners（布线拐角模式）**　用于设置布线拐弯的样式，如图 10-12 所示。

【约束】区域主要用于设置布线拐角的模式。主要包含两部分，即拐角模式和拐角尺寸。拐角模式有 3 种，单击【风格】栏，可以看到这 3 种模式分别是“90 Degrees”、“45 Degrees”和“Rounded”，如图 10-13 所示。对于布线尺寸，可以采用默认值，也可以根据实际情况自行设置。

6）**Routing Via Style（布线过孔类型）**　用于设置自动布线过程中使用的过孔的类型，如图 10-14 所示。

【约束】区域用于设置过孔孔径和直径的最小值、最大值和优先值。优先值是放置过孔的默认尺寸，最小值和最大值定义了过孔的尺寸范围，超出值域时，系统会提示错误信息。

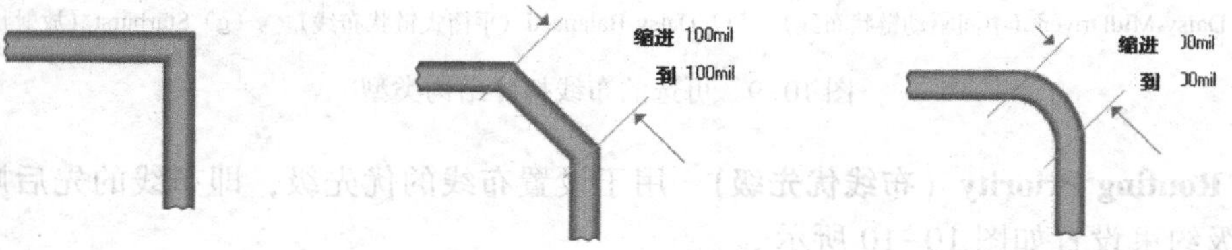

（a）90 Degrees　（b）45 Degrees　（c）Rounded

图 10-13　拐角模式

7）**Fanout control（扇出控制）**　用于设置表贴式元器件的扇出控制方式。从布线的角度看，扇出就是把表贴式元器件的焊盘通过布线引出并加一个过孔，使其可以在其他层面上继续布线，这样可以提高系统自动布线的成功概率。

针对不同的元器件，系统提供了 BGA、LCC、SOIC、Small（引脚数小于 5 的元器件）及 Default（所有元器件）5 种不同的扇出规则。无论是哪种规则，扇出规则的设置约束参数是类似的，如以 LCC 为例，其扇出控制规则设置如图 10-15 所示。

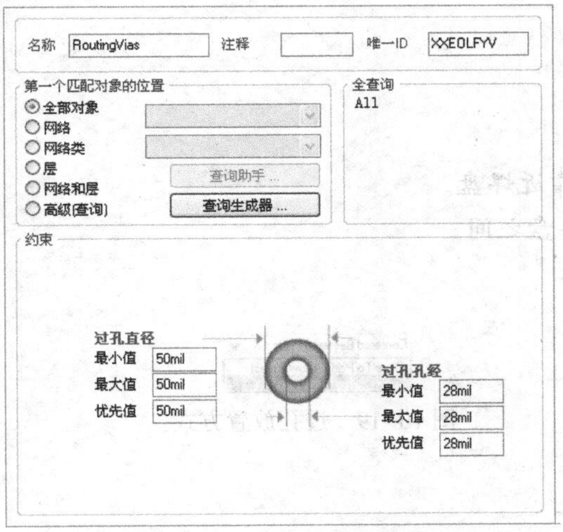

图 10-14 布线过孔约束设置

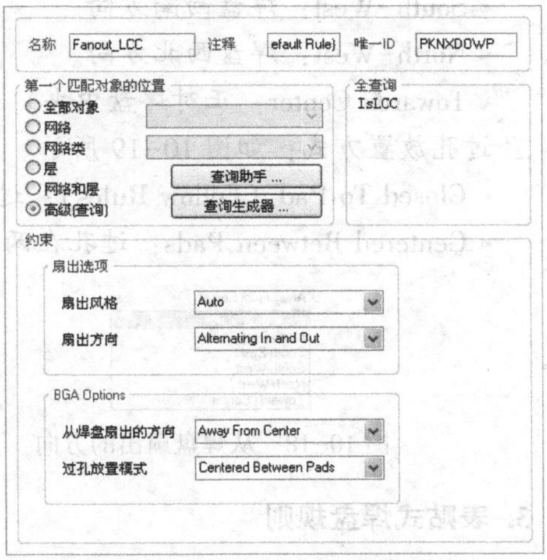

图 10-15 扇出控制规则设置

在【约束】区域中包括两部分。

（1）扇出选项。

❑ 扇出风格：如图 10-16 所示。

- Auto：自动扇出形式。
- Inline Rows：同轴排列形式。
- Staggered Rows：交错排列形式。
- BGA：BGA 形式。
- Under Pads：焊盘下方扇出形式。

❑ 扇出方向：如图 10-17 所示。

- Disable：不采用任何扇出方向。
- In Only：仅进入方向。
- Out Only：仅输出方向。
- In Then Out：先进后出方向。
- Out Then In：先出后进方向。
- Alternating In and Out：交替式进出方向。

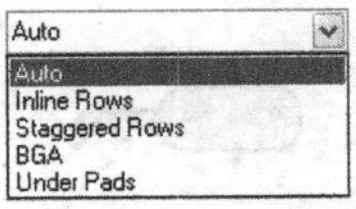

图 10-16 扇出风格选项

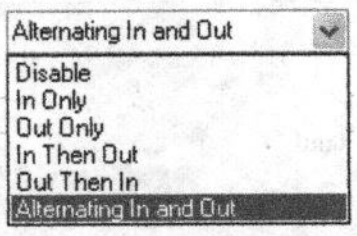

图 10-17 扇出方向选项

（2）BGA Options。

❑ 从焊盘扇出的方向：如图 10-18 所示。

- Away From Center：偏离焊盘中央。
- North-East：焊盘东北方向。
- South-East：焊盘东南方向。
- South-West：焊盘西南方向。
- North-West：焊盘西北方向。
- Towards Center：正对焊盘中央。

❑ 过孔放置方式：如图 10-19 所示。

- Closed To Pad（Follow Rules）：过孔靠近焊盘。
- Centered Between Pads：过孔在两个焊盘之间。

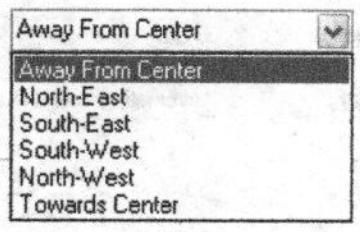

图 10-18　从焊盘扇出的方向

图 10-19　过孔放置方式

3. 表贴式焊盘规则

1）**SMD To Corner（SMD 焊盘与导线拐角处最小间距）**　主要用于设置 SMD 焊盘与导线拐角处的最小距离，如图 10-20 所示。

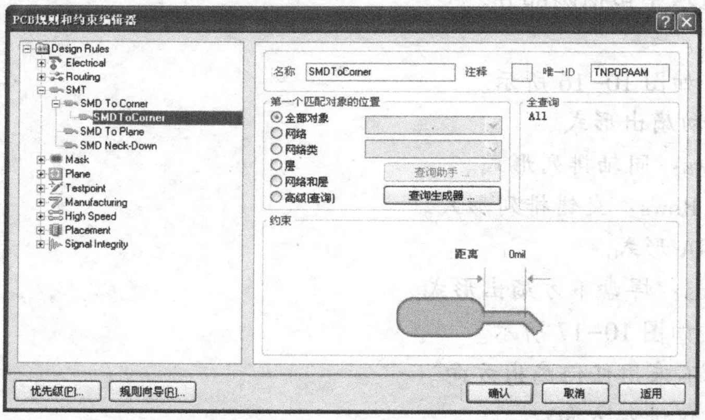

图 10-20　SMD 焊盘与导线拐角处最小间距规则设置

2）**SMD To Plane（SMD 焊盘与电源层过孔最小间距）**　其【约束】区域设置如图 10-21 所示。

3）**SMD Neck-Down（SMD 焊盘颈缩率）**　其【约束】区域设置如图 10-22 所示。

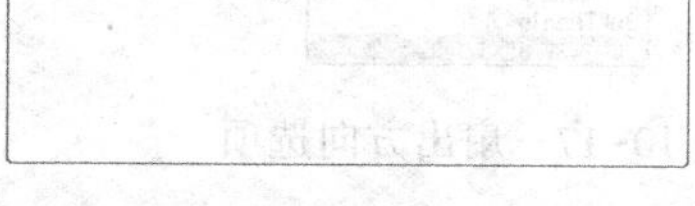

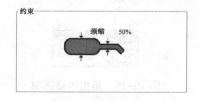

图 10-21　SMD 焊盘与电源层过孔最小间距【约束】区域设置

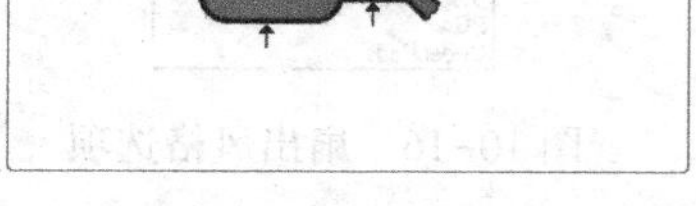

图 10-22　SMD 焊盘颈缩率【约束】区域设置

4. 阻焊层规则

1）Solder Mask Expansion（阻焊层收缩量规则）　在 PCB 制作过程中，首先要将阻焊层印制在 PCB 上，然后放置元器件，最后在 PCB 焊盘上涂焊锡焊接元器件。在阻焊层上留出的焊盘比实际的焊盘要略大一些，阻焊层收缩量规则主要用于定义阻焊层上留出的焊盘与实际焊盘间的间隙大小。阻焊层收缩量规则设置如图 10-23 所示。

2）Paste Mask Expansion（助焊层收缩量规则）　在 PCB 制作过程中，对于表贴式元器件，通常利用钢膜将锡膏涂在 PCB 上，然后将表贴式元器件放在上面进行焊接，钢膜焊盘的尺寸要略小于表贴式元器件的焊盘，助焊层收缩量规则就是用于设置助焊层焊盘相对于表贴式焊盘尺寸减少量的。助焊层收缩量规则设置如图 10-24 所示。

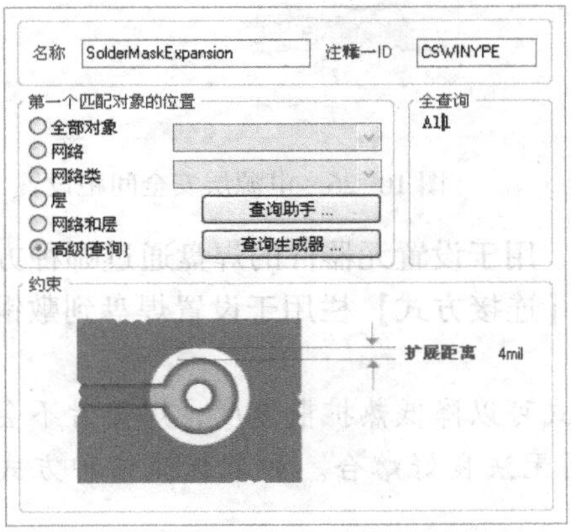

图 10-23　阻焊层收缩量规则设置

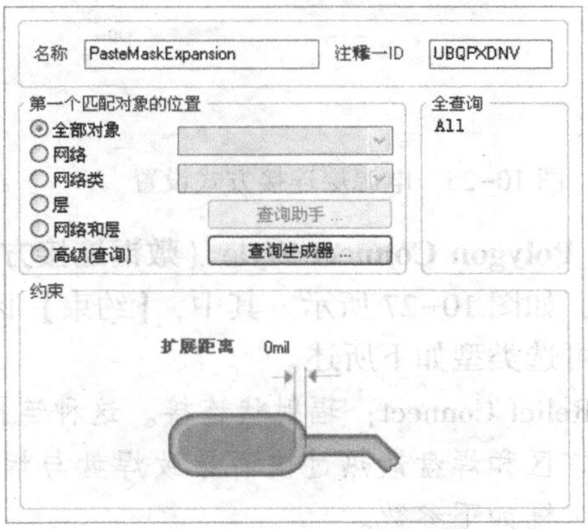

图 10-24　助焊层收缩量规则设置

5. 电源层规则

1）Power Pan Connect Style（电源层连接方式）　用于设置过孔和焊盘到内部电源层的连接方式。该项设置一般在多层板中使用。电源层连接方式设置如图 10-25 所示。其中，【约束】区域【连接方式】栏用于设置焊盘连接到敷铜的方式，可选类型如下所述。

- Relief Connect：辐射状连接。这种连接方式可以降低热扩散速度，焊接时不会因为敷铜区散热过快而导致焊盘与焊锡间无法良好熔合。如果选择该种方式，还应设置如下参数。
  - 导线宽度：设置连接线的宽度。
  - 连线数：设置连接线的数目，可选 2 或 4。
  - 空隙间距：设置空隙的间距大小。
  - 扩展距离：设置焊盘和焊孔的间距。
- Direct Connect：直接连接。这种方式是指电源层和焊孔直接连接起来，不含任何间隔。
- No Connect：无连接方式，即电源层和元器件间没有任何连接。一般不采用这种方式。

2）Power Pan Clearance（电源层安全间距）　主要用于定义焊盘及过孔的边缘与电源层的最小安全距离，如图 10-26 所示。该设置主要用于设置穿透式过孔和焊盘与内部电源层之间的安全距离，若该距离过小，易发生短路故障。

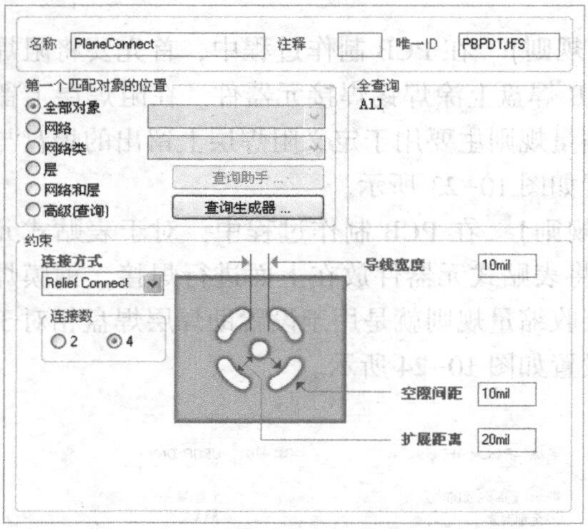

图 10-25　电源层连接方式设置

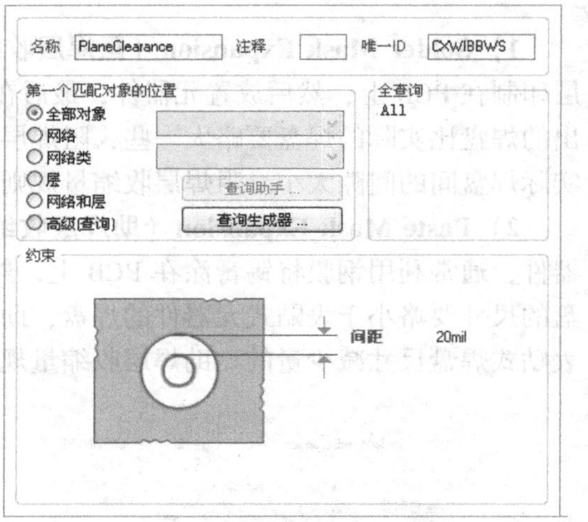

图 10-26　电源层安全间距设置

3）Polygon Connect Style（敷铜连接方式） 用于设置元器件的焊盘通过哪种方式连接到敷铜，如图 10-27 所示。其中，【约束】区域【连接方式】栏用于设置焊盘到敷铜的连接方式，可选类型如下所述。

❑ Relief Connect：辐射状连接。这种连接方式可以降低热扩散速度，焊接时不会因为敷铜区和焊盘散热过快而导致焊盘与焊锡间无法良好熔合。如果选择该种方式，还应设置如下参数。

- 导线宽度：设置连接线的宽度。
- 连线数：设置连接线的数目，可选 2 或 4。
- 连接角度：可选两种角度的连接方式，即 45°和 90°。选择 45°时的连接模型如图 10-28 所示。

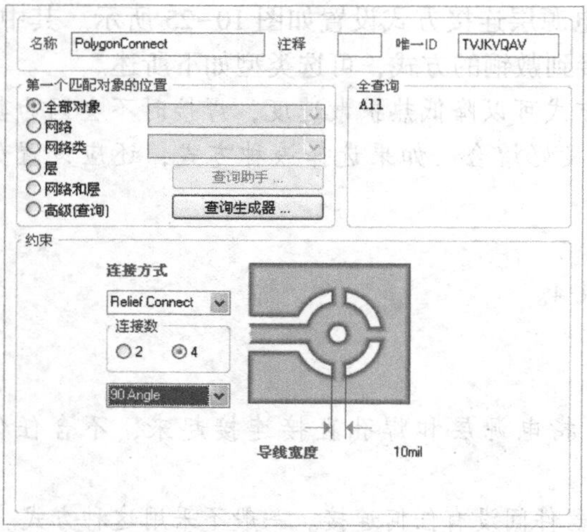

图 10-27　敷铜连接方式设置

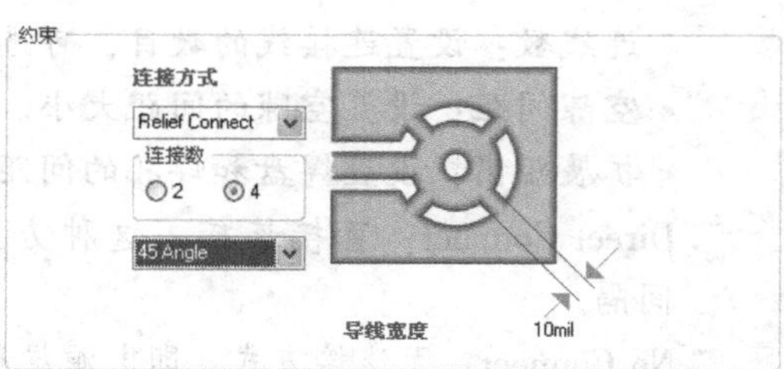

图 10-28　45°时的连接模型

- ❐ Direct Connect：直接连接。这种方式是指敷铜和焊盘直接连接起来，不含任何间隔。
- ❐ No Connect：无连接方式，即敷铜和焊盘间没有任何连接。一般不采用这种方式。

6. 测试点规则

1）Testpoint Style（测试点样式规则） 用于设置测试点的样式，如图 10-29 所示。其中，【约束】区域中包含【风格】、【网格尺寸】和【允许的侧面和顺序】3 个选项的设置。

- ❐ 风格。
  - ✍ 最小：用于设置测试点尺寸和孔径的最小值。
  - ✍ 最大：用于设置测试点尺寸和孔径的最大值。
  - ✍ 优选：用于设置测试点尺寸和孔径的优先使用值。
- ❐ 网格尺寸。
  - ✍ 测试点网格尺寸：用于设置测试点的网格尺寸。
- ❐ 允许元件下面的测试点：允许在元器件下面放置测试点。
- ❐ 顶：允许在顶层放置测试点。
- ❐ 底：允许在底层放置测试点。
- ❐ 通过顶：允许在顶层放置通孔测试点。
- ❐ 通过底：允许在底层放置通孔测试点。
- ❐ 允许的侧面和顺序。
  - ✍ Create New Thru-Hole Top Pad：设置是否允许在顶层创建新的通孔。
  - ✍ Use Existing SMD Bottom Pad：设置是否允许使用底层已有的 SMD 焊盘。
  - ✍ Use Existing Thru-Hole Bottom Pad：设置是否允许使用底层已有的通孔焊盘。
  - ✍ Use Existing Via ending on Bottom Layer：设置是否允许使用底层已有的过孔末端。
  - ✍ Create New SMD Bottom Pad：设置是否允许在底层创建新的 SMD 焊盘。
  - ✍ Create New Thru-Hole Bottom Pad：设置是否允许在底层创建新的通孔。
  - ✍ Use Existing SMD Top Pad：设置是否允许使用顶层已有的 SMD 焊盘。
  - ✍ Use Existing Thru-Hole Top Pad：设置是否允许使用顶层已有的通孔焊盘。
  - ✍ Use Existing Via starting on Top Layer：设置是否允许使用顶层已有的过孔起始端。
  - ✍ Create New SMD Top Pad：设置是否允许在顶层创建新的 SMD 焊盘。

2）Testpoint Usage（测试点使用规则） 用于设置测试点的使用规则，如图 10-30 所示。【约束】区域中主要设置选项如下所述。

- ❐ 允许同一网络上多测试点：用于设计规则检查时，是否允许在同一个网络上设置多个测试点。
- ❐ 测试点。
  - ✍ 必要的：进行设计规则检查时，给出提示信息。
  - ✍ 无效的：进行设计规则检查时，不允许使用测试点。
  - ✍ 不必介意：进行设计规则检查时，忽略测试点。

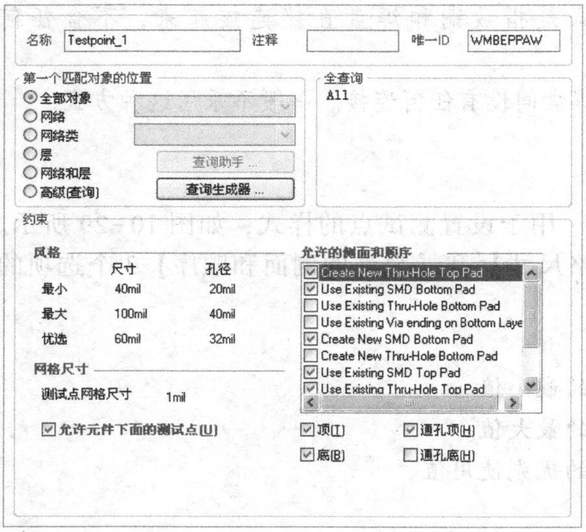

图 10-29　测试点样式设置

图 10-30　测试点使用规则设置

7. PCB 制作规则

1）Minimum Annular Ring（最小包环规则）　用于设置最小包环规则，即设置焊盘和过孔的环形铜膜的最小宽度，如图 10-31 所示。

【约束】区域中设置的约束条件为“最小环孔（x-y）”，其中 x 为焊盘的外环半径，y 为焊盘的内环半径，（x-y）即为包环的值。

2）Acute Angle（锐角规则）　用于设置铜膜导线的最小夹角值，如图 10-32 所示。

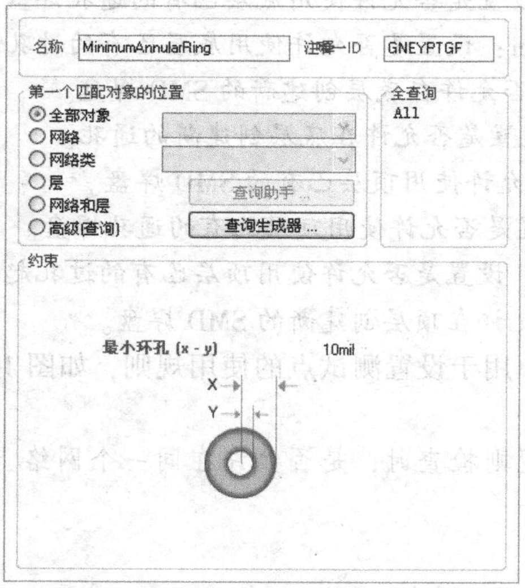

图 10-31　最小包环规则设置

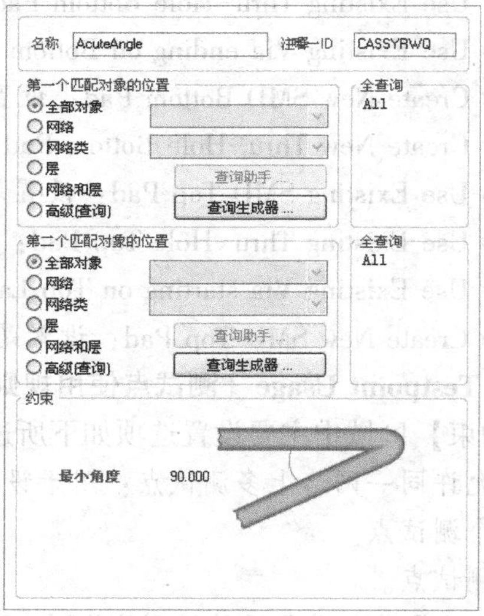

图 10-32　锐角规则设置

3）Hole Size（孔尺寸规则）　用于对过孔孔径进行限制设置，如图 10-33 所示。【约束】区域中的【测量方法】栏用于设置孔径的限制方式，单击【测量方法】栏右侧的下拉按钮，弹出可以选择的限制方式，可选类型为绝对值形式（Absolute）和百分比形式（Percent）。

当选择“Absolute”时，须要设置孔尺寸的最小值和最大值，如图 10-33（a）所示；当选择“Percent”时，须要设置孔径相对于焊盘的最小百分比值和最大百分比值，如图 10-33（b）所示。

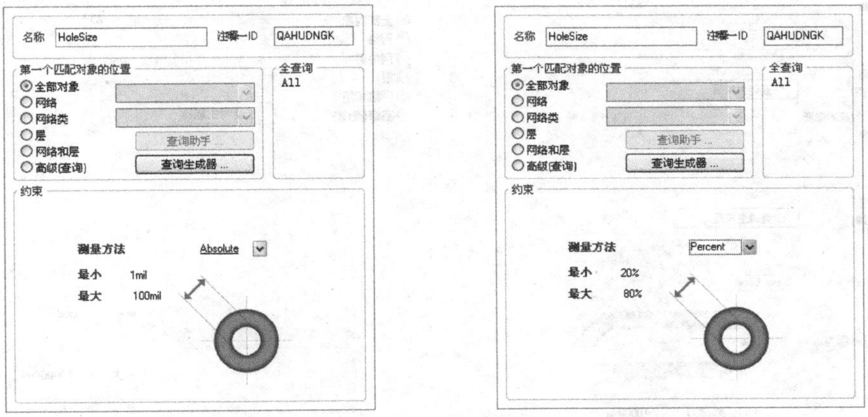

（a）绝对值形式　　（b）百分比形式

图 10-33　孔尺寸规则设置

4）Layer Pairs（板层对规则）　用于设置是否执行板层对规则。在多层板中，须要设定所有钻孔电气符号的起始层和结束层，使其构成板层对。板层对的【约束】区域中只有一个复选框，即【执行阶层对设置】复选框，用于设置是否执行板层对规则。

8. 高速电路规则

1）Parallel Segment（平行铜膜导线段规则）　用于设置平行铜膜导线之间的最小间距和最大长度，如图 10-34 所示。其中，【约束】区域用于约束条件的设置，包含如下设置内容。

❒ 层检查：用于设置该选项限制规则的使用范围。

  ✍ Same Layer：对同一层中的平行铜膜导线段使用该规则。

  ✍ Adjacent Layer：对相邻的两层中的平行铜膜导线段使用该规则。

❒ 平行间隔为：用于设置平行铜膜导线段的间距。

❒ 平行的限度为：用于设置平行铜膜导线段的最大平行长度。

2）Length（铜膜导线长度规则）　如图 10-35 所示，用于设置铜膜导线的长度范围，若其过长，可能会产生信号的反射。

3）Matched Net Length（网络长度匹配规则）　用于设置某个网络范围内，网络长度的匹配限制规则，如图 10-36 所示。在【约束】区域中，主要设置选项如下所述。

❒ 风格：用于设置网络长度匹配风格。

  ✍ 90 Degree：90°转角，如图 10-36 所示。

  ✍ 45 Degree：45°转角，如图 10-37 所示。

  ✍ Round Degree：圆弧转角，如图 10-38 所示。

❒ 振幅：用于设置铜膜导线布线的振幅。

❒ 公差：用于设置铜膜导线布线的公差。

❒ 间隙：用于设置铜膜导线布线的间隙。

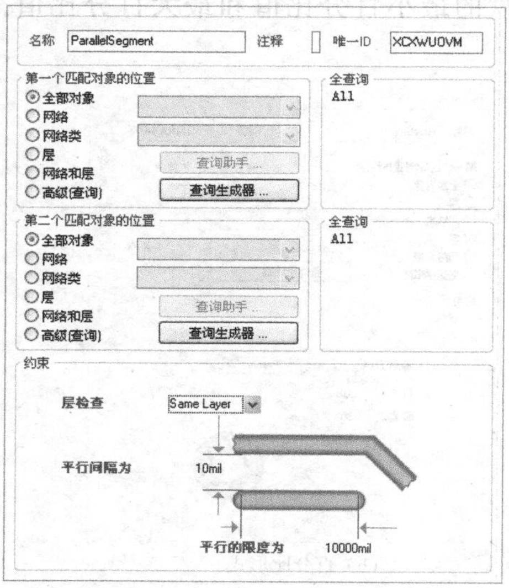

图 10-34　平行铜膜导线段规则设置

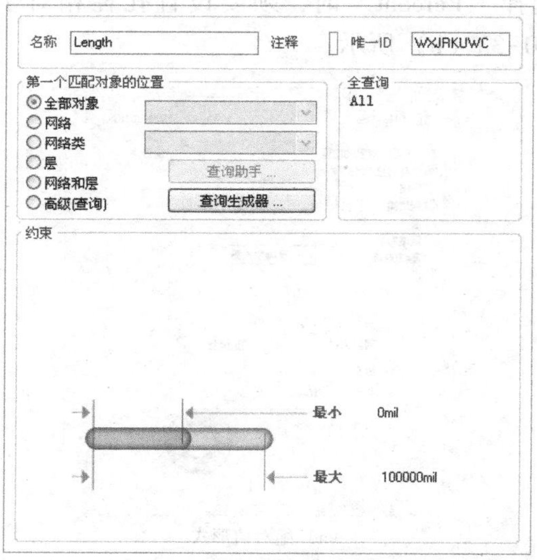

图 10-35　铜膜导线长度规则设置

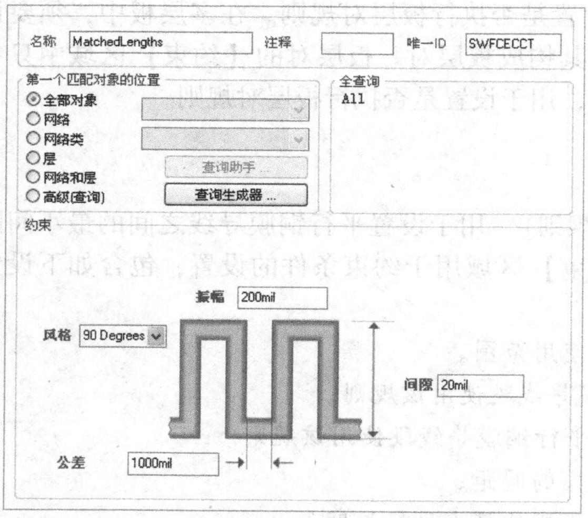

图 10-36　网络长度匹配规则设置

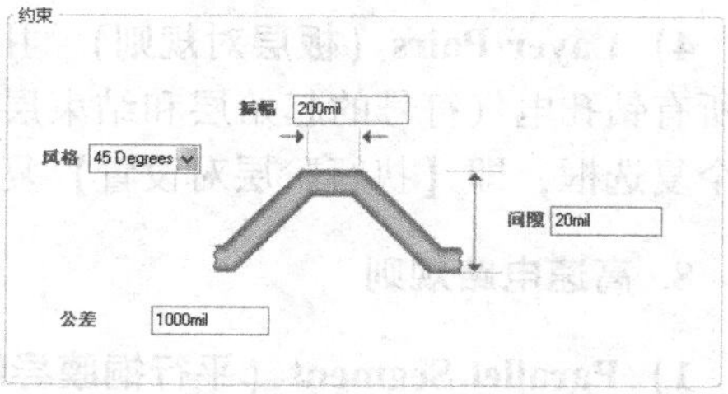

图 10-37　45°转角

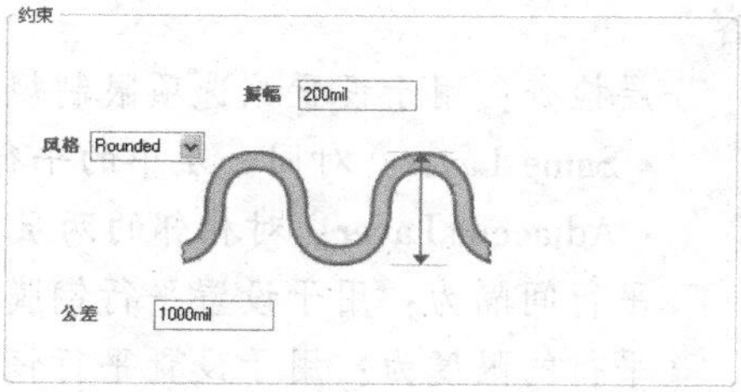

图 10-38　圆弧转角

4）Daisy Chain Stub Length（链状分支长度规则） 用于设置链状分支的最大长度，如图 10-39 所示。在高速电路设计中，此值不宜过大。

5）Vias Under SMD（SMD 焊盘下过孔规则） 用于设置是否在 SMD 焊盘下允许放置过孔，如图 10-40 所示。

在【约束】区域中，如果选中【允许过孔在表面贴装器件下】选项，则在布线时，将会允许在 SMD 焊盘下放置过孔，此时【约束】区域中的模型如图 10-41 所示。

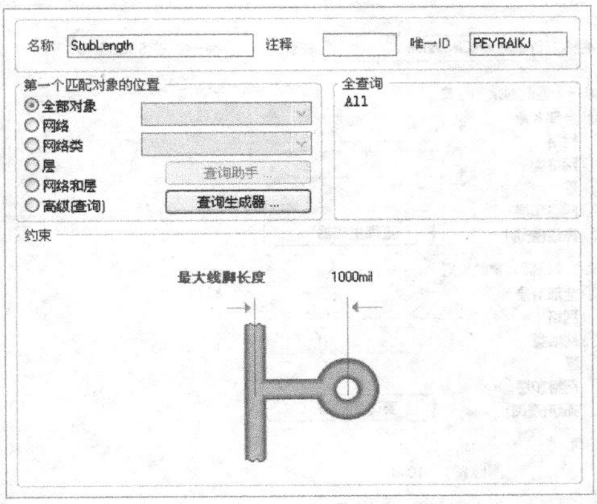

图 10-39　链状分支长度规则设置

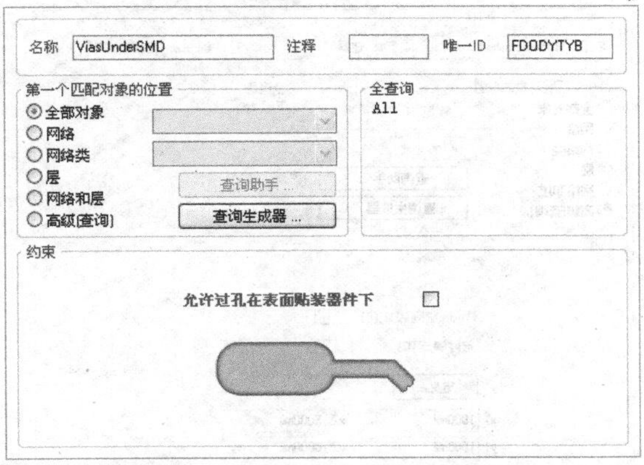

图 10-40　SMD 焊盘下过孔规则设置

6）Maximum ViaCount（最大过孔数规则）　用于设置 PCB 中允许使用的最大过孔数目，在其设置对话框的【约束】区域中只有一个设置参数，即“最大过孔数”，如图 10-42 所示。

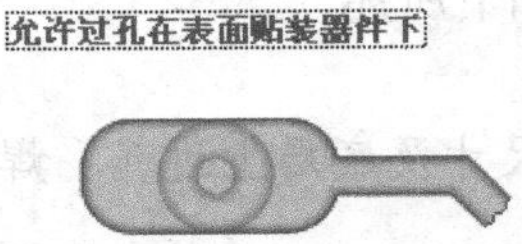

图 10-41　允许过孔在表面贴装器件下

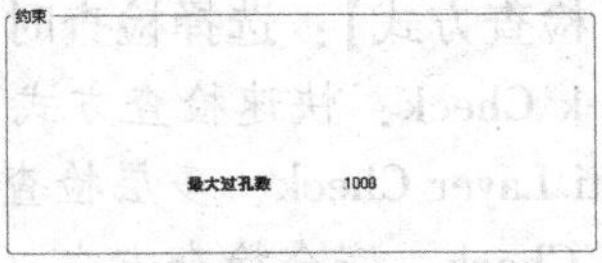

图 10-42　最大过孔数规则设置

9. 布局规则

1）Room Definition（Room 空间定义规则）　Room 空间类似于一组元器件的集合，移动 Room 空间时，空间内的元器件将一起移动。Room 空间定义规则设置如图 10-43 所示。

（1）【Room 空间锁定】：设置是否对 Room 空间进行锁定，以防止空间的意外移动等操作。

（2）【元件锁定】：设置是否将 Room 空间内的元器件锁定，以防止意外移动和编辑元器件。

（3）定义...：单击该按钮，系统切换到 PCB 编辑窗口，光标变为十字形，然后可以利用光标设置 Room 空间的外形。

（4）【x1】、【y1】、【x2】、【y2】：用于设置 Room 矩形空间对角顶点的坐标。

（5）单击【Top Layer】栏右侧的下拉按钮，弹出 Room 空间定义的板层，可选“Top Layer”和“Bottom Layer”。

（6）单击【Keep Objects Inside】栏右侧的下拉按钮，弹出可选项，用于设置元器件的位置，可选项为“Keep Objects Inside”（位于元器件集合内）和“Keep Objects Outside”（位于元器件集合外）。

2）Component Clearance（元器件间距规则）　用于定义元器件之间的最小间距，如图 10-44 所示。在【约束】区域中可以设置的内容如下所述。

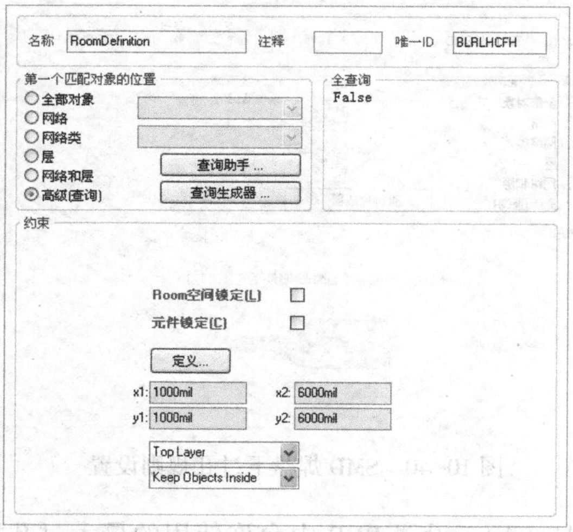

图 10-43　Room 空间定义规则设置

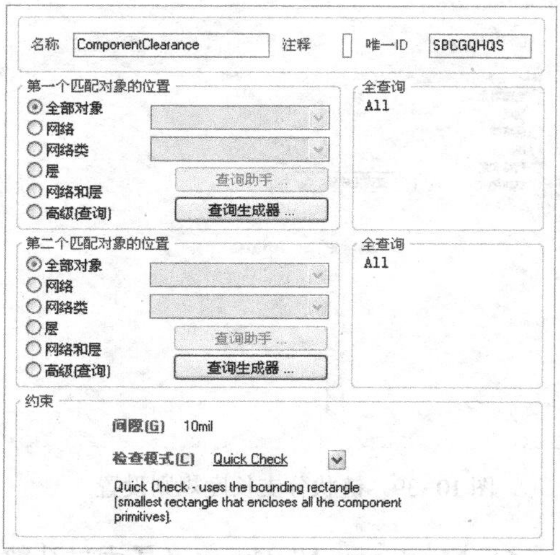

图 10-44　元器件间距规则设置

（1）【间隙】：用于设置元器件之间的最小间距。

（2）【检查方式】：选择检查时采用的方式，可选方式如下所述。

- Quick Check：快速检查方式（根据元器件外形尺寸）。
- Multi Layer Check：多层检查方式（根据元器件外形尺寸及底层上过孔、焊盘）。
- Full Check：完全检查方式（根据元器件的真实形状）。

3）Component Orientations（元器件方向规则） 用于设置元器件的布局方向，如图 10-45 所示。其中，【约束】区域的【允许的定位】选项用于设置允许元器件放置的方向，可选方向如下所述。

- 0 度：允许元器件布局方向为 0°。
- 90 度：允许元器件布局方向为 90°。
- 180 度：允许元器件布局方向为 180°。
- 270 度：允许元器件布局方向为 270°。
- 全方位：允许元器件全方位布局，此时其他 4 个复选框无效。

4）Permitted Layers（允许板层规则） 用于设置元器件允许的布局层，如图 10-46 所示。其中，【约束】区域的【允许的层】选项用于设置允许元器件放置的层，可选层为“顶层”和“底层”。

5）Nets to Ignore（忽略网络规则） 用于设置自动布局时可以忽略的网络，以便提高布局的速度，如图 10-47 所示。

6）Height（高度规则） 用于设置 PCB 上焊接元器件的封装高度，如图 10-48 所示。其中，【约束】区域中的选项用于设置焊接元器件的封装限制条件。

- 最小：设置元器件封装的最小高度值。
- 优选：设置元器件封装的优选高度值。
- 最大：设置元器件封装的最大高度值。

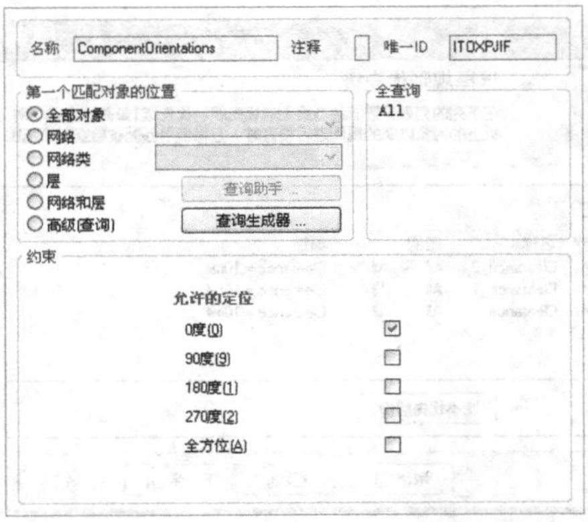

图 10-45 元器件方向规则设置

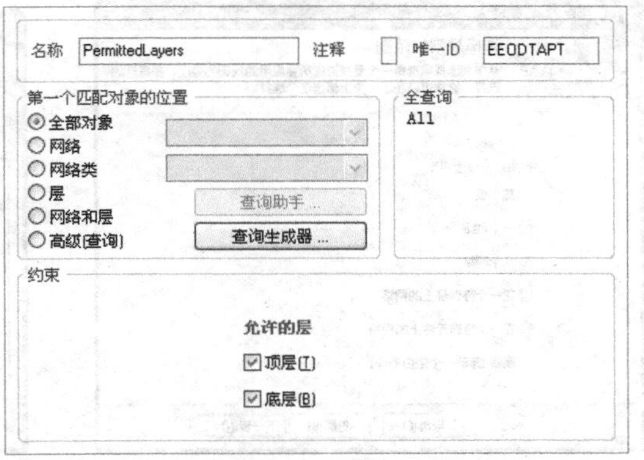

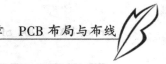

图 10-46 允许板层规则设置

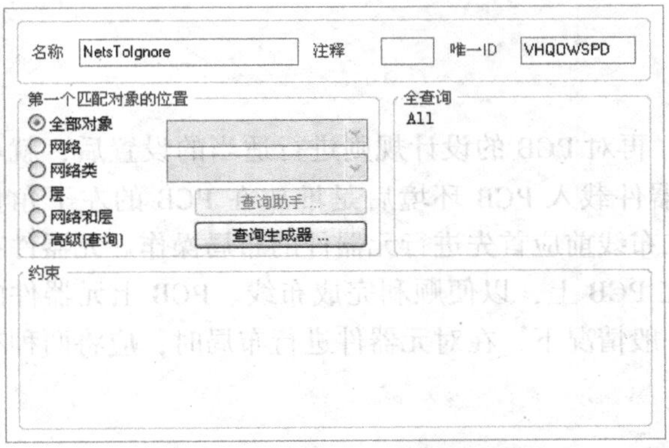

图 10-47 忽略网络规则设置

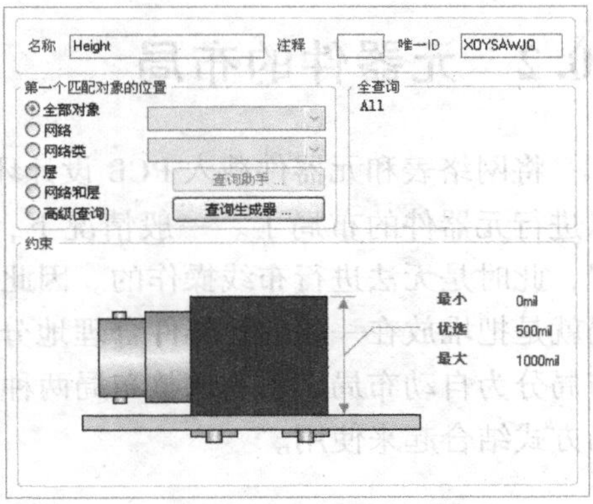

图 10-48 高度规则设置

10. 设计规则向导

单击【PCB 规则和约束编辑器】对话框中的按钮[规则向导(R)...]，或者执行菜单命令【设计】\【规则向导】，均可启动设计规则向导。启动后，系统弹出【新规则向导】对话框，在此按照系统引导完成规则的设置。这里重点介绍向导设置过程中出现的两个步骤，它们分别用于设置规则适用范围和规则优先级。

1）规则适用范围设置 如图 10-49 所示。

- ❒ 整个板：规则适用于整个 PCB。
- ❒ 一个网络：规则适用于某个网络。
- ❒ 几个网络：规则适用于某几个网络。
- ❒ 在一个特殊层上的网络：规则适用于特定层上的所有网络。
- ❒ 在一个特殊元件上的网络：规则适用特定元器件上的所有网络。
- ❒ 高级（启动一个空白查询）：通过查询生成器，编辑规则适用范围。

2）规则优先级设置 如图 10-50 所示。

规则优先级是对同一类规则而言，在对话框的规则列表中选择一类规则，通过按钮[增加优先级(I)]或[减小优先级(D)]，来对列表中的规则优先级进行调整。

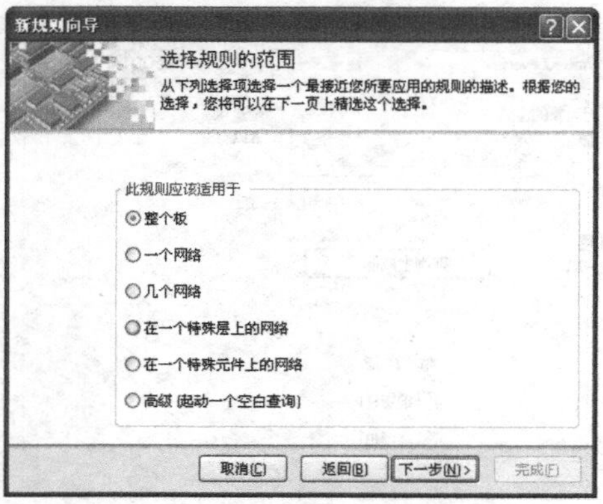

图 10-49 规则适用范围设置

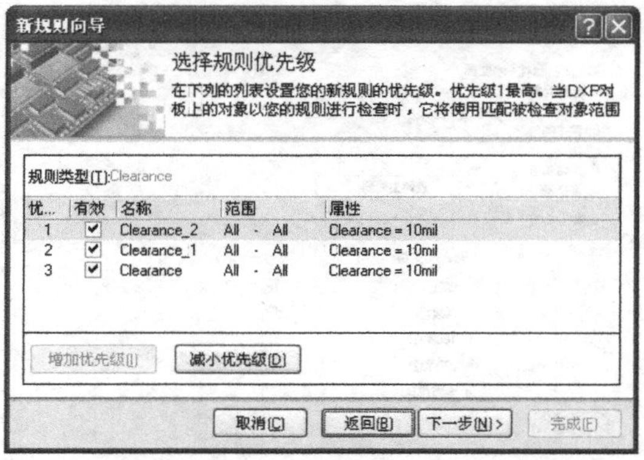

图 10-50 规则优先级设置

10.2 元器件的布局

将网络表和元器件载入 PCB 设计环境，再对 PCB 的设计规则进行适当的设置后，就可以进行元器件的布局了。一般情况下，元器件载入 PCB 环境后是堆放在 PCB 的左下角位置，此时是无法进行布线操作的。因此，在布线前应首先进行元器件的布局操作。元器件布局就是把堆放在一起的元器件合理地分布在 PCB 上，以便顺利完成布线。PCB 上元器件的布局分为自动布局和手动调整布局两种。一般情况下，在对元器件进行布局时，应将两种布局方式结合起来使用。

1. 元器件的自动布局

执行菜单命令【工具】\【放置元件】\【自动布局】，弹出【自动布局】对话框，如图 10-51 所示。

- 分组布局：先根据连接关系将元器件划分成组，然后再根据几何关系放置元器件组。这种布局方式适合元器件较少的电路，运行速度较慢。如果选中【快速元件布局】选项，可以增加元器件布局的速度。

> 即使对同一电路原理图，每次执行自动布局后的效果也是不一样的，因此应当多进行几次自动布局，从中选出一个较合理的布局。

- 统计式布局：选中【统计式布局】选项后，【自动布局】对话框变为如图 10-52 所示的形式。统计式布局是基于统计的自动布局器，以最小连接长度放置元器件。该布局方式使用统计型算法，适用于元器件较多的情况。

一般情况下，元器件的自动布局结果都不是十分理想的，存在很多不合理的地方。因此，在完成自动布局后，还要进行手工调整布局，以使元器件的布局更加合理。

2. 手动调整元器件的布局

手动调整元器件的布局主要是调整自动布局不合理的地方。

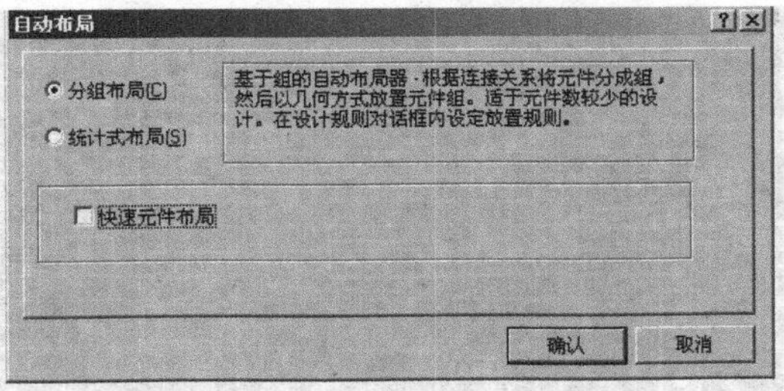

图 10-51 【自动布局】对话框
（【分组布局】选项）

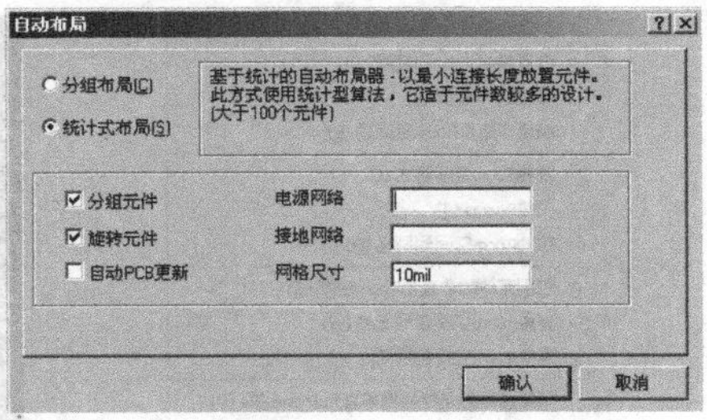

图 10-52 【自动布局】对话框
（【统计式布局】选项）

在 PCB 编辑环境下，移动光标到需要移动的元器件上，按下鼠标左键不放，光标变成十字形，移动光标即可拖动元器件；同时按 Space 键可以旋转元器件；另外，也可以按 Tab 键打开元器件属性对话框，如图 10-53 所示（以电容元件为例）。通过该对话框，可以设置该元器件在 PCB 中的各种详细参数。

另外，执行菜单命令【编辑】\【移动】\【元件】，光标变为十字形，单击鼠标左键，弹出【选择元件】对话框，如图 10-54 所示。在该对话框中，选择需要移动的元器件，然后单击按钮 确认 ，此时光标会自动跳转到所选择的元器件上，移动光标（无须按下鼠标左键），即可移动选中的元器件，在适当位置单击鼠标左键即可放置该元器件；此时，光标仍为十字形，可以用相同的操作移动下一个元器件；也可以单击鼠标右键退出移动元器件命令。

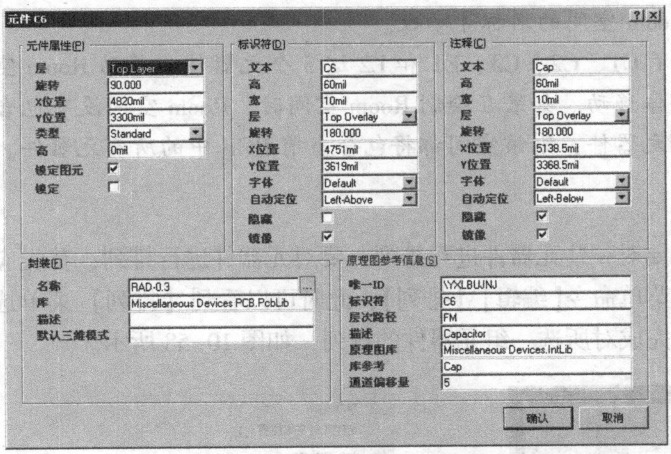

图 10-53 元器件属性对话框

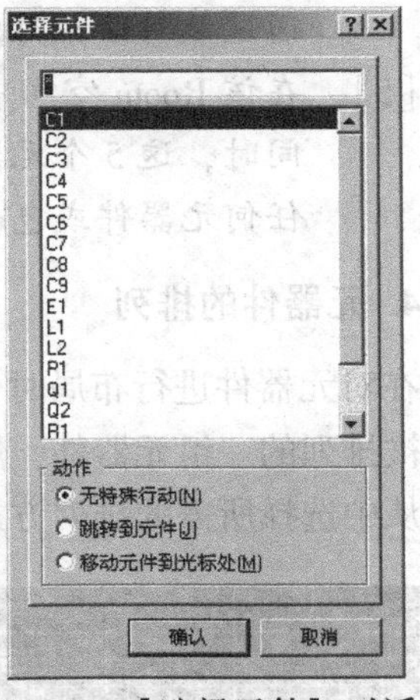

图 10-54 【选择元件】对话框

3. Room 空间摆放

可以通过定义 Room 空间，也就是元器件空间，将同一个 Room 空间中的元器件归为一组，这样移动 Room 空间时，就可以移动该空间中的所有元器件。执行菜单命令【设计】\【Room 空间】，打开【Room 空间】菜单选项，如图 10-55 所示。

【实例 10-1】矩形 Room 空间的放置。

本例中，要求在如图 10-56 所示的 PCB 中放置一个矩形 Room 空间。

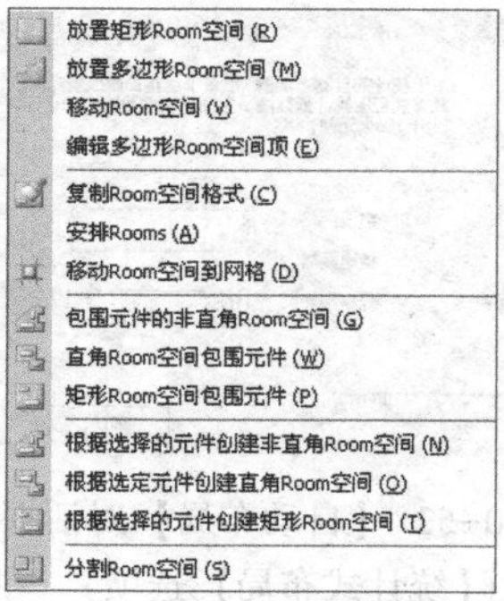

图 10-55 【Room 空间】菜单选项

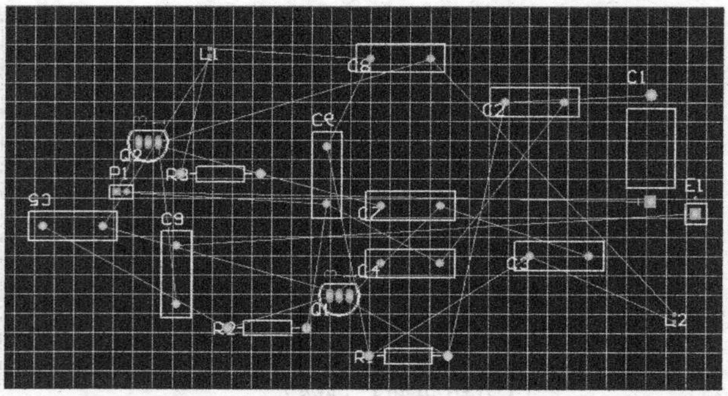

图 10-56 要放置 Room 空间的 PCB 文档

设计步骤

[1] 执行菜单命令【设计】\【Room 空间】\【放置矩形 Room 空间】，启动放置矩形 Room 空间命令。

[2] 移动光标到编辑区，光标变为十字形，并且光标中心出现一个红色小矩形。

[3] 移动光标到适当位置，单击鼠标左键，确定矩形 Room 空间的第一个顶点，然后移动光标，拖出一个合适的矩形 Room 空间，单击鼠标左键，完成矩形 Room 空间的放置。放置好的矩形 Room 空间如图 10-57 所示。

[4] 移动光标到 Room 空间上，双击鼠标左键，打开【Edit Room Definition】对话框，通过该对话框可以设置 Room 空间的名称等参数。

[5] 在该 Room 空间中，包含了 C1、C2、C3、E1 和 L2 这 5 个元器件，移动 Room 空间时，这 5 个元器件将整体移动。如果在绘制 Room 空间时，Room 空间没有包含任何元器件或包含了所有元器件，则该空间都将包含当前 PCB 中的所有元器件。

4. 元器件的排列

在对元器件进行布局时，往往需要对一些元器件进行排列。要对元器件进行排列，首先应选中被排列的一组元器件，然后执行菜单命令【编辑】\【排列】，此时可以看到【排列】菜单选项，从中选择所需的排列方式，即可完成对所选一组元器件的排列，如图 10-58 所示。

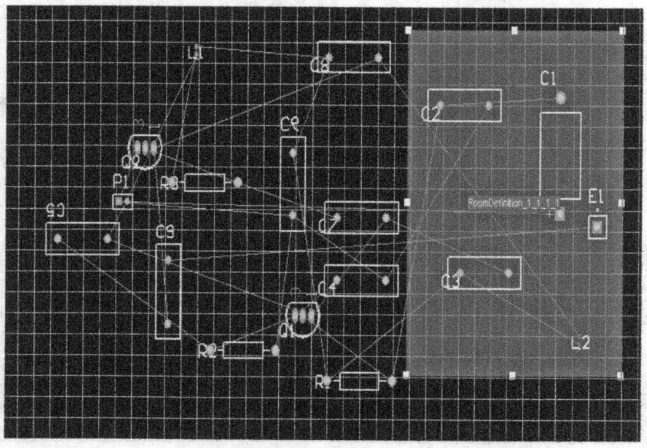

图 10-57 放置好的 Room 空间

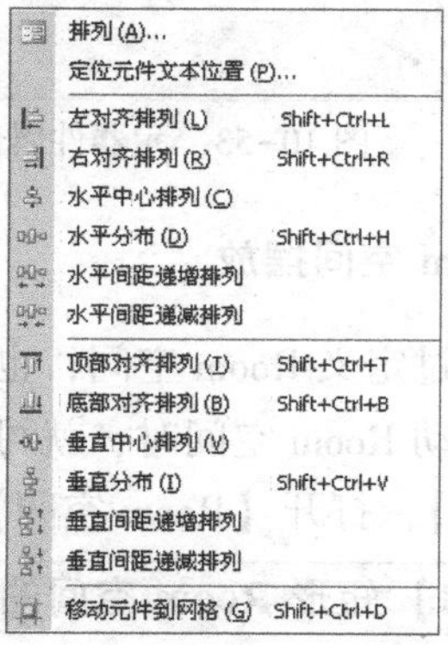

图 10-58 【排列】菜单选项

10.3 自动布线

设置好布线规则后，就可以利用 Protel DXP 2004 提供的强大的自动布线功能进行布线了。自动布线的常用方法有以下 6 种。

1）对全部对象进行自动布线 执行菜单命令【自动布线】\【全部对象】，弹出【Situs 布线策略】对话框，如图 10-59 所示。

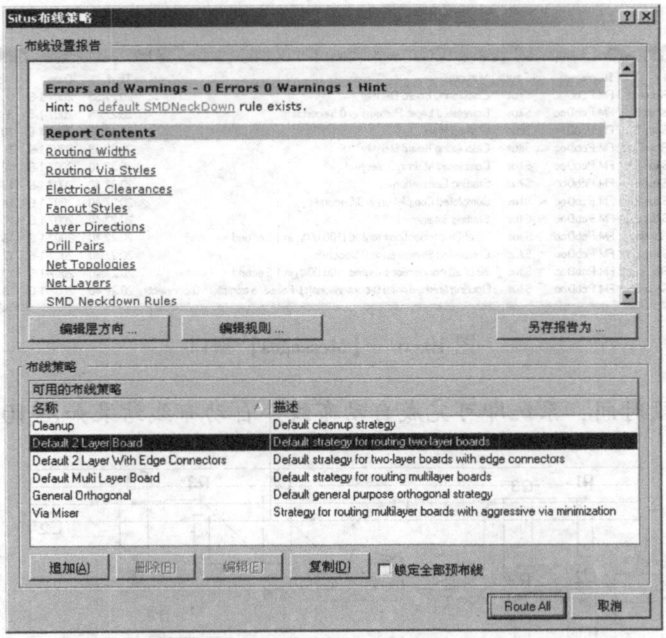

图 10-59 【Situs 布线策略】对话框

单击该对话框中的按钮［编辑规则...］，弹出【PCB 规则和约束编辑器】对话框，对布线规则进行设置。如果布线规则已经设置完毕，则可以直接单击按钮［Route All］，系统会对 PCB 进行自动布线，并且在布线完成后，系统会弹出一个布线信息框。

【实例 10-2】对全部对象进行自动布线。

本例中，要求对如图 10-60 所示的 PCB 进行自动布线，该工程位于 E:\chapter10\10_2 目录下。

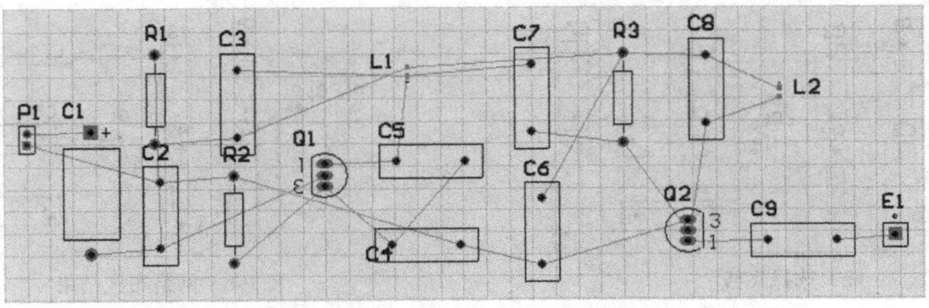

图 10-60 待自动布线的 PCB

设计步骤

[1] 打开工程文件并打开 PCB 文件，切换到 PCB 编辑界面。

[2] 执行菜单命令【自动布线】\【全部对象】，弹出【Situs 布线策略】对话框，单击按钮 Route All ，开始对全部对象进行自动布线。

[3] 在布线过程中，系统弹出【Messages】窗口，显示布线的过程和信息，如图 10-61 所示。

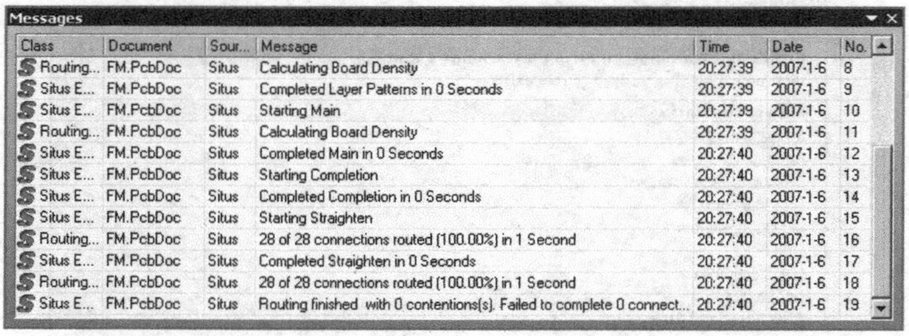
Messages

Class	Document	Sour...	Message	Time	Date	No.
Routing...	FM.PcbDoc	Situs	Calculating Board Density	20:27:39	2007-1-6	8
Situs E...	FM.PcbDoc	Situs	Completed Layer Patterns in 0 Seconds	20:27:39	2007-1-6	9
Situs E...	FM.PcbDoc	Situs	Starting Main	20:27:39	2007-1-6	10
Routing...	FM.PcbDoc	Situs	Calculating Board Density	20:27:39	2007-1-6	11
Situs E...	FM.PcbDoc	Situs	Completed Main in 0 Seconds	20:27:40	2007-1-6	12
Situs E...	FM.PcbDoc	Situs	Starting Completion	20:27:40	2007-1-6	13
Situs E...	FM.PcbDoc	Situs	Completed Completion in 0 Seconds	20:27:40	2007-1-6	14
Situs E...	FM.PcbDoc	Situs	Starting Straighten	20:27:40	2007-1-6	15
Routing...	FM.PcbDoc	Situs	28 of 28 connections routed (100.00%) in 1 Second	20:27:40	2007-1-6	16
Situs E...	FM.PcbDoc	Situs	Completed Straighten in 0 Seconds	20:27:40	2007-1-6	17
Routing...	FM.PcbDoc	Situs	28 of 28 connections routed (100.00%) in 1 Second	20:27:40	2007-1-6	18
Situs E...	FM.PcbDoc	Situs	Routing finished with 0 contentions(s). Failed to complete 0 connect...	20:27:40	2007-1-6	19

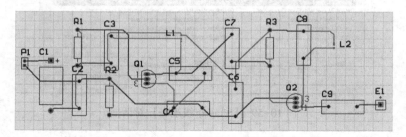

图 10-61 【Messages】窗口

[4] 等待一段时间，系统即可完成自动布线。自动布线结果如图 10-62 所示。

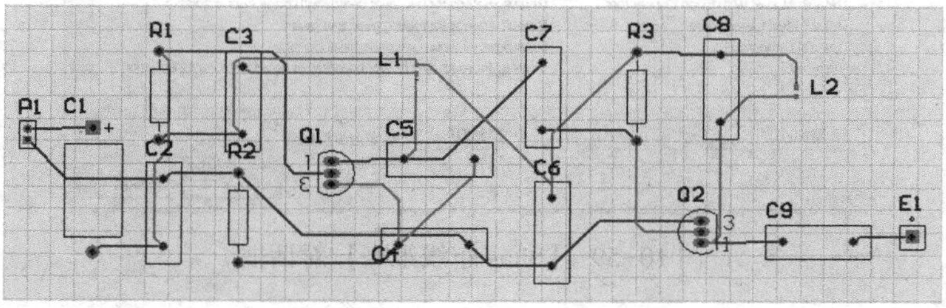

图 10-62 自动布线结果

2）对选定网络进行自动布线 根据需要，可以对某一个网络进行自动布线。执行菜单命令【自动布线】\【网络】，移动光标到 PCB 编辑区，可以看到光标变为十字形，移动光标到需要自动布线的飞线上，单击鼠标左键，即可完成与该飞线相连的网络的自动布线，如图 10-63 所示。

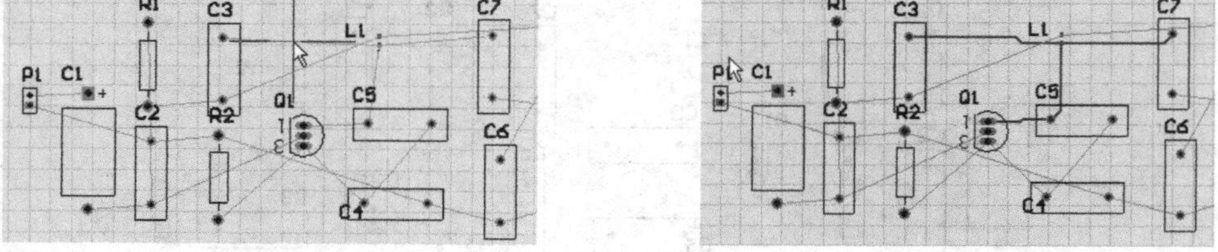

（a）选择飞线　　（b）网络布线结果

图 10-63 对选定网络进行自动布线

执行菜单命令【自动布线】\【网络】后，如果移动光标到某个元器件的焊盘上，可以看到在光标的十字形中心增加了一个小八边形，如图 10-64（a）所示，此时单击鼠标左键，会弹出布线方式菜单，如图 10-64（b）所示（说明：菜单选项与选择的焊盘有关，选择的焊盘不同，出现的菜单可能也不相同）。一般情况下，应选择“Pad”或“Connection”选项进行网络布线，很少选择“Component”选项，因为该选项布线时仅局限于当前元器件的布线。对于本例，如果选择“Connection（NetC1_2）”之间的网络飞线，可以看到与这些飞线相连的网络都会被自动布线，如图 10-64（c）所示。

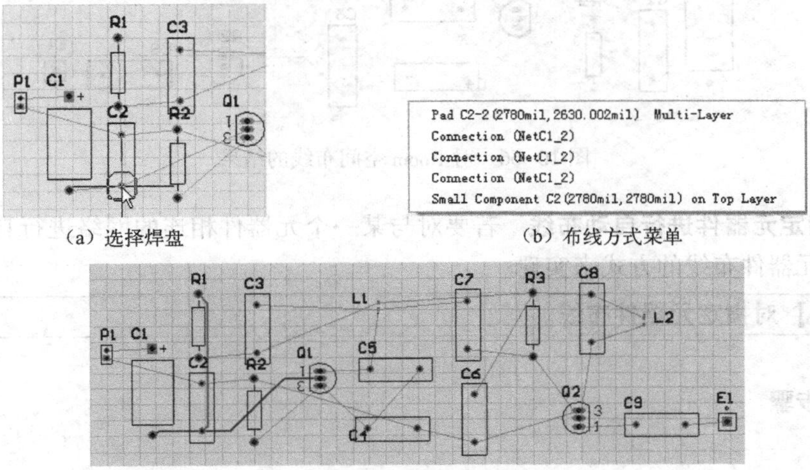

（a）选择焊盘　（b）布线方式菜单

（c）指定网络布线结果

图 10-64　选定网络的自动布线结果

3）对 Room 空间进行自动布线　如果在 PCB 中定义了 Room 空间，当进行自动布线时，可以对定义的 Room 空间的元器件进行自动布线。

【实例 10-3】对 Room 空间进行自动布线。

本例中，要求先定义一个 Room 空间，再对该 Room 空间进行自动布线。

设计步骤

[1]　定义一个 Room 空间，如图 10-65 所示。

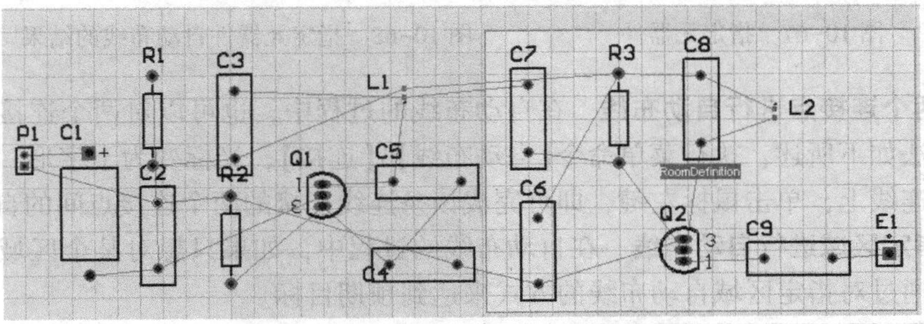

图 10-65　定义的 Room 空间

[2] 执行菜单命令【自动布线】\【Room 空间】，启动 Room 空间自动布线命令。

[3] 移动光标到布线区，可以看到光标变为十字形。

[4] 移动光标到定义的 Room 空间上，单击鼠标左键，对 Room 空间进行自动布线。对 Room 空间布线的结果如图 10-66 所示。

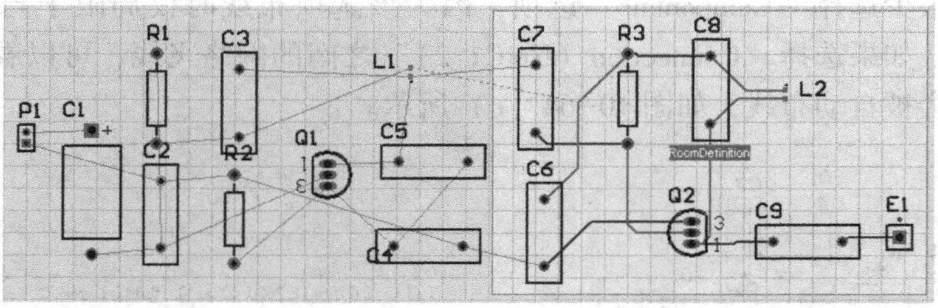

图 10-66 对 Room 空间布线的结果

4）对指定元器件进行自动布线 若要对与某一个元器件相连的网络进行自动布线，可以通过指定元器件布线的方式来实现。

【实例 10-4】对指定元器件布线。

设计步骤

[1] 执行菜单命令【自动布线】\【元件】，光标变为十字形，移动光标到指定的元器件上，如“C2”上，如图 10-67 所示。

[2] 单击鼠标左键，系统开始对与该元器件相连的网络进行自动布线，自动布线结果如图 10-68 所示。

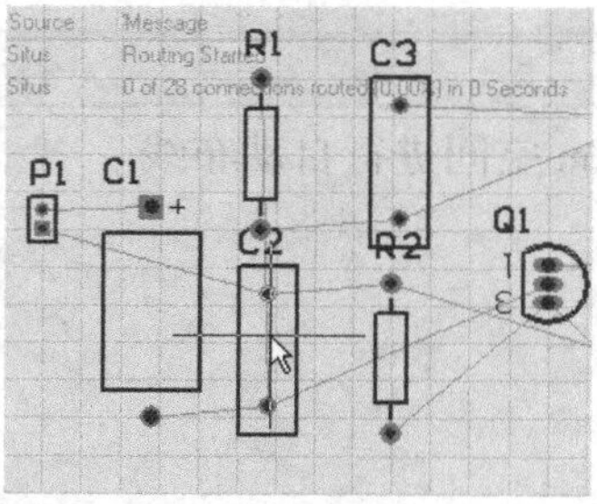

图 10-67 指定元器件

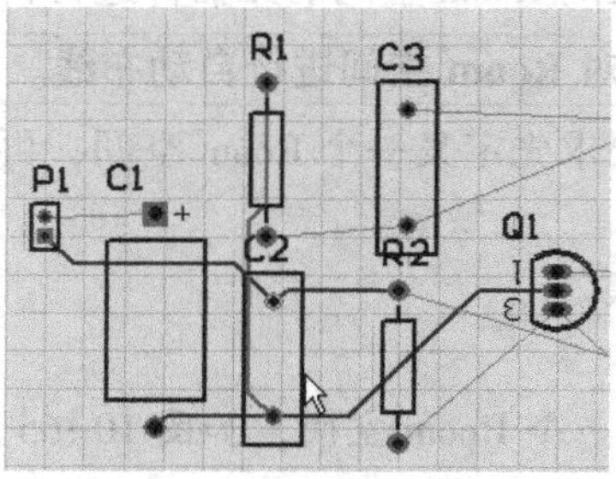

图 10-68 指定元器件自动布线的结果

5）对两个连接点进行自动布线 在自动布线的过程中，也可以对两个连接点进行自动布线，其方法如下所述：执行菜单命令【自动布线】\【连接】，光标变为十字形，移动光标到需要布线的连线上，单击鼠标左键，即可完成该条连线连接的两个连接点间的自动布线。

6）对指定区域进行自动布线 在自动布线的过程中，如果只想对某个区域进行自动布线，则可以通过对指定区域自动布线的方式来达到预期目标。

【实例 10-5】对指定区域进行布线。

设计步骤

[1] 执行菜单命令【文件】\【打开项目】，打开项目文件 E:\Chart10\AutoRuting\FM.PRJPCB，并打开该项目文件中的 PCB 文件，如图 10-69 所示。

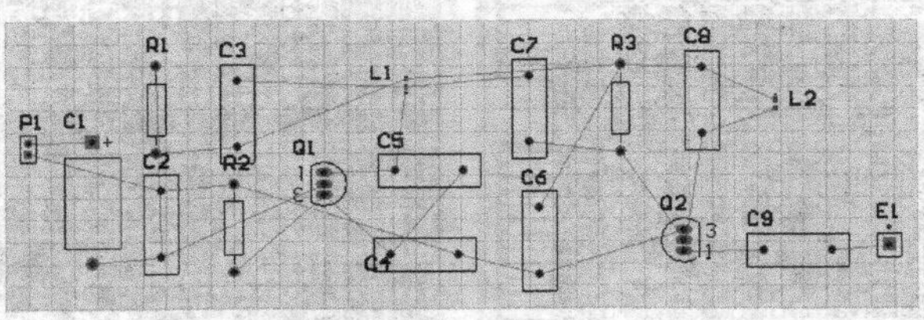

图 10-69 待对指定区域自动布线的 PCB

[2] 执行菜单命令【自动布线】\【整个区域】，此时光标变为十字形，移动光标到适当位置，单击鼠标左键，确定指定区域的第一个顶点，然后拖动光标，拖出一个随光标位置变化的虚边框矩形，此即选取的需要布线区域，到适当位置后单击鼠标左键确定区域，此时系统开始对选定的区域进行自动布线。

[3] 对指定区域自动布线的结果如图 10-70 所示。

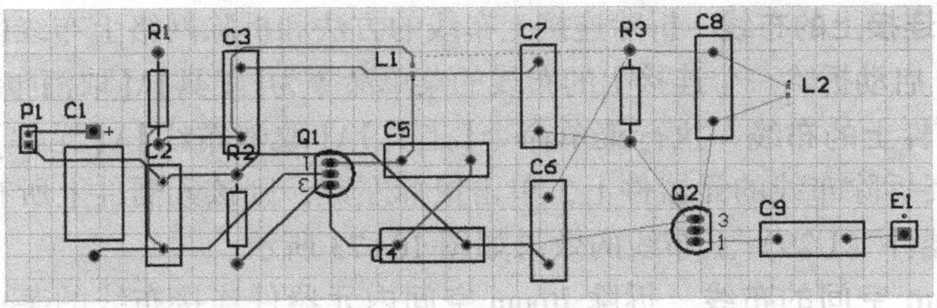

图 10-70 对指定区域自动布线的结果

10.4 手动布线

尽管 Protel DXP 2004 提供了强大的自动布线功能，但是自动布线结果总会存在一些不太令人满意的地方。为了使布线更加美观、合理，这就需要在自动布线的基础上进行手动调整；也可以直接采用手动布线的方法对 PCB 进行布线。

1. 手动调整布线

手动调整布线主要用于对自动布线不合理的地方进行调整，这就要求先拆除 PCB 中的布线。拆除 PCB 中的布线有两种方法，一种是先选中要拆除的布线，然后按 Delete 键即可。这种方法比较简单，但是当面对元器件比较多的 PCB 时，工作量相当大。另一种拆除布线的方法是自动拆除。

执行菜单命令【工具】\【取消布线】，弹出【取消布线】菜单选项，如图 10-71 所示。利用这些菜单选项可以拆除 PCB 上自动布线时产生的不合理的布线。

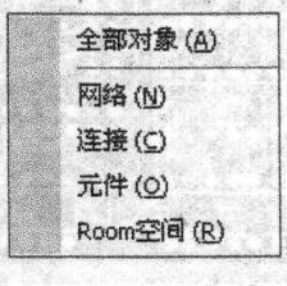

图 10-71 【取消布线】菜单选项

1）拆除所有布线 执行菜单命令【工具】\【取消布线】\【全部对象】，就可以拆除 PCB 上的所有布线。拆除前和拆除后的效果如图 10-72 所示。

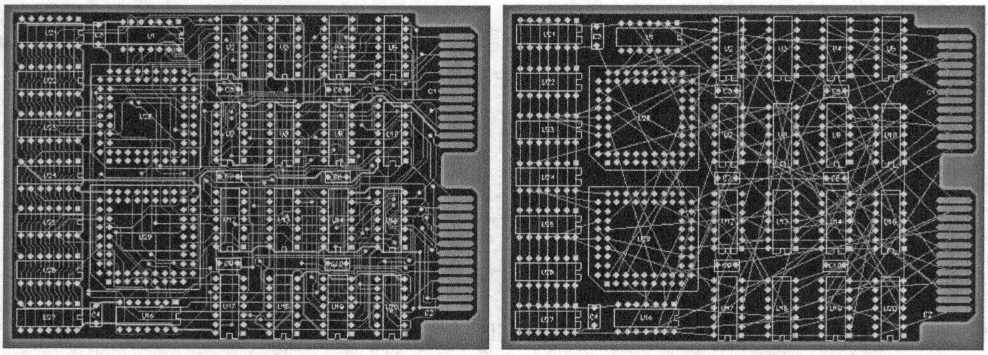

（a）拆除布线前　　（b）拆除布线后

图 10-72　拆除所有布线前、后比较

2）拆除一个网络上的布线 执行菜单命令【工具】\【取消布线】\【网络】，启动拆除网络上布线命令，此时光标变为十字形；移动光标至要拆除的布线上，单击鼠标左键，即可拆除与此布线相连的布线。

3）拆除一个连接上的布线 拆除连接上布线的方法和拆除网络上布线的方法类似，只不过启动命令不同。启动拆除一个连接上的布线的菜单命令为【工具】\【取消布线】\【连接】。

4）拆除元器件上的布线 执行菜单命令【工具】\【取消布线】\【元件】，光标变为十字形；移动光标至要拆除布线的元器件上，单击鼠标左键，则该元器件上所有的布线都将被拆除。拆除一个元器件（U29）上布线的效果如图 10-73 所示。

5）拆除 Room 空间的布线 拆除 Room 空间内元器件连接布线的菜单命令为【工具】\【取消布线】\【Room 空间】。执行命令后，光标变为十字形，移动光标至需要取消布线的 Room 空间上，单击鼠标左键，弹出【Confirm】对话框，询问是否把拆除布线扩展到 Room 空间外，如图 10-74 所示。如果单击按钮 Yes，则自动拆除布线会扩展到 Room 空间外；如果单击按钮 No，则自动拆除布线仅在 Room 空间内执行。

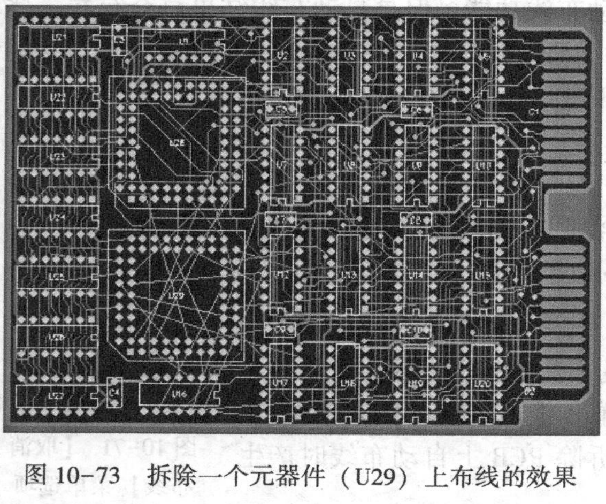

图 10-73　拆除一个元器件（U29）上布线的效果

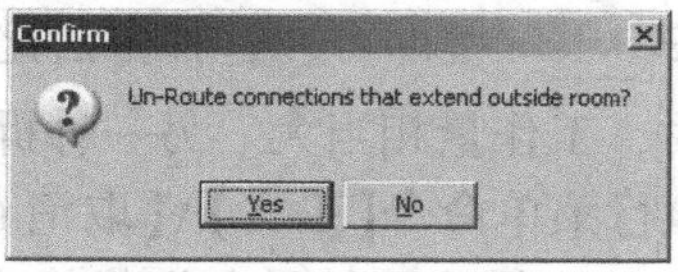

图 10-74　【Confirm】对话框

2. 手动布线

手动布线时，首先要确定布线的层，也就是布线是布在哪个信号层，然后启动手动布线命令进行布线。下面以“E:\Chart10\PCB\PCB Auto-Routing. PrjPCB\BOARD 1. PcbDoc”为例，介绍手动布线的具体方法。

【实例 10-6】手动布线。

设计步骤

[1]　确定手动布线所在的层：移动光标到 PCB 编辑区下面的板层显示标签栏上，如图 10-75 所示。单击布线所在的信号层，如在顶层布线，则移动光标到 TopLayer 上，单击鼠标左键选中该层。

图 10-75　板层显示标签栏

[2]　执行菜单命令【放置】\【交互式布线】，或者单击工具栏上的交互式布线按钮。

[3]　光标会变成十字形，移动光标到将要布线的元器件的焊盘上，此时焊盘周围出现一个小的八边形，单击鼠标左键选中该焊盘，此时 PCB 变暗。

[4]　拖动光标，开始绘制导线，如果布线须要转弯，则在转弯处单击鼠标左键即可。

[5]　拖动光标到与选择的焊盘有电气连接的另一焊盘上，当光标中心出现小八边形时，先单击鼠标左键，再单击鼠标右键，连接两个焊盘之间的导线就绘制完成了。此时，光标仍为十字形，可以用相同的方法绘制其他布线。手动布线的过程如图 10-76 所示。

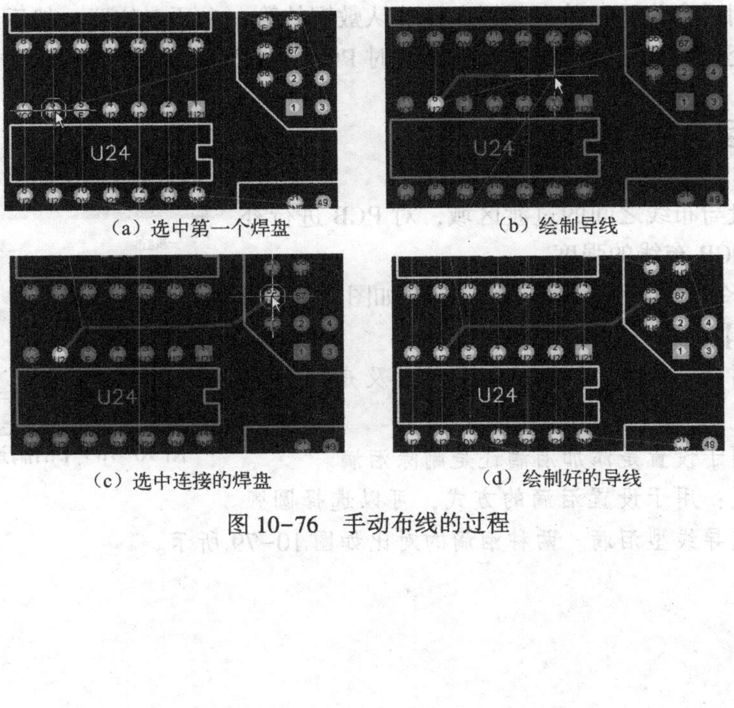

(a) 选中第一个焊盘　(b) 绘制导线

(c) 选中连接的焊盘　(d) 绘制好的导线

图 10-76　手动布线的过程

在手动布线的过程中，可以通过 Shift + Space 组合键来切换布线的模式。Protel DXP 2004 提供的布线模式有 5 种，即斜线布线、直角布线、90°圆弧布线、45°～90°角布线和自由圆弧布线。

10.5 放置敷铜

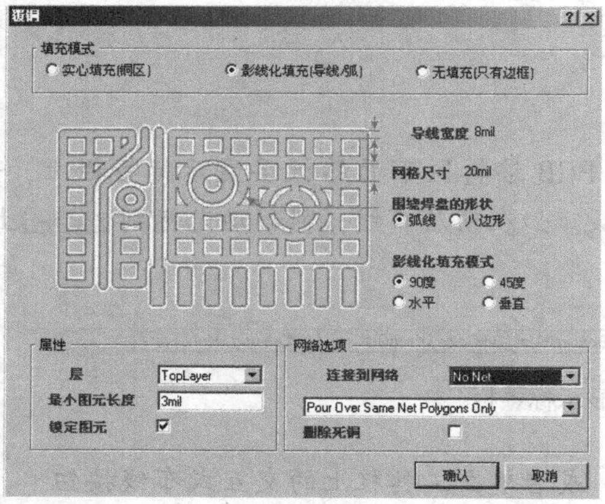

图 10-77 【覆铜】对话框

放置敷铜就是在 PCB 上放置一层铜膜。一般情况下，敷铜是与地线相连接的，这样设计的好处是可以增强电路的抗干扰能力，且提高 PCB 的强度。放置敷铜的方法如下所述。

（1）执行菜单命令【放置】\【覆铜】，打开【覆铜】对话框，如图 10-77 所示。

- ❒ 填充模式：用于设置敷铜的填充模式，可以选择实心填充、影线化填充和无填充 3 种模式中的一种。
- ❒ 属性：用于设置敷铜所在的层、敷铜的最小长度，以及是否锁定图元。
- ❒ 网络选项：【连接到网络】栏用于设置敷铜连接到网络的情况。一般情况下，将敷铜设置连接在 GND（接地）网络中。通过【网络选项】区域还可以设置敷铜是否覆盖连接的网络，敷铜通常连接到地。通常选中【删除死铜】选项。

另外，通过【覆铜】对话框可以设置导线的宽度、网格尺寸、围绕焊盘的形状及影线化填充模式等。

（2）在设置好敷铜的属性后，单击按钮 确认 ，开始放置敷铜。此时，光标变为十字形。移动光标到适当位置，单击鼠标左键确认敷铜的第一个顶点位置，然后绘制一个封闭的矩形，在空白处单击鼠标右键退出绘制。此时 PCB 上会出现刚刚放置的敷铜。

10.6 补泪滴

泪滴是焊盘与布线之间的过渡区域，对 PCB 进行补泪滴可以增强 PCB 布线的强度。

执行菜单命令【工具】\【泪滴焊盘】，打开如图 10-78 所示的【泪滴选项】对话框。

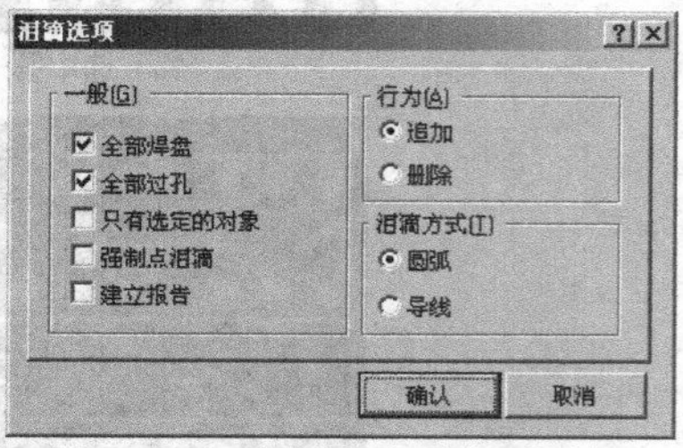

图 10-78 【泪滴选项】对话框

- ❒ 一般：用于设置补泪滴的范围，以及是否创建报告。
- ❒ 行为：用于设置是添加泪滴还是删除泪滴。
- ❒ 泪滴方式：用于设置泪滴的方式，可以选择圆弧型泪滴或导线型泪滴。两种泪滴的对比如图 10-79 所示。

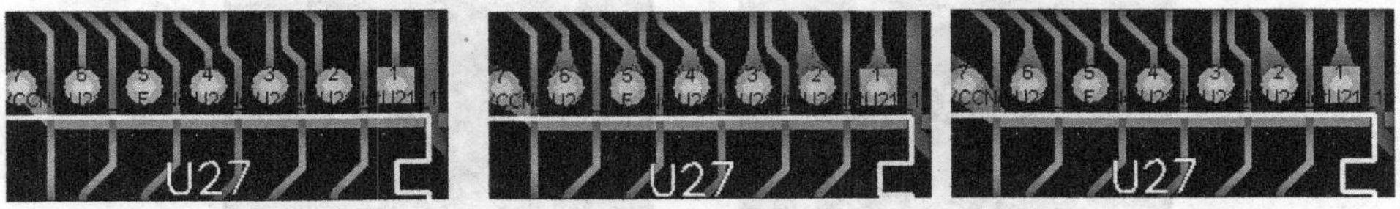

（a）补泪滴前　　（b）圆弧型泪滴　　（c）导线型泪滴

图 10-79　补泪滴前、后对比

10.7　包地

包地又称屏蔽导线。为了防止干扰，通常用接地线将某一条导线或网络包围在中间。放置包地的操作步骤如下所述。

（1）执行菜单命令【编辑】\【选择】\【网络中对象】，移动光标到 PCB 编辑区，选择需要屏蔽的网络导线；选择好后，单击鼠标右键退出命令。

（2）执行菜单命令【工具】\【生成选定对象的包络线】，可以看到将选中的网络导线加了一个包地网络。添加包地前、后对比如图 10-80 所示（图中对连接 C2-2 和 R1-1 的导线进行包地）。

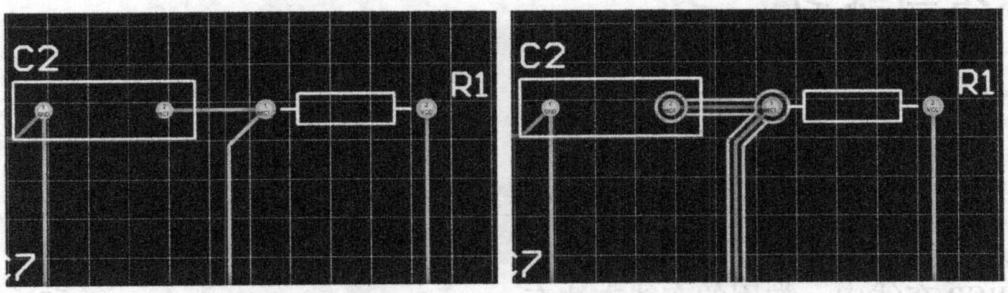

（a）添加包地前　　（b）添加包地后

图 10-80　添加包地前、后对比

10.8　内部电源层分割

在多层 PCB 设计中，有时需要将内部电源层连接到多个网络，如内部电源层提供+12V、+5V等电源，此时可以将内部电源层分隔为多个独立的区域，将每个不同的独立区域连接到不同的网络，从而完成内部电源层的分割。

内部电源层分割方法较简单：切换到需要分割的内部电源层上，启动绘制直线或绘制圆等绘图命令，在内部电源层中绘制一个区域，完成内部电源层的分割。然后还须将这个分割的内部电源层区域连接到电源网络上，双击分割区域，弹出【分割内部电源/接地层】对话框，选择内部电源层需要连接的网络。内部电源层内不同的电源网络会用不同的颜色加以区分。内部电源层分割过程如图 10-81 所示。

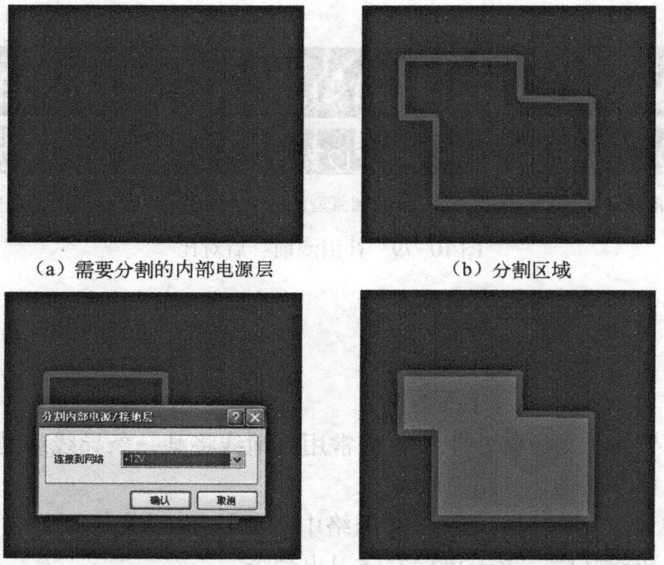

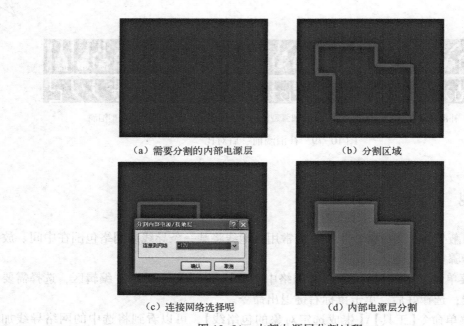

（a）需要分割的内部电源层　　（b）分割区域

（c）连接网络选择呢　　（d）内部电源层分割

图 10-81　内部电源层分割过程

10.9　思考与练习

1. 填空

（1）元器件的自动布局主要有________________和________________两种方式。

（2）在 PCB 布线中，常用的布线方法有__________、__________和__________。

2. 简答题

（1）PCB 布局布线规则主要包含哪些内容？

（2）如何对内部电源层进行分割？

（3）PCB 上补泪滴有什么作用？

3. 上机练习

打开 E:\chapter10\homework_3\目录中的 PCB Auto-Routing. PrjPCB 项目，练习对 PCB 文档 BOARD 1. PcbDoc、BOARD 2. PcbDoc 和 BOARD 2. PcbDoc 的自动布线和手动布线。

第 11 章　PCB 元器件库管理

PCB 元器件库管理主要是指对元器件封装的管理。元器件封装是指实际元器件焊接到 PCB 上时，在 PCB 上所显示的外形和焊点的位置关系。元器件封装描述的只是元器件的外形和焊点位置，所以纯粹的元器件封装仅是空间的概念。在 Protel DXP 2004 的元器件库中，标准的元器件封装、元器件的外形和焊盘间的位置关系是严格按照实际元器件尺寸进行设计的，否则在装配 PCB 时，有可能因焊盘间距不正确而导致元器件不能装到 PCB 上，或者因为外形尺寸不正确，而使元器件之间发生相互干涉。

11.1　创建 PCB 元器件和元器件库

前面章节在介绍元器件的封装时，都是使用 Protel DXP 2004 系统自带的元器件封装。但随着科技的不断发展和新的集成电路器件的出现，有些元器件的封装可能不包含在系统自带的封装库中，这时就需要自己动手进行制作。

【实例 11-1】创建新的 PCB 库。

在制作元器件封装前，首先要启动元器件封装库编辑器。

设计步骤

[1]　执行菜单命令【文件】\【创建】\【库】\【PCB 库】，打开 PCB 库编辑窗口，如图 11-1 所示。此时，在工作区面板中可以看到系统自动生成一个名为“PcbLib1. PcbLib”的元器件封装库；对该库进行保存。

[2]　单击工作区面板上的【PCB Library】标签，打开【PCB Library】对话框，如图 11-2 所示。

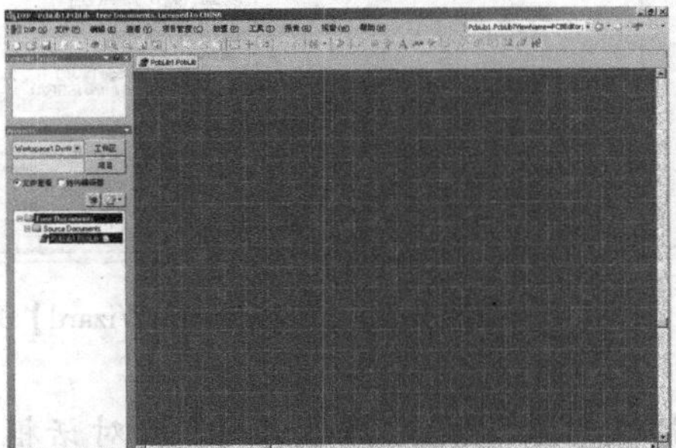

图 11-1　PCB 库编辑窗口

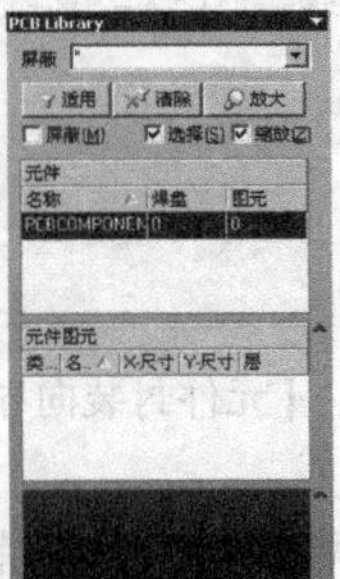

图 11-2　【PCB Library】对话框

[3] 从【PCB Library】对话框的【元件】区域中可以看到，系统自动生成了一个名为“PCBComponent_1”的空白元器件。移动光标到该元器件上，双击鼠标左键，打开【PCB 库元件】对话框，如图 11-3 所示。可以通过该对话框更改元器件的名称等参数。

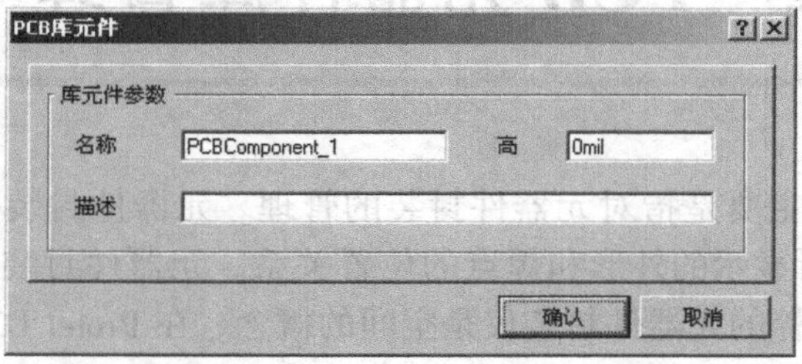

图 11-3 【PCB 库元件】对话框

【实例 11-2】使用 PCB 元器件封装向导。

Protel DXP 2004 的 PCB 元器件库封装编辑器提供了一个元器件封装向导，用于创建元器件的封装。

设计步骤

[1] 创建一个 PCB 库，然后执行菜单命令【工具】\【新元件】，打开【元件封装向导】对话框，如图 11-4 所示。

[2] 单击按钮［下一步>］，打开【Component Wizard】对话框，如图 11-5 所示。该对话框提示用户选择一个元器件需要的模式（即封装类型）。在此以选择 DIP 封装为例。选择好元器件封装后，在【选择单位】栏中选择使用的单位（在此使用单位“mil”）。设置好后，单击按钮［下一步>］。

图 11-4 【元件封装向导】对话框

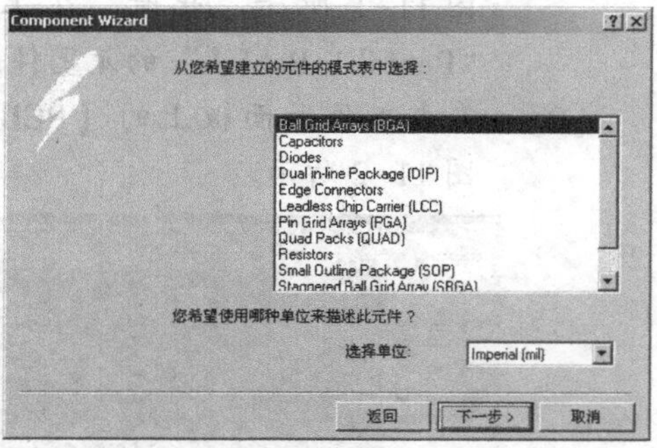

图 11-5 【Component Wizard】对话框

[3] 系统弹出【元件封装向导-双列直插式封装（指定焊盘尺寸）】对话框，通过该对话框设置焊盘的尺寸。本例设置焊盘的内径为 34mil、外径为 60mil，如图 11-6 所示。

[4] 单击按钮[下一步>]，系统弹出【元件封装向导-双列直插式封装（设置焊盘间距）】对话框，通过该对话框设置焊盘间的水平间距和垂直间距。本例中设置水平间距为 600mil，垂直间距为 100mil，如图 11-7 所示。

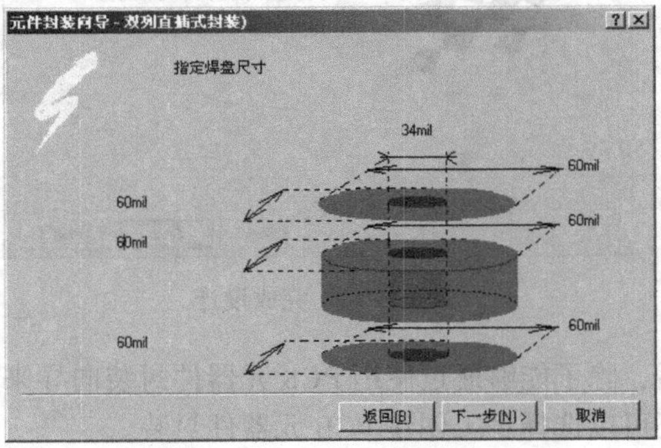

图 11-6 设置焊盘尺寸

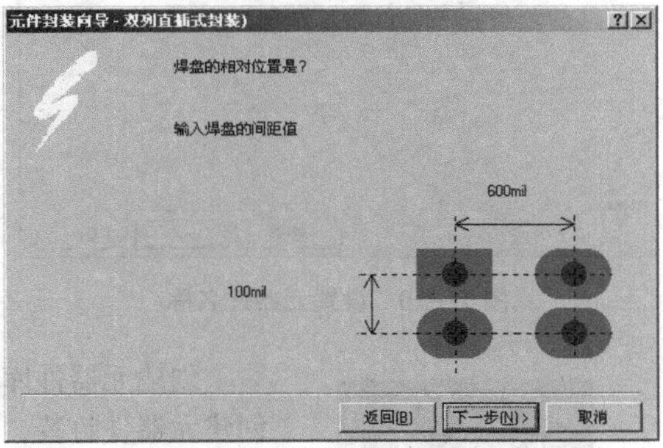

图 11-7 设置焊盘间距

[5] 单击按钮[下一步>]，系统弹出【元件封装向导-双列直插式封装（指定轮廓宽度）】对话框，在此选择默认值 10mil，如图 11-8 所示。

[6] 单击按钮[下一步>]，系统弹出【元件封装向导-双列直插式封装（指定焊盘总数）】对话框，本例中设置焊盘数为 40，如图 11-9 所示。

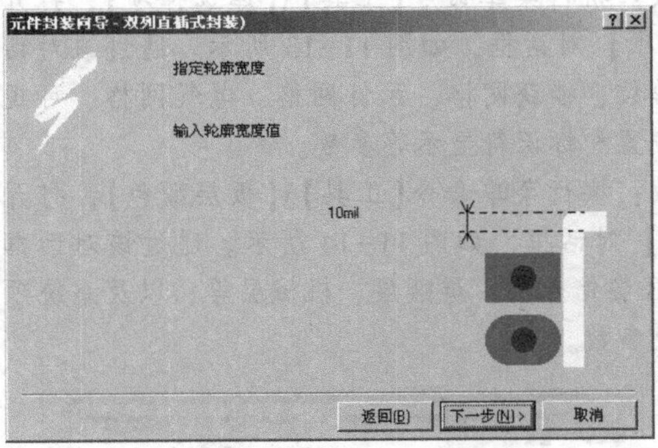

图 11-8 设置轮廓宽度

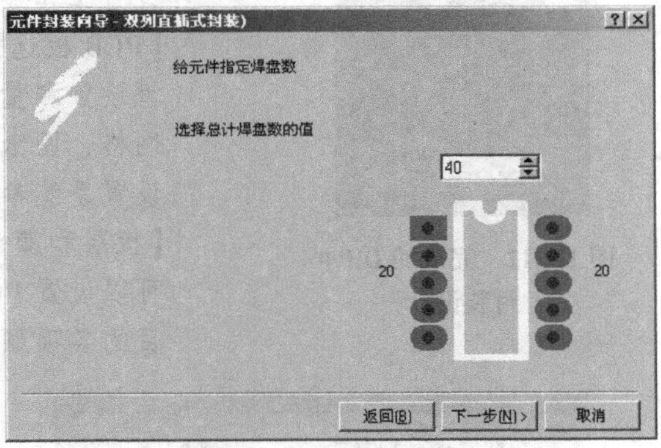

图 11-9 设置焊盘总数

[7] 单击按钮[下一步>]，打开【元件封装向导-双列直插式封装（元器件命名）】对话框，在此选择默认名称“DIP40”，如图 11-10 所示。

[8] 单击按钮[Next>]，弹出【元件封装向导-双列直插式封装（完成设计）】对话框，如图 11-11 所示。如果无须修改，则可单击按钮[Finish]；如果须要修改，则可单击按钮[返回(B)]，逐级返回进行修改。

[9] 单击按钮[Finish]完成设计后，在 PCB 编辑区可以看到利用封装向导设计的元器件，如图 11-12 所示。

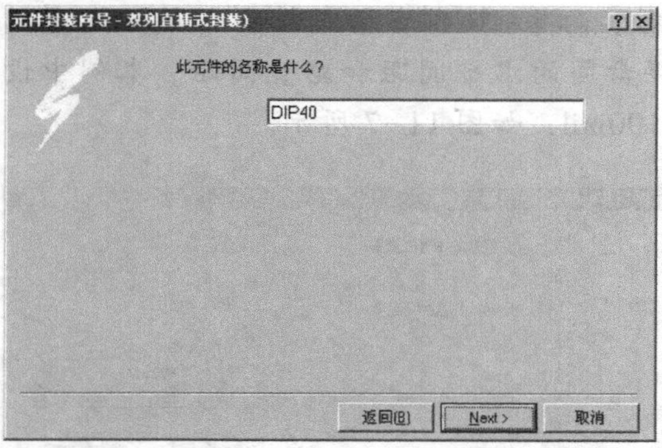

图 11-10　设置元器件名称

图 11-11　完成设计

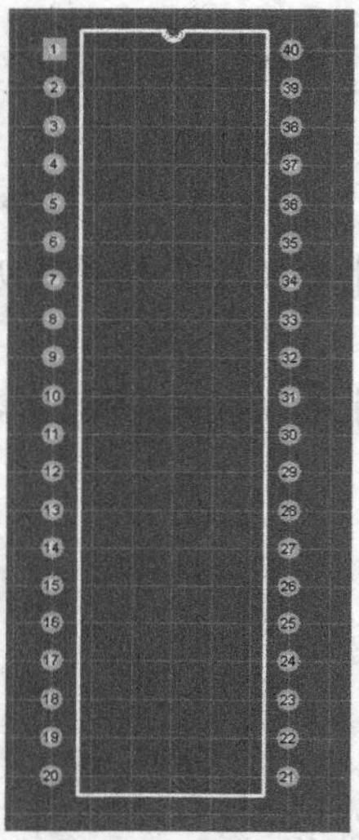

图 11-12　完成的 DIP40 封装设计

创建元器件库后，除了能够通过使用 PCB 元器件封装向导来创建元器件封装，还可以选择手工创建 PCB 元器件封装。

在手工绘制元器件封装前，应做一些准备工作，主要是收集该元器件的封装信息，包括元器件的封装形状、尺寸、引脚数量等。这些信息一般可以在元器件的制造厂家提供的元器件手册中找到。

(1) 手工创建元器件封装前，应先设置工作参数和系统参数。

- 设置工作参数：执行菜单命令【工具】\【库选择项】，打开【PCB 板选择项】对话框，如图 11-13 所示。通过该对话框设置测量单位、捕获网格、元件网格、电气网格、可视网格、图纸位置和标识符显示等参数。
- 设置系统参数：执行菜单命令【工具】\【板层颜色】，打开【板层和颜色】对话框，如图 11-14 所示。通过该对话框可以设置 PCB 各信号层、屏蔽层、机械层等，以及系统项目的各项颜色参数。

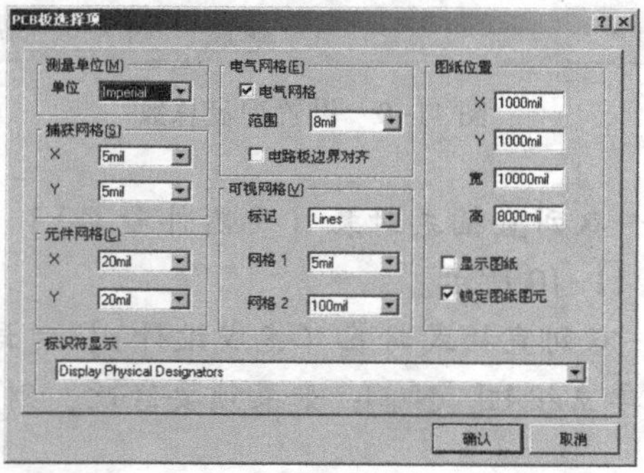

图 11-13　【PCB 板选择项】对话框

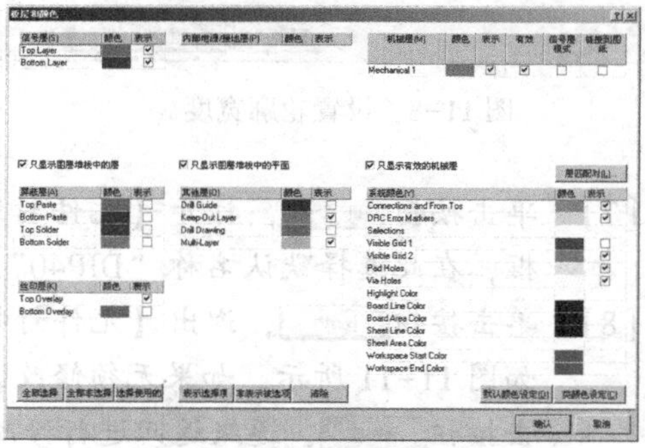

图 11-14　【板层和颜色】对话框

(2) 在设置了工作参数和系统参数后，就可以手工创建元器件封装了。

【实例 11-3】手工创建元器件封装。

设计步骤

[1]　执行菜单命令【工具】\【新元件】，打开【元件封装向导】对话框，如图 11-15 所示。因为要手工创建元器件封装，因此在这里单击按钮取消。

[2]　此时，在工作区面板的【PCB Library】选项卡中的【元件】项目中，可以看到一个名称为“PCBComponent_1 - duplicate”的元器件封装。选中该元器件。

[3]　对于针脚式的元器件封装，应先设置工作层为多层（Multi-Layer），然后执行菜单命令【放置】\【焊盘】，开始放置焊盘。必须根据元器件的封装形式将焊盘放置到准确位置上，以便与真正的元器件引脚相对应。

[4]　焊盘放置完毕后，切换到顶层丝印层（Top Overlay），绘制元器件的外形。

[5]　仔细检查确认无误后，执行菜单命令【文件】\【保存】，对元器件封装进行保存。手工绘制的元器件封装示例如图 11-16 所示。

图 11-15　【元件封装向导】对话框

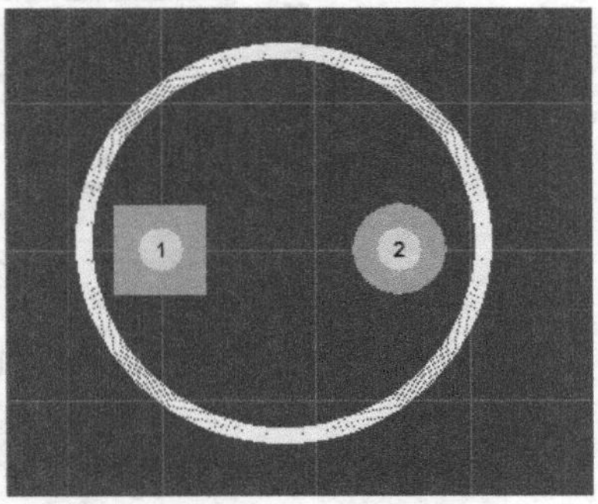

图 11-16　手工绘制的元器件封装示例

【实例 11-4】连接器原理图符号及其封装设计。

通过本例，将原理图元器件的制作和 PCB 封装的制作联系起来，制作如图 11-17 所示的连接器原理图符号和如图 11-18 所示的 PCB 封装。

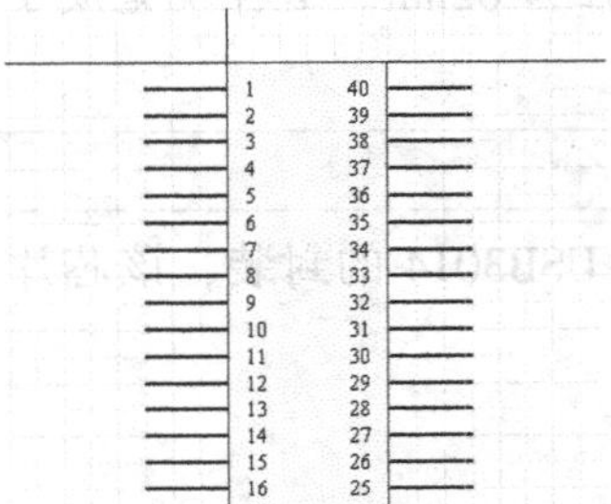

图 11-17　待绘制的元器件原理图符号

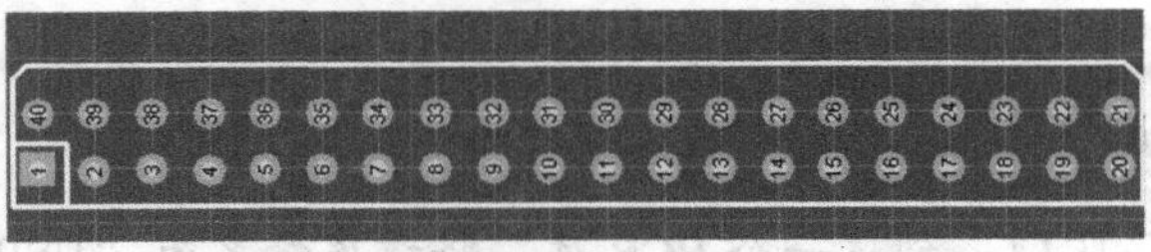

图 11-18　待绘制的元器件 PCB 封装

设计步骤

[1] 执行菜单命令【文件】\【创建】\【库】\【原理图库】，打开原理图库编辑器，然后重新命名该原理图库为“Header20_2. SchLib”并保存。

[2] 在工作区面板的【SCH Library】选项卡的【元件】区域中可以看到，系统自动生成了一个名为“COMPONENT_1”的原理图元器件。执行菜单命令【工具】\【重新命名元件】，在弹出的【Rename Component】对话框中，将元器件命名为“HEADER20_2”。

[3] 单击【SCH Library】选项卡的【元件】区域中的按钮 编辑 ，打开【Library Component Properties】对话框，并按照图 11-19 所示进行设置。

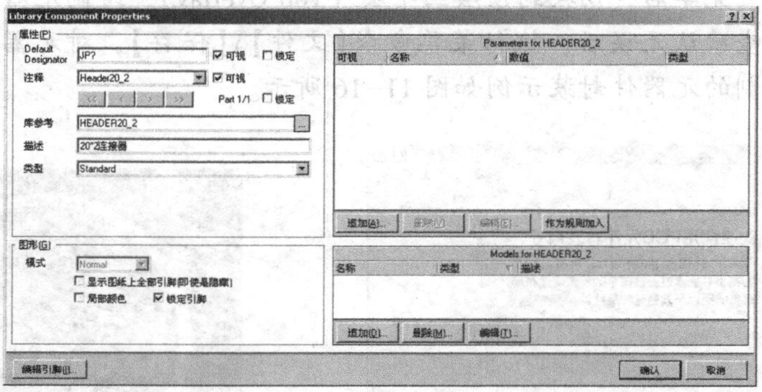

图 11-19 【Library Component Properties】对话框

[4] 在原理图库编辑器中，按照图 11-17 所示绘制元器件的外形和引脚。接下来就可以对该元器件进行 PCB 封装的编辑。

[5] 执行菜单命令【文件】\【创建】\【PCB 库】，并将该库命名为“Header20_2. PcbLib”并保存。

[6] 在工作区面板中切换到【PCB Library】选项卡，更改元器件的名称为“Header20_2”。

[7] 按照图 11-18 所示绘制焊盘和元器件的轮廓，并设定焊盘间的水平间距和垂直间距均为 100mil，设置焊盘的内孔径为 32mil，外径为 62mil。这样就完成了元器件 PCB 封装的绘制。

【实例 11-5】BGA 封装 CYUSB3014 设计。

本例利用元器件封装向导，创建 USB3. 0 控制芯片 CYUSB3014 的封装，该芯片封装参数如图 11-20 所示。

设计步骤

[1] 创建一个 PCB 库，将该库命名为“USB3. PcbLib”并保存。

[2] 在工作区面板中切换到【PCB Library】选项卡，更改元器件的名称为“CYUSB3014”。

[3]　如图 11-21 所示，移动光标到【PCB Library】选项卡的元件“CYUSB3014”上，单击鼠标右键，从弹出快捷菜单中执行菜单命令【元件向导】，弹出【元件封装向导】对话框，单击按钮 下一步> ，进入封装模式和单位的设置界面。

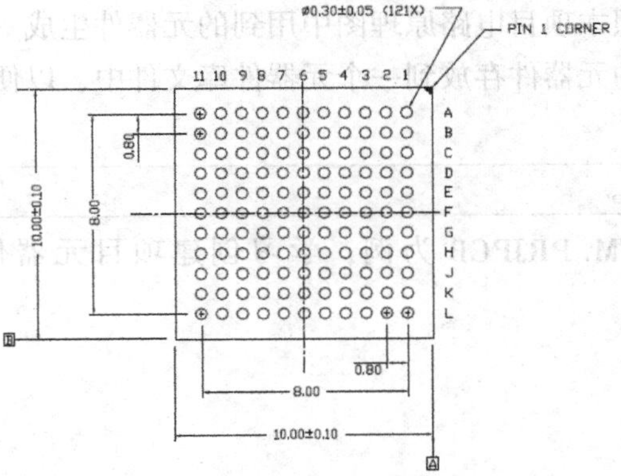

图 11-20　CYUSB3014 封装参数

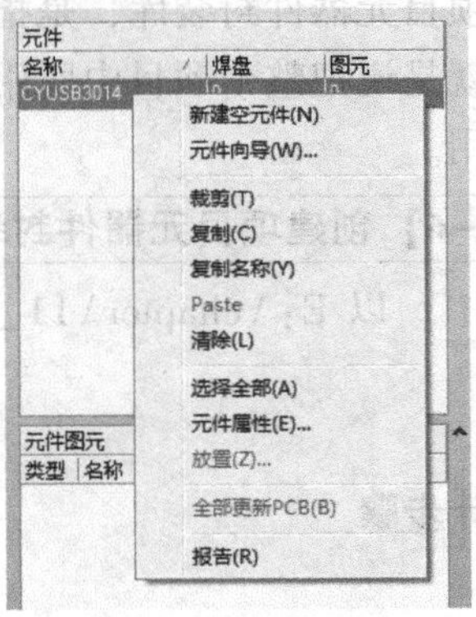

图 11-21　元件快捷菜单

[4]　从元器件的模式表中选择“Ball Grid Arrays (BGA)”，设置单位为“(Metric) mm”。然后单击按钮 下一步> ，打开【元件封装向导-球形栅格阵列】对话框，设置焊盘的尺寸为 0.26mm。

[5]　单击按钮 下一步> ，进入焊盘间距设置界面，设置焊盘的间距为 0.8mm。

[6]　单击按钮 下一步> ，进入轮廓宽度设置界面，设置轮廓宽度为 0.2mm。

[7]　单击按钮 下一步> ，进入焊盘编号风格设置界面，设置编号风格为“Numeric”。

[8]　单击按钮 下一步> ，打开 BGA 封装布局对话框，如图 11-22 所示。

- 切块：设置从现有的行和列中镂空的行和列的数目。
- 角：在现有行和列的拐角处保留焊盘的数目。
- 中心：在现有行和列的中心处保留焊盘的数目。
- 行和列：设置封装中焊盘的行数和列数。

[9]　设置【切块】栏为 0，【行和列】栏为 11，单击按钮 下一步> ，设置 BGA 名称，当按本例中参数设置时，默认名称为“BGA121x11”，本例采用默认名称。单击按钮 下一步> ，出现设置完毕提示界面，单击按钮 完成 ，完成 CYUSB3014 封装设计，如图 11-23 所示。

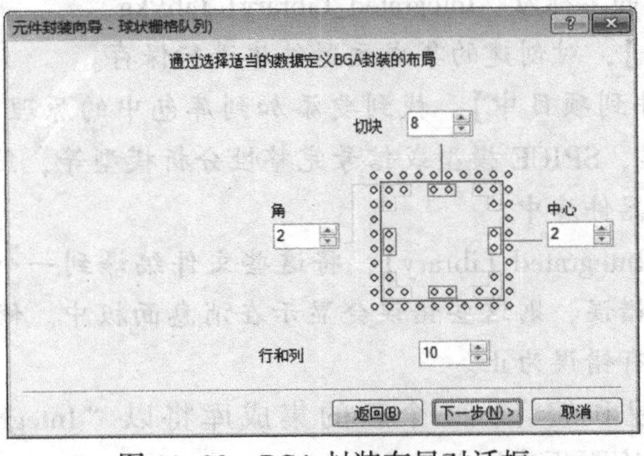

图 11-22　BGA 封装布局对话框

图 11-23　CYUSB3014 封装设计

11.2 创建项目元器件封装库

所谓项目元器件封装库，是指按照本项目电路原理图中用到的元器件生成一个元器件封装库，也就是说把整个项目中所用到的元器件存放到一个元器件库文件中，以便在今后电路设计中使用。

【实例 11-6】创建项目元器件封装库。

本例中，以 E:\chapter\11_6\FM. PRJPCB 为例，学习创建项目元器件封装库的方法。

设计步骤

[1] 打开项目文件，并打开项目文件中的 PCB 文件 FM. PcbDoc。

[2] 执行菜单命令【设计】\【生成 PCB 库】，系统自动生成一个名为“FM. PcbLib”的项目元器件封装库文件。

11.3 创建集成元器件库

在创建了一个包含一些原理图元器件的原理图库和一个包含一些 PCB 元器件的 PCB 库后，可以将这些库放到一个库包内，然后将其编译到一个集成元器件库中，这样，这些元器件会和它们的模型一起被存储起来。

【实例 11-7】创建集成元器件库。

本例中，要求将前面创建的原理图元器件库和 PCB 库编译到一个集成元器件库中。

设计步骤

[1] 执行菜单命令【文件】\【创建】\【项目】\【集成元件库】，创建一个空的集成元器件库。从工作区面板中可以看到，该空库的名称为“Integrated_Library1. LibPkg”。

[2] 执行菜单命令【文件】\【保存项目】，对创建的集成元器件库进行保存。

[3] 执行菜单命令【项目】\【追加文件到项目中】，找到要添加到库包中的原理图库、模型库、PCB 库、Protel 99 SE 库、SPICE 模型或信号完整性分析模型等，然后将这些文件添加到新创建的集成元器件库中。

[4] 执行菜单命令【项目】\【Compile Integrated Library】，将这些文件编译到一个集成库中。在编译的过程中，如果有错误，则这些错误会显示在消息面板中。修改这些错误，然后重新编译，直到没有错误为止。

这样，就完成了集成元器件库的创建和编译，一个新的集成库将以“Integrated_Library1. INTLIB”命名、存储，并且出现在库面板中以备使用。

11.4 思考与练习

1. 简答题

（1）在手工绘制元器件封装前，应当做哪些准备工作？

（2）创建 PCB 库的基本步骤有哪些？

2. 上机练习

（1）练习 PCB 库的创建和保存。

（2）已知视频编码芯片 SAA7121 的外形如图 11-24 所示，该器件采用 QFP44 封装，试绘制该器件的 PCB 封装，并创建相应的 PCB 元器件库。

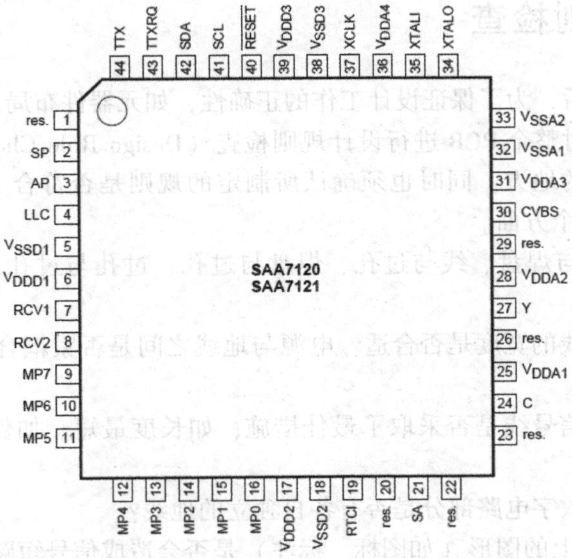

图 11-24 SAA7121 的外形

第 12 章　PCB 的输出

Protel DXP 2004 的 PCB 设计系统提供了生成各种报表的功能，可以为用户提供有关设计内容的详细资料，主要包括 PCB 信息、引脚信息、元器件封装信息、布线信息和网络信息等。另外，在完成 PCB 设计后，一般还要打印输出各种常用报表，以方便用户对文档进行管理。

12.1　设计规则检查

在自动布线完成后，为了保证设计工作的正确性，如元器件布局、布线等是否符合所定义的设计规则，须要对整个 PCB 进行设计规则检查（Design Rule Check，DRC），从而确定 PCB 是否存在不合理的地方，同时也须确认所制定的规则是否符合 PCB 生产工艺的需求。一般 DRC 包括如下 7 个方面。

（1）线与线、线与焊盘、线与过孔、焊盘与过孔、过孔与过孔之间的距离是否合理？是否满足生产要求？

（2）电源线和地线的宽度是否合适？电源与地线之间是否紧耦合？在 PCB 中是否还有能让地线加宽的地方？

（3）对于关键的信号线是否采取了最佳措施，如长度最短、加保护线、输入线及输出线被明显地分开等？

（4）模拟电路和数字电路部分是否有各自独立的地线？

（5）后加在 PCB 上的图形（如图标、标注）是否会造成信号短路？

（6）在 PCB 上是否加有工艺线？阻焊是否符合生产工艺的要求？阻焊尺寸是否合适？字符标识是否压在焊盘上？是否会影响电装质量？

（7）多层板中的电源、地层的外框边缘是否缩小？如果电源、地层的铜箔露出 PCB 外，容易造成短路。

【实例 12-1】设计规则检查方法。

操作步骤

[1]　执行菜单命令【工具】\【设计规则检查】，弹出【设计规则检查器】对话框，如图 12-1 所示。

[2]　选中【设计规则检查器】对话框左侧窗口中的【Report Options】选项，在对话框的右侧窗口中显示该选项的内容，其中包括【建立报告文件】【建立违规】【子

网络细节】【内部平面警告】【检查短路铜】5 个选择项，以及一个设置栏——当发现(E) 300 次违规后停止（用于设置当发现的错误多于设置的个数时，停止检查）。

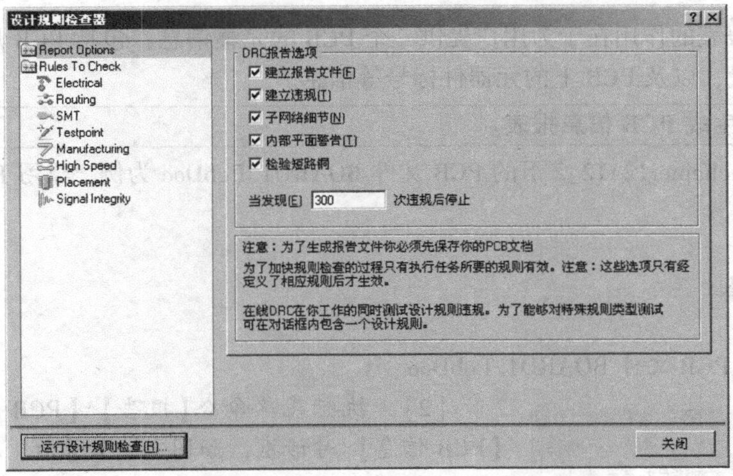

图 12-1 【设计规则检查器】对话框

[3] 选中【设计规则检查器】对话框左侧窗口中的【Rules To Check】选项的子选项，可以在对话框的右侧窗口中显示相应的内容，用于设置检查规则。

[4] 各项规则设置完成后，单击按钮 运行设计规则检查(R)...，系统将弹出【Messages】窗口。如果 PCB 有错误，将在【Messages】窗口中显示错误信息，同时在 PCB 中也有错误标记，用户可以根据系统提供的信息对 PCB 进行修改。如果没有错误，【Messages】窗口将不显示任何信息。

[5] 系统将自动切换到生成 DRC 报表文件状态，生成的报表文件名后缀为“.DRC”。以对 E:\chapter12\12_1 下的 PCB 文件 BOARD1.PcbDoc 进行设计规则检查为例，生成的 DRC 报表文件 BOARD1.DRC 如图 12-2 所示。

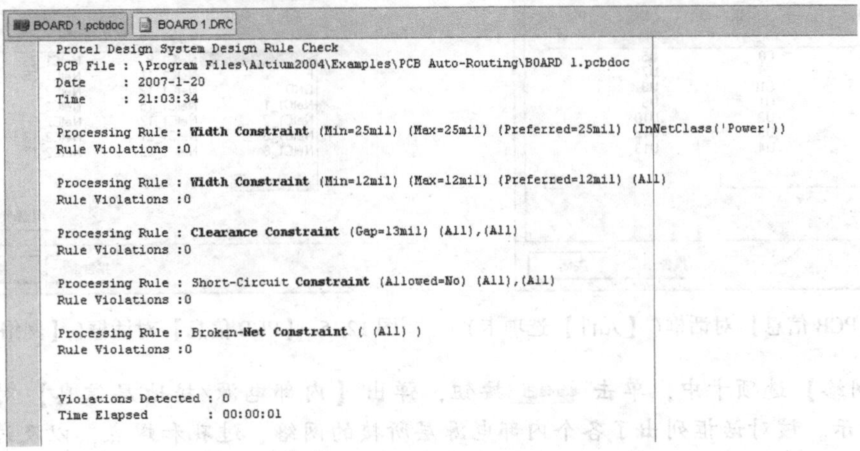
BOARD 1.pcbdoc　BOARD 1.DRC

```
Protel Design System Design Rule Check
PCB File : \Program Files\Altium2004\Examples\PCB Auto-Routing\BOARD 1.pcbdoc
Date     : 2007-1-20
Time     : 21:03:34

Processing Rule : Width Constraint (Min=25mil) (Max=25mil) (Preferred=25mil) (InNetClass('Power'))
Rule Violations :0

Processing Rule : Width Constraint (Min=12mil) (Max=12mil) (Preferred=12mil) (All)
Rule Violations :0

Processing Rule : Clearance Constraint (Gap=13mil) (All),(All)
Rule Violations :0

Processing Rule : Short-Circuit Constraint (Allowed=No) (All),(All)
Rule Violations :0

Processing Rule : Broken-Net Constraint ( (All) )
Rule Violations :0


Violations Detected : 0
Time Elapsed        : 00:00:01
```

图 12-2　DRC 报表文件生成示例

12.2 生成 PCB 信息报表

PCB 信息报表的作用在于为用户提供一个 PCB 的完整信息，包括 PCB 尺寸，PCB 上焊点、过孔的数量，以及 PCB 上的元器件标号等信息。

【实例 12-2】生成 PCB 信息报表。

本例以 E:\chapter12\12_2 下的 PCB 文件 BOARD1. PcbDoc 为例，学习 PCB 信息报表的生成方法。

操作步骤

[1] 打开 PCB 文件 BOARD1. PcbDoc。

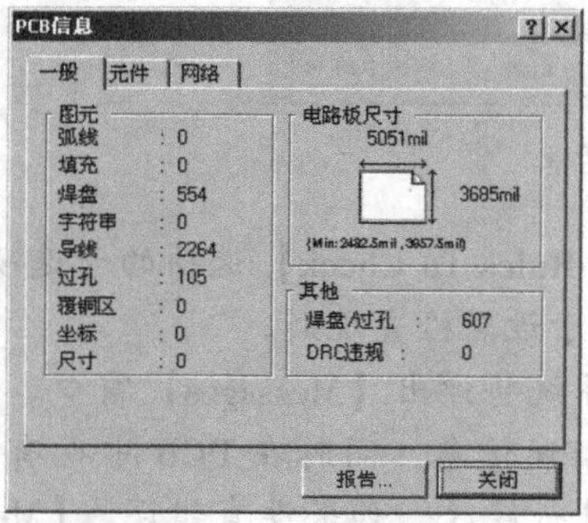

图 12-3 【PCB 信息】对话框（【一般】选项卡）

[2] 执行菜单命令【报告】\【PCB 板信息】，弹出【PCB 信息】对话框，如图 12-3 所示。在【PCB 信息】对话框中有如下 3 个选项卡。

- ❑ 一般：主要用于显示 PCB 的一般信息，包括 PCB 的尺寸、PCB 上各种图元的数量，以及违反 DRC 规则的数量等。
- ❑ 元件：用于显示当前 PCB 上使用的元器件数量、元器件序号，以及元器件所在的层等信息，如图 12-4 所示。
- ❑ 网络：用于显示当前 PCB 中的网络信息，如图 12-5 所示。

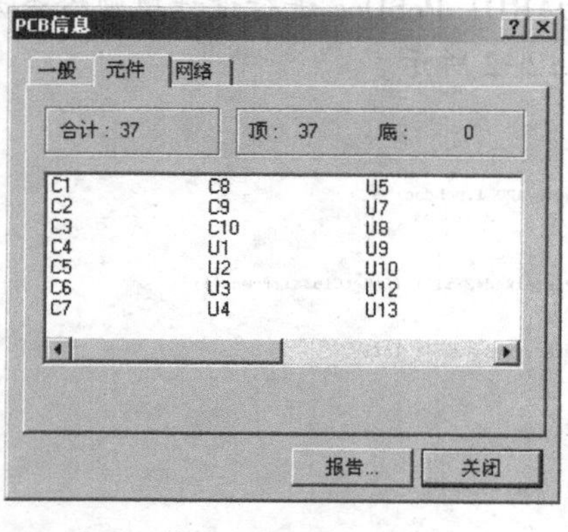

图 12-4 【PCB 信息】对话框(【元件】选项卡)

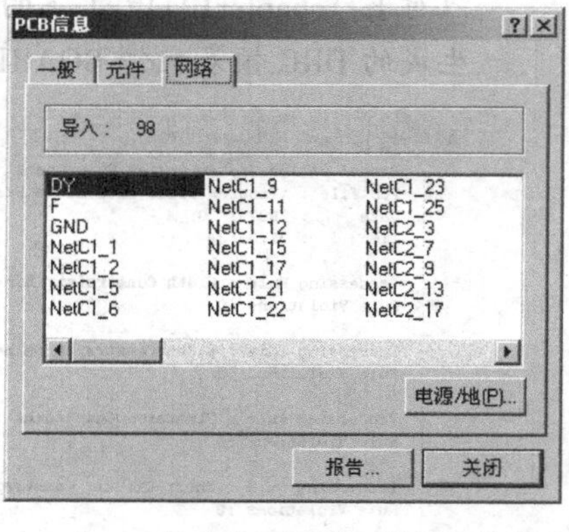

图 12-5 【PCB 信息】对话框(【网络】选项卡)

在【网络】选项卡中，单击 电源/地(P)... 按钮，弹出【内部电源/接地层信息】对话框，如图 12-6 所示。该对话框列出了各个内部电源层所接的网络、过孔和焊点，以及过孔或焊点和内部电源层间的连接形式。由于本例中没有内部电源层网络，所以显示的【内部电源/接地层信息】对话框中没有任何信息。

[3]　在任意一个选项卡下，单击按钮[报告...]，系统都会弹出如图 12-7 所示的【电路板报告】对话框。

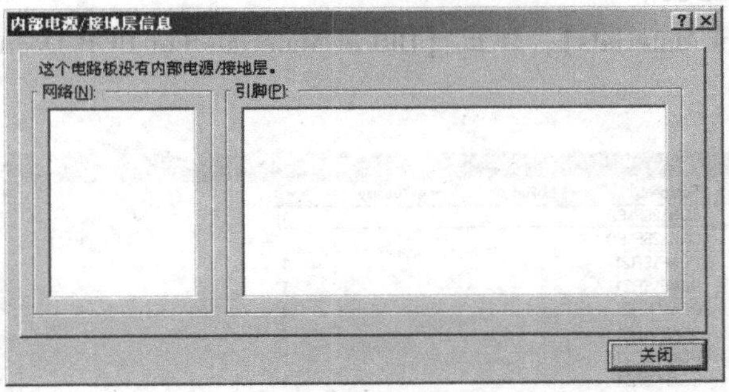

图 12-6　【内部电源/接地层信息】对话框

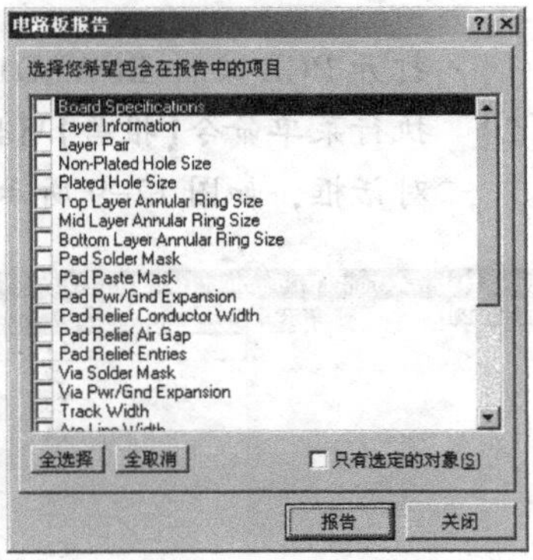

图 12-7　【电路板报告】对话框

[4]　本例中，单击按钮[全选择]，选择全部包含项，然后单击按钮[报告]，生成 PCB 信息报表 BOARD1. REP。生成的 PCB 信息报表如图 12-8 所示（图中只给出了报表的部分内容）。

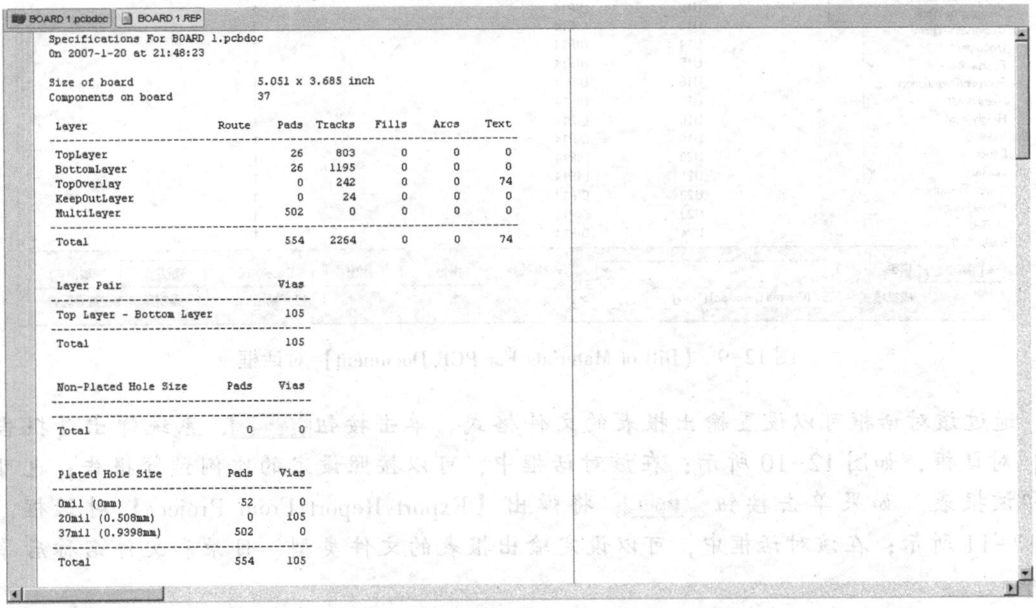
```
Specifications For BOARD 1.pcbdoc
On 2007-1-20 at 21:48:23

Size of board                 5.051 x 3.685 inch
Components on board           37

Layer            Route   Pads  Tracks  Fills  Arcs  Text
---------------------------------------------------------
TopLayer                   26     803      0     0     0
BottomLayer                26    1195      0     0     0
TopOverlay                  0     242      0     0    74
KeepOutLayer                0      24      0     0     0
MultiLayer                502       0      0     0     0
---------------------------------------------------------
Total                     554    2264      0     0    74

Layer Pair                  Vias
--------------------------------
Top Layer - Bottom Layer     105
--------------------------------
Total                        105

Non-Plated Hole Size   Pads   Vias
----------------------------------
----------------------------------
Total                     0      0

Plated Hole Size       Pads   Vias
----------------------------------
0mil (0mm)               52      0
20mil (0.508mm)           0    105
37mil (0.9398mm)        502      0
----------------------------------
Total                   554    105
```


图 12-8　生成的 PCB 信息报表

12.3　生成元器件报表

在 PCB 设计结束后，可以方便地生成 PCB 中用到的元器件报表。

【实例 12-3】生成元器件报表。

本例仍以 BOARD1. PcbDoc 为例，介绍生成元器件报表的方法。

操作步骤

[1] 打开 PCB 文件 BOARD1. PcbDoc。

[2] 执行菜单命令【报告】\【Bill of Materials】，弹出【Bill of Materials For PCB Document】对话框，如图 12-9 所示。

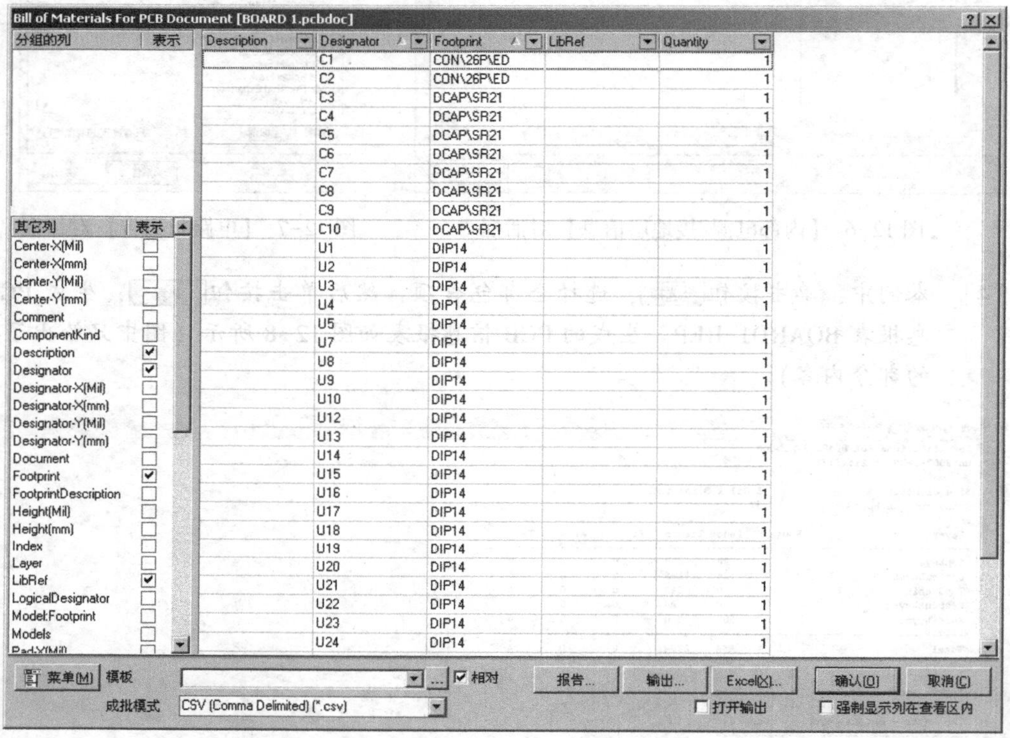

图 12-9 【Bill of Materials For PCB Document】对话框

通过该对话框可以设置输出报表的文件格式。单击按钮[报告...]，系统弹出【报告预览】对话框，如图 12-10 所示；在该对话框中，可以按照设定的比例预览报告；也可以打印该报表。如果单击按钮[输出(E)...]，将弹出【Export Report From Project】对话框，如图 12-11 所示；在该对话框中，可以设定输出报表的文件类型、目录和文件名称后导出文件。

> 在图 12-9 中，单击按钮[输出...]，系统同样会弹出【Export Report From Project】对话框。

[3] 单击按钮[确认(O)]，生成元器件报表。

对于本例，还可以通过执行菜单命令【报告】\【Simple BOM】，自动生成 BOARD1. BOM 文件和 BOARD1. CSV 文件，这两个文件均为纯文本文件。生成的两个文件分别如下所述。

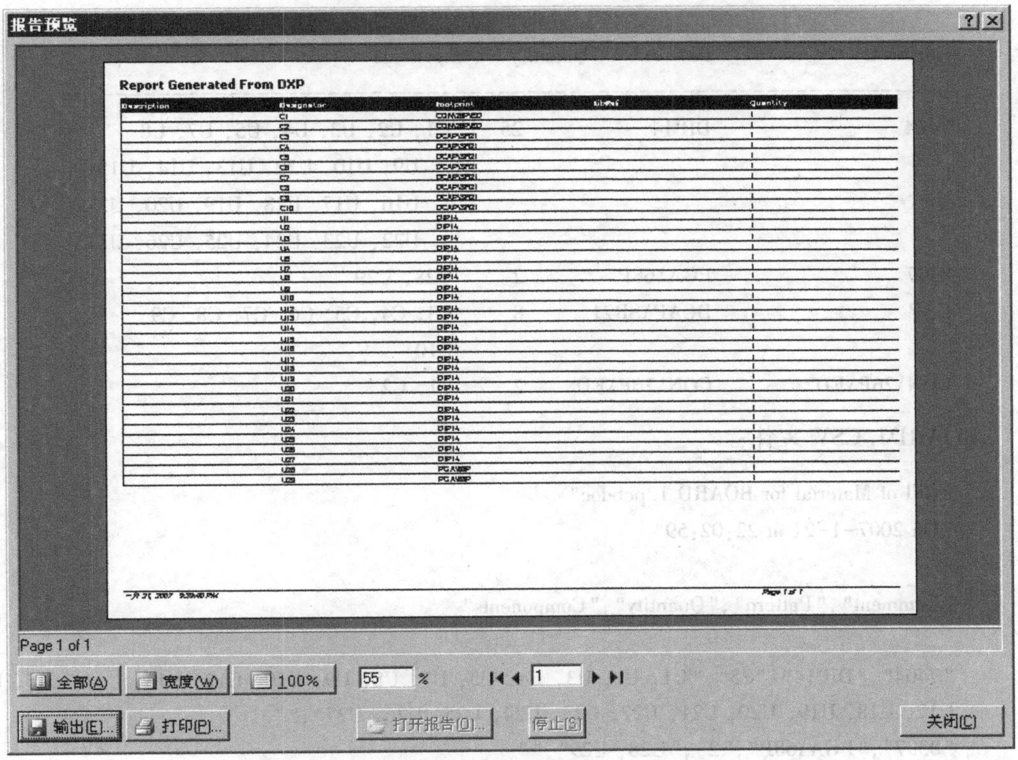

图 12-10 【报告预览】对话框

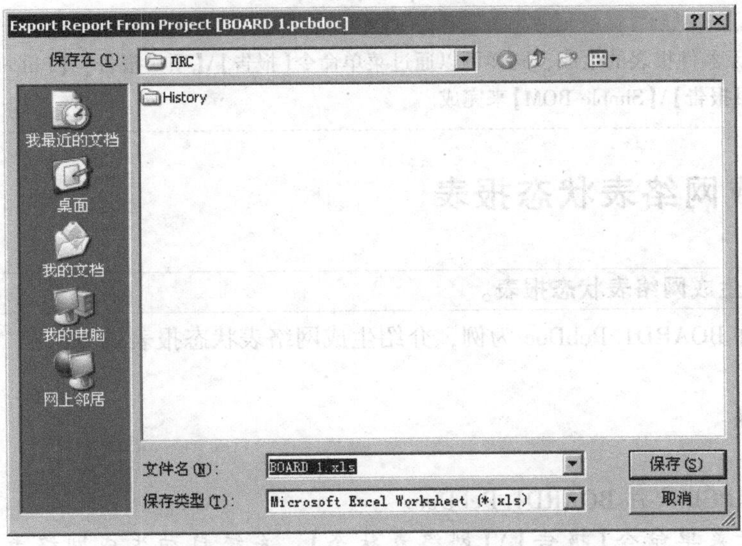

图 12-11 【Export Report From Project】对话框

❒ BOARD1. BOM 文件：

Bill of Material for BOARD 1. pcbdoc
On 2007-1-21 at 22:02:59

Comment	Pattern	Quantity	Components
7404	DIP14	25	U1, U2, U3, U4, U5, U7, U8 U9, U10, U12, U13, U14, U15 U16, U17, U18, U19, U20, U21 U22, U23, U24, U25, U26, U27
8397	PGA\68P	2	U28, U29
CAP	DCAP\SR21	8	C3, C4, C5, C6, C7, C8, C9 C10
CON\26P\ED	CON\26P\ED	2	C1, C2

❐ BOARD1. CSV 文件：

```
"Bill of Material for BOARD 1. pcbdoc"
"On 2007-1-21 at 22:02:59"

"Comment","Pattern","Quantity","Components"

"7404","DIP14","25","U1, U2, U3, U4, U5, U7, U8, U9, U10, U12, U13, U14, U15, U16, U17, U18, U19, U20, U21, U22, U23, U24, U25, U26, U27",""
"8397","PGA\68P","2","U28, U29",""
"CAP","DCAP\SR21","8","C3, C4, C5, C6, C7, C8, C9, C10",""
"CON\26P\ED","CON\26P\ED","2","C1, C2",""
```

对于元器件报表的生成，同样可以通过菜单命令【报告】\【项目报告】\【Bill of Materials】或【报告】\【项目报告】\【Simple BOM】来完成。

12.4 生成网络表状态报表

【实例 12-4】生成网络表状态报表。

本例以文件 BOARD1. PcbDoc 为例，介绍生成网络表状态报表的方法。

操作步骤

[1] 打开 PCB 文件 BOARD1. PcbDoc。

[2] 执行菜单命令【报告】\【网络表状态】，系统自动生成网络表状态报表文件 BOARD1. REP，如图 12-12 所示（图中只给出生成报表的部分内容）。

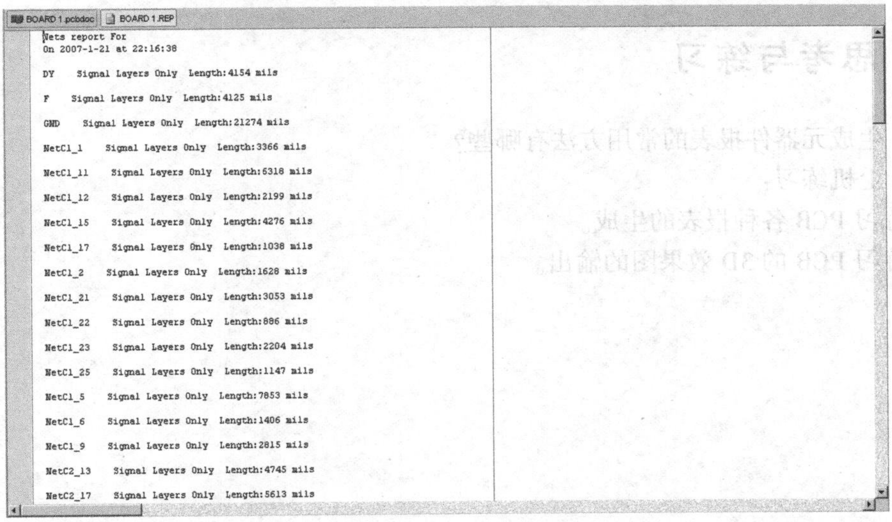
BOARD 1.pcbdoc　BOARD 1.REP

```
Nets report For
On 2007-1-21 at 22:16:38

DY    Signal Layers Only  Length:4154 mils
F     Signal Layers Only  Length:4125 mils
GND   Signal Layers Only  Length:21274 mils
NetC1_1    Signal Layers Only  Length:3366 mils
NetC1_11   Signal Layers Only  Length:6318 mils
NetC1_12   Signal Layers Only  Length:2199 mils
NetC1_15   Signal Layers Only  Length:4276 mils
NetC1_17   Signal Layers Only  Length:1038 mils
NetC1_2    Signal Layers Only  Length:1628 mils
NetC1_21   Signal Layers Only  Length:3053 mils
NetC1_22   Signal Layers Only  Length:886 mils
NetC1_23   Signal Layers Only  Length:2204 mils
NetC1_25   Signal Layers Only  Length:1147 mils
NetC1_5    Signal Layers Only  Length:7853 mils
NetC1_6    Signal Layers Only  Length:1406 mils
NetC1_9    Signal Layers Only  Length:2815 mils
NetC2_13   Signal Layers Only  Length:4745 mils
NetC2_17   Signal Layers Only  Length:5613 mils
```

图 12-12　生成的网络表状态报表

12.5　3D 效果图输出

【实例 12-5】输出 3D 效果图。

本例以文件 BOARD1. PcbDoc 为例，介绍输出 PCB 3D 效果图的方法。

操作步骤

[1]　打开文件 BOARD1. PcbDoc。

[2]　执行菜单命令【查看】\【显示三维 PCB 板】，则系统将自动生成 PCB 的 3D 效果图，如图 12-13 所示。

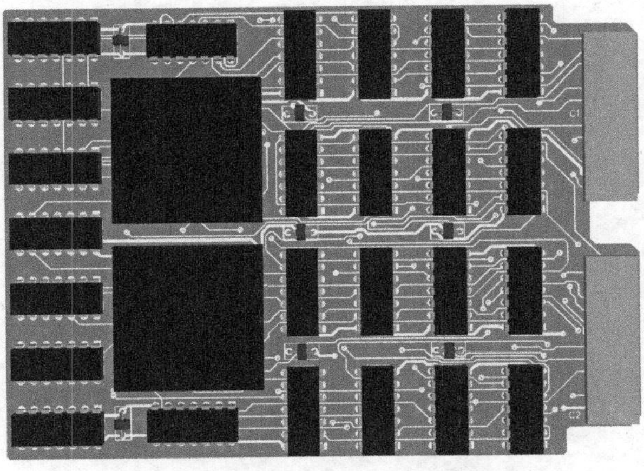

图 12-13　输出 PCB 的 3D 效果图

12.6 思考与练习

（1）生成元器件报表的常用方法有哪些？

（2）上机练习：

① 练习 PCB 各种报表的生成。

② 练习 PCB 的 3D 效果图的输出。

第 13 章　综合实例——电子钟

13.1　电子钟的设计与制作

本章采用实时时钟芯片 DS12887 设计一个电子钟。该芯片采用 CMOS 技术制成，具有微功耗、外围接口简单、精度高、工作稳定可靠等优点。

DS12887 时钟芯片的主要功能有：可作为 PC 的时钟和日历；与 MC146818B 和 DS1287 的引脚兼容；在没有外部电源的情况下可工作 10 年以上，不丢失数据；自带晶体振荡器及锂电池；可计算到 2100 年前的秒、分、小时、星期、日、月、年 7 种日历信息，并有闰年补偿功能；二进制数码或 BCD 码表示时间、日历和闹钟；12h 和 24h 两种制式，12h 时钟模式带有 PM 和 AM 指示，有夏令时功能；Motorola 和 Intel 总线时序选择；128B RAM 单元与软件接口，其中 14B 为时钟单元和控制/状态寄存器，114B 为通用 RAM，所有 RAM 单元数据都具有掉电保护功能（非易失性 RAM）；可编程方波输出；中断信号输出 IRQ 和总线兼容，定时中断、周期性中断、时钟更新周期结束中断可分别由软件来屏蔽，也可分别进行置位测试。DS12887 是一款功能强大、性能优良、应用广泛的时钟芯片。该芯片采用 DIP-24 封装，芯片外形如图 13-1 所示。

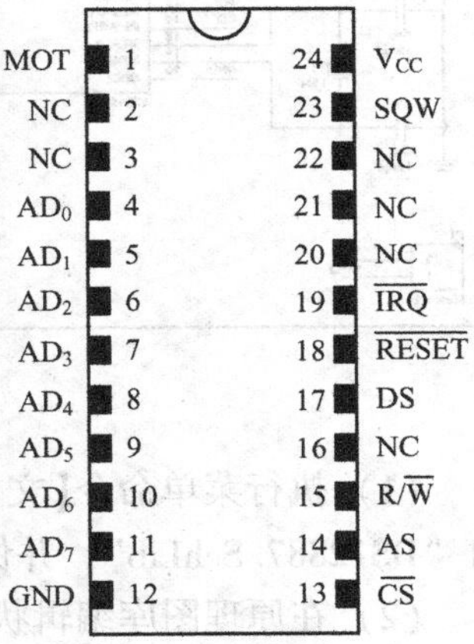

图 13-1　DS12887 外形

由 DS12887 时钟芯片构成的电子钟电路原理图如图 13-2 所示。

1. 创建项目文件

（1）执行菜单命令【文件】\【创建】\【项目】\【PCB 项目】，创建一个新的 PCB 项目，将其命名为 "Clock. PrjPCB"，保存该项目到 E:\chart13\clock\下。

（2）在该项目中添加一个原理图文件，将其命名为 "Clock. SchDoc"，并保存在同一目录下。

2. 原理图设计

1）绘制 DS12887　根据电路原理图确定该电路中用到的元器件，主要有 DS12887、AT89S51、I/O 接口芯片 8155、数码显示管，以及电阻、电容等。在这些元器件中，AT89S51 以前编辑过，而对于 DS12887 和 8155，则需要自行编辑。

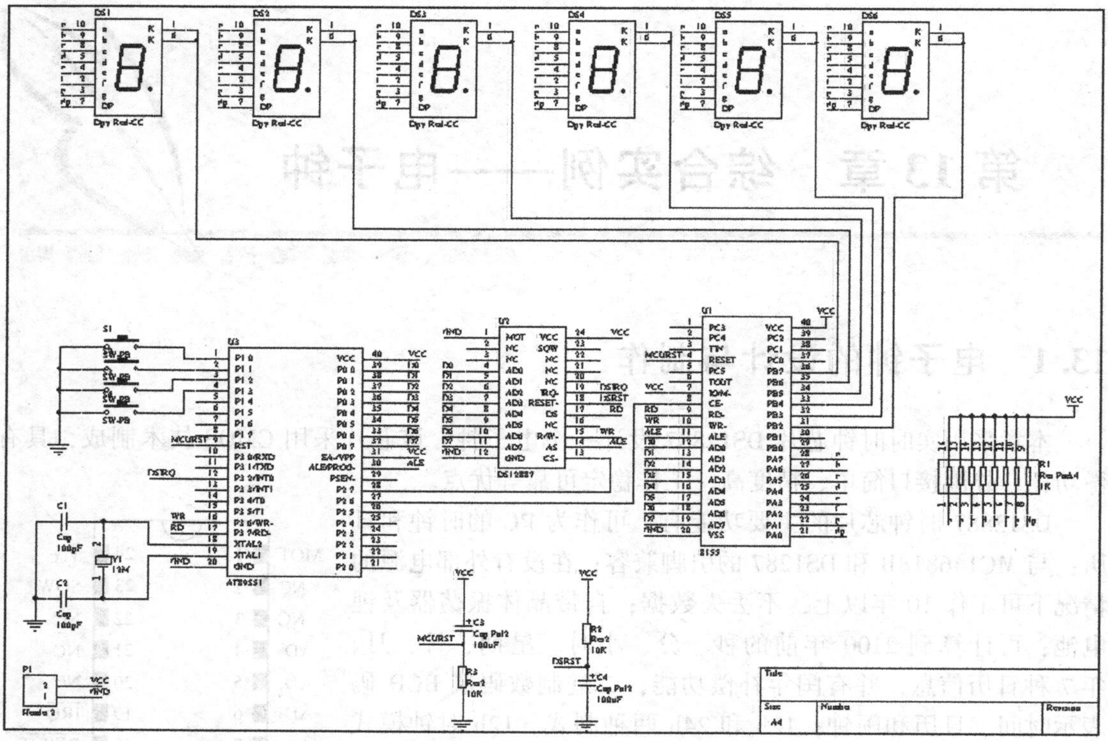

图 13-2 电子钟原理图

（1）执行菜单命令【文件】\【创建】\【库】\【原理图库】，创建一个原理图库，将其命名为“DS12887. SchLib”，并保存在相同目录下。

（2）在原理图库编辑状态下，单击工作区面板下的【SCH Library】选项卡，在【元件】区域可以看到系统自动创建了一个名为“COMPONENT_1”的新元器件。执行菜单命令【工具】\【重新命名元件】，在弹出的【Rename Component】对话框中将元器件的名称更改为“DS12887”，如图 13-3 所示。根据图 13-1，绘制 DS12887 的外形和引脚，如图 13-4 所示。

（3）在原理图库编辑状态下，打开【SCH Library】选项卡，双击【元件】区域中的元器件“DS12887”，打开【Library Component Properties】对话框，如图 13-5 所示。

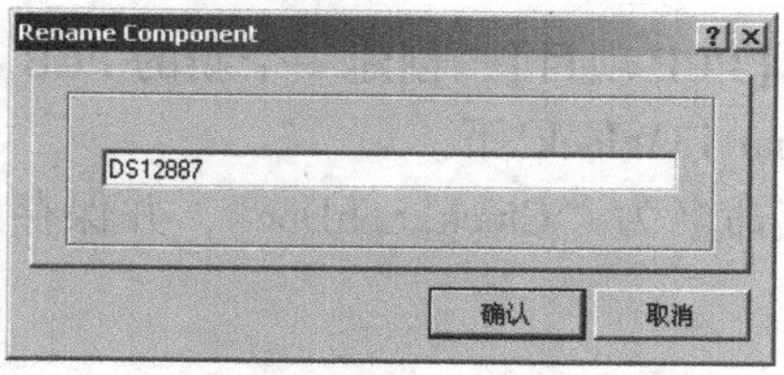

图 13-3 元器件的重新命名

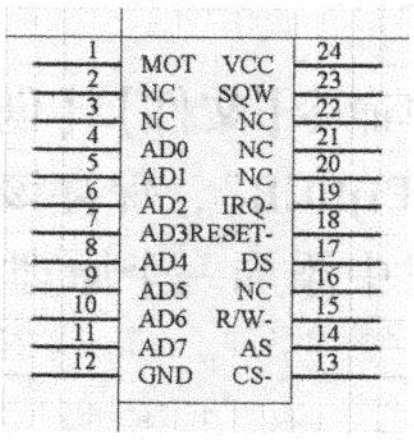

图 13-4 绘制好的 DS12887

（4）在【Library Component Properties】对话框中，设置【Default Designator】栏为“U?”，【注释】栏为“DS12887”，【描述】栏为“时钟芯片”。设置完成后，单击按钮 追加(D)...，打开【加新的模型】对话框，如图 13-6 所示。

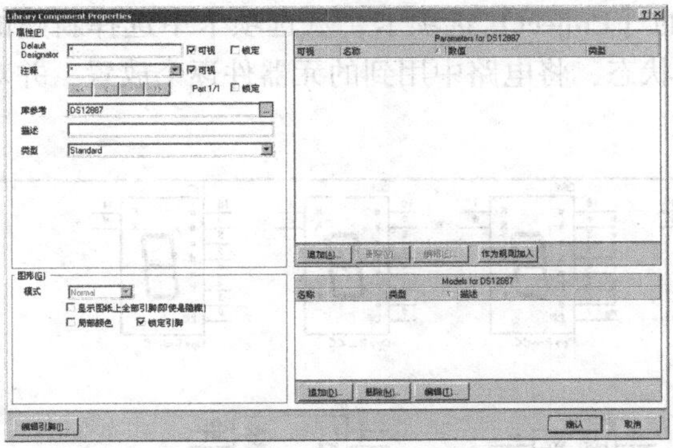

图 13-5 【Library Component Properties】对话框

图 13-6 【加新的模型】对话框

（5）单击【模型类型】栏右侧的下拉按钮，选择新加的类型为“Footprint”，然后单击按钮确认，关闭该对话框。系统弹出【PCB 模型】对话框，如图 13-7 所示。

（6）单击【PCB 模型】对话框中的【浏览】按钮，打开【库浏览】对话框，选择该元器件的封装库为 DIP-Peg Leads. PcbLib，并从中找到该元器件的封装“DIP-P24/P2. 54”，如图 13-8 所示。

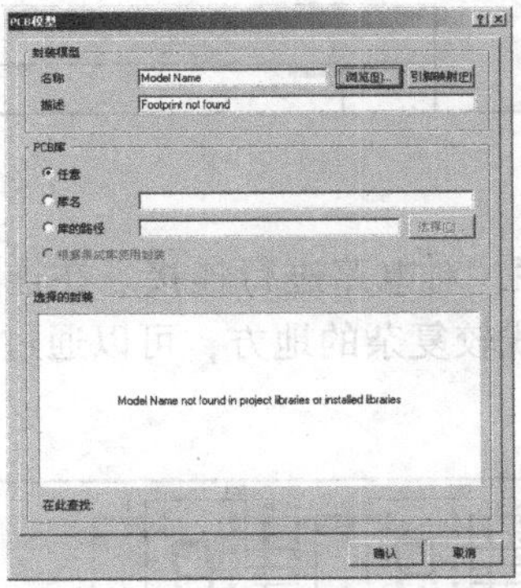

图 13-7 【PCB 模型】对话框

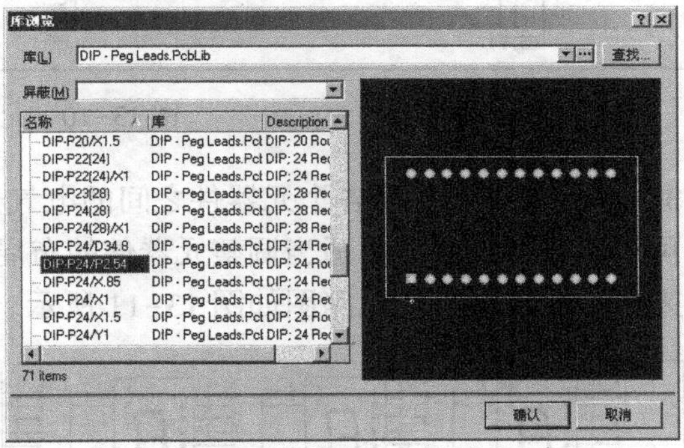

图 13-8 【库浏览】对话框

（7）设置完成后，单击按钮确认，系统回到【PCB 模型】对话框，此时在【选择的封装】区域中可以看到刚刚设定的元器件封装外形。单击按钮确认，关闭该对话框，回到【Library Component Properties】对话框，在【Models for DS12887】区域中可以看到新加的模型的名称、类型和描述信息；单击该对话框中的按钮确认予以确认，完成原理图库元器件 DS12887 的绘制。

完成器件 DS12887 的绘制后，执行菜单命令【工具】\【新元件】，在弹出的【新元件命名】对话框中，命名元器件的名称为“8155”。然后根据 8155 的引脚属性，用同样的方法绘制 8155 芯片并进行 PCB 封装。绘制好的 8155 芯片如图 13-9 所示。

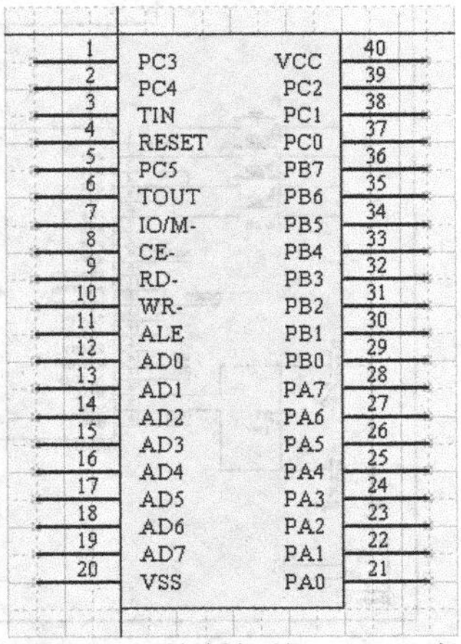

图 13-9 绘制好的 8155 芯片

2）放置元器件 单击工作区面板上的【Project】选项卡，从选项卡中选择新建的原理图文件 Clock. SchDoc，切换到原理图编辑状态，将电路中用到的元器件逐个放置，并对元器件进行布局，如图 13-10 所示。

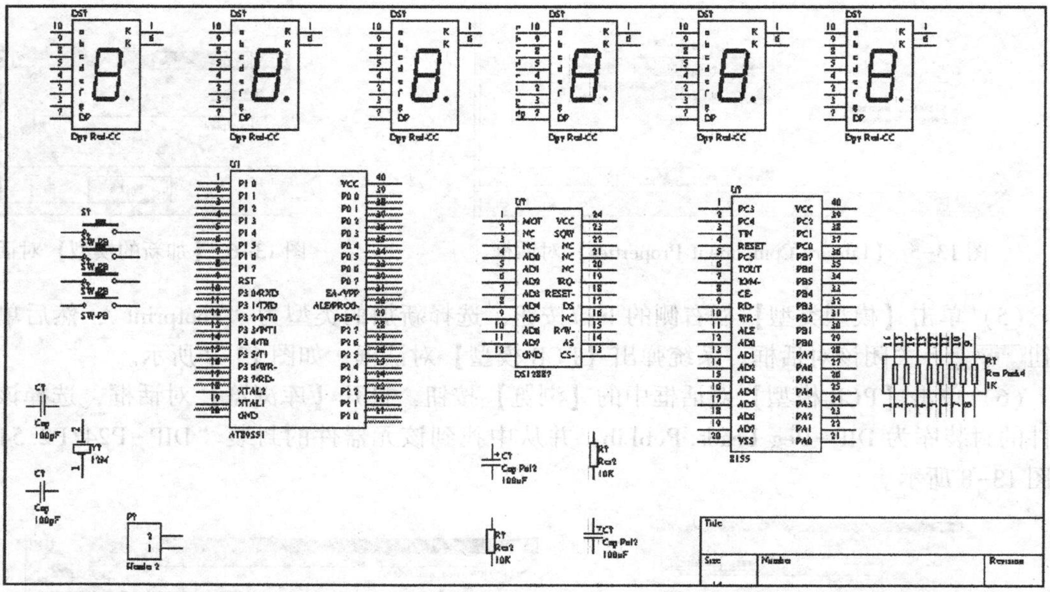

图 13-10 元器件布局

3）连接线路 按照各个元器件之间的电气连接属性，对电路进行连接。在连接的过程中，可以根据连接的需要适当调整元器件的布局。在连线较复杂的地方，可以通过放置网络标签来连接。连接好的电路图如图 13-11 所示。

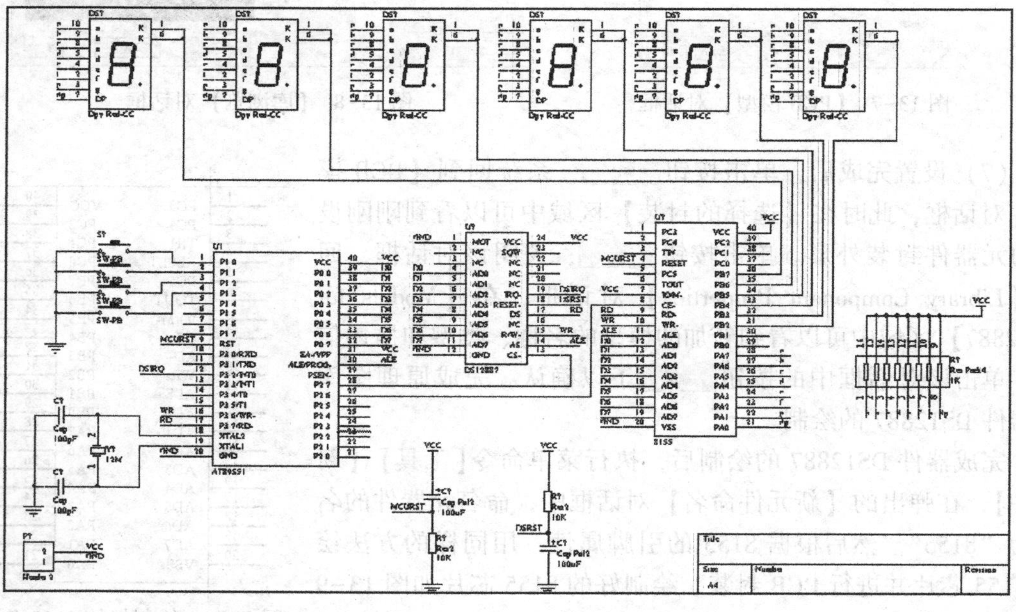

图 13-11 连接好的电路图

4）元器件标注　在 Protel DXP 2004 中，元器件的标注可以自动完成，非常方便。

（1）执行菜单命令【元件】\【注释】，弹出【注释】对话框，如图 13-12 所示。

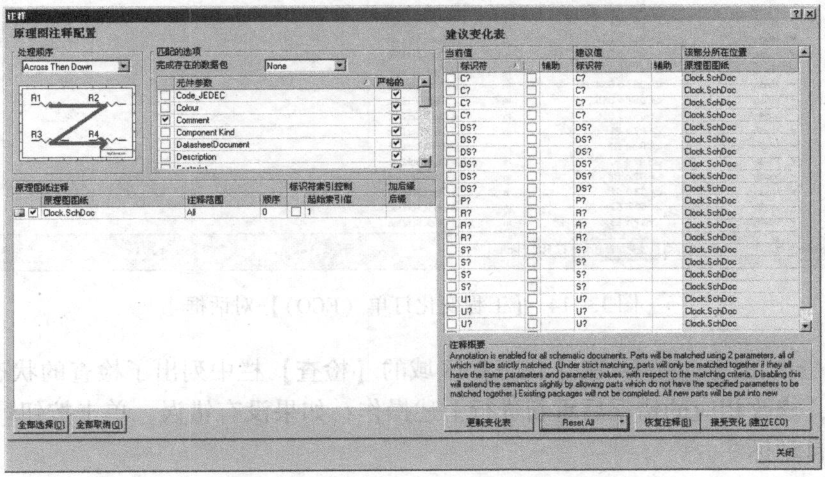

图 13-12　【注释】对话框

（2）在该对话框中，设置【处理顺序】栏为“Across Then Down”，并选择要注释的原理图为“Clock. SchDoc”，然后单击按钮 Reset All ，此时系统弹出【DXP Information】对话框，单击按钮 OK 予以确认，并关闭该对话框。

（3）单击按钮 更新变化表 ，此时系统弹出【DXP Information】对话框，该对话框列出了注释改变的属性，单击按钮 OK 予以确认，并关闭该对话框，可以看到在【注释】对话框的【建议变化表】中元器件的【建议值】栏里，对元器件自动进行了标注，如图 13-13 所示。

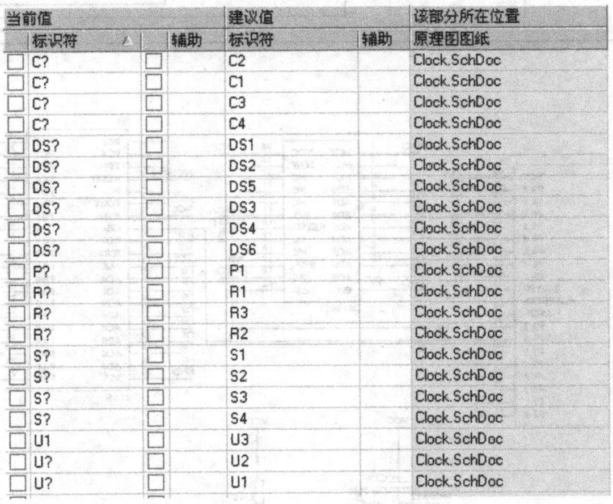

当前值		建议值		该部分所在位置
标识符	辅助	标识符	辅助	原理图图纸
C?		C2		Clock.SchDoc
C?		C1		Clock.SchDoc
C?		C3		Clock.SchDoc
C?		C4		Clock.SchDoc
DS?		DS1		Clock.SchDoc
DS?		DS2		Clock.SchDoc
DS?		DS5		Clock.SchDoc
DS?		DS3		Clock.SchDoc
DS?		DS4		Clock.SchDoc
DS?		DS6		Clock.SchDoc
P?		P1		Clock.SchDoc
R?		R1		Clock.SchDoc
R?		R3		Clock.SchDoc
R?		R2		Clock.SchDoc
S?		S1		Clock.SchDoc
S?		S2		Clock.SchDoc
S?		S3		Clock.SchDoc
S?		S4		Clock.SchDoc
U1		U3		Clock.SchDoc
U?		U2		Clock.SchDoc
U?		U1		Clock.SchDoc

图 13-13　元器件自动标注

（4）单击按钮 接受变化（建立ECO） ，弹出【工程变化订单（ECO）】对话框，如图 13-14 所示。

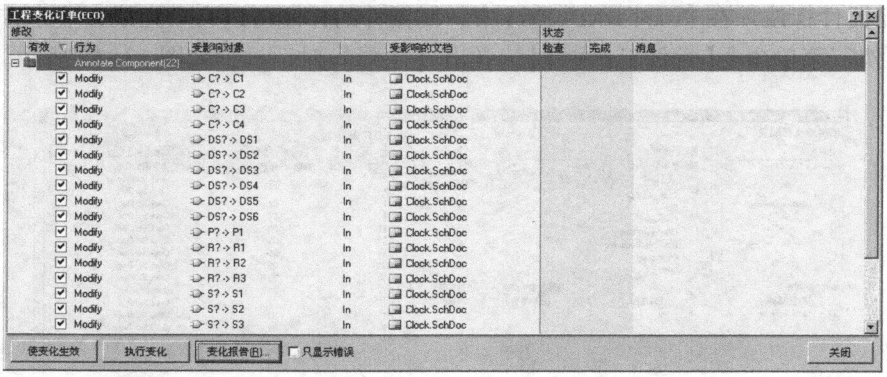

图 13-14 【工程变化订单（ECO）】对话框

（5）单击按钮 使变化生效 ，在【状态】区域的【检查】栏中列出了检查的状态是否正确。如果有错误，修改相应的错误后重新进行上述操作；如果没有错误，单击按钮 执行变化 ，完成元器件的自动标注。

（6）在完成元器件的标注后，可以单击按钮 变化报告(R)... ，输出变化报告文件；如果不需要，也可以直接单击按钮 关闭 ，关闭【工程变化订单（ECO）】对话框。此时，系统会返回到【注释】对话框，单击该对话框上的按钮 关闭 ，完成元器件的自动标注。标注后的原理图如图 13-15 所示。

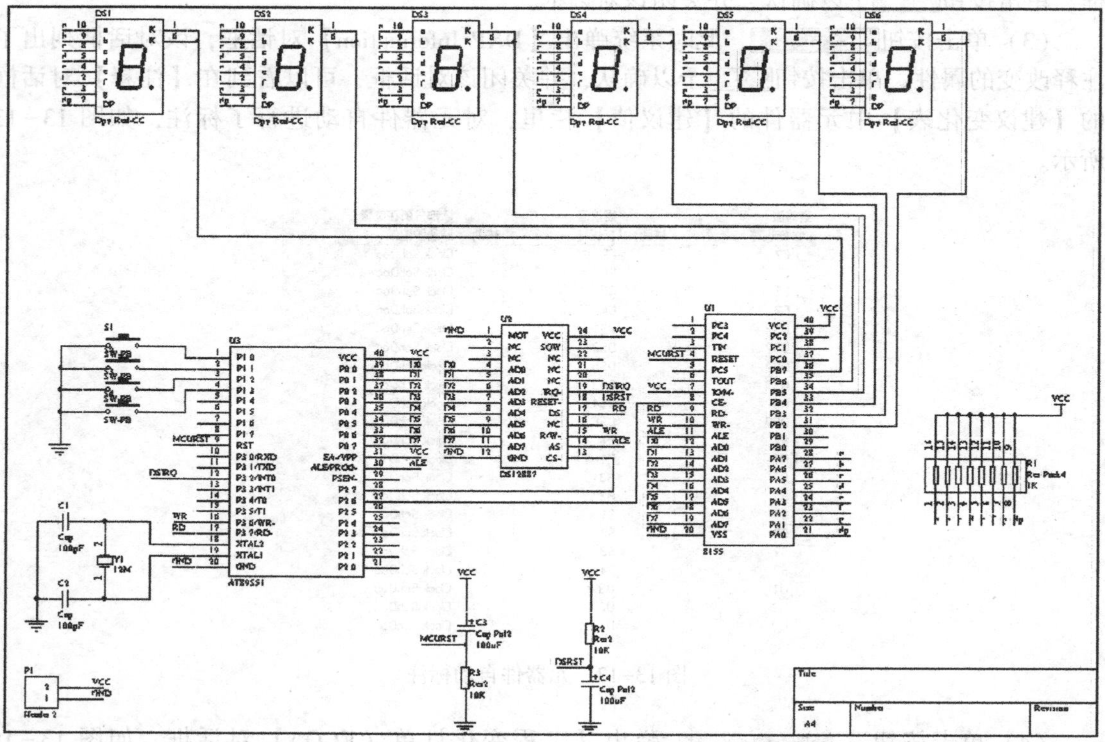

图 13-15 元器件自动标注后的原理图

3. 报表生成

（1）项目编译。执行菜单命令【项目管理】\【Compile PCB Project Clock. PrjPcb】，对项目进行编译。编译结束后，弹出【Messages】窗口，其中列出了编译中的错误或警告等信息。根据编译信息，仔细检查原理图并修正提示的错误信息。

（2）生成元器件报表。执行菜单命令【报告】\【Bill of Materials】，弹出如图 13-16 所示的【Bill of Materials For Project［clock. PrjPCB］】对话框。

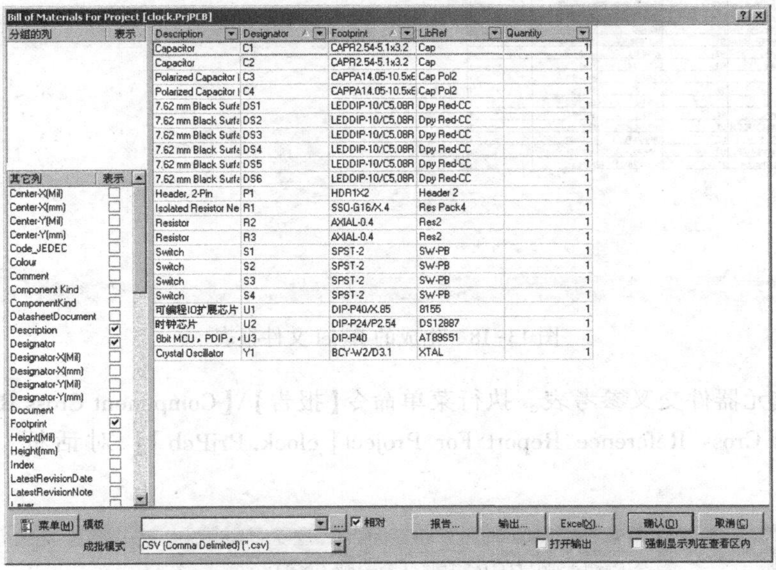

图 13-16 【Bill of Materials For Project［clock. PrjPCB］】对话框

（3）单击按钮 报告... ，弹出【报告预览】对话框，如图 13-17 所示。用户可以打印该报表，也可以输出报表。

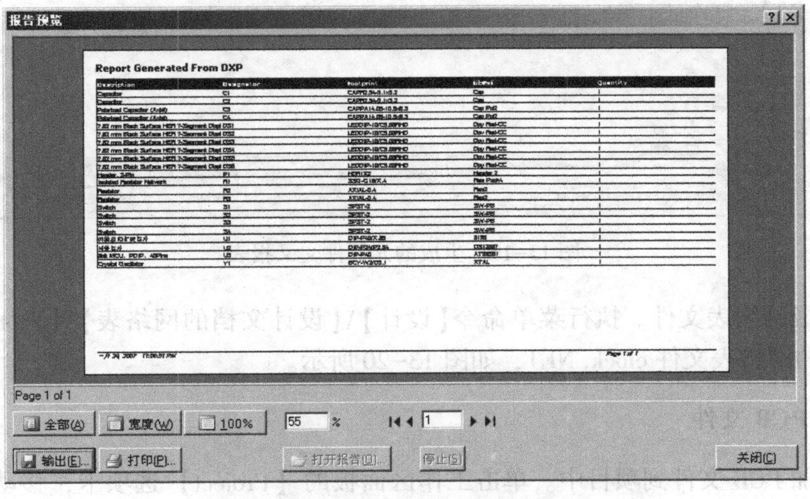

图 13-17 【报告预览】对话框

（4）单击按钮 Excel(X)...，生成 Excel 文件格式的元器件报表 clock. xls，如图 13－18 所示。

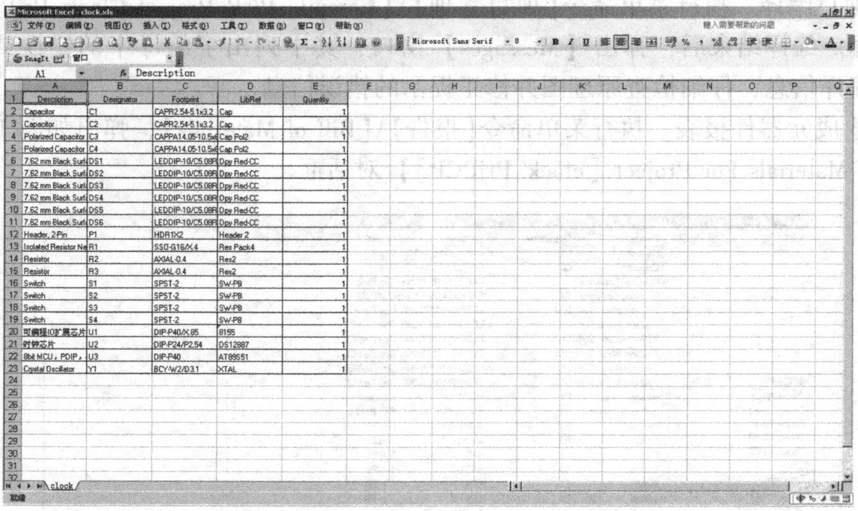

图 13-18　生成的 Excel 文件报表

（5）生成元器件交叉参考表。执行菜单命令【报告】\【Component Cross Reference】，弹出【Component Cross Reference Report For Project [clock. PrjPcb]】对话框，如图 13－19 所示。

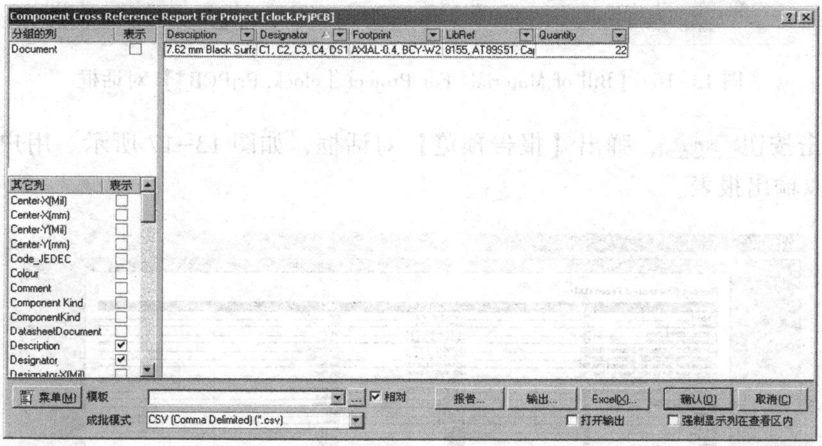

图 13-19　生成的元器件交叉报表

（6）生成网络表文件。执行菜单命令【设计】\【设计文档的网络表】\【Protel】，系统自动生成文档的网络表文件 clock. NET，如图 13-20 所示。

4. 创建 PCB 文件

（1）追加 PCB 文件到项目中。单击工作区面板的【Project】选项卡，移动光标到项目 Clock. PrjPcb 上，单击鼠标右键，在弹出的快捷菜单中执行菜单命令【追加新文件到项目中】\

【PCB】，创建一个新的 PCB 文件，将其命名为“Clock. PcbDoc”并保存到项目目录下，如图 13-21 所示。

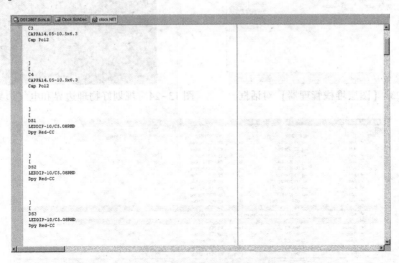

图 13-20　生成的网络表文件

（2）设置 PCB 编辑器参数。执行菜单命令【工具】\【优先设定】，系统弹出【优先设定】对话框，如图 13-22 所示。对【General】【Display】【Show/Hide】【defaults】【PCB 3D】各选项卡进行适当设置。

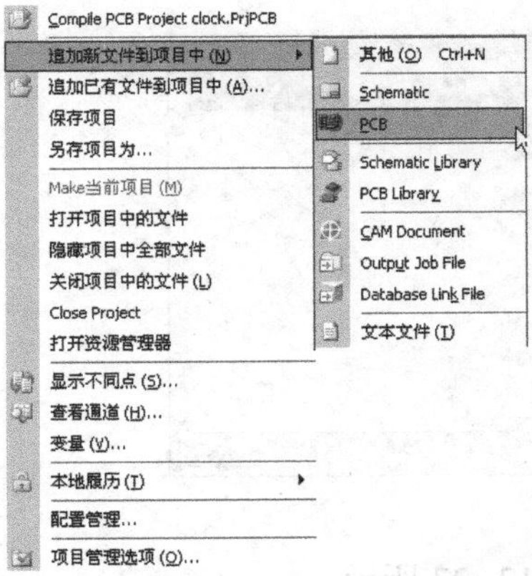

图 13-21　追加 PCB 文件到项目

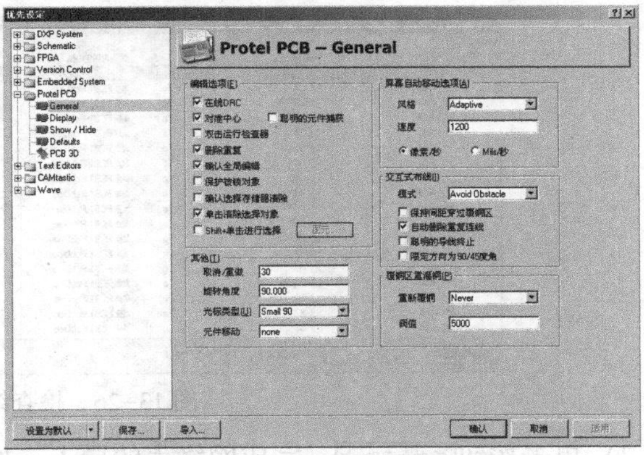

图 13-22　【优先设定】对话框

（3）设置 PCB 属性。在 PCB 编辑状态下，执行菜单命令【设计】\【层堆栈管理器】，打开【图层堆栈管理器】对话框，设置 PCB 为双层板，如图 13-23 所示。

（4）设置 PCB 物理边界及电气边界。在 PCB 编辑状态下，设置 PCB 的外形。单击工作窗口下部的 Mechanical 1 标签，切换到机械层窗口，绘制 PCB 的物理边界，然后将 PCB 编辑器的当前层置于 Keep-Out Layer，绘制 PCB 的电气边界。规划好物理边界和电气边界的 PCB 如图 13-24 所示。

（5）载入网络表和元器件。在 PCB 编辑状态下，执行菜单命令【设计】\【Import Changes From Clock. PrjPcb】，弹出【工程变化订单（ECO）】对话框，如图 13-25 所示。

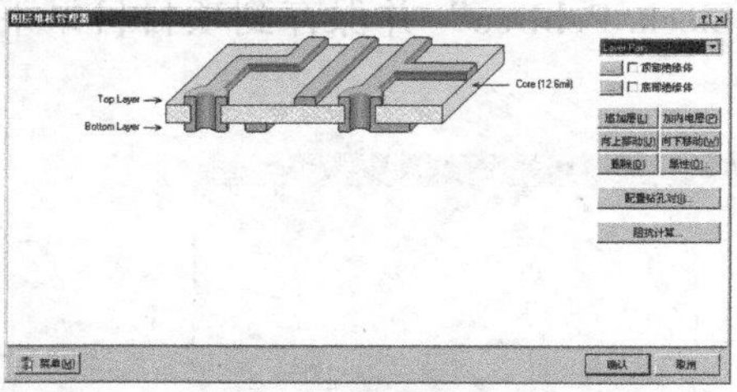

图 13-23 【图层堆栈管理器】对话框

图 13-24 规划好物理边界和电气边界的 PCB

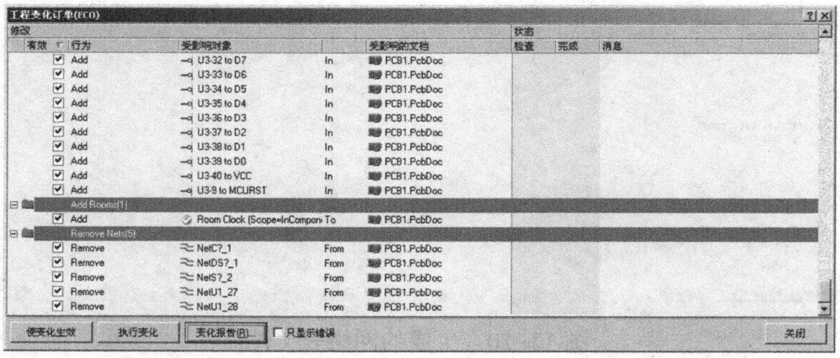

图 13-25 【工程变化订单（ECO）】对话框

（6）单击按钮【使变化生效】，进行状态检查，检查的状态会在【工程变化订单（ECO）】对话框中的【状态】区域的【检查】栏中显示。根据检查信息修改其中的错误，直到没有错误为止，如图 13-26 所示。

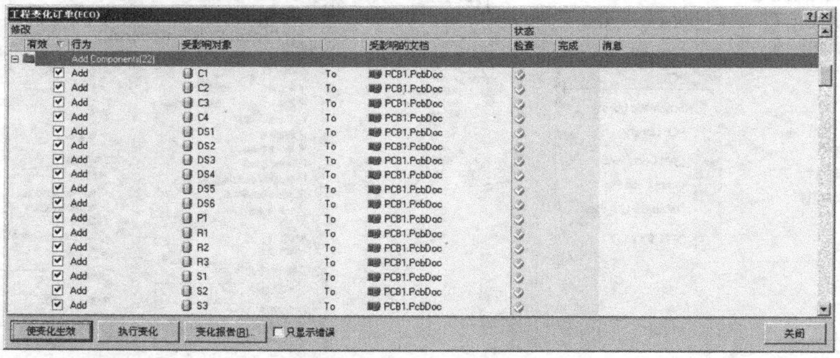

图 13-26 检查结果

（7）单击按钮【执行变化】，完成网络表的导入，如图 13-27 所示。

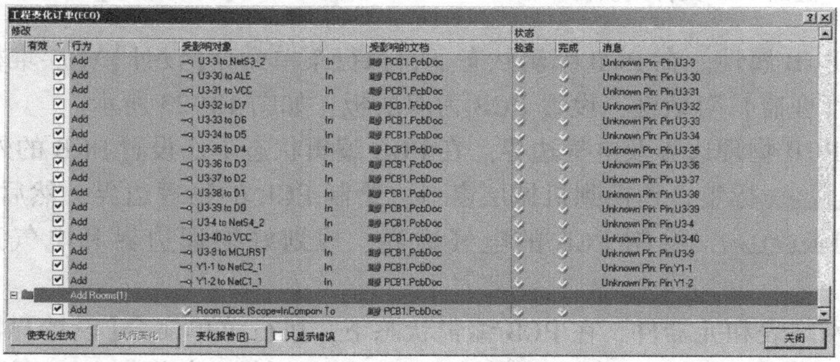

图 13-27 网络表的导入

（8）单击按钮 变化报告(R)... ，打开【报告预览】对话框，如图 13-28 所示。可以对该报告进行输出。

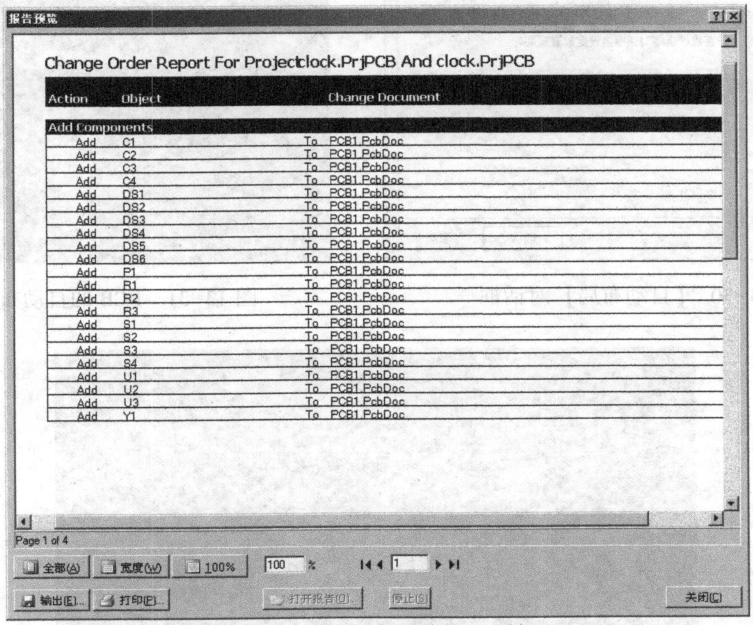

图 13-28 【报告预览】对话框

（9）完成网络表的导入后，单击【工程变化订单（ECO）】对话框中的按钮 关闭 。在 PCB 编辑状态下，可以看到导入网络表后的 PCB，如图 13-29 所示。

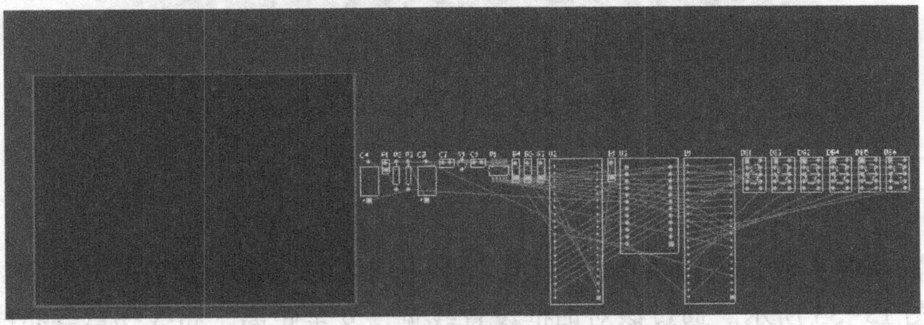
图 13-29 完成网络表导入的 PCB

5. PCB 布局

（1）执行菜单命令【工具】\【放置元件】\【自动布局】，弹出【自动布局】对话框，如图 13-30 所示。

（2）选中【分组布局】选项，然后单击按钮 确认 ，进行元器件布局，自动布局的结果如图 13-31 所示。

（3）元器件自动布局结束后，为了布局美观和电路连接的需要，对 PCB 进行手动调整布局。手动调整后的布局如图 13-32 所示。

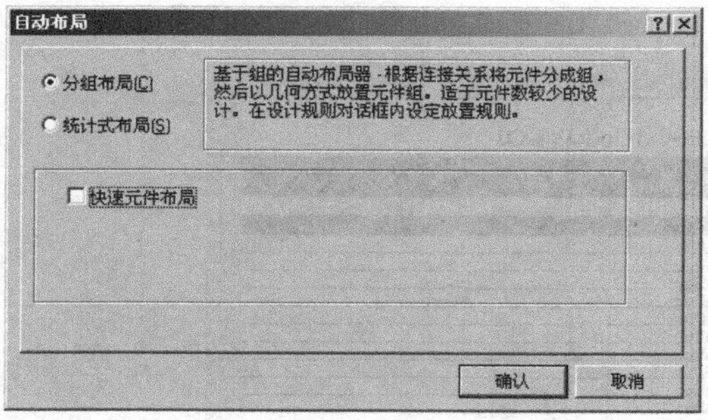

图 13-30 【自动布局】对话框

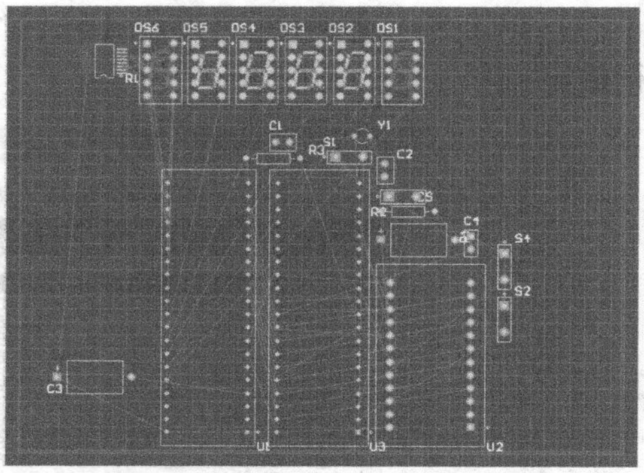

图 13-31 PCB 的自动布局结果

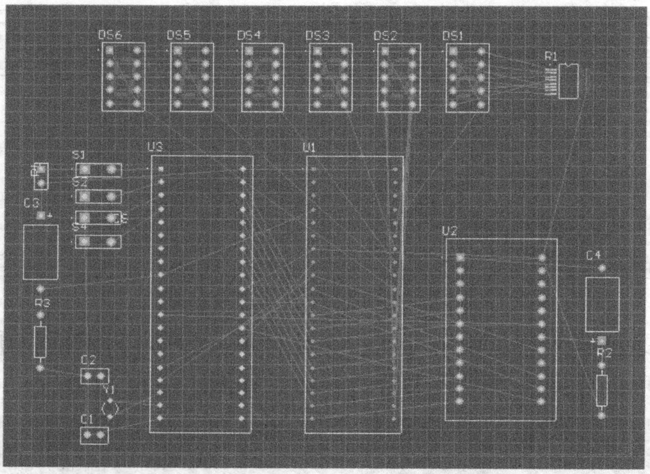

图 13-32 手动调整后的布局

6. PCB 布线

（1）设置布线参数。执行菜单命令【设计】\【规则】，弹出【PCB 规则和约束编辑器】对话框，如图 13-33 所示。通过该对话框设置线宽、安全距离、布线拐弯等布线参数。

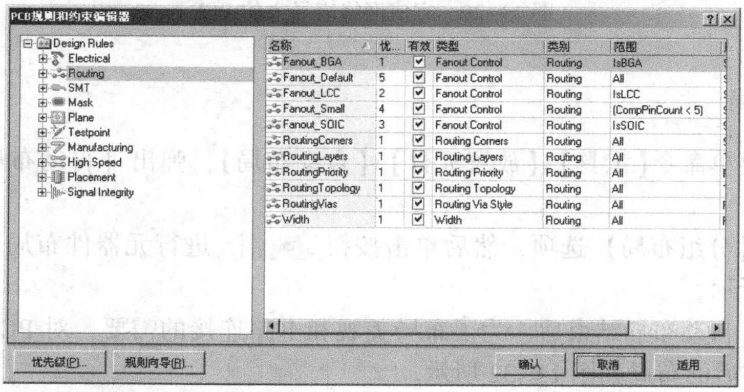

图 13-33 【PCB 规则和约束编辑器】对话框

（2）自动布线。执行菜单命令【自动布线】\【全部对象】，弹出【Situs 布线策略】对话框，如图 13-34 所示。单击按钮 Route All ，对 PCB 进行自动布线。自动布线的结果如图 13-35 所示。

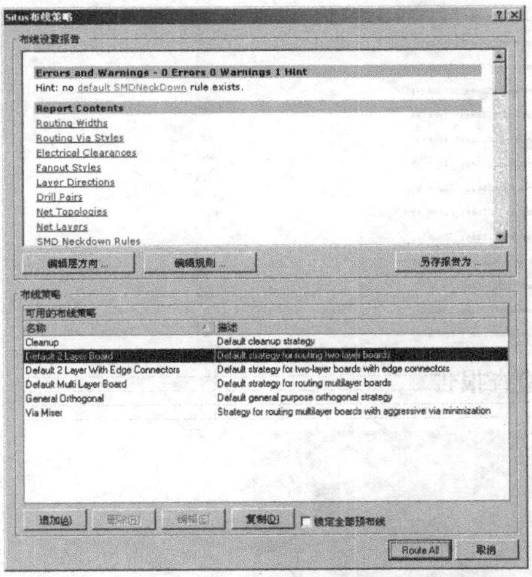

图 13-34 【Situs 布线策略】对话框

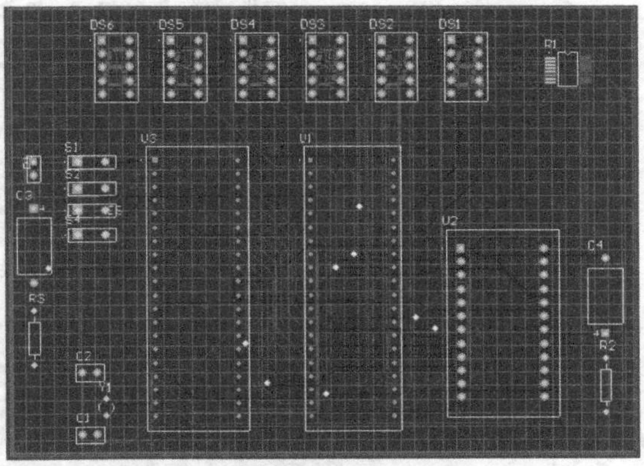

图 13-35 自动布线结果

（3）手动调整布线。在自动布线结束后，可以对布线不合理的地方进行手动调整。本例中，自动布线结果比较理想，基本不需要进行手动调整。

7. 设计规则检查

执行菜单命令【工具】\【设计规则检查命令】，弹出【设计规则检查器】对话框，如图 13-36 所示。设置好检查的规则，然后单击按钮 运行设计规则检查(R)... ，对 PCB 进行设计规则检查。

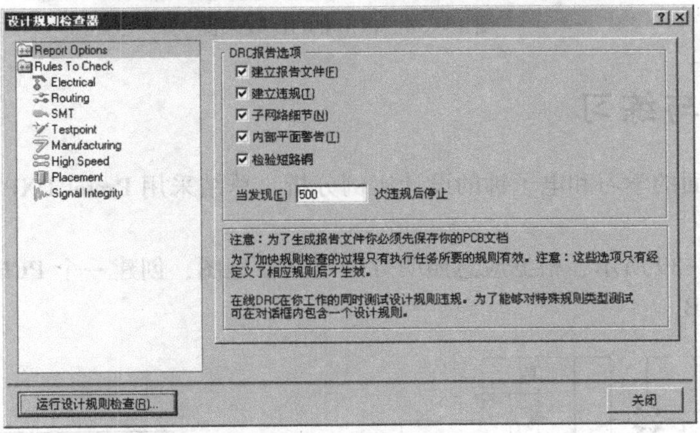

图 13-36 【设计规则检查器】对话框

设计规则检查结束后，系统生成设计规则检查报告 Clock. DRC，如图 13-37 所示。

8. 3D 效果图

执行菜单命令【查看】\【显示三维 PCB 板】，查看 PCB 的 3D 效果图，如图 13-38 所示。

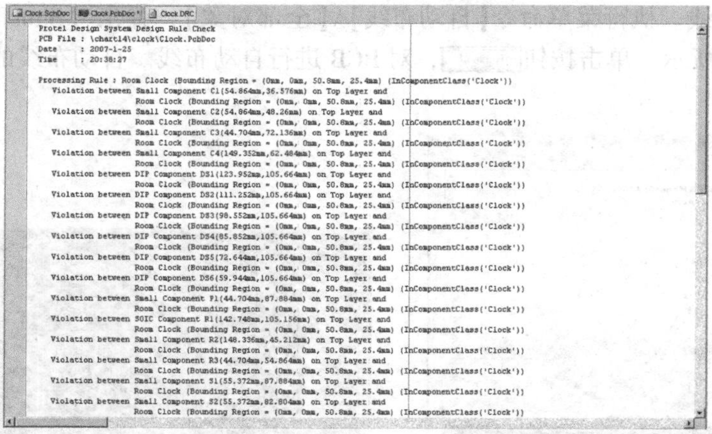


```
Protel Design System Design Rule Check
PCB File : \chart14\clock\Clock.PcbDoc
Date     : 2007-1-25
Time     : 20:38:27

Processing Rule : Room Clock (Bounding Region = (0mm, 0mm, 50.8mm, 25.4mm) (InComponentClass('Clock'))
   Violation between Small Component C1(54.864mm,36.576mm) on Top Layer and
                     Room Clock (Bounding Region = (0mm, 0mm, 50.8mm, 25.4mm) (InComponentClass('Clock'))
   Violation between Small Component C2(54.864mm,48.26mm) on Top Layer and
                     Room Clock (Bounding Region = (0mm, 0mm, 50.8mm, 25.4mm) (InComponentClass('Clock'))
   Violation between Small Component C3(44.704mm,72.136mm) on Top Layer and
                     Room Clock (Bounding Region = (0mm, 0mm, 50.8mm, 25.4mm) (InComponentClass('Clock'))
   Violation between Small Component C4(149.352mm,62.484mm) on Top Layer and
                     Room Clock (Bounding Region = (0mm, 0mm, 50.8mm, 25.4mm) (InComponentClass('Clock'))
   Violation between DIP Component DS1(123.952mm,105.664mm) on Top Layer and
                     Room Clock (Bounding Region = (0mm, 0mm, 50.8mm, 25.4mm) (InComponentClass('Clock'))
   Violation between DIP Component DS2(111.252mm,105.664mm) on Top Layer and
                     Room Clock (Bounding Region = (0mm, 0mm, 50.8mm, 25.4mm) (InComponentClass('Clock'))
   Violation between DIP Component DS3(98.552mm,105.664mm) on Top Layer and
                     Room Clock (Bounding Region = (0mm, 0mm, 50.8mm, 25.4mm) (InComponentClass('Clock'))
   Violation between DIP Component DS4(85.852mm,105.664mm) on Top Layer and
                     Room Clock (Bounding Region = (0mm, 0mm, 50.8mm, 25.4mm) (InComponentClass('Clock'))
   Violation between DIP Component DS5(72.644mm,105.664mm) on Top Layer and
                     Room Clock (Bounding Region = (0mm, 0mm, 50.8mm, 25.4mm) (InComponentClass('Clock'))
   Violation between DIP Component DS6(59.944mm,105.664mm) on Top Layer and
                     Room Clock (Bounding Region = (0mm, 0mm, 50.8mm, 25.4mm) (InComponentClass('Clock'))
   Violation between Small Component P1(44.704mm,87.884mm) on Top Layer and
                     Room Clock (Bounding Region = (0mm, 0mm, 50.8mm, 25.4mm) (InComponentClass('Clock'))
   Violation between SOIC Component R1(142.748mm,105.156mm) on Top Layer and
                     Room Clock (Bounding Region = (0mm, 0mm, 50.8mm, 25.4mm) (InComponentClass('Clock'))
   Violation between Small Component R2(148.336mm,45.212mm) on Top Layer and
                     Room Clock (Bounding Region = (0mm, 0mm, 50.8mm, 25.4mm) (InComponentClass('Clock'))
   Violation between Small Component R3(44.704mm,54.864mm) on Top Layer and
                     Room Clock (Bounding Region = (0mm, 0mm, 50.8mm, 25.4mm) (InComponentClass('Clock'))
   Violation between Small Component S1(55.372mm,87.884mm) on Top Layer and
                     Room Clock (Bounding Region = (0mm, 0mm, 50.8mm, 25.4mm) (InComponentClass('Clock'))
   Violation between Small Component S2(55.372mm,82.804mm) on Top Layer and
                     Room Clock (Bounding Region = (0mm, 0mm, 50.8mm, 25.4mm) (InComponentClass('Clock'))
```

图 13-37　设计规则检查报告

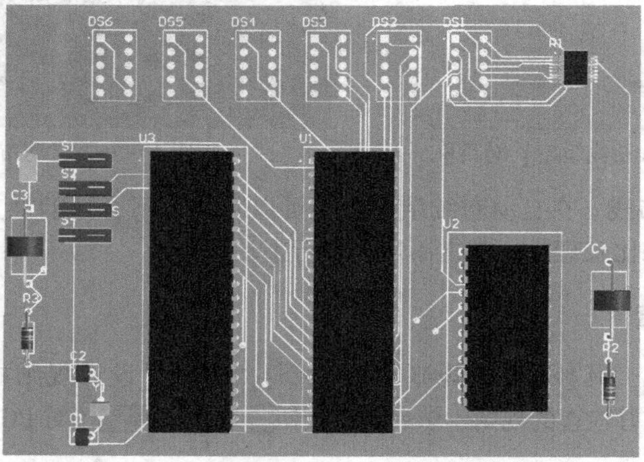

图 13-38　PCB 的 3D 效果图

13.2　思考与练习

（1）根据前面的学习和电子钟的设计实例分析，总结采用 Protel DXP 2004 进行电路设计的一般过程。

（2）如图 13-39 所示，根据应急照明灯的电路原理图，创建一个 PCB 项目，输入该原理图，并设计 PCB。

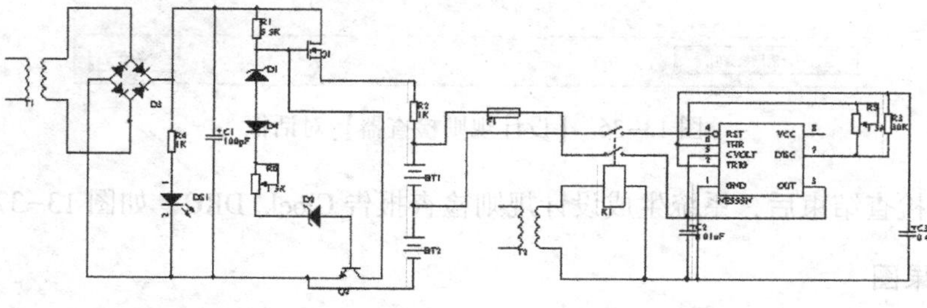

图 13-39　应急照明灯的电路原理图

附录 A　常用快捷键

1. 项目面板和平台快捷键

Left-Click	在光标下选择文档
Double Left-Click	在光标下编辑文档
Right-Click	显示相关联的弹出式快捷菜单
Ctrl+F4	关闭活动文档
Alt+F4	关闭 Protel DXP 2004
Ctrl+Tab	循环切换打开的文档
在面板中 Drag & Drop	
* 从一个项目到另一个项目	移动选择的文档
* 从 File Explore 到设计 Explore	打开选择的文档为自由文档
Ctrl+Drag & Drop 从一个项目到另一个项目	连接选择的文档到另一个项目
F4	隐藏/显示所有浮动的面板
Shift+F5	在活动的面板和工作区之间切换

2. 项目快捷键

C,C	编译当前设计的文档
C,R	重新编译当前设计的文档
C,O	为当前的项目打开项目选项对话框
C,D	编译文档

3. 原理图和 PCB 共有的快捷键

Shift	按住时快速移动
J	显示跳转子菜单
Y	当放置对象时沿 Y 轴翻转
X	当放置对象时沿 X 轴翻转
Shift+↑、↓、←、→	以 10 倍的网格增量移动光标
↑、↓、←、→	以 1 倍的网格增量移动光标
Esc	从当前的状态退出
End	重新绘制屏幕
Home	以光标所在位置为中心重新绘制屏幕
Ctrl+鼠标滚轮(或 Page Dn)	缩小视图

Ctrl+鼠标滚轮(或 Page Up)	放大视图
鼠标滚轮	视图上/下移动
Shift +鼠标滚轮	视图左/右移动
O	弹出单击鼠标右键选项菜单
Z	弹出单击鼠标右键缩放菜单
Ctrl+Z	撤销
Ctrl+Y	重复
Ctrl+A	选择全部
Ctrl+S	保存当前文档
Ctrl+C(或 Ctrl+Insert)	复制
Ctrl+X(或 Shift+Delete)	剪切
Ctrl+V(或 Shift+Insert)	粘贴
Ctrl+R	复制和重复粘贴选择对象(图章)
Ctrl+Q	进入选择存储器对话框
Alt	强迫对象水平或垂直方向运动
Delete	删除选择对象
V,D	查看文档
V,F	查看合适的放置对象
X,A	反向选择所有
Right-Click 并保持并移动	显示滑动手形光标并移动查看文档
Left-Click	选择/取消选择光标下的对象
Right-Click	弹出浮动式菜单或放弃当前操作
Right-Click,查找相似对象	在光标下打开【查找相似对象】对话框
Left-Click,Hold & Drag	在拖曳区域内选择
Left-Click & Hold	移动对象/在光标下选择对象
Left Double-Click	编辑对象
Shift+Left-Click	从选择组增加/移动对象
TAB	编辑当前放置对象
Shift+C	清除当前的过滤
Shift+F	单击对象弹出【查找相似对象】对话框
Y	弹出【快速查询】菜单
F11	切换导航器面板开/关
F12	切换【Filter】面板开/关
Shift+F12	切换【List】面板开关
,Left-Click	交叉探针到匹配对象的目标文档
,Ctrl+Left-Click	交叉探针和跳转到目标匹配的对象,跳转到目标文档
Ctrl+N	在存储位置 N 存储当前选择
Alt+N	在存储位置 N 召回选择
Shift+N	增加当前选择到已存储在存储位置 N 的选择
Shift+Alt+N	从存储位置 N 召回选择并在工作区中增加为当前选择
Shift+Ctrl+N	在存储位置 N 上基于选择组应用过滤

4. 原理图快捷键

G	循环切换吸引格点设置
Spacebar	90°旋转移动的对象
Spacebar	当放置导线/总线/直线时,切换开始/结束方式
Spacebar	当用到高亮笔时,切换笔的颜色
Shift+Spacebar	在连接和网络之间切换高亮笔模式
Shift+Spacebar	当放置导线/总线/直线时,循环切换放置模式
Backspace	当放置导线/总线/直线时/多边形时,恢复移动最近的一个角顶点放置
Left-Click,Hold+Delete	当一个导线被聚焦,删去一个角顶点
Left-Click,Hold+Insert	当一个导线被聚焦,增加一个角顶点
Ctrl+Left-Click & Drag	拖曳对象
在导航器中 Left-Click	十字形探针到原理图文档中的对象
在导航器/浏览器中 Left-Click	十字形探针原理图文档上和 PCB 中的对象
在网络对象上,Alt+Left-Click	在图纸上的网络高亮所有元素
Ctrl+Double Left-Click	在图纸符号上垂直向下
Ctrl+Double Left-Click	在端口上垂直向上

5. PCB 快捷键

Sift+R	循环切换布线模式(忽略、避免和推挤)
Shit+E	切换电气格点开/关
Ctrl+G	弹出【Snap Grid】对话框
G	弹出【Snap Grid】菜单
N	当移动一个元器件时,隐藏预拉飞线
L	移动元器件中单击 L 键,移动到 PCB 的另一边
Ctrl+Left-Click	在光标下高亮布线网络
Ctrl+Spacebar	在交互式布线时,循环切换直线连接模式
Backspace	交互式布线时删除最末跟踪拐角
Shit+S	切换单层模式开/关
O,D,D,Enter	设置所有图元显示为草图模式
O,D,F,Enter	设置所有图元为最终模式
O,D	显示/隐藏【Preferences】对话框
L	查看【板层和颜色】对话框
Ctrl+H	选择连接的铜箔
Ctrl+Shit+Left-Click & Hold	打断跟踪线
Ctrl+Shit+Left-Click	在光标下高亮另外的布线网格
+	下一层(数字键盘)
–	上一层(数字键盘)
*	下一布线层(数字键盘)
M	显示移动子菜单

Ctrl+M	测量距离
Spacebar(交互式布线处理时)	逆时针旋转对象
Spacebar(交互式布线中)	切换开始/结束模式
Shit+Spacebar(交互式布线处理时)	顺时针旋转对象
Shit+Spacebar(交互式布线中)	设置拐角模式

6. 波形编辑快捷键

PgUp/PgDn	放大/缩小观察的时间点处的视图
Ctrl+C(或 Ctrl+Insert)	复制波形
Ctrl+X(或 Shift+Delete)	剪切波形
Ctrl+V(或 Shift+Insert)	粘贴波形
Left-Click & Drag	重新定位波形